中等职业教育国家规划教材（电子电器应用与维修专业）

电视机原理与维修

（第4版）

韩广兴　主　编

韩雪涛　吴　瑛　副主编

電子工業出版社

Publishing House of Electronics Industry

北京·BEIJING

内 容 简 介

本书是根据教育部职业教育与成人教育司颁布的中等职业学校电子电器应用与维修专业“电视机原理与维修”教学大纲和电视机技术的新发展，在原有《电视机原理与维修》的基础上重新编写的，以适应不断更新的市场需求和新型技能人才的培养需要。

全书共分14章，其中第1章和第2章主要介绍电视信号的形成、发射、传输、接收以及电视显像的基本原理。第3章主要以典型彩色电视机为例，介绍了电视机的结构组成和各单元电路之间的相互关系。第4章至第12章为电视机各主要电路的结构、工作原理和故障检修。各章都通过对实际机型的信号流程分析和故障检修方法的演示，系统、全面地介绍了调谐器、中频、伴音、亮度/色度信号处理、扫描、电源、显像管及系统控制等电路的维修方法和维修技巧。第13章介绍了数字电视、液晶电视、背投电视以及等离子电视的结构、特点和工作原理。第14章为彩色电视机故障检修实例。

本书可作为各中等职业学校和各类职业技术院校的教材，也适合从事电视机装配、调试与维修的技术人员和业余爱好者阅读。

图书在版编目（CIP）数据

电视机原理与维修/韩广兴主编. —4版. —北京：电子工业出版社，2015.4

中等职业教育国家规划教材. 电子电器应用与维修专业

ISBN 978-7-121-25829-9

Ⅰ. ①电… Ⅱ. ①韩… Ⅲ. ①电视接收机－理论－中等专业学校－教材②电视接收机－维修－中等专业学校－教材 Ⅳ. ①TN949.1

中国版本图书馆CIP数据核字（2015）第069057号

策划编辑：杨宏利

责任编辑：杨宏利　　特约编辑：李淑寒

印　　刷：北京七彩京通数码快印有限公司

装　　订：北京七彩京通数码快印有限公司

出版发行：电子工业出版社

北京市海淀区万寿路173信箱　邮编 100036

开　　本：787×1 092　1/16　印张：18.5　字数：473.6千字

版　　次：2002年6月第1版

2015年4月第4版

印　　次：2024年2月第7次印刷

定　　价：34.00元

凡所购买电子工业出版社图书有缺损问题，请向购买书店调换。若书店售缺，请与本社发行部联系，联系及邮购电话：（010）88254888，88258888。

质量投诉请发邮件至zlts@phei.com.cn，盗版侵权举报请发邮件至dbqq@phei.com.cn。

本书咨询联系方式：puyue@phei.com.cn。

前 言

《电视机原理与维修》是根据教育部新颁布的全国中等职业学校电子电器应用与维修专业教学计划与“电视机原理与维修”教学大纲编写的。

随着科学技术的发展和人们文化物质生活水平的提高，家用电子产品越来越受到人们的欢迎，其中电视机是人们生活中不可缺少的。目前，我国已经成为世界上彩色电视机产销量最大的国家，许多国产名牌也跻身于世界名牌之列。特别是近几年来，彩色电视机的性能和高新技术含量都有了很大的提高，而且不断有新的产品问世，我国彩色电视机市场出现了前所未有的活跃。

彩色电视机是应用新技术较多、产品更新换代较快的典型家电产品。新技术的普及主要表现在新型集成电路和新器件的应用上，彩色电视机功能的增多使整机结构的复杂程度大大增加。新工艺、新器件的应用大大提高了产品的性能。

市场热销的同时也给售后服务和维修行业带来了新的问题。从事营销、售后服务和维修的人员都需要普及、更新彩色电视机的原理与维修方面的知识，同时也需要不断地学习新的技术，熟悉新的器件，了解新型电路的维修特点，掌握新机型的维修技能。

学习彩色电视机维修首先要先学懂原理，然后学会看图，在这个基础上学会辨认元器件，了解常见故障发生的部位与症状表现之间的关系，进而学会分析故障和排除故障。

电视机是一种集微电子技术、信号处理和智能控制等新技术于一体的家用电子产品，学习维修彩色电视机，特别是入门者，要从电视机的基础知识开始。虽然彩色电视机的机型和款式不断变化，但最基本的原理变化不大。学习维修彩色电视机最重要的就是实践，维修技术是一门实践性很强的课程，只学理论而不进行实际操作是很难学会的。

培养学生的维修技能是这门课程的教学目标，需要理论联系实际，将国家职业技能鉴定的内容（中级、高级）纳入教材之中，经培训和实习可达到中、高级职业技能水平。

为了提高学习彩色电视机维修的效率，本书采用图解的方式，将电视机的整机结构及各单元电路的结构，信号处理过程，各电路部位的信号内容和波形等用图配文的形式表现出来，直接在电路图上标注元器件的功能、电压或参数波形等信息内容。

本书重点介绍电视机的基本原理和实用维修技术，对集成电路主要介绍内部功能和外部接口，避开内部电路的分析和复杂的计算。

为了便于讲授，并与实际维修衔接，对原机型的电路图中不符合国家标准的图形及符号未做改动，以使维修者在原电路板上能准确地找到故障元器件，并快速排除故障。在此特别加以说明。

参加本书编写的有：韩广兴、韩雪涛、吴瑛、张丽梅、马楠、韩雪冬、吴玮、高瑞征、吴惠英、梁明、宋明芳、吴鹏飞、孙涛、宋永欣、张湘萍、孙继雄、庞明齐。

为了便于学习，电子工业出版社聘请天津市涛涛多媒体技术有限公司及一线教师共同研制开发了本教材的配套多媒体课件，此课件通过了教育部审定，获得了一致好评。

我们还专门开通了技术咨询服务的网站（www.taoo.cn）。读者有什么问题可通过网站、电话或信件的方式与我们进行联系和交流，地址：天津市南开区华苑产业园天发科技园8-1-401，邮编：300384，联系电话：022-83718162/83715667，13702178753。

全书所有的内容都是以国家职业技能资格认证标准为依据。学习者通过学习除增强技能外，还可申报相应的国家职业资格，获得国家统一的职业资格证书。读者如果在考核认证方面有什么问题或需要什么资料，也可直接与我们联系。

为了方便教学、本书还配有电子参考资料包，内容包括素材文件、教学指南，练习题及习题答案（电子版），以及本书配套光盘使用说明，请有此需要的教师登录华信教育资源网（http://www.hxedu.com.cn）下载或与电子工业出版社联系。

编　者

2015 年 3 月

第 1 章　电视信号发射与传输的基础知识…………（1）
1.1　电波的发射与传输…………（1）
1.1.1　无线电信号的传输特性…………（1）
1.1.2　广播电视信号的传输…………（2）
1.2　调制与解调的基本概念…………（3）
1.2.1　调制与解调的基本概念…………（3）
1.2.2　声音信号的调制和发射…………（4）
1.2.3　信号接收的基本过程…………（6）
1.3　电视信号的形成和传输…………（7）
1.3.1　电视节目的发射和接收…………（7）
1.3.2　PAL 制电视信号的编码方法…………（9）
1.3.3　PAL 制彩色信号的特点…………（11）
1.3.4　色度信号的解码过程…………（12）
1.3.5　电视信号的传输方法…………（14）
1.4　彩色电视信号三大制式简介…………（18）
1.5　数字电视的传输与接收…………（20）
第 2 章　彩色电视机图像和显像原理…………（22）
2.1　光和色的基本知识…………（22）
2.1.1　光与色的关系…………（22）
2.1.2　三基色原理…………（23）
2.1.3　光的三要素…………（25）
2.2　彩色显像管的基本结构和显像原理…………（26）
2.2.1　显像管的结构…………（26）
2.2.2　电子枪的结构和功能…………（28）
2.2.3　偏转线圈的功能…………（29）
第 3 章　彩色电视机的基本构成…………（32）
3.1　彩色电视机的整机构成…………（33）

3.2 彩色电视机的信号处理过程……（36）
3.3 彩色电视机的控制系统……（37）
3.3.1 数字量变成模拟量的控制方式……（37）
3.3.2 I^2C 总线控制系统……（39）
3.4 彩色电视机各单元电路之间的相互关系……（40）
3.4.1 图像中放电路的相关信号……（41）
3.4.2 亮度信号处理电路的相关信号……（41）
3.4.3 色度信号处理电路的相关信号……（41）
3.4.4 行鉴相（AFC）电路的相关信号……（42）
3.4.5 开关电源的相关信号……（42）
第 4 章 调谐器电路的结构和故障检修……（43）
4.1 调谐器的基本功能和电路结构……（43）
4.1.1 调谐器的基本结构……（43）
4.1.2 调谐电路的信号处理过程……（44）
4.1.3 调谐控制电路的结构……（46）
4.2 调谐电路的工作原理……（47）
4.2.1 输入电路……（47）
4.2.2 高频放大器……（47）
4.2.3 混频电路……（48）
4.2.4 本机振荡电路……（48）
4.2.5 自动频率调整电路（AFT）……（48）
4.2.6 变容二极管及其特性……（50）
4.2.7 UHF 高频头电路实例……（51）
4.3 调谐器电路实例分析……（51）
4.3.1 频段分离电路……（53）
4.3.2 VHF 段高通滤波器……（53）
4.3.3 高放电路……（53）
4.3.4 本机振荡电路……（53）
4.3.5 混频电路……（53）
4.3.6 UHF 频段的调谐……（54）
4.4 调谐器的故障检修……（54）
4.4.1 调谐器及前端电路的故障特点……（54）
4.4.2 调谐器故障的检测方法……（55）
4.4.3 调谐器的维修与更换……（57）
4.4.4 典型彩色电视机调谐器及相关电路的故障检修……（57）

第5章　中频电路的故障检修 ……………………………………………………（62）
5.1　中频电路的结构和功能…………………………………………………………（62）
5.1.1　中频电路的基本结构 ……………………………………………………（62）
5.1.2　中频电路的组成部分 ……………………………………………………（62）
5.2　中频电路的工作原理……………………………………………………………（65）
5.2.1　视频同步检波器的工作原理 ……………………………………………（65）
5.2.2　消噪电路的功能 …………………………………………………………（65）
5.2.3　AGC与AFT电路 …………………………………………………………（66）
5.3　中频电路的功能和典型结构……………………………………………………（68）
5.3.1　独立的中频电路 …………………………………………………………（68）
5.3.2　中频、视频处理合一的集成电路 ………………………………………（70）
5.4　中频通道的电路分析……………………………………………………………（76）
5.4.1　中频电路μPC1820CA的结构和原理……………………………………（76）
5.4.2　单片TV信号处理电路……………………………………………………（77）
5.5　中频电路的故障检测方法………………………………………………………（82）
5.5.1　中频电路的检测要点 ……………………………………………………（82）
5.5.2　中频电路的故障检修实例 ………………………………………………（85）
第6章　伴音电路的结构和故障检修 …………………………………………………（89）
6.1　伴音解调电路的结构和工作原理………………………………………………（89）
6.1.1　伴音信号的处理过程 ……………………………………………………（89）
6.1.2　伴音电路的结构 …………………………………………………………（91）
6.2　音频信号处理电路………………………………………………………………（92）
6.2.1　音频信号处理电路的基本功能 …………………………………………（92）
6.2.2　音频信号处理电路的结构 ………………………………………………（93）
第7章　亮度、色度信号处理电路的结构和故障检修 ………………………………（97）
7.1　亮度、色度信号处理电路的基本结构…………………………………………（97）
7.1.1　视频、解码电路的基本功能 ……………………………………………（97）
7.1.2　视频、解码电路的基本构成 ……………………………………………（98）
7.2　典型亮度和色度信号处理电路的故障检修 ……………………………………（101）
7.2.1　亮度、色度信号处理电路的集成化 ……………………………………（101）
7.2.2　亮度、色度处理电路TA8783N…………………………………………（101）
7.2.3　单片集成电路LA7680 …………………………………………………（106）
7.2.4　单片集成电路LA76810 …………………………………………………（115）
7.2.5　TDA8841单片集成电路 …………………………………………………（120）
7.3　高画质电路的结构和故障检修…………………………………………………（123）
7.3.1　梳状滤波器的基本功能 …………………………………………………（123）

7.3.2 数字梳状滤波器的结构和原理 …… (126)
7.3.3 清晰度增强电路 …… (130)
7.4 亮度、色度信号处理电路的故障检修实训 …… (133)
7.4.1 视频图像信号的特点及测量 …… (133)
7.4.2 亮度、色度电路的故障检修 …… (138)
第 8 章 行扫描电路的结构和故障检修 …… (141)
8.1 扫描电路的基本结构和功能 …… (141)
8.1.1 扫描电路的基本功能 …… (141)
8.1.2 行扫描电路的结构 …… (142)
8.2 扫描电路的实例分析 …… (147)
8.2.1 TCL-2118 的扫描电路 …… (147)
8.2.2 TCL-2980 彩色电视机的扫描电路 …… (150)
8.3 行扫描电路的常见故障及检修方法 …… (154)
8.3.1 行扫描电路的常见故障 …… (154)
8.3.2 行输出电路的故障检修 …… (156)
第 9 章 场扫描电路的结构和故障检修 …… (161)
9.1 场扫描电路的基本功能和电路结构 …… (161)
9.1.1 场扫描电路的基本功能 …… (161)
9.1.2 场扫描系统的主要部件 …… (162)
9.1.3 扫描信号产生电路 …… (164)
9.1.4 场输出电路 …… (164)
9.2 场扫描电路的故障检修 …… (165)
9.2.1 场扫描电路的故障及检测方法 …… (166)
9.2.2 场扫描电路的常见故障 …… (167)
9.3 场扫描电路实例分析 …… (171)
9.3.1 TDA8351 场扫描输出电路 …… (171)
9.3.2 光栅几何校正电路 TA8739P …… (174)
9.3.3 场输出电路 TA8427K …… (176)
9.3.4 场输出电路 TA8445 …… (177)
第 10 章 电源 …… (179)
10.1 电源电路的基本结构 …… (179)
10.1.1 整流和滤波电路 …… (179)
10.1.2 稳压电路 …… (180)
10.2 开关电源电路 …… (182)
10.2.1 开关电源的基本特点 …… (182)
10.2.2 开关电源的基本构成 …… (183)

10.3 开关电源的故障检修……………………………………………………（189）
第 11 章 显像管电路的结构和故障检修……………………………………（196）
11.1 显像管及其相关部件………………………………………………（196）
11.2 显像管电路的基本结构……………………………………………（199）
11.2.1 末级视放电路………………………………………………（199）
11.2.2 白平衡调整电路……………………………………………（202）
11.2.3 显像管电路的检测要点……………………………………（202）
11.3 显像管电路的故障检修……………………………………………（202）
11.3.1 显像管电路的常见故障……………………………………（202）
11.3.2 显像管电路故障的检修方法………………………………（203）
11.3.3 会聚和色纯调整部分的故障检修…………………………（204）
11.3.4 集成化的末级视放电路 TDA5112…………………………（205）
11.4 显像管电路故障检修实例…………………………………………（206）
11.4.1 典型显像管电路的结构……………………………………（206）
11.4.2 典型显像管电路的故障检测方法…………………………（207）
第 12 章 控制系统的电路结构和故障检修…………………………………（211）
12.1 彩色电视机控制系统的构成………………………………………（211）
12.1.1 彩色电视机的手动调整方式………………………………（211）
12.1.2 微处理器调整方式…………………………………………（211）
12.2 微处理器及其接口电路……………………………………………（214）
12.2.1 微处理器集成电路…………………………………………（214）
12.2.2 微处理器及相关电路的故障检测…………………………（216）
12.2.3 微处理器的接口电路………………………………………（217）
12.3 彩色电视机遥控系统的电路结构和故障检修……………………（221）
12.3.1 遥控发射器的电路结构和故障检修………………………（221）
12.3.2 遥控接收电路的故障检修…………………………………（224）
12.4 系统控制电路………………………………………………………（225）
12.4.1 系统控制电路的典型结构…………………………………（225）
12.4.2 系统控制电路的控制功能…………………………………（225）
12.4.3 系统控制电路的信号检测…………………………………（227）
第 13 章 彩色电视机的新技术………………………………………………（229）
13.1 数字电视技术………………………………………………………（229）
13.1.1 电视信号的数字处理技术…………………………………（229）
13.1.2 数字电视机的基本特点……………………………………（230）
13.1.3 数字电视机的基本结构……………………………………（231）
13.1.4 高清晰度数字电视…………………………………………（233）

13.1.5 数字广播接收机和机顶盒 …… (234)
13.1.6 数字卫星接收机的基本结构 …… (234)
13.1.7 数字卫星接收机的基本工作原理 …… (236)
13.2 液晶电视机 …… (237)
13.2.1 液晶电视机的基本特点 …… (237)
13.2.2 液晶显示板的工作原理 …… (239)
13.2.3 液晶显示板的结构 …… (240)
13.3 投影电视机 …… (242)
13.3.1 投影电视机的基本特点 …… (242)
13.3.2 背投电视机的电路结构 …… (243)
13.3.3 前投影机 …… (248)
13.4 等离子体电视机的结构和原理 …… (251)
13.4.1 等离子体电视显示器 …… (251)
13.4.2 等离子体显示器的显示原理 …… (251)
13.5 网络电视和互动电视 …… (256)
第 14 章 彩色电视机的故障检修实例 …… (258)
14.1 彩色电视机的故障特点 …… (258)
14.2 彩色电视机故障检修的基本程序 …… (258)
14.3 故障检测的基本方法 …… (260)
14.3.1 信号输入法 …… (260)
14.3.2 波形检查法 …… (261)
14.3.3 测电压、电阻法（万用表检修法） …… (262)
14.4 彩色电视机故障的初查方法 …… (263)
14.4.1 有光栅，但无图像，无伴音 …… (264)
14.4.2 伴音正常，而图像不良 …… (264)
14.4.3 图像正常，而伴音不良 …… (264)
14.4.4 图像上有不规则线状干扰 …… (264)
14.4.5 图像破碎，有斜纹干扰 …… (264)
14.4.6 图像跳动或上下滚动 …… (264)
14.4.7 图像无色 …… (265)
14.4.8 图像有重影 …… (265)
14.5 学修彩色电视机入门知识 …… (265)
14.5.1 学修彩色电视机从哪里入手 …… (265)
14.5.2 学修彩色电视机的核心问题 …… (265)
14.5.3 学会看图纸 …… (266)
14.5.4 学会识别电视机元器件 …… (266)

14.5.5 学会元器件的焊接安装方法…………………………………………………（267）
14.5.6 电路的检测方法…………………………………………………………（267）
14.5.7 检修彩色电视机的安全注意事项………………………………………（267）
14.5.8 学会分析推断故障的方法………………………………………………（267）
14.5.9 收集资料，积累数据……………………………………………………（268）
14.5.10 理论联系实际，勤于实践……………………………………………（269）
14.6 彩色电视机故障的检修技巧………………………………………………（269）
14.6.1 伴音电路故障的检修技巧………………………………………………（269）
14.6.2 行扫描电路的故障检修技巧……………………………………………（270）
14.6.3 场扫描电路的故障及检测方法…………………………………………（275）
14.6.4 开关电源故障的检修技巧………………………………………………（278）
14.6.5 显像管电路故障的检修技巧……………………………………………（280）

第1章

电视信号发射与传输的基础知识

1.1 电波的发射与传输

1.1.1 无线电信号的传输特性

通过空中传输的电波就是无线电信号。电波传输的方式是与波长有关的，其关系如图 1.1 所示。电波是由天线发射出来的，不同波长的电波信号受到电离层的影响是不同的。

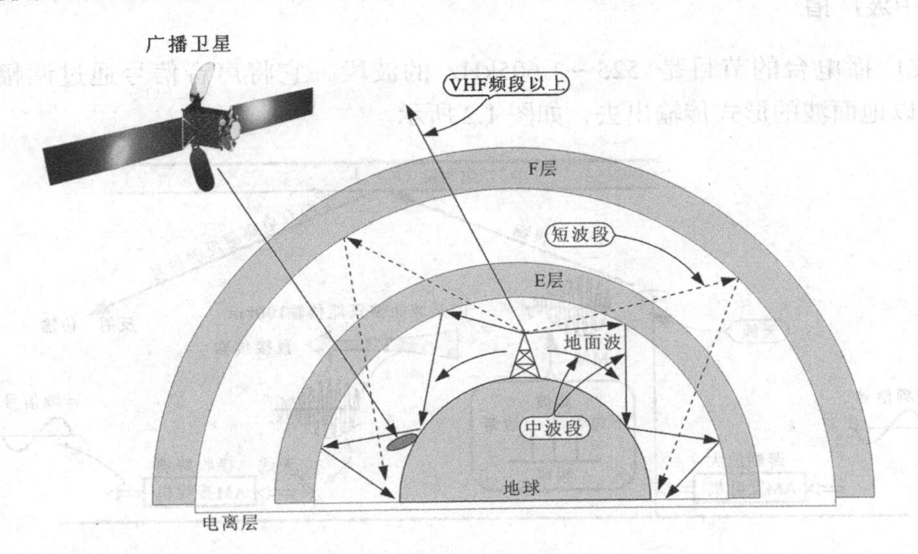

图 1.1 电波传输的路径

1. 中波

中波（0.5 ~ 1.6MHz）通常是由地面波（或称地上波）传输的，因此传播的距离比较近，中波广播只能覆盖城市和郊区。晚上中波也可以靠电离层（E 层）的反射来传输，因此中波广播晚上传播的距离比较远。

2．短波

短波（1～30MHz）可以穿透电离层的E层。但是遇到电离层的F层便会反射回来，由于电波的反射可能传输到地球的侧面，由图 1.1 可见它传播的距离很远，通常可用于洲际广播。

3．VHF 频段

VFH 频段（30～300MHz）的无线电波，可以穿透E层和F层的电离层，而不会反射回来，只能进行直线传输。电视节目是用此波段进行传输的，必须使用高塔，升高天线来覆盖更大的面积。

4．C 波段、K 波段

C 波段是 3～4GHz 的微波波段，K 波段是 12～14GHz 的微波波段，这两种信号的电波都能穿透电离层，卫星通信和广播是利用这些频段。

1.1.2　广播电视信号的传输

1．中波广播

中波广播电台的节目是 525～1 605kHz 的波段，它将声音信号通过调幅的方式（AM），以地面波的形式传输出去，如图 1.2 所示。

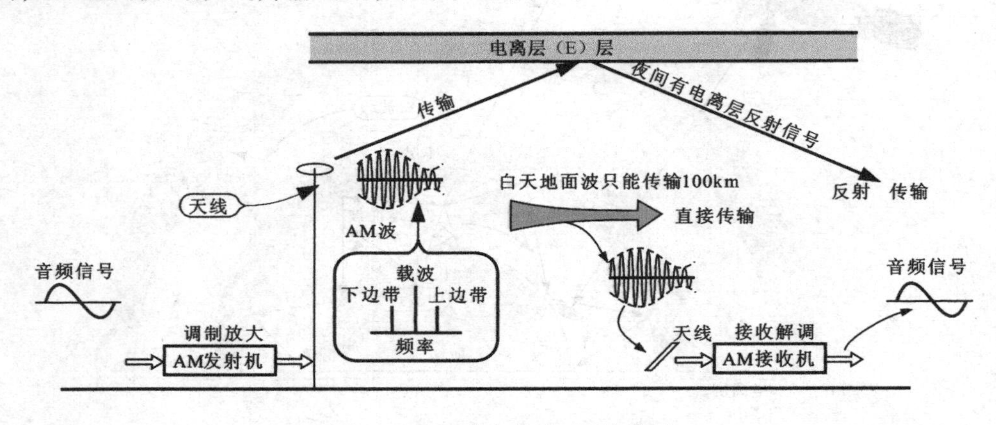

图 1.2　中波广播节目的传输

2．短波广播

短波广播是利用电离层的反射进行传输的，它也采用调幅（AM）的方式，由于靠电离层反射，会受到时间和季节的影响，接收往往不是很稳定。

3. VHF 频段的 FM 广播

FM 立体声广播的频段为 87 ~ 108MHz，由于此段的信号电波会穿透电离层，因此采用直线传输方式，如图 1.3 所示。

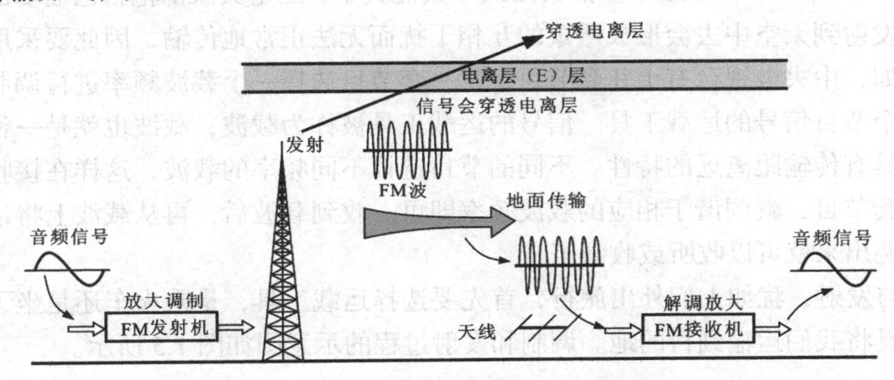

图 1.3　VHF 频段的 FM 广播

4. 电视信号的传输

电视信号是图像和伴音的合成信号，它的载波频率高、频带宽。图像信号采用调幅的方式，伴音信号采用调频的方式，然后再合成一个信号发射出去。电视信号也是利用直线传输的方式，如图 1.4 所示。

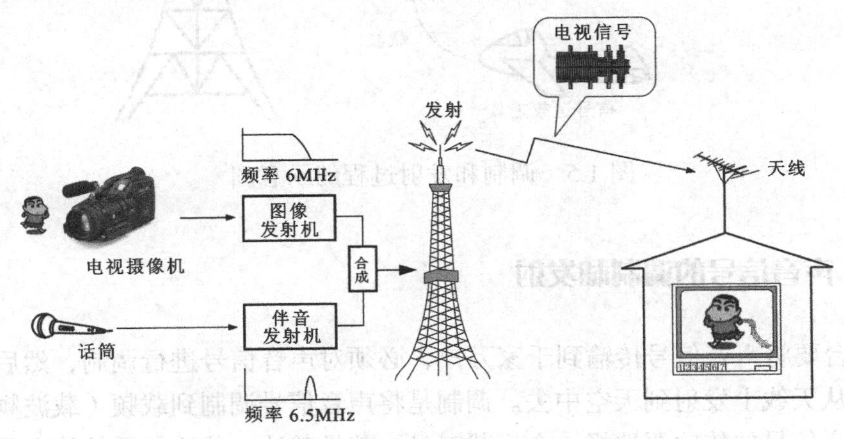

图 1.4　电视信号的传输方式

1.2　调制与解调的基本概念

1.2.1　调制与解调的基本概念

从前面的介绍中已经了解不同频率电波的传输特性。在实际的通信和广播中我们需要传输电视节目、音乐节目和数据信息等。我们需要传输的这些信息内容不能直接通过天线传输出去，原因是多方面的，但主要有两个方面：一是语言和图像信号的频率低，传输的距离有限，发射天线的尺寸太大，如 $f = 1\text{kHz}$ 的信号用$\lambda/4$ 的天线发射，λ（波长）= 光速/f = 30km，$\lambda/4 = 7.5\text{km}$，显然天线尺寸太庞大了；二是大家都把自己需要的声音和图像信号发射到天空中去会形成严重的互相干扰而无法正常地传输，因此要采用调制的方式。例如，中央电视台有十几套节目，每一套节目选择一个载波频率进行调制，也就是选择每个节目信号的运载工具。信号的运载工具被称为载波，载波也就是一种无线电信号，它具有传输距离远的特性。不同的节目选择不同频率的载波，这样在接收端，希望接收哪套节目，就调谐于相应的载波频率即可。收到载波后，再从载波上将运载的节目信号解调出来就可以收听或收看了。

调制与发射，犹如人们外出旅行，首先要选择运载工具，是乘火车还是坐飞机，通过运载工具将我们运输到目的地。调制和发射过程的示意图如图 1.5 所示。

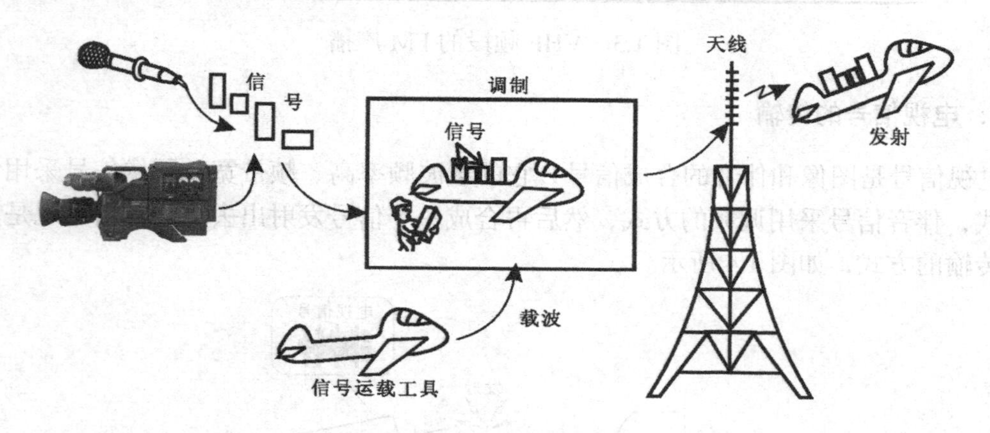

图 1.5　调制和发射过程的示意图

1.2.2　声音信号的调制和发射

广播电台要将声音信号传输到千家万户，必须对声音信号进行调制，然后进行功率放大，最后从天线上发射到天空中去。调制是将声音信号调制到载频（载波频率）上，这就是说声音信号的传输要选择一个运载工具，就是载波。载波信号的特点是频率比较高，并能传输很远的距离。调制就是将声音的信号加到载波中，当载波被发射到天空以后，人们用收音机将载波接收下来然后从载波中将声音信息再提取出来，送到扬声器中即可将声音还原。

常用的声音信号调制方法有两种，即幅度调制方法和频率调制方法。

1．幅度调制（AM）

幅度调制是使载波的信号幅度随声音信号（调制信号）的强弱而变化，幅度调制发

射电路如图 1.6（a）所示。

载波信号是由振荡电路产生的，它是一个幅度恒定频率不变的振荡信号。声音信号由话筒变成电信号经放大器放大到足够大的幅度，然后两信号都送到调制器中进行调制，调制后的信号就变成了调制波，调制波的频率不变但幅度却随声音信号的变化而变化，于是声音信息就加到了载波上，这个载波从天线上发射出去就可以传输得很远。调制后的载波在频谱上占有一定的宽度，它是由主载波和上下边带组成的，占有带宽为声音频带 f_s 的 2 倍。这种方式又称双边带方式（DSB），见图 1.6（b）。如果要传输多种声音信号就要选择多个频率的载波，每个载波之间要留有一定的间隔，这个间隔必须大于双边带所占有的宽度，以防止两者相互干扰。

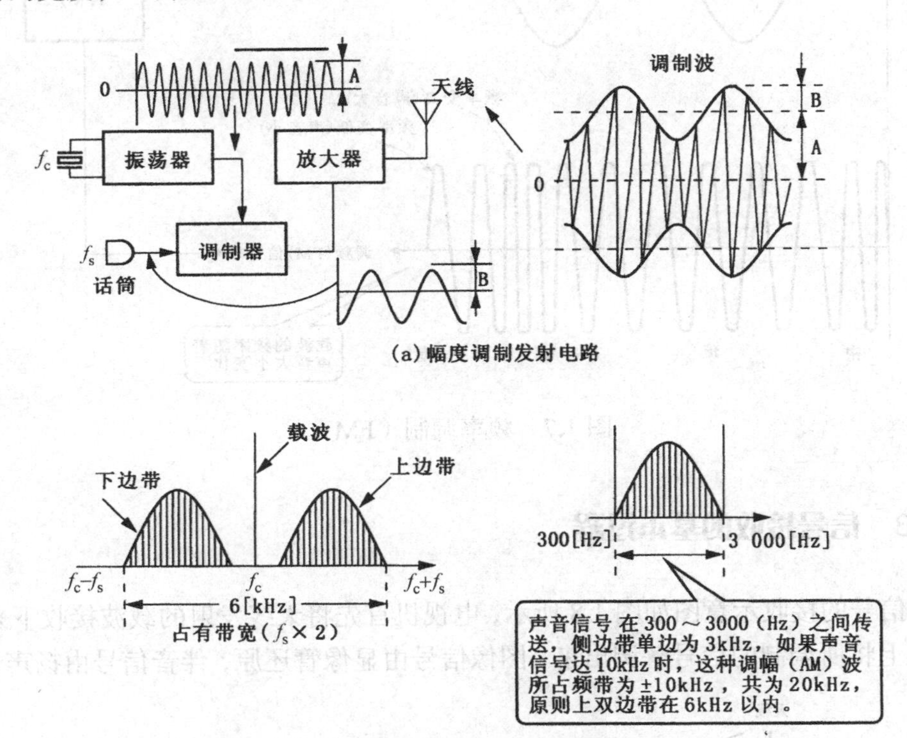

图 1.6　幅度调制（双边带 DSB）

2. 频率调制（FM）

频率调制简称 FM 调制，它是使载波的频率随调制信号变化而变化，但载波的幅度不变，调频广播和电视伴音的调制都采用这种方式。FM 调制方法最大的优点是可以克服幅度噪声的干扰，因为它可以利用限幅器将幅度变化的噪声消除，因而具有音质好、失真小的特点。其信号波形如图 1.7 所示。

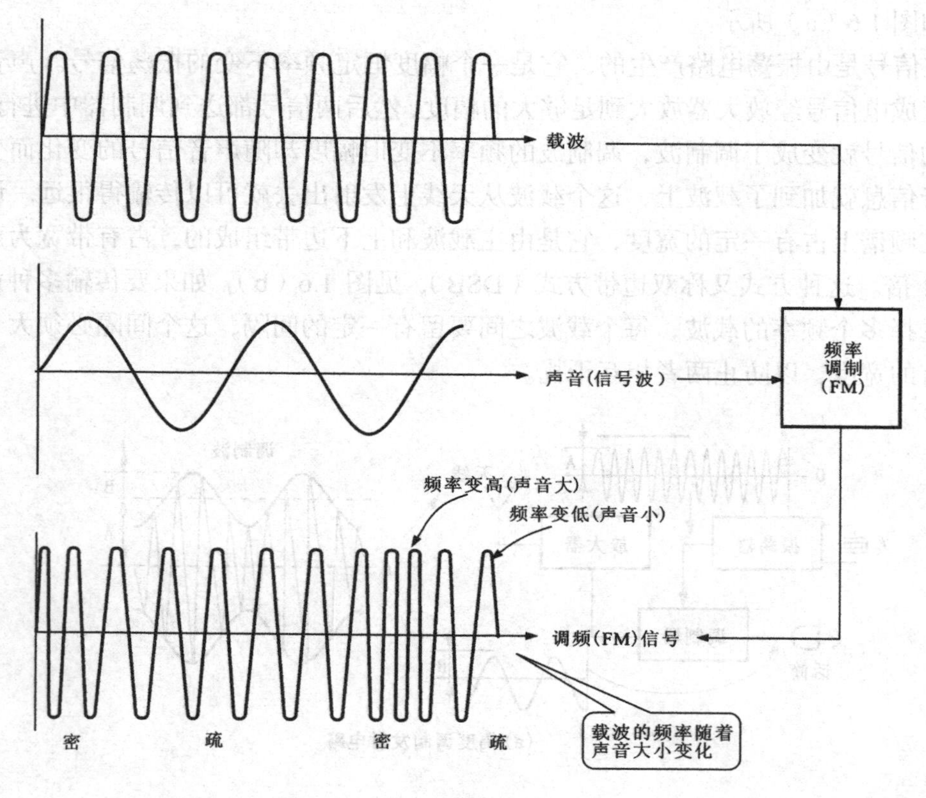

图 1.7　频率调制（FM）

1.2.3　信号接收的基本过程

载波信号的接收示意图如图 1.8 所示，电视机首先将天线发射的载波接收下来，然后再从载波上将所调制的信号解调出来。图像信号由显像管还原，伴音信号由扬声器还原。

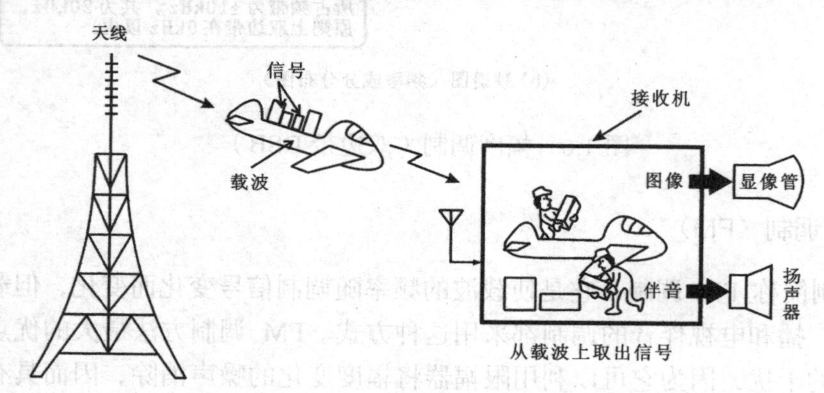

图 1.8　载波信号的接收示意图

1.3　电视信号的形成和传输

1.3.1　电视节目的发射和接收

我们在电视屏幕上看到的节目，都是先由摄像机和话筒将现场景物和声音变成电信号（视频图像信号及伴音信号）送到发射台经调制发射，或是先用录像机将这些声像电信号记录下来进行编辑后送入发射机再发射出去。

为了能把声像信号传送到千家万户，要选择适当的射频载波信号。50～1000MHz 的射频信号如有足够的功率可以传输数十里至数百千米，只要天线发射塔足够高就可以覆盖较大的面积（城市及远郊）。将视频图像信号和伴音信号"装载"（调制）到这种射频信号上就可以实现电视信号传输的目的。

电视节目发射前的图像和伴音信号的处理过程如图 1.9 所示。从图中可见，视频图像信号由摄像机产生，音频伴音信号由话筒产生，分别经处理（调制、放大、合成）后由天线发射出去。

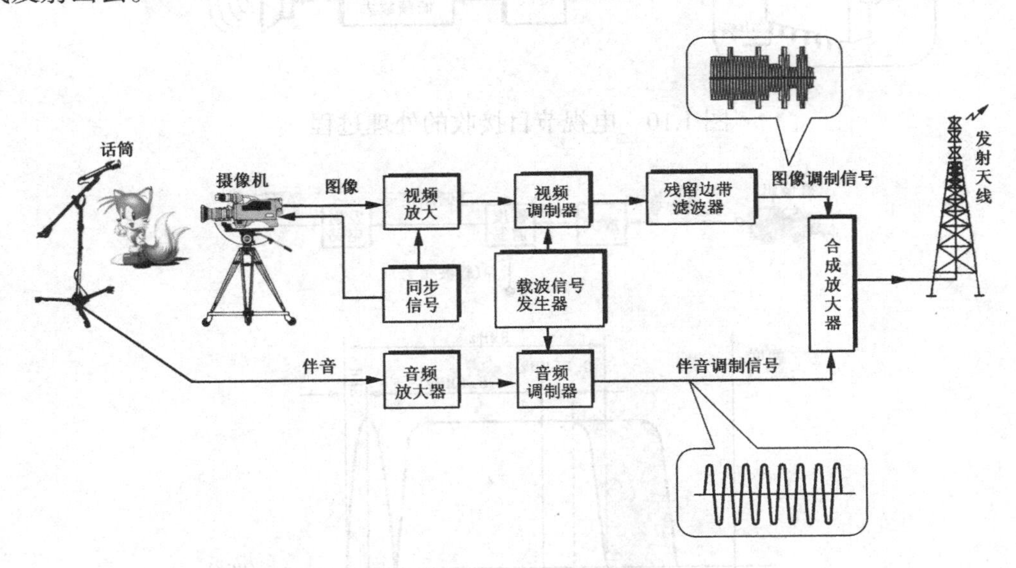

图 1.9　电视节目发射前图像和伴音的处理过程

电视节目接收的处理过程如图 1.10 所示，天线接收的高频信号经调谐器放大和混频后变成中频信号。中频载波经放大和同步检波，将调制在载波上的视频图像信号提取出来。图像信号经检波和处理，在同步偏转的作用下由显像管将图像恢复出来。音频信号经 FM 解调、低放后由扬声器恢复出来。

电视信号主要由图像信号（视频信号）和伴音信号（音频信号）两大部分组成。图像信号的频带为 0～6MHz，伴音信号的频带一般为 20Hz～20kHz。为了能进行远距离传

送，并避免两种信号的互相干扰，发射台将图像信号和伴音信号分别采用调幅和调频方式调制在射频载波上，形成射频电视信号从电视发射天线发射出去，供各电视机接收。

射频图像信号是视频图像信号对图像载波（f_P）进行幅度调制产生的一种调幅波，调幅波有上下两个边带，即（f_P+6MHz）和（f_P–6MHz），占有12MHz带宽。这样，在有限的广播电视波段就容纳不了多少个频道。另外，这样宽的频带使接收机的造价也大大增加。因此，在保证图像信号不受损失的条件下，将下边带进行部分抑制，以减小带宽，这就是残留边带方式，如图1.11所示。可见，一个频道就只占8MHz的带宽了。

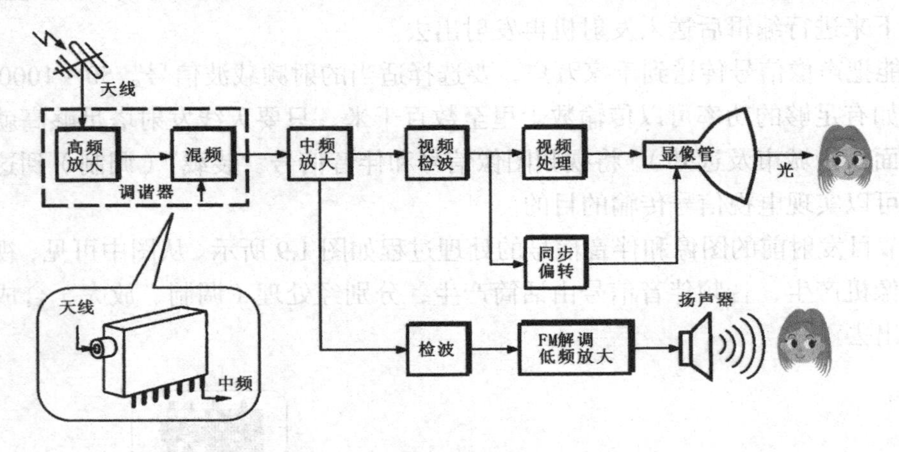

图1.10　电视节目接收的处理过程

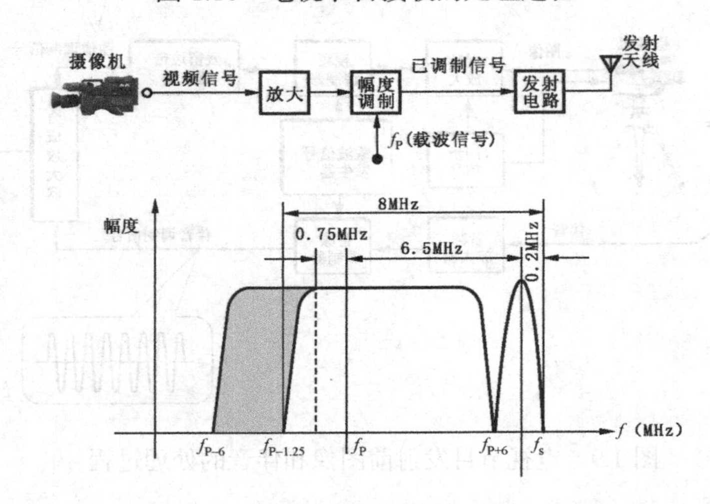

图1.11　电视信号的频谱

伴音信号一般是先调频在6.5MHz的载波上（电视机中的第二伴音中频信号），再将6.5MHz的伴音载波信号与图像载波混频，产生出比图像载波高6.5MHz的伴音射频信号。为了提高伴音信号的信噪比，伴音信号在调频之前要先经过预加重处理，即有意识地提升伴音信号中的高频部分，解调后利用去加重电路，恢复为原伴音信号，这样可以抑制

其三角噪声。

调幅的射频图像信号和调频伴音信号，经双工器合在一起组成射频电视信号，共占8MHz 的频带宽度。这种射频电视信号经过高频功率放大后即可从天线发射出去供电视机接收，也可用电缆直接馈送给电视机。

我国的射频电视信号分甚高频（VHF）和超高频（UHF）两波段。甚高频段包括 1 频道到 12 频道，其中 1～5 频道又称为低频段（即 V_I或 V_L），频率范围在 50～92MHz；6～12 频道，又称为高频段（即 V_{III}或 V_H），频率范围在 168～220MHz；超高频段包括 13 频道到 68 频道，频率范围在 470～960MHz。

1.3.2　PAL 制电视信号的编码方法

视频摄像机所摄景物的光信号通过镜头组进入摄像机，通过分色器，将所摄彩色图像分解成红（R）、绿（G）、蓝（B）三幅基色图像（参见图 1.12），分别送到三只 CCD 摄像元件（或摄像管），CCD 图像传感器再把这三幅基色图像光信号转换成 R、G、B 三个基色电信号。这三个基色电信号在矩阵电路经编码组成一个复合视频信号。视频信号的编码过程如图 1.13 所示，R、G、B 信号先经矩阵电路形成一个亮度信号 E_Y 和两个色差信号 E_{B-Y} 和 E_{R-Y}。两色差信号的频带为 0～1.3MHz，故各自先经过一低通滤波器限制。B–Y 信号与相位为 0° 的副载波送到 U 平衡调制器，调幅后获得 U 分量。所谓 U 信号是指 B–Y 色差信号调制于色副载波后的 R–Y 已调信号。R–Y 信号和经 PAL 开关送来相位为 ± 90° 的色副载波信号在 V 平衡调制器产生逐行倒相的 V 分量。由此可知 V 信号即是已调制的 R–Y 色差信号。由于 U 调制器和 V 调制器的色副载波相差 90° ，故叫“正交平衡调制”。这里的 PAL 开关是一种电子倒相开关，它在逐行倒相开关信号（1/2 行频）的控制下，使色副载波逐行倒相 180° 后再加到 V 调制器，从而使 V 调制器输出的 V 信号也逐行倒相。

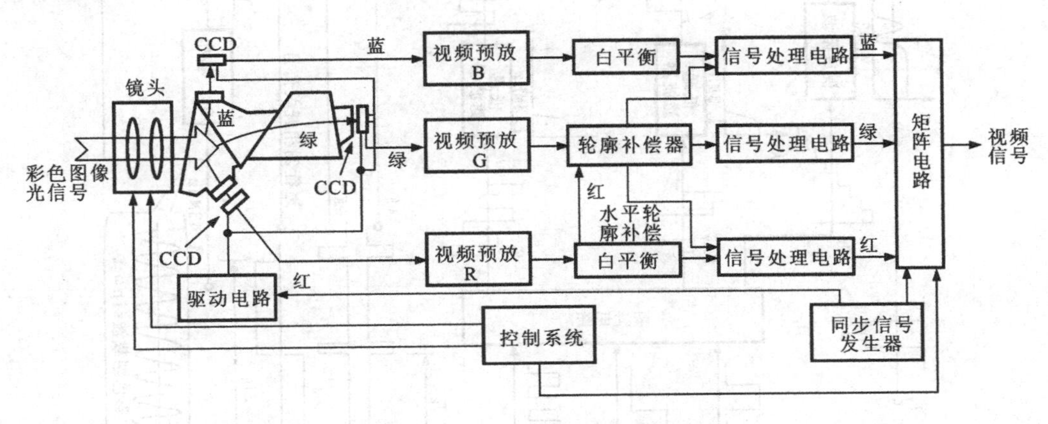

图 1.12　彩色电视信号的形成

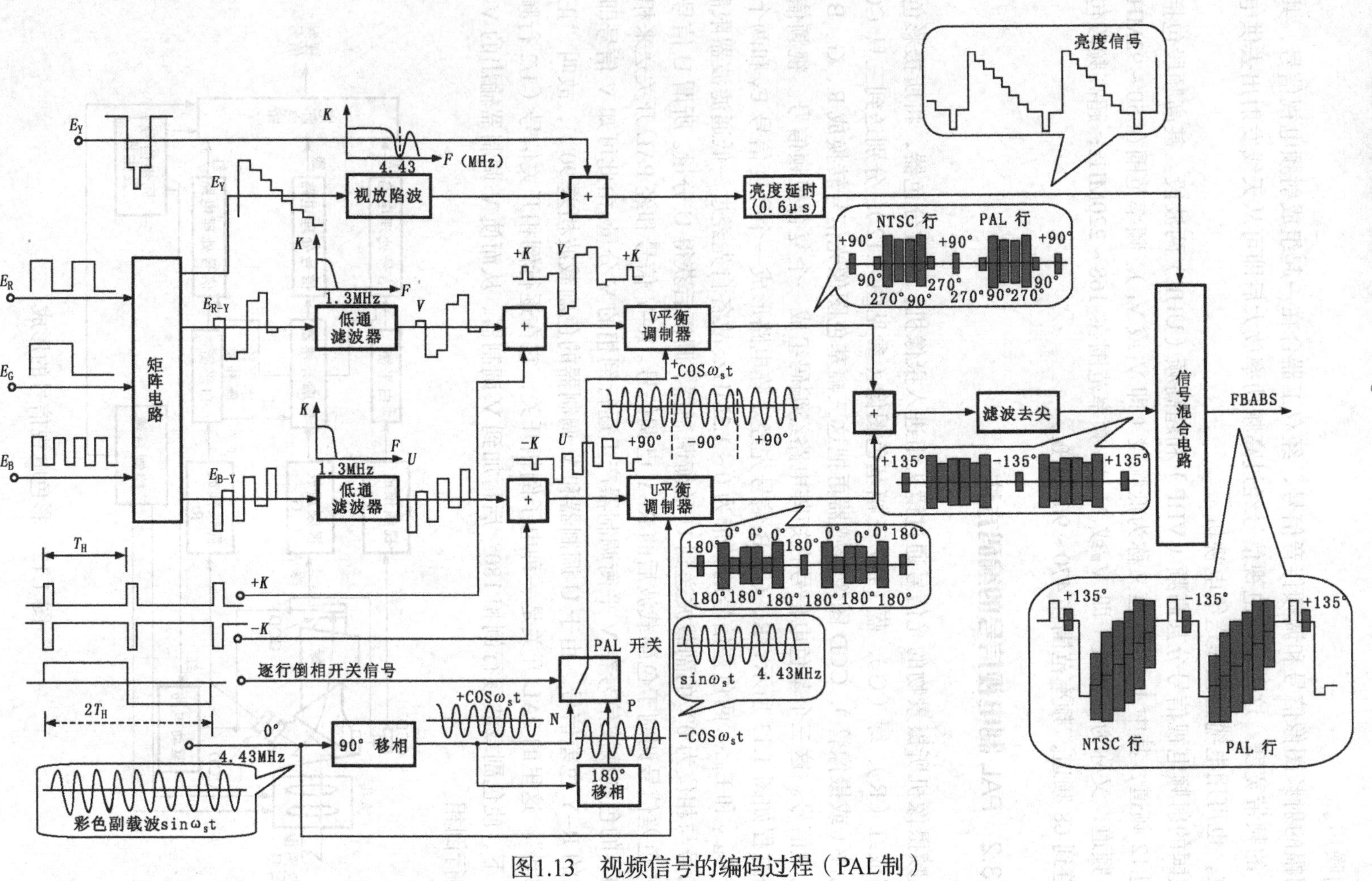

图1.13 视频信号的编码过程（PAL制）

PAL开关的控制信号是1/2行频，即7.8kHz的开关信号，它由行同步信号经分频整形后得到的。这样就造成了送到V平衡调制器的副载波信号的相位一行为+90°，而下一行为–90°。U分量和V分量在加法器混合在一起组成色度信号，经谐波滤波器去除多余的谐波成分之后再到加法器（信号混合电路）与亮度信号混合。亮度信号在混合前还必须嵌入电视接收机扫描用的行、场消隐脉冲和复合同步脉冲信号。场、行消隐脉冲及复合同步脉冲是由摄像机内部的同步发生器产生的。图中的加法器就完成这一嵌合作用。由于两个色差信号经窄带滤波器处理后产生延时作用，所以为了对此延时进行补偿，在混合前还要对亮度信号施加大约0.6～0.7μs的延迟。使亮度及色度信号具有相同的延迟。这样行、场消隐脉冲、复合同步脉冲、0.6～0.7μs的延迟后的亮度信号和色度信号组合在一起形成PAL制彩色全电视信号（FBAS），最后通过视频放大器放大后，就可用于调制射频载波，再经天线发送或直接供录像机记录了。

1.3.3 PAL制彩色信号的特点

我国电视信号采用的是PAL制，它是在NTSC制的基础上经改进而成的，是将NTSC制中色度信号的一个正交分量逐行倒相，从而抵消了在传输过程中产生的相位误差，并把微分相位误差的容限由NTSC制的±12°提高到±40°。1967年，联邦德国和英国正式采用PAL制广播，西欧、大洋州地区及一些其他国家先后都采用PAL制。PAL制信号的主要特点是正交平衡调制和逐行倒相。

1. 正交平衡调幅

正交调幅是将两个色差信号E_{R-Y}和E_{B-Y}分别调制在频率相同，相位差90°的两个色副载波上，再将两个输出合成在一起。在接收机中，根据其相位的不同，可从合成的副载波已调信号中分别取出两个色差信号。正交调幅即能在一个副载波上互不干扰地传送两个色差信号，又能在接收机中简单地将他们分开。

色差信号的正交平衡调制的方框图如图1.14（a）所示。图中共有两个平衡调制器，一个是E_{R-Y}信号的，一个是E_{B-Y}信号的。设前者的副载波为$\cos\omega_{sc}t$，后者为$\sin\omega_{sc}t$（振幅均设为1）。那么，两个平衡调幅器的输出分别是$E_{R-Y}\cos\omega_{sc}t$和$E_{B-Y}\sin\omega_{sc}t$，它们在线性相加器中合成，形成色度信号：

$$F = E_{R-Y}\cos\omega_{SC}t + E_{B-Y}\sin\omega_{SC}t$$

如图1.14（b）所示为合成信号与两平衡调幅器输出之间的矢量关系。图中对角线的长度代表色度信号F的振幅，Φ是F的相角。

2. 逐行倒相的处理方法

PAL就是逐行倒相的缩写，PAL制就是在正交平衡调幅制的基础上加上一个逐行倒相措施，所以称为逐行倒相正交平衡调幅制。所谓逐行倒相，是将色度信号中的一个分量，即 F_V 逐行倒相，而不是将整个色度信号倒相，更不是将整个视频信号倒相。为了方便，把不倒相的那些行叫做 NTSC 行，倒相的那些行叫做 PAL 行。

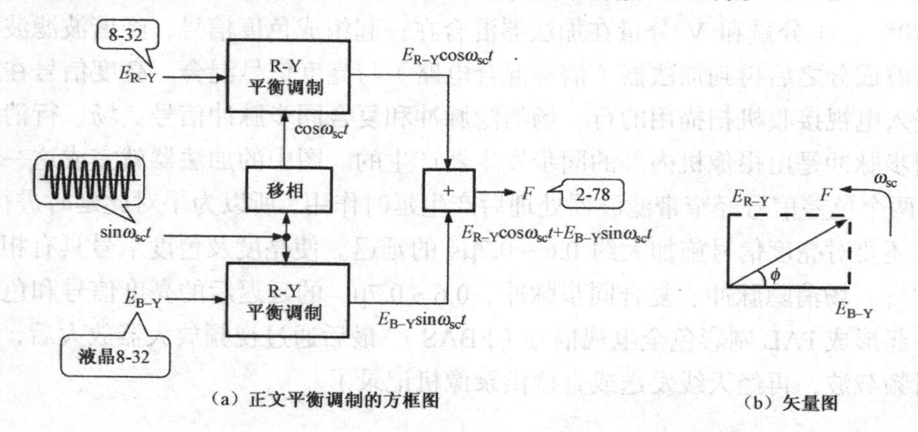

图 1.14　正交平衡调幅的框图及合成矢量

一个任意色调的色度信号，如果 NTSC 行用 F_n 表示。那么它的 PAL 行的矢量 F_{n+1} 就应该是 F_n 以 U 轴为基准的一个镜像。图 1.15 以紫色为例说明了这种情况。其中实线表示 NTSC 行，虚线表示 PAL 行。

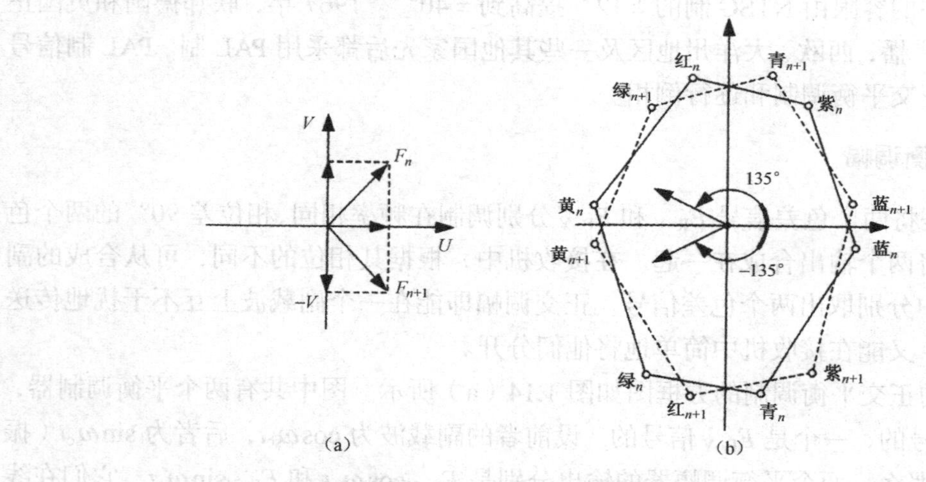

图 1.15　逐行倒相的色度信号

为了使接收机能按色度信号的本来相位正确重现原来的色调，在接收端必须采用相应的措施，将 PAL 行的色度信号 F_V 的相位重新倒过来。否则，就会失去原来的色调。其他色调也有类似的变化。

1.3.4　色度信号的解码过程

色度信号的解码电路是比较复杂的，为了说明信号的解码过程，这里只用其方框原

理来加以说明。解码电路是发射端编码电路的逆处理电路，它主要由两部分组成，即色度信号处理电路和色同步信号处理电路。色度信号处理电路的作用是将已编码的色度信号还原成三个色差信号，以便在矩阵电路或末级视放中与亮度信号相加而最终还原成三基色信号。色同步信号处理电路的作用是恢复 0° 和 90° 相位的副载波和逐行倒相的副载波，从而准确地还原色度信号，如图 1.16 所示。

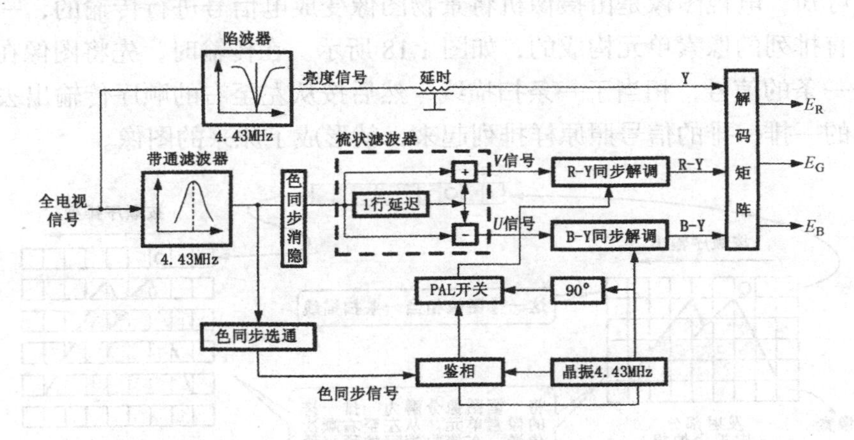

图 1.16 色度信号的解码过程

从中频通道中视频检波电路送出的视频信号，在色信号处理电路中，首先由带通滤波器（4.43 ± 0.5MHz）阻止亮度信号而取出色信号。色信号中包含两部分：色度信号和色同步信号。在色信号处理之前首先要将色度信号和色同步信号分离，这里使用时间分离法，利用行同步信号延迟后形成色同步选通脉冲将二者分离。

除去色同步信号的色度信号，再由梳状滤波器将两个正交信号 *V* 和 *U* 分离。梳状滤波器是由延迟线、加法器、减法器组成，如图 1.16 中虚线方框所示。由于使用延迟线，故这部分电路又叫延迟解调器。经梳状滤波器输出的 *V*、*U* 信号分别加到 R−Y 及 B−Y 同步解调器（或叫 V 解调器及 U 解调器）上，解出两色差信号。视频信号中各种信号分离方法如图 1.17 所示。

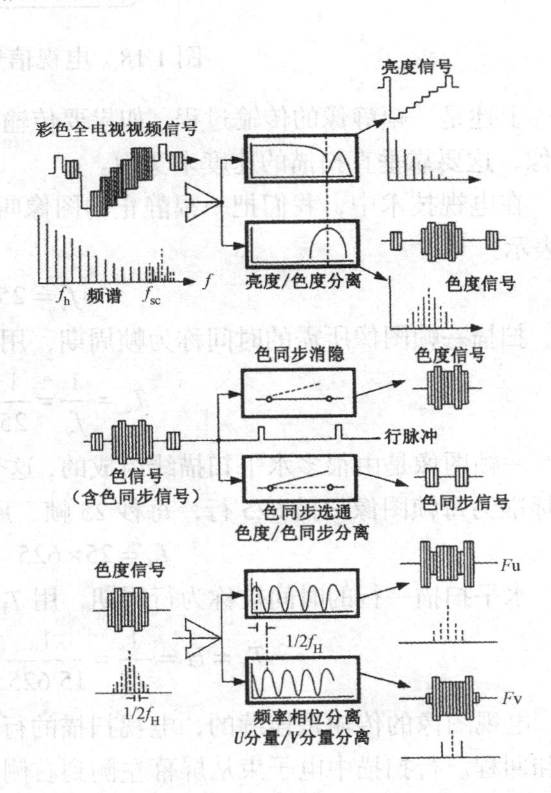

图 1.17 视频信号中各种信号的分离方法

1.3.5 电视信号的传输方法

1. 图像的扫描

从前述可知，电视图像是由摄像机将景物图像变成电信号进行传输的，一幅图像是由水平和垂直排列的像素单元构成的，如图 1.18 所示。在传输时，先将图像在垂直方向切割成一条一条的信号，相当于一条扫描线，然后按从左至右的顺序传输出去，在接收端再将送来的一排一排的信号照原样排列起来，就形成了原来的图像。

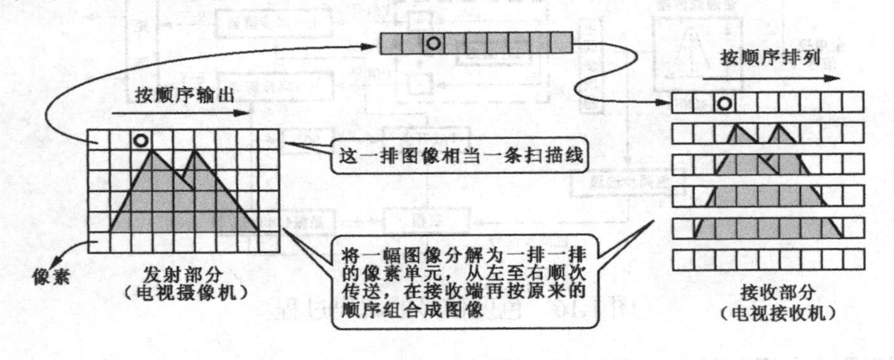

图 1.18　电视信号的传输方法

上述是一幅静像的传输过程，如果要传输连续的活动图像，至少每秒要传输 25 幅静图像，这要靠垂直扫描的速度来实现。

在电视技术中，我们把一幅静止的图像叫一帧，每秒传输的帧图像数称为帧频，用 f_v 表示：

$$f_v = 25\text{Hz}$$

扫描一帧图像所需的时间称为帧周期，用 T_v 表示，它是帧频的倒数，即

$$T_v = \frac{1}{f_v} = \frac{1}{25} = 40\text{ms}$$

一帧图像是由很多水平扫描线组成的，这个扫描的线数被称为行频，用 f_H 表示，PAL 制标准为每帧图像扫描 625 行，每秒 25 帧，所以，

$$f_H = 25 \times 625 = 15\,625\text{Hz}$$

水平扫描一行的时间被称为行周期，用 T_H 或 H 表示：

$$T_H = H = \frac{1}{f_H} = \frac{1}{15\,625} = 64 \times 10^{-6} = 64\mu\text{s}$$

电视图像的传输是连续的，电视扫描的行帧扫描是连续的、周期性的，因而都有正程和回程。行扫描中电子束从屏幕左侧到右侧是正程，正程时间约为 52μs，从右回到左是回程被称为“逆程”，时间约为 12μs。帧扫描中从上到下是正程，从下再回到上侧是逆程，逆程的时间相当于 50 个行扫描周期，因而正程中的行扫描数为 625 − 50 = 575 行。

正程扫描期间输出电视信号，帧扫描正程 575 行，就意味着在图像的垂直方向出现 575 个像素，显像管屏幕宽高比如果是 4:3，在水平方向就出现 $\frac{3}{4}\times 575=766$ 个像素，一帧图像的像素为 $575\times 766\approx 44$ 万个，每秒扫描 25 帧图像，每秒在屏幕显现的像素有 25×44 万个=1 100 万个，相邻两个像素之间的电压是不同的，也就是说每秒图像信号电压的变化为 $\frac{1100}{2}$ 万次，约 550 万次。可知图像信号的最高频率为 5.5MHz，为留有裕量，我国规定，图像信号的最高频率为 6MHz。

2. 隔行扫描

每秒传送 25 帧图像会产生闪烁现象。如果增加每秒传送画面的帧数，必然导致电视频宽的增加，由此会带来对设备要求增高等问题。为了解决这一矛盾，采用隔行扫描的办法，即将一帧图像分为两场扫描，先扫描 1，3，5，…行，称为奇数场，如图 1.19（a）所示，再扫描 2，4，6，…行，称为偶数场，如图 1.19（b）所示。这样每秒传送图像的帧数不变，每帧图像扫描的行数也不变，因而不会增大电视信号的频带宽度，从而较好地解决了频带宽度与传送活动图像产生的闪烁现象之间的矛盾。由于传送两场之间的时间间隔极短，产生的视觉还是一个完整的画面，其原理如图 1.19 所示。

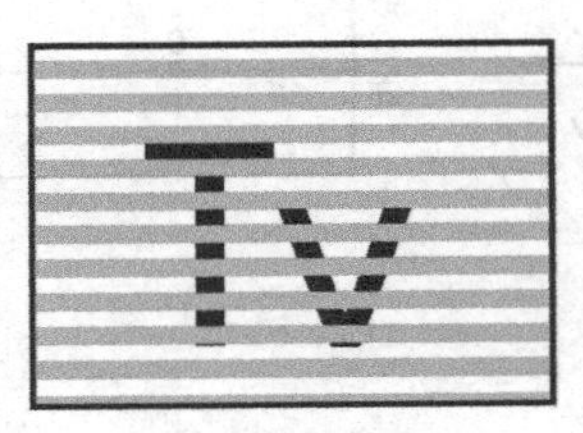

（a）奇数场的扫描

（b）偶数场的扫描

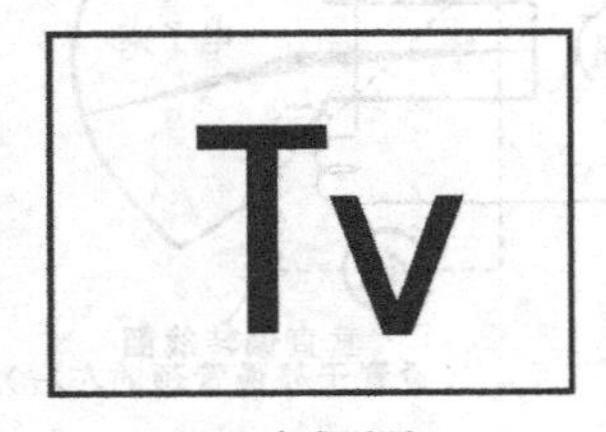

（c）合成画面

图 1.19　隔行扫描原理

每秒扫描的场次数称场频 f_Z，由于每帧分两场，故场频 $f_Z=f_V\times 2=25\times 2=50\text{Hz}$，场周期 $T_Z=20\text{ms}$，每场扫描的行数为 312.5 行，其中逆程为 25 行，正程为 287.5 行，必须保证隔行扫描的准确性，避免出现并行现象，奇数场应结束于最末一行的一半，然后回扫，偶数场是扫完最后一行后才回扫，如图 1.20 所示。

3. 行、场偏转原理

显像管管颈外都套有行、场偏转线圈，行、场偏转线圈中分别通有周期性变化（大小和方向）的行、场扫描电流，形成行、场偏转磁场，电子束受磁场力的作用在屏幕上做周期性的往复运动。

如图 1.21 所示为行扫描电流波形及水平（行）偏移示意图。

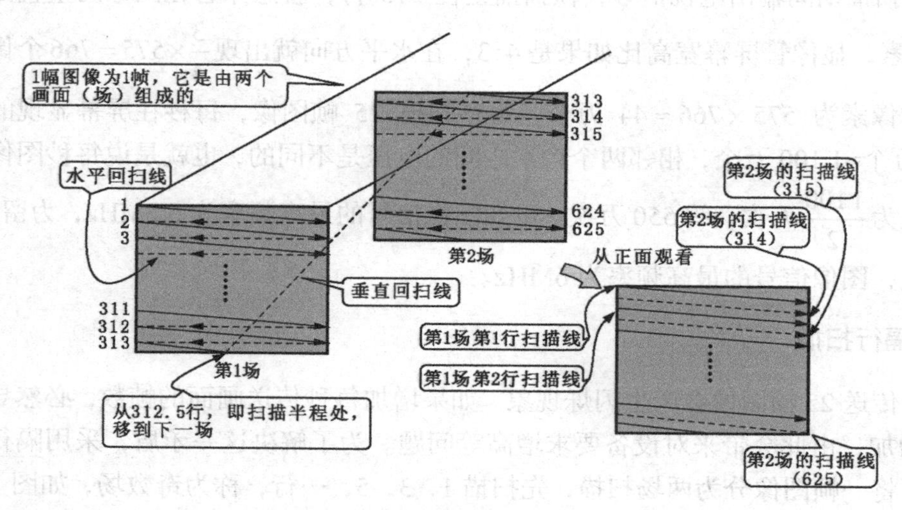

图 1.20　隔行扫描重现图像的过程

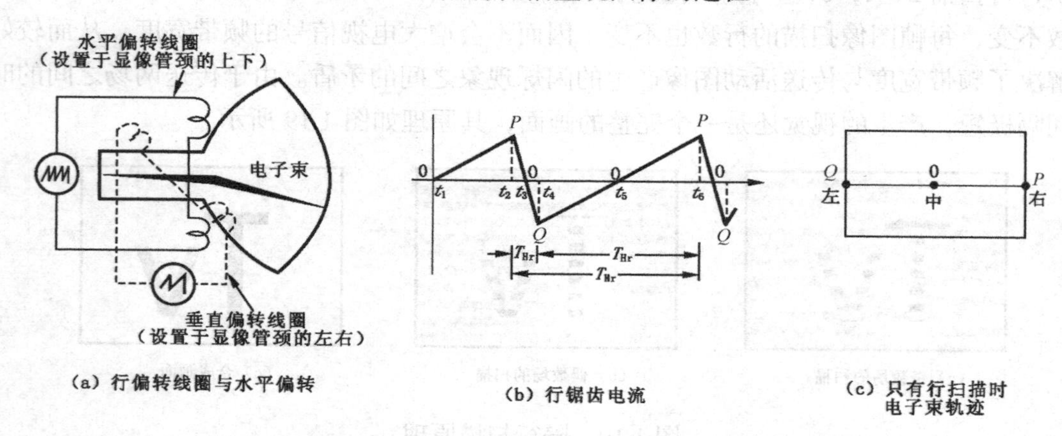

图 1.21　行扫描电流波形与水平（行）偏转示意图

设 t_1 时刻，$i_H=0$，电子束不受磁场作用，打在屏幕中央。$t_1 \sim t_2$ 期间，i_H 为正，设其方向由右手定则确定。由于这期间电流 i_H 是匀速线性增大的，电流产生的磁场也匀速增大，电子束偏转角也向右匀速增大，因而电子束在屏幕上匀速向右移动。$t_2 \sim t_3$ 期间，电流 i_H 方向不变，但匀速线性减小，电子束的偏转角也匀速减小，电子束在屏幕上向左移动，t_3 时刻回到屏幕中央。$t_3 \sim t_4$ 期间，i_H 为负，即电流方向相反，也是线性增长，它产生与 $t_1 \sim t_2$ 期间方向相反的匀速增长磁场，电子束向左匀速扫描，$t_4 \sim t_5$ 期间电流方向不变但线性减小，电子束向左的偏转角也匀速减小，t_5 时刻从左扫回中央。如此周而复始，电子束做周期性的行（水平）扫描运动。图 1.21（c）只有行扫描电流作用时的电子束扫描轨迹，此时光栅只显示屏幕中央的一条水平亮线。

场扫描锯齿电流及场偏转轨迹如图 1.22 所示。同理，如将按场频变化的线性良好的锯齿电流送入场偏转线圈，它所产生的磁场使电子束做垂直扫描运动。当行、场电流同

时加到各自的偏转线圈中，其磁场会形成水平和垂直方向的合作用，在进行水平扫描的同时进行垂直扫描。

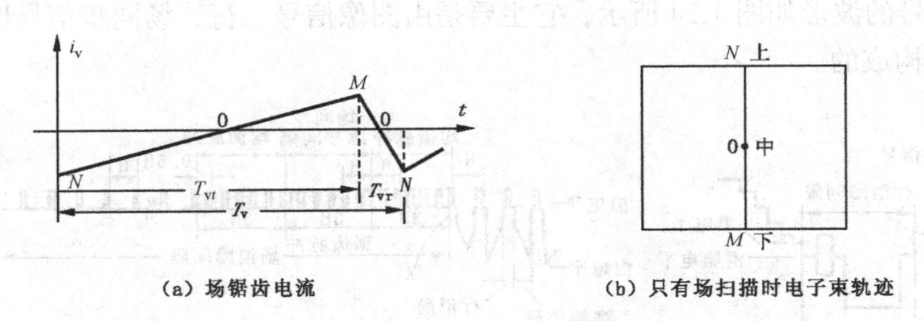

图 1.22　场扫描锯齿电流及场偏转轨迹

4．消隐与同步

电视系统是用显像管显示摄像机形成的图像，在显像管扫描的正程传送图像信号，在逆程期间不传送图像信号，电子束在逆程扫描时，会有回扫线出现在屏幕上，这会对图像造成干扰，因此需要使电视机在行、场扫描的逆程期间电子束截止，以消除行、场逆程回扫线，即实现消隐。方法是在图像信号中加入消隐信号，形成复合视频信号，以便使接收机在行、场逆程扫描期间关断电子束，如图 1.23 所示。

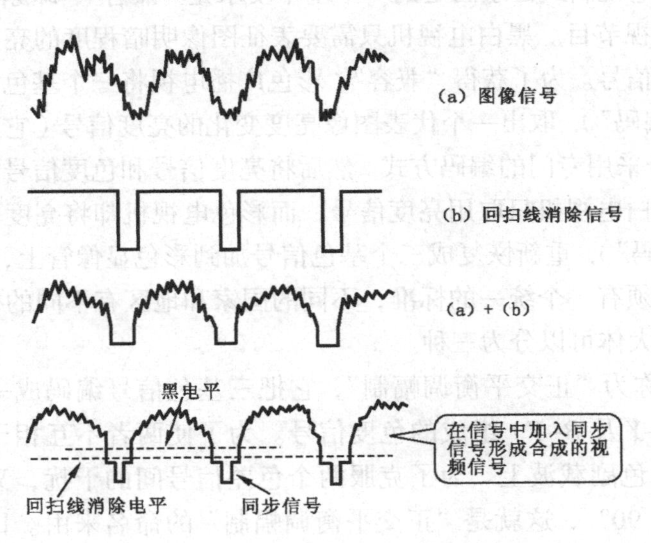

图 1.23　复合视频信号的内容

为了使接收机的重现图像与摄像机的图像完全一致，要求接收端与发送端必须同步。所谓同步是指收、发端扫描的频率和扫描的相位（起始位置）完全相同。否则会出现图像紊乱的情况。

5．图像信号的构成

电视信号的波形如图 1.24 所示，它主要是由图像信号、行、场同步信号以及色同步信号等部分构成的。

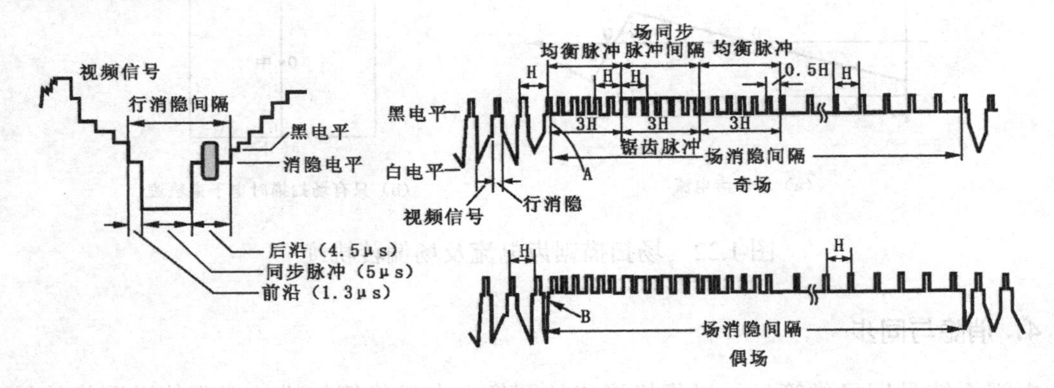

图 1.24　电视信号的波形

1.4　彩色电视信号三大制式简介

现代彩色广播电视制式必须满足的一个基本要求是“兼容”，即原有的黑白电视机也能接收彩色广播电视节目。黑白电视机只需要表征图像明暗程度的亮度信号，而彩色电视需要的是三基色信号。为了获得“兼容”，彩色广播电视将三个基色信号重新编排组合（这个过程称为“编码”），取出一个代表图像亮度变化的亮度信号（它和黑白电视图像信号一致），色度信号采用专门的编码方式。然后将亮度信号和色度信号混合成全电视信号同时传送出去。黑白电视机只取用亮度信号，而彩色电视机却将亮度信号和色度信号进行分解（称为“解码”），重新恢复成三个基色信号加到彩色显像管上，以重现彩色图像。电视信号的结构必须有一个统一的标准，不同的国家和地区有不同的标准，目前世界流行的电视信号标准大体可以分为三种。

NTSC 制，又称为“正交平衡调幅制”，它把三基色信号编码成一个亮度信号和由两个色差信号（$R-Y$ 及 $B-Y$）组成的色度信号。为了使两者不互相干扰，又把两个色差信号调制在同一色副载波上。为了克服两个色差信号间的干扰，又使它们在调制时使副载波相位相差 90°，这就是“正交平衡调幅制”的命名来由。日美等国采用这种制式。

SECAM 制，又称为“行轮换调幅制”。法国、俄罗斯及其他东欧诸国采用这种制式。

PAL 制，又称为“逐行倒相正交平衡调幅制”。它是在 NTSC 制基础上，又对一个色差信号（$R-Y$）进行逐行倒相的处理，以克服 NTSC 制的相位敏感性。西欧、英国和我国等采用此种制式。

色副载波频率的选择是采用频谱间置法，间置在亮度信号频谱谱线的空档中。这样可以防止亮度和色度信号的相互干扰，又便于亮度和色度信号的分离，如图 1.25 所示。

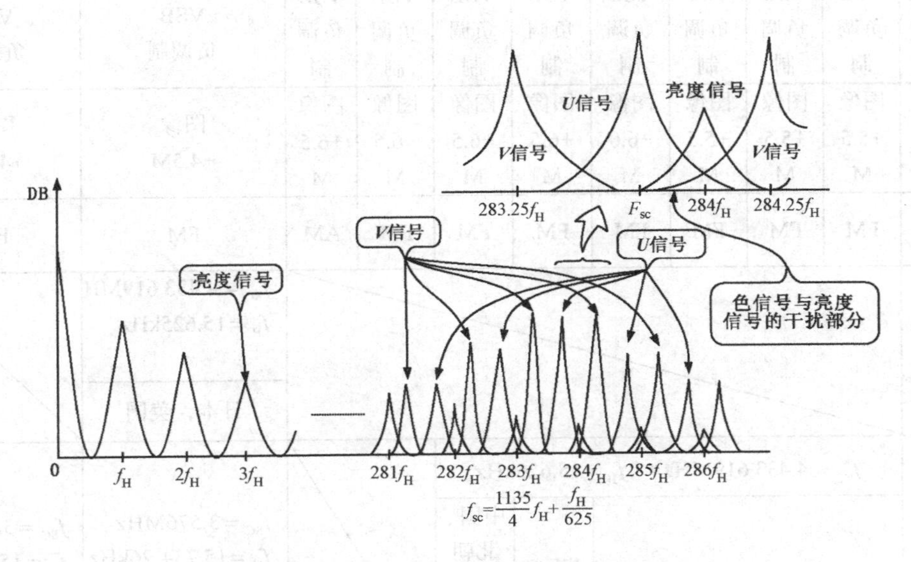

图 1.25 亮度信号和色度信号的频谱

NTSC 制的色副载波频率为 3.58MHz（或 4.43MHz），PAL 制的色副载波频率为 4.43MHz，在一些视频设备中，如录像机和影碟机等，也使用 NTSC 4.43MHz 的制式，这在使用时需要注意。

表 1.1 是电视信号的制式规格表，从表可见，每一种制式中还有一些细节的不同，例如 PAL-D 与 PAL-G 的不同是第二件音载频和视频带宽。

表 1.1 电视信号的制式规格表

	B	G	H	I	D	K	K1	L	M	N
扫描数（条）	625	625	625	625	625	625	625	625	525	625
场频（Hz）	50	50	50	50	50	50	50	50	60	50
频道带宽（Hz）	7M	8M	8M	8M	8M	8M	8M	8M	6M	6M
视频带宽（Hz）	5M	5M	5M	5.5M	6M	6M	6M	6M	4.2M	4.2M
上下侧边带（Hz）	+5/–0.75M	+5/–0.75M	+5/–1.25M	+5/–1.25M	+6/–0.75M	+6/–0.75M	+6/–1.25M	+6/–1.25M	+4.2/–0.75M	+4.2/–0.75M

续表

		B	G	H	I	D	K	K1	L	M	N
视频调制方式		VSB负调制	VSB负调制	VSB负调制	VSB负调制	VSB负调制	VSB负调制	VSB负调制	VSB负调制	VSB负调制	VSB负调制
伴音载频（Hz）		图像+5.5M	图像+5.5M	图像+5.5M	图像+6.0M	图像+6.5M	图像+6.5M	图像+6.5M	图像+6.5M	图像+4.5M	图像+4.5M
伴音调制方式		FM	FM	FM	FM	FM	FM	FM	AM	FM	FM
彩色制式	NTSC制									$f_{SC}=4.433\ 619$MH $f_H=15.625$kHz	
										日本，美国	
	PAL制	$f_{SC}=4.433\ 619$MHz，$f_H=15.625$kHz								$f_{SC}=3.576$MHz $f_H=15.734\ 26$kHz	$f_{SC}=3.582$MHz* $f_H=15.62$kHz
		德国、意大利、澳大利亚				英国、香港	中国、北朝鲜、罗马尼亚				
	SECAM制	法国、俄罗斯、伊朗、利比亚、英洛哥等					波兰、俄罗斯		法国		
备注		*1 $f_{SC}=(909/4)\bullet f_H=3.575\ 611$MHz *2 $f_{SC}=(917/4)\bullet f_H+25\text{Hz}=3.582\ 056$MHz									

1.5 数字电视的传输与接收

目前我国已进入了由模拟电视全面向数字电视的过渡时期。数字电视节目也通过多种途径进行传输，作为数字电视的接收端也相应有多种多样的接收设备。

目前传输数字电视节目的传输方式如图 1.26 所示，主要有 4 种：

- 卫星转播方式——由数字卫星接收机顶盒接收，配接电视机欣赏。
- 数字有线传输方式——由数字有线接收机顶盒接收，配接电视机欣赏。
- 地面数字电视广播——由地面数字电视接收机顶盒接收，配接电视机欣赏。
- 网络传输方式——由多媒体数字电视接收卡接收，配接电脑和显示器欣赏。

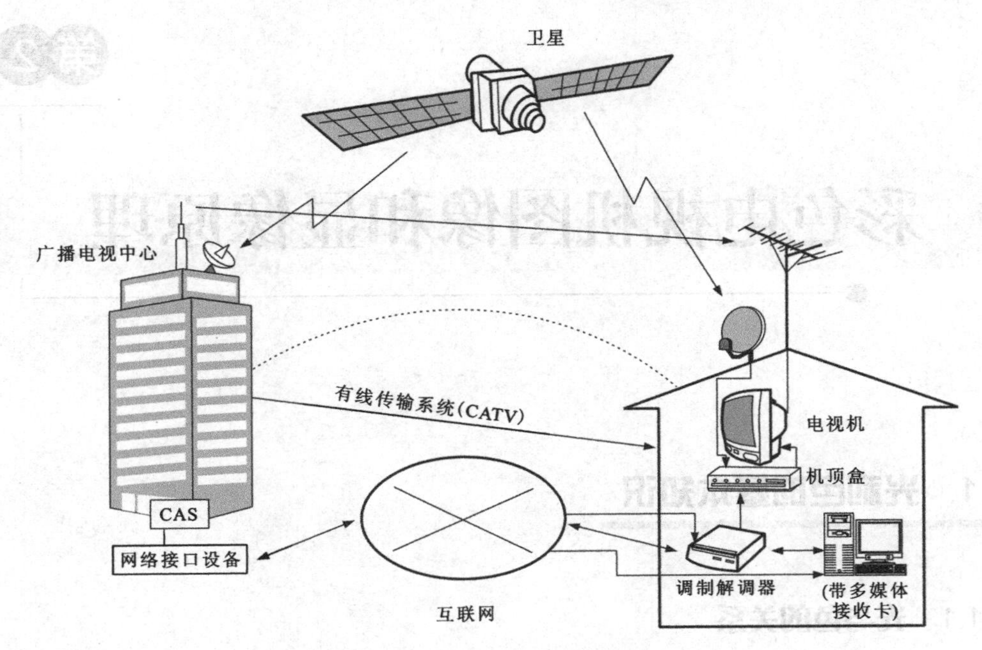

图 1.26 数字电视传输方式

第2章

彩色电视机图像和显像原理

2.1　光和色的基本知识

2.1.1　光与色的关系

光实际上是一种电磁波，它的频谱范围很宽，其中红、橙、黄、绿、青、蓝、紫色光是可见光，而低于红色光频率的光如红外光和高于紫色光频率的光如紫外光都是不可见光。人的眼睛只对波长为 380～780nm 的光有感觉，人眼对不同颜色的光的感觉也是不完全相同的。从如图 2.1 所示的光谱范围可见，可见光只是光谱中的一小部分。

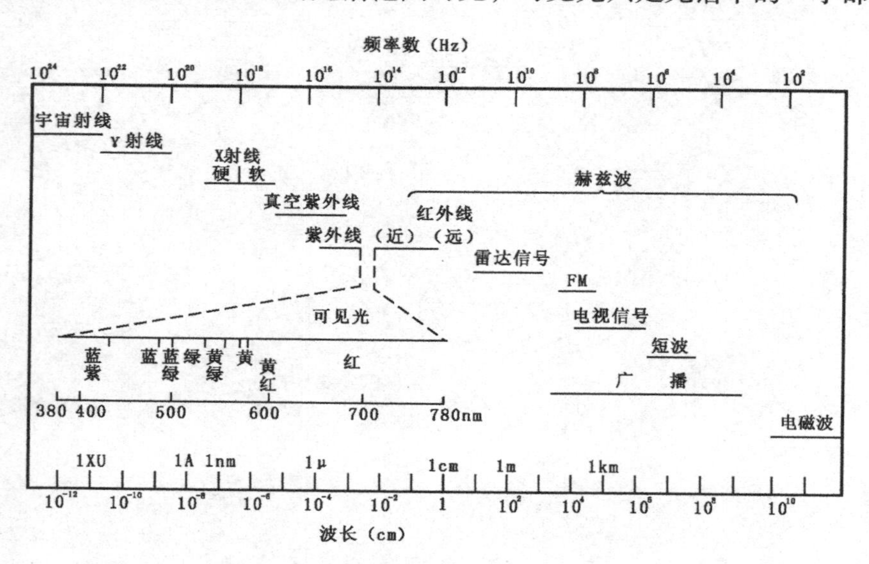

图 2.1　各种光的频谱范围

白色光是一种混合光，它通过棱镜可以分解成红、橙、黄、绿、青、蓝、紫七色光，而这七色光中任何一种再经过棱镜也不能再分解成其他的彩色的光（图 2.2），这是光的

固有特性。

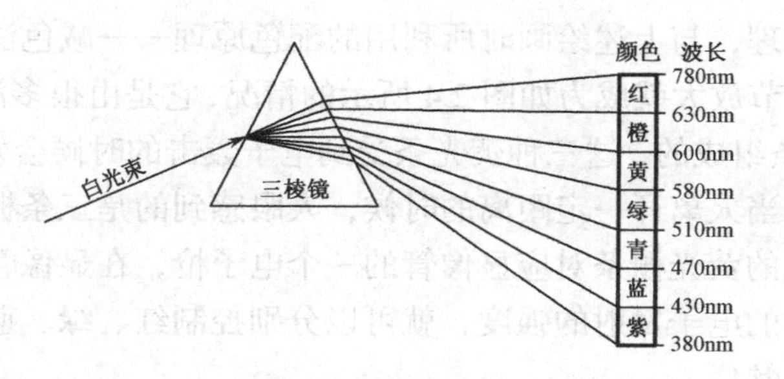

图 2.2　光的分解特性（色散）

应该指出整个可见光的光谱是连续的，从一种颜色的光过渡到另一种颜色并没有明显的界限。如从红逐渐变化过渡到橙，又从橙逐渐变化过渡到黄……这样就构成了千变万化的自然景色。

颜色是人眼睛对自然界各种景物的感觉，各种景物的颜色不同，实质上是不同景物对各种颜色的光吸收和反射的特性不同。我们在阳光下看到红色的花和绿色的叶，实质上是白色的阳光照射到花和叶子上，叶子具有吸收绿色以外的其他各种光和反射绿光的特性，而花则具有反射红光吸收其他颜色光的特性。由于这种特性，故同一景物在不同光源的条件下人眼所感觉的颜色也不同。例如，树叶在阳光下看是绿色的，而在红光照射下则是黑色的。因为红光照到树叶上时全部被吸收，而没有光反射回来，因此是黑色的。

2.1.2　三基色原理

人们在绘画中利用不同颜料的混合画出所希望的颜色，例如，用黄色和青色的颜料可以合成绿色；用黄色和品色的颜料可以合成出红色……这实际上利用的是减色原理。这是因为颜料的色彩是由材料的吸光和反射光的特性决定的，颜料本身是不发光的。如图 2.3 所示，用青、品、黄三色可以合成出各种颜色，这三种颜色被称为三原色。

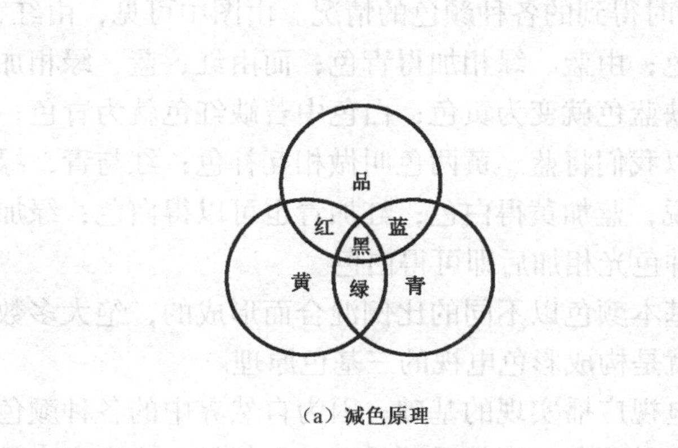

（a）减色原理

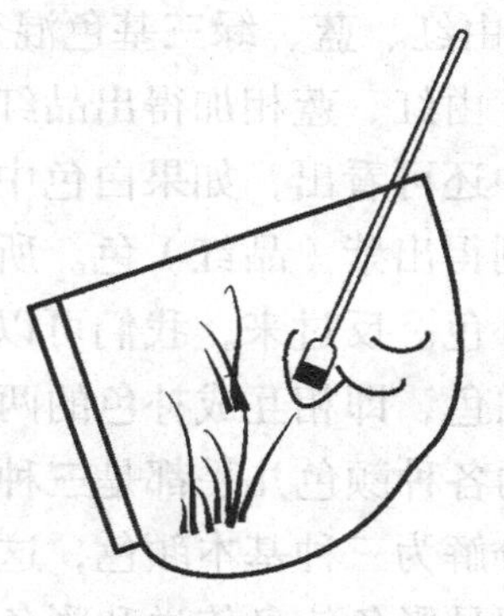

（b）绘画效果是减色原理

图 2.3　减色法原理

电视屏幕上的各种彩色光是由红、绿、蓝三种荧光材料所发射的光以不同比例合成的，它是利用加色原理，与上述绘画时所利用的配色原理——减色法是不同的。我们将显像管荧光屏上的细节放大就成为如图 2.4 所示的情况，它是由很多涂有红（R）、绿（G）、蓝（B）荧光粉的栅条组成的，这三种荧光条受到电子轰击的时候会发光。由于三种荧光栅条紧靠在一起，故当人离开一定距离的时候，人眼感到的是三条栅的发射光合成的颜色效果。每一种颜色的荧光栅条对应显像管的一个电子枪，在显像管的尾部有三个电子枪，控制三个电子枪的电子发射的强度，就可以分别控制红、绿、蓝荧光粉栅的发光强度，从而合成出各种颜色。

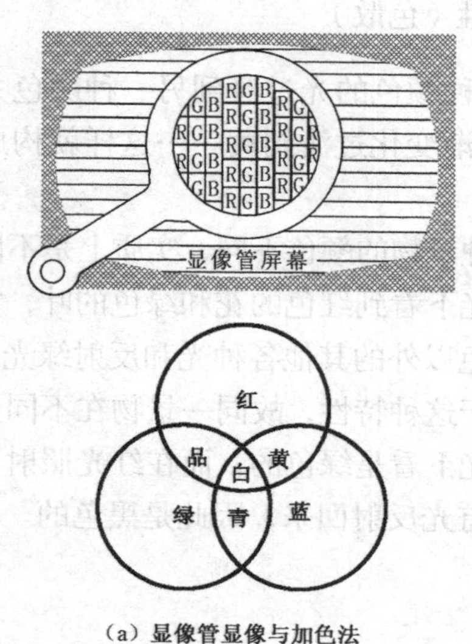

（a）显像管显像与加色法

（b）加色三角形

图 2.4　加色法原理

自然界中任何一种颜色都可以分解为三种基色光，即红、绿、蓝三色，只不过是三基色的混合比例不同而已。但是，这三种光的任何一种颜色都不能由其中另外两种颜色混合而得到。

图 2.4 表示由红、蓝、绿三基色混合时得到的各种颜色的情况。由图中可见，由红、绿相加得黄色；由红、蓝相加得出品红色；由蓝、绿相加得青色；而由红、蓝、绿相加得白色。从图中还可看出，如果白色中缺蓝色就变为黄色；白色中若缺红色就为青色；白色中缺绿色则得出紫（品红）色。所以我们将蓝、黄两色叫做相互补色；红与青，绿与品红也相互补色。反过来，我们可以说，蓝加黄得白色；红加青也可以得白色；绿加品红同样可得白色，即相互成补色的两种色光相加后即可得白色。

自然界中的各种颜色几乎都是三种基本颜色以不同的比例混合而形成的，绝大多数的颜色也可以分解为三种基本颜色，这就是构成彩色电视的三基色原理。

三基色原理是彩色信息传送和彩色电视广播实现的基础。因为自然界中的各种颜色是千变万化的，如果用一种电信号传送一种颜色，那就需要千万种电信号，这事实上是

做不到的。应用三基色原理，先把彩色图像分解成红、绿、蓝三种基色图像，即可用三种电信号进行传送。然后在接收端再把三基色图像混合在一起，就能得到所要传送的彩色图像了。这样，传送的方法和过程就简单得的多了。

通过实验研究发现，人们的眼睛对红、绿、蓝三种颜色反应最灵敏，而且它们的配色范围比较广，用这三种颜色可以随意配出自然界中的绝大部分颜色。因此，在彩色电视中，选用红、绿、蓝三种颜色作为三基色，分别用 R、G、B 三个字母来表示。

从图 2.1 中可以看出，红、绿、蓝三种基色光各占有一定的波长范围。在此范围内，尽管它们的波长仍有差别，颜色也有连续的变化，但差别不大。为了简化和统一关于颜色问题的讨论，国际上规定红光的波长为 700nm，绿光的波长为 546.1nm，蓝光的波长为 435.8nm。

三基色原理不仅适用于彩色电视机，而且还适用于彩色绘画、彩色摄影等各个方面。彩色电视和彩色绘画、印刷等虽然都是用三基色原理进行工作的，但是它们的混合方式不同，选用的三基色也不同。

2.1.3 光的三要素

各种色光都可以用亮度、色调和色饱和度三种参量（特征）来表征出来，这就是光的三要素。三要素的关系如图 2.5 所示。

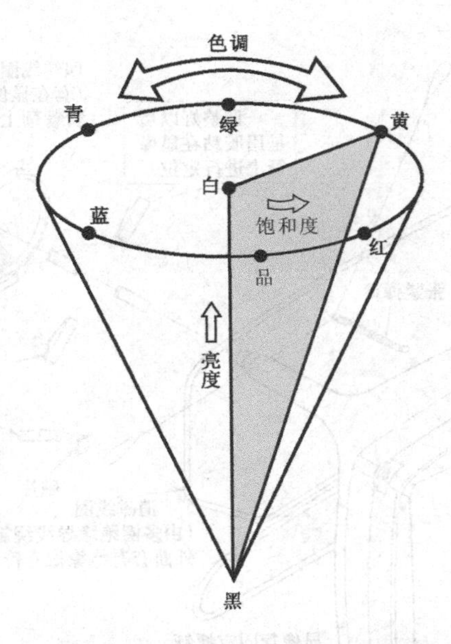

图 2.5 亮度、色调、色饱和度的关系

色调由光的波长来决定，不同波长的光代表不同的色调。例如，红、橙、黄、绿、青、蓝、紫，分别代表红色调、橙色调、紫色调……不同波长的光有不同的色调，但它们之间也可能互相配合而产生新的色调。例如，在红色光中配入少量的绿光，红色调就会起变化。当绿光逐渐加强时，红光就渐渐变成橙色光。当绿光和红光相等时，成为黄色光。

亮度是指色光对人们眼睛作用后，人眼所能感到的明暗程度。当色调和色饱和度固定时，把彩色光的能量增强，亮度就会增大；把彩色光的能量减小、亮度就会降低；色光的能量为零时，则亮度为零。物体的亮度由被反射的光的强度决定，反射光的强度大，物体的亮度就大；反射光的强度小，物体的亮度就低。

2.2 彩色显像管的基本结构和显像原理

2.2.1 显像管的结构

在电视机中承担显示图像的部件是显像管，其基本结构如图 2.6 所示，它是由屏幕、管径和电极（引脚）等部分构成的。显像管配上偏转线圈、会聚及色纯调节磁环，加上各种电压后，就可正常工作。由于彩色显像管阳极高压通常都在几万伏，因此，将高压嘴（高压输入端）单独设置在显像管的上部，并有严格的绝缘措施，以防发生高压放电。在显像管屏幕的四周绕有一个大线圈——自消磁线圈，在每次开机的瞬间有 50Hz 信号电流流入线圈，然后此电流便逐渐减小。这样所产生的磁场对显像管有消磁作用，因为显像管内部某部件如果被磁化带有磁性，会影响电子束的正常扫描运动，会使图像局部偏色。

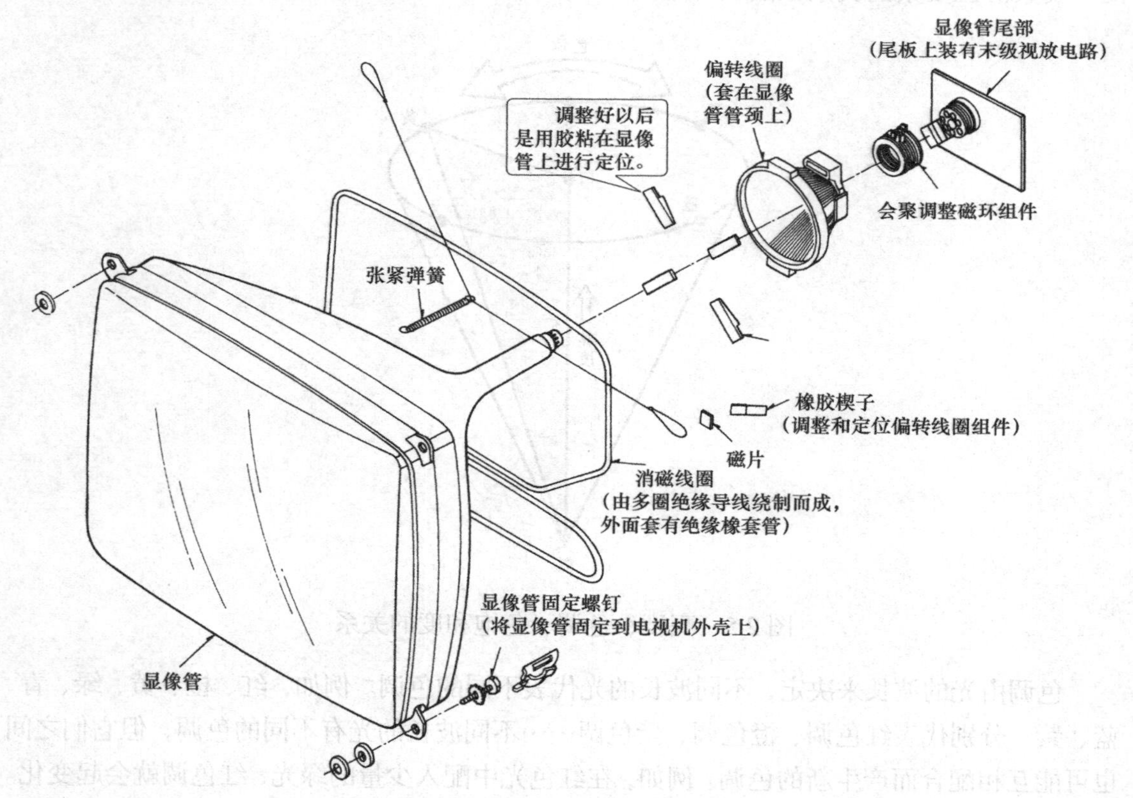

图 2.6 显像管的基本结构

彩色显像管的结构较黑白显像管复杂而且精度要求更高，在显像管屏幕的内侧是由很多组涂有红、绿、蓝三色荧光粉的品字形或栅条形光点构成的。显像管的管径中设有电子枪（有的是三个枪，有的是单枪），可以同时发射三束电子流（在具体结构上有三枪三束式，也有单枪三束式）。当电子束投射到荧光粉点时，其粉点会发光。电子束强则亮，电子束弱则暗。如电子束打到红色荧光粉点上，便发红光；打到绿色荧光粉点上便发绿光；打到蓝色荧光粉点上，则发蓝光。为了使各电子束准确地达到各自相应的荧光粉点，在屏幕上还设有一个荫罩。在荫罩上开有很多相应的品字形或栅条形孔（槽），使电子束只能从这些孔（槽）中通过，从而挡住多余电子，有助于提高清晰度如图 2.7 所示。

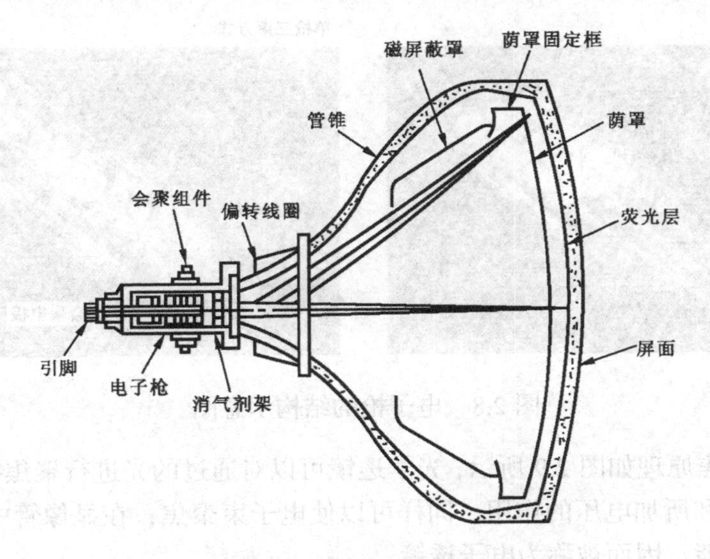

图 2.7　显像管的内部结构

彩色显像管如何再现五颜六色的自然景色呢？这里利用的是前面说过的三基色原理。

摄像机就是根据三基色的分色原理将入射光分解成三基色，然后进行信号处理和编码形成电视信号。电视机则是根据加色原理在荧光屏上合成各种景色。

三束电子（分别为红、绿、蓝电子束）投射到荧光屏上各自对应的红、绿、蓝三色荧光粉点上，于是各自发出红、绿、蓝色光。由于这三个光点很靠近，又由于人眼睛的视觉特性，从稍远的位置来观察时，好似一个点同时发出红、绿、蓝光。像从前讲过的如图 2.4 所示那样，红、绿、蓝混合的效果是白色，故人眼感觉是一个白光点；如果只有红色和绿色电子束作用，而蓝色电子束不发射，其结果是呈黄色；如果只有绿色和蓝色电子束作用，则得到青色；若只有蓝色与红色电子束，则得到紫（品红）色。根据这种原理，只要设法控制三种电子束的强度，使他们按不同的比例来发射电子束，就可以使荧光屏显示出不同的颜色。

光的三要素是亮度、色调和深浅度（即色饱和度）。光的颜色主要由后两者决定。在色度信号处理电路中，色调是色度信号的相位的反映，而色饱和度是色度信号的幅度的反映。

2.2.2 电子枪的结构和功能

图 2.8 是电子枪的结构示意图，通常它有两种结构形式，一种是三枪三束的方式。另一种是单枪三束方式，显像管内只能有一个电子枪，枪内有三个阴极可发射三束电子，由大口径电极形成电子聚焦透镜，同时对三电子束进行会聚控制。

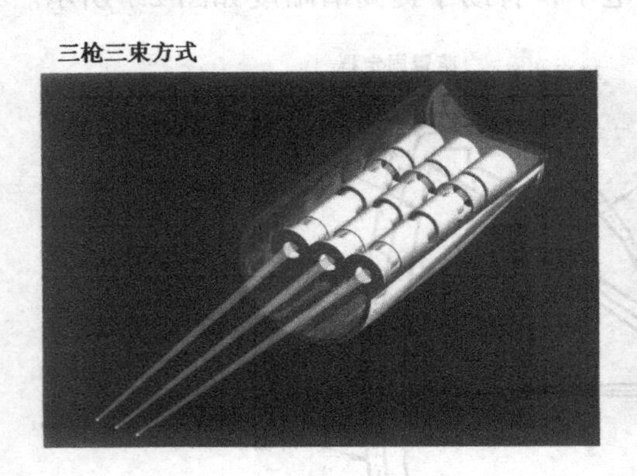

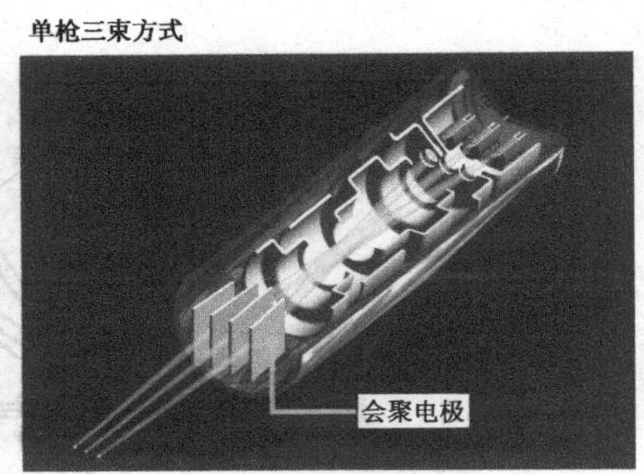

图 2.8 电子枪的结构示意图

电子束的聚焦原理如图 2.9 所示，光学透镜可以对通过的光进行聚焦控制，在电子枪中通过电极结构和所加电压的作用，同样可以使电子束聚焦，在显像管中聚焦极的作用类似于透镜的功能，因而被称为电子透镜。

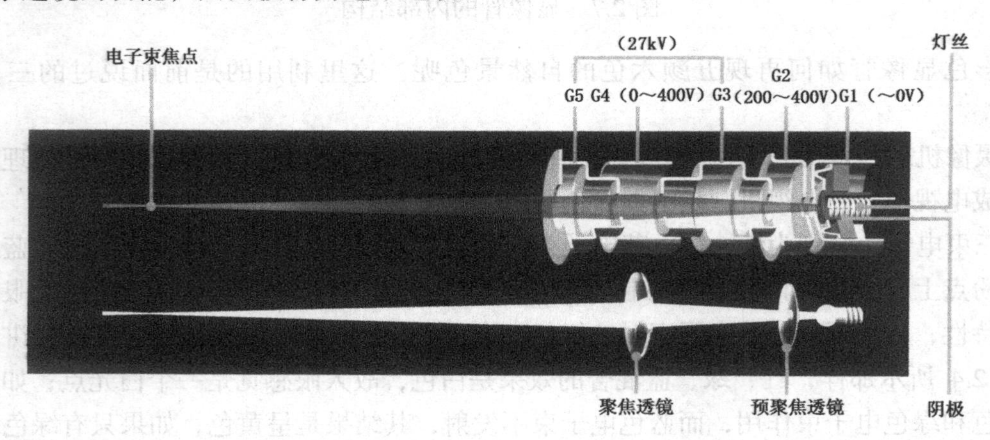

图 2.9 电子束的聚焦原理

为了实现电视图像的色彩正确，在显像管的屏幕内侧设有一个栅板，又称为荫罩，电子束穿过荫罩后，再射到屏幕的三色荧光粉点上。这个荫罩有三种结构形式，如图 2.10 所示，R、G、B 三电子束聚焦到荫罩的小孔处，穿过小孔后分别射到荧光面的 R、G、B

粉点上。这样可以有效地防止杂乱的电子到达荧光面干扰图像。

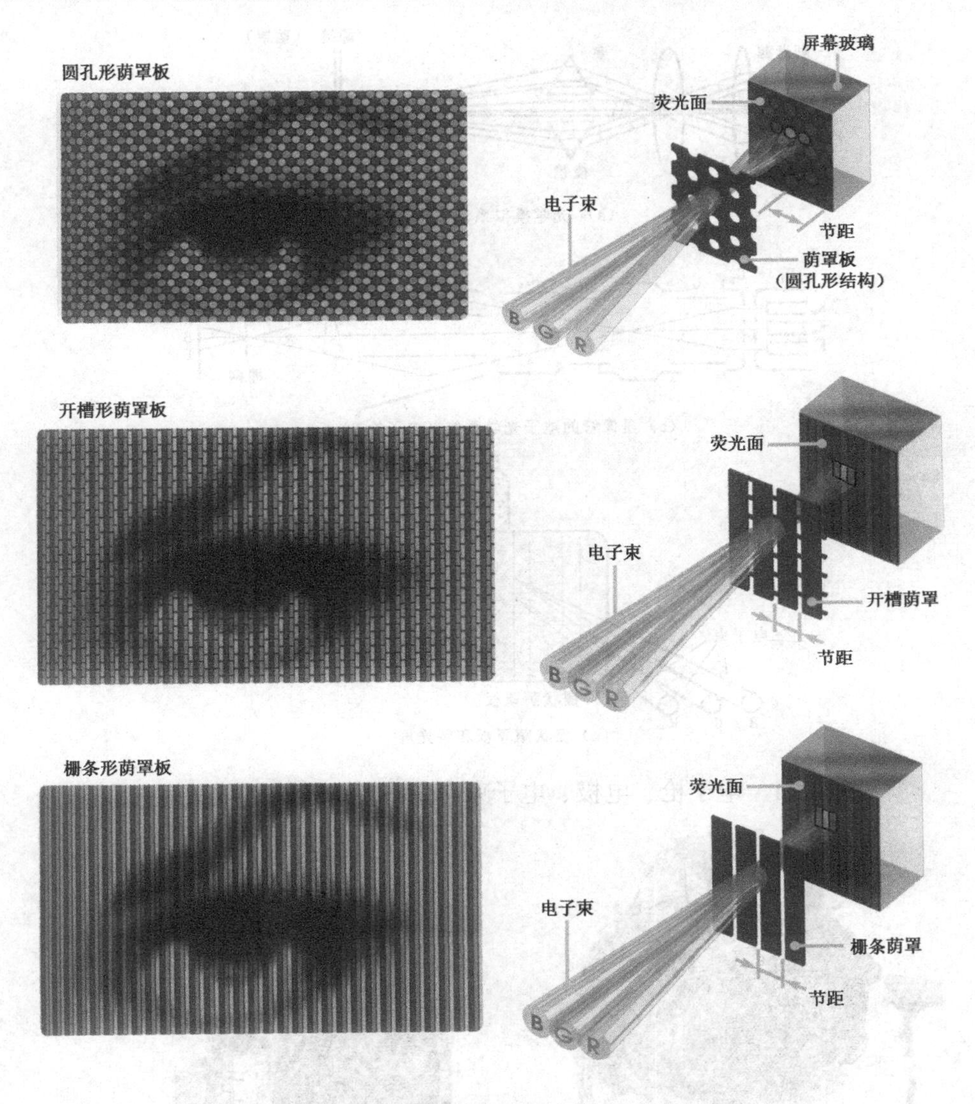

图 2.10 荫罩板的结构和功能

电子枪、电极、电子束、荫罩板、荧光屏的关系如图 2.11 所示，从图可见，电子束从电子枪射出到荧光屏，受到多个环节的精密控制，任何一个环节不正常，都会影响图像的质量。

2.2.3 偏转线圈的功能

偏转线圈是将行（水平）偏转线圈和场（垂直）偏转线圈同绕制在一个骨架上，然后套在显像管管颈上，如图 2.12 所示，三个电子束从它的中心穿过，行场锯齿波电流送

入偏转线圈时，线圈所产生的磁场会对电子束产生偏转作用，从而实现对屏幕的扫描。

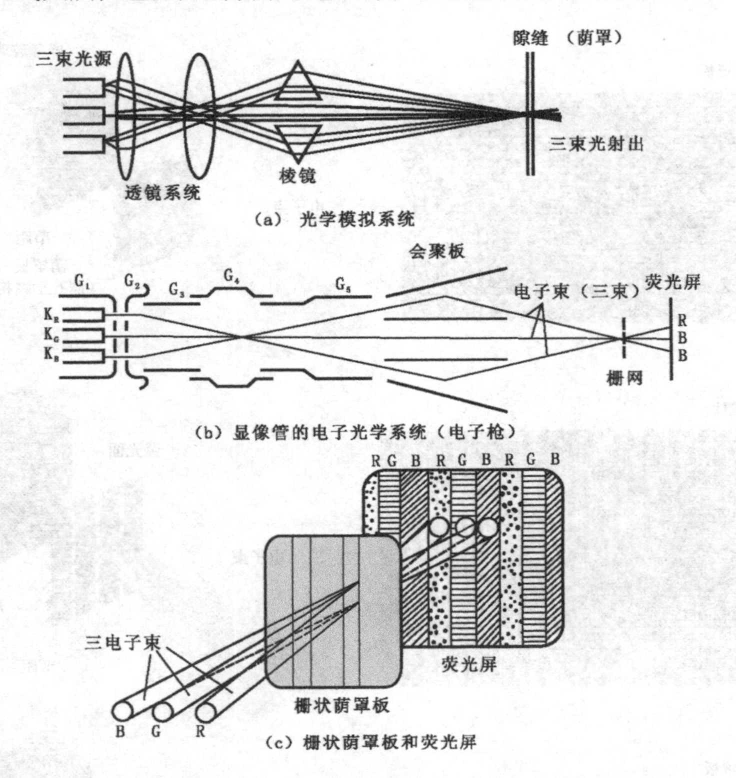

图 2.11 电子枪、电极、电子束、荫罩板、荧光屏的关系

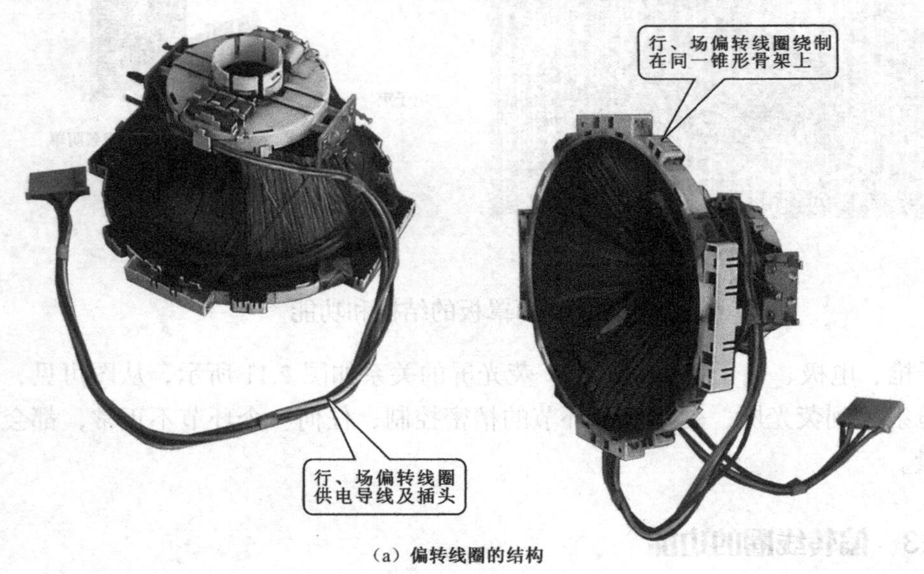

图 2.12 偏转线圈

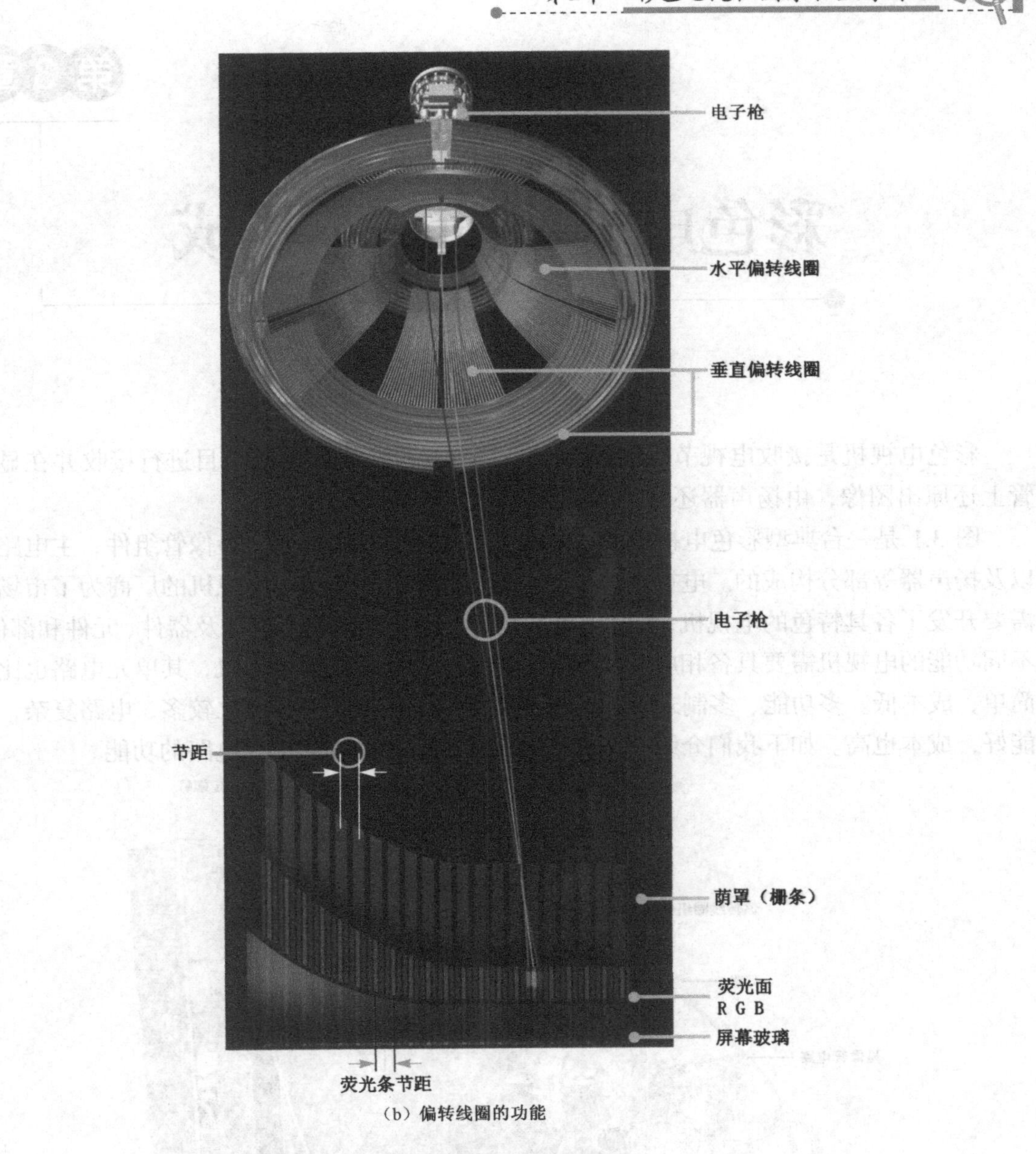

（b）偏转线圈的功能

图 2.12　偏转线圈（续）

第3章

彩色电视机的基本构成

彩色电视机是接收电视节目的设备，是将电视台播出的电视节目进行接收并在显像管上还原出图像，由扬声器还原伴音的设备。

图 3.1 是一台典型彩色电视机的内部视图，它主要是由机壳、显像管组件、主电路板以及扬声器等部分构成的。电视机都是由许多电路单元构成的。电视机的厂商为了市场的需要开发了各具特色的电视机，实际上是开发了各种各样的单元电路及器件、元件和部件。不同功能的电视机需要具备相应功能的电路单元。功能单一的电视机，其单元电路也比较简单，成本低。多功能、多制式彩色电视机所用的电路单元种类也比较多，电路复杂，性能好，成本也高。如下我们介绍一下彩色电视机的基本结构和单元电路的功能。

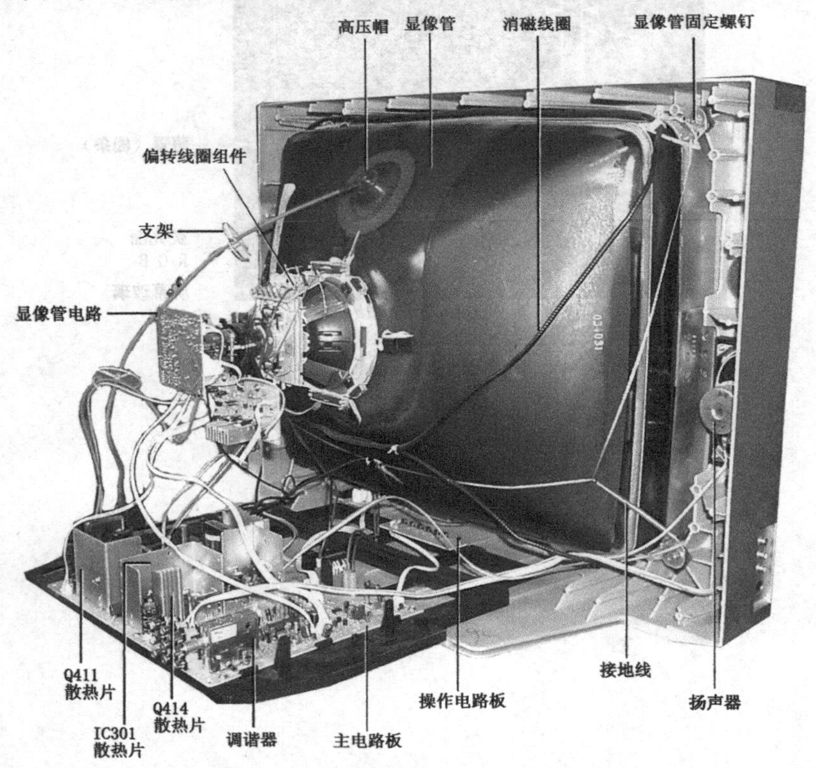

图 3.1　彩色电视机的内部结构

3.1　彩色电视机的整机构成

图 3.2 是一台普通彩色电视机的整机电路框图，从图可见，它主要是由调谐器（高频头）、中频通道（中频滤波、中频放大、视频检波、伴音解调）、音频电路、视频信号处理电路（亮度电路、色度解码电路）、行场偏转电路，行回扫变压器（含高压、副高压产生电路）、系统控制电路和开关电源等部分构成的。

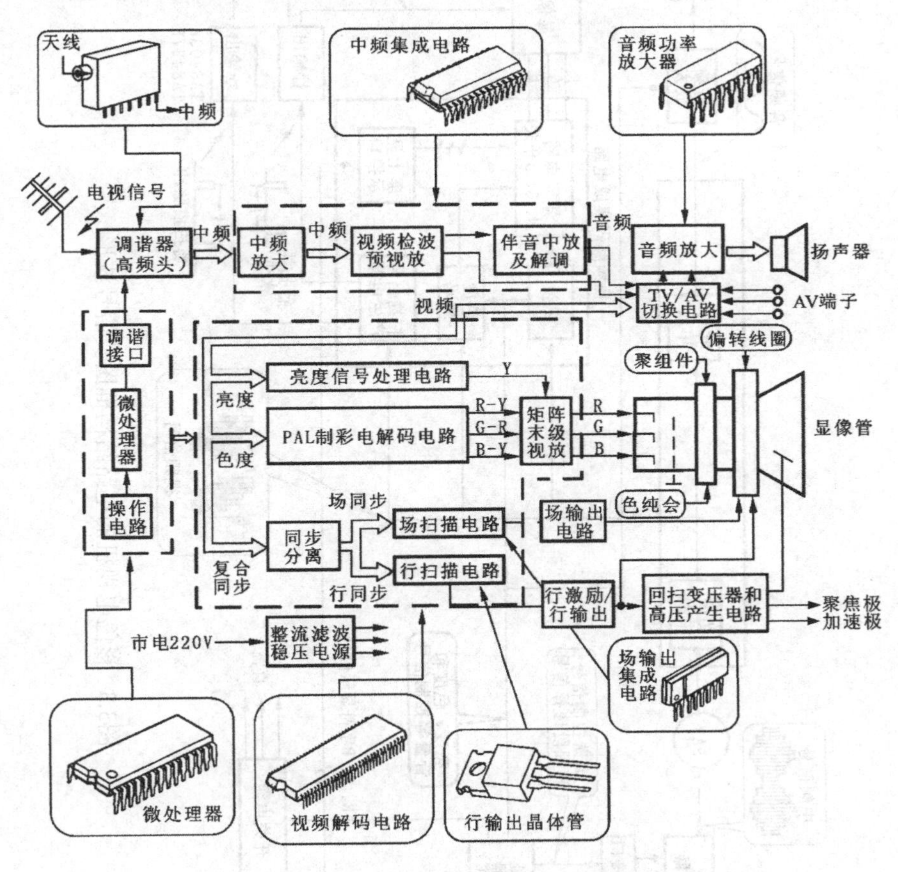

图 3.2　彩色电视机的整机框图

彩色电视机各电路单元的基本功能如下。

（1）调谐器：接收电视信号的电路，它的主要功能是选择电视频道，并将所选定频道的高频电视信号进行放大，然后与本振信号进行混频，输出中频电视信号。中频信号的波形如图 3.3 所示，它同射频信号相比只是载频信号发生了改变，图像和伴音信息没有变化。我国规定中频信号的图像中频为 38MHz，伴音中频为 31.5MHz。其电路要求电压增益高，噪声系数小。

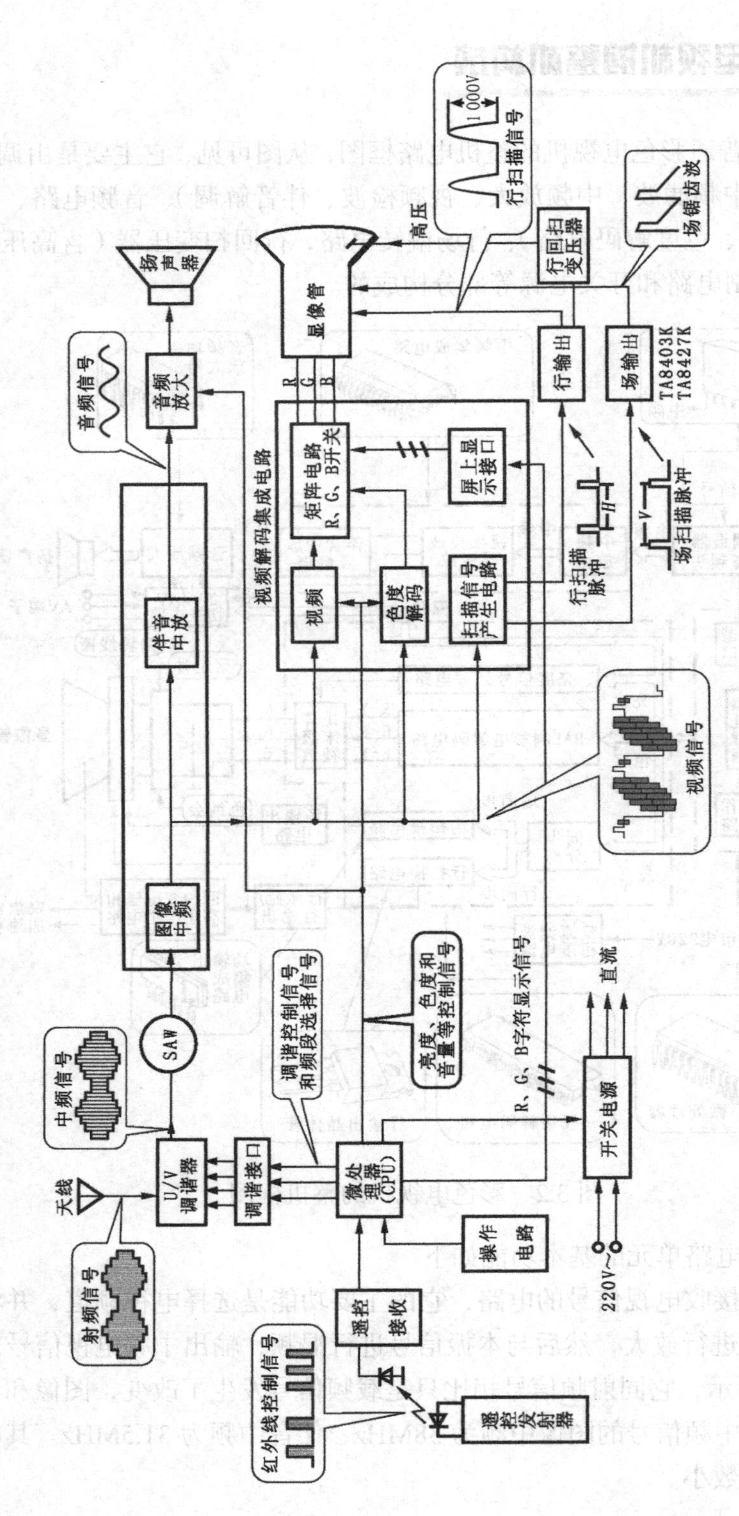

图3.3 彩色电视机的电路结构框图及信号波形

（2）中频放大器：放大来自调谐器的中频信号，并提供适当的幅频特性，使适合残留边带及伴音差拍的需要，以便从中检出视频信号和第二伴音中频信号，并具有自动增益控制（AGC）功能。它的好坏，将直接影响图像的清晰度、对比度、彩色稳定性和伴音的好坏。

（3）视频检波和预视放电路：任务有两条，一是对视频信号进行检波，以便从调幅的图像中频信号中检出视频信号，放大后送给亮度处理电路、PAL 制彩色解码电路和同步分离电路。二是将图像中频和伴音中频进行混频，产生 6.5MHz 的第二伴音中频信号送给伴音电路。

（4）伴音电路：对伴音信号进行解调和放大。它先将 6.5MHz 的二伴音中频调频信号放大，用鉴频器进行调频解调，解出音频信号，再经音频放大器放大后去推动扬声器发声。

（5）亮度信号处理电路（即亮度通道）：对亮度信号进行放大、延时，同时对亮度和对比度进行控制。

亮度信号经处理后输入到矩阵电路中与三个色差信号合成三基色信号，再去驱动显像管的三个阴极。在亮度信号电路中还有行、场消隐信号。这是因为在行、场扫描的逆程期间，若不加措施，显像管屏幕上会出现亮的回扫线。如在亮度信号的行、场同步头上加一个是电子枪截止的脉冲，就可以关闭电子枪，净化屏幕，这个脉冲就叫行场消隐信号。另一个与亮度电路有关的控制电压是 ABL（自动束流控制）电压，它能自动控制屏幕背景的平均亮度。亮度是由显像管束流大小决定的，而束流大小会反映在与回扫变压器高压绕组串接的电阻的压降上。因此，若把这个压降量反馈到亮度钳位电路，即可自动控制屏幕的平均亮度。

（6）PAL 制彩色解码电路：从 PAL 制彩色编码信号中解调出 R–Y、G–Y 和 B–Y 三个色差信号来。它由色度信号解调（色解码）电路和彩色副载波恢复电路两大部分组成。目前完成亮度和色度信号处理的电路，都被做在一块芯片上。

（7）微处理器控制电路：彩色电视机控制系统的核心。

（8）同步分离电路：从彩色全电视信号中分离出场、行复合同步信号，以此作为场、行扫描电路的基准信号，使它产生的场、行扫描信号与视频图像信号同步，以获得稳定的图像。

（9）场、行扫描电路：向场、行偏转线圈提供线性良好，幅度足够的场频和行频锯齿波电流，使电子束发生有规律地偏转，以保证在彩色显像管屏幕上形成宽、高比正确，而且线性良好的光栅。这是显像管正确显示图像的基本条件。另外行输出级通过行输出变压器还产生高压、副高压、低压为显像管及其他电路提供电源。

（10）高压产生电路：利用行扫描的逆程脉冲通过行回扫描变压器进行升压，然后整流滤波产生 2 万伏以上的直流高压。其作用是向显像管提供阳极高压、聚焦电压和加速极电压，这也是显像管正常显像的基本条件。同时，它还向视放输出级提供工作电压和整机使用的低压。

(11)显像管电路(显像管尾板电路):主要是由末极视放电路和显像管供电电路组成的,其功能是将R、G、B三基色信号,放大后加至显像管三个阴极,控制显像管三个电子枪电子束的强弱。此外灯丝电压、聚焦极电压及加速极电压都通过此电路将信号加到显像管上。

(12)电源电路:一般由开关稳压电源电路构成,其目的在于提高电源变换的效率(省电)和调整的范围(稳压),其功能是向彩色电视机各电路提供各种工作电压,让彩色电视机工作起来。它是彩色电视机工作的能源供给部件。

(13)AV/TV切换电路。

上述电路协调动作完成声像信号的接收和处理。

3.2 彩色电视机的信号处理过程

彩色电视机的实际电路结构如图3.3所示,这是一部结构最简单彩色电视机的电路方框图,从图中可以看出各部分电路的输入、输出信号波形,从而可以了解彩色电视机的工作过程。如图3.3所示的是一个两片机的电路结构方框图,即主要电视信号处理电路中使用了两个集成电路,一个是完成中频信号处理的集成电路,其中包括视频检波和伴音解调电路;另一个是进行视频处理和形成扫描脉冲的集成电路,其中包括亮度和色度信号处理的电路,以及行、场信号的振荡电路。

各种信号的处理过程如下(见图3.4)。

电视高频信号由天线接收后被送到调谐器中,首先在U/V调谐器中进行信号预选,选中的信号经高放后与本机振荡信号混频,形成中频信号(通常也称为图像中频信号)。其频带宽度为8MHz,包含有图像中频和伴音中频信号。我国图像中频信号的载频为38MHz,伴音中频的中心频率为31.5MHz。调谐器输出的中频信号,经过滤波(绝大部分用声表面波滤波器SAW,它主要提供通道的幅频特性)后输入到图像中频处理单元电路。它首先把中频信号放大,然后对其进行视频检波得到视频全电视信号。这一信号中除含有图像信号外,还包括有由38MHz图像载频与31.5MHz伴音中频差频后形成的6.5MHz的新的伴音中频信号,即第二伴音中频信号。视频全电视信号将分成为两路被处理。一路经过6.5MHz带通滤波器,提取出6.5MHz的第二伴音中频信号(调频的),经过伴音中放,限幅电路和鉴频器后得到伴音音频信号,最后经过音频放大电路,进行放大,并送给扬声器还原成声音;另一路,经过6.5MHz的陷波器,吸收掉6.5MHz伴音信号,取出0~6MHz的视频全电视信号,它含有亮度信号、色度信号和行场同步信号以及加在行同步头上的色同步信号。这一组信号经各自的分离电路分离后,分别送往三个单元电路:①亮度信号处理电路;②色度信号处理电路;③扫描信号产生电路。具体处理过程:其一,经过4.43MHz的陷波器,去掉视频信号中的4.43MHz的色度信号,输往亮度信号处理电路,得到可形成黑白图像的亮度信号;其二,经过4.43MHz带通滤波器,即从0~6MHz视频信号中只取出4.43MHz±1.3MHz的色度信号(包括色差和色同步信号),

输往色度信号处理电路（色解码电路）。经解码处理得到红–亮（R–Y）、绿–亮（G–Y）、蓝–亮（B–Y）三个色差信号，再经矩阵电路得到红（R）、绿（G）、蓝（B）三基色信号，再送到显像管电路；其三，经同步分离后去行、场扫描信号产生电路，视频全电视信号在同步分离电路中通过幅度鉴别分离出行同步信号和场同步信号，分别送到行、场振荡电路。振荡电路的频率和相位将在同步信号的控制下，保持接收机行、场扫描的顺序与发射端相同即实现同步。行、场扫描电路输出行场偏转电流给偏转线圈使显像管上形成光栅。

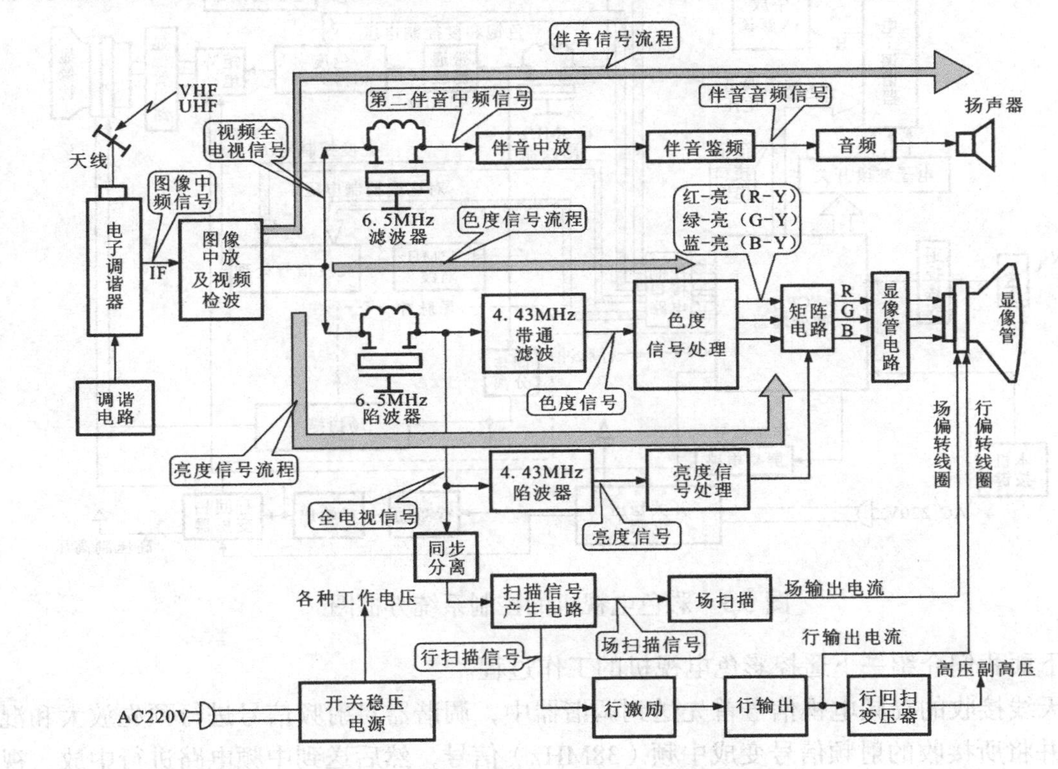

图 3.4 彩色电视机各种信号的处理过程

上述所有电路的工作，都离不开电源，彩色电视机各单元电路都由开关稳压电源和回扫变压器产生的电源供给。

3.3 彩色电视机的控制系统

3.3.1 数字量变成模拟量的控制方式

彩色电视机的控制系统方框图如图 3.5 所示，它是以微处理器 CPU 为核心的自动控制电路，彩色电视机的亮度、色度、对比度、音量、频道选择以及电源开关……都可以通过遥控器控制。此外，目前很多的遥控彩色电视机还增加了可控制外接音频/视频设备的 AV 端子或R、G、B接口电路。另外，绝大多数遥控彩色电视机还设有屏显功能，即屏幕上能显示很多字符、图形，以表示正在工作的模式及操作调节过程，故也称为字符显示。

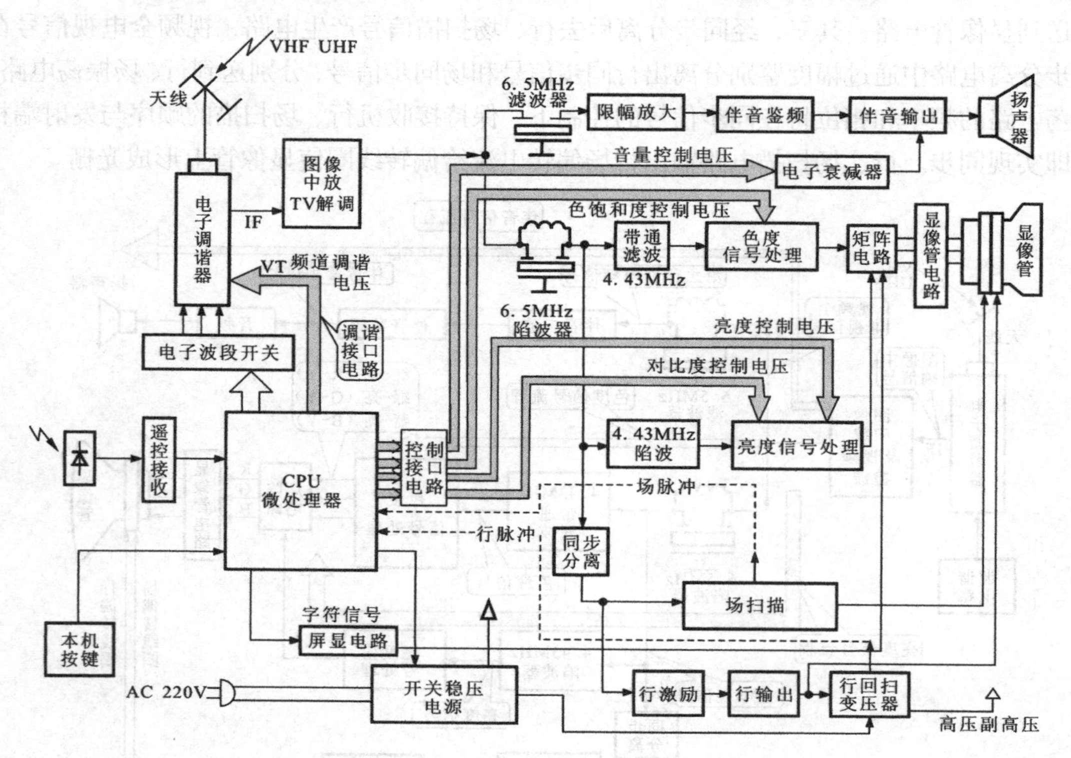

图 3.5 彩色电视机的控制系统方框图

下面我们介绍一下遥控彩色电视机的工作过程。

天线接收的高频电视信号首先送到调谐器中，调谐器对射频信号进行预先放大和混频，并将所接收的射频信号变成中频（38MHz）信号，然后送到中频电路进行中放、视频检波和伴音解调。调谐器的调谐控制由微处理器（中央处理器，简称CPU）进行。微处理器产生的数字调谐信号经调谐接口电路变成频段选择电压和 0～30V 的直流调谐电压，并一起送到调谐器中。

微处理器电路根据本机操作键输入的键控指令，或红外遥控器送来的指令信号，发出各种控制信号，控制选台、调节音量、色饱和度、对比度、亮度、屏显、开关机等。CPU输出的是数字信号，要将它变成模拟信号电压，再进行控制。通常CPU的控制信号为PWM（脉宽调制信号）信号，经放大和RC低通滤波后就可以变成与脉宽成正比的直流电压。这个直流电压就可以对模拟电路进行控制。

有的彩色电视机还设有RGB端子电路（RGB接口电路），是与家用电脑或图文电视设备相联的接口电路。通过这样的接口电路，图文设备的R、G、B信号可直接加到R、G、B矩阵电路。

3.3.2 I²C 总线控制系统

I²C 总线是英文 Inter Integrated Circuit BUS 的缩写，直译为“内部集成电路总线”，一般称为“集成电路间总线”。它由一条串行时钟（SCL）线和一条串行数据（SDA）线配对构成。因为数字信号都是用 0 和 1 来表示的，0 和 1 所在的位置不同，代表的含义也不同。它们的位置所代表的含义是在设计中确定的。时钟信号是识别数据的时间基准，在电路中对数据的识别要靠时钟信号来定位，才能准确地解码。数据信号中包含各种需要控制的信息，它是一条双方向可以传递的信息线。各种控制信息和受控电路中的反馈信息都在这条线中传递。

I²C 总线在大屏幕彩色电视机中的构成见图 3.6。系统控制中心（微处理器）通过 I²C 总线与各集成电路联系，即受控的集成电路挂在 I²C 总线上。微处理器起控制作用，称为主控 IC；挂在 I²C 总线上的 IC 是受控 IC，处于服从的地位，称为从属 IC。电视机根据不同的

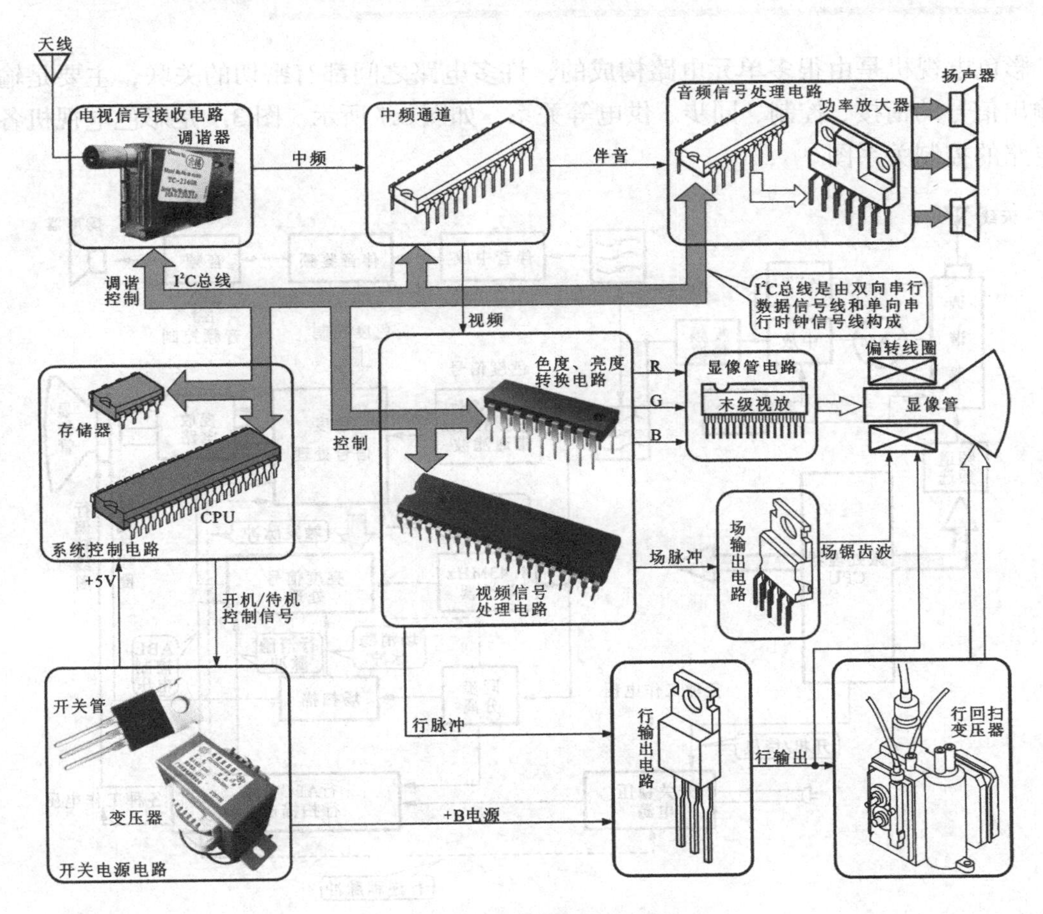

图 3.6 大屏幕彩色电视机中的 I²C 总线

设计，挂在 I^2C 总线上的从属 IC 的数量是不相同的。例如，电视机在正常使用中用户所进行的选台、调节音量、亮度、色饱和度、对比度和开关机等操作控制（使用控制）时挂接 IC 较多，对于电压合成式的调谐器，当 Y/C 分离电路不采用数字式梳状滤波器时，就不用挂在 I^2C 总线上。存储器是系统控制不可缺少的电路，它总是和微处理器配对使用。

微处理器对从属 IC 的各种控制都是利用 I^2C 总线来进行的，统称为 I^2C 总线控制。这种控制分为两类：一是使用控制，即电视机在正常使用中的各种控制；二是维修控制，即在维修中微处理器对从属 IC 的检测和调整。这类控制只有在电视机进入维修模式（松下公司称为“行业模式”或“行业方式”）之后才起作用，在电视机正常使用中是不起作用的。利用 I^2C 总线控制来调整电视机时，一般是使用本机的遥控器，按设计规定的操作程序，按下约定的操作键，微处理器通过显示控制电路将提示字符（R、G、B 信号）显示在荧光屏上，同时观察荧光屏上的提示，便可进行需要的调整操作。

3.4 彩色电视机各单元电路之间的相互关系

彩色电视机是由很多单元电路构成的，许多电路之间都有密切的关联，主要是输入和输出信号的衔接、控制、同步、供电等关系，如图 3.7 所示。图 3.7 是彩色电视机各单元电路的控制关系图。

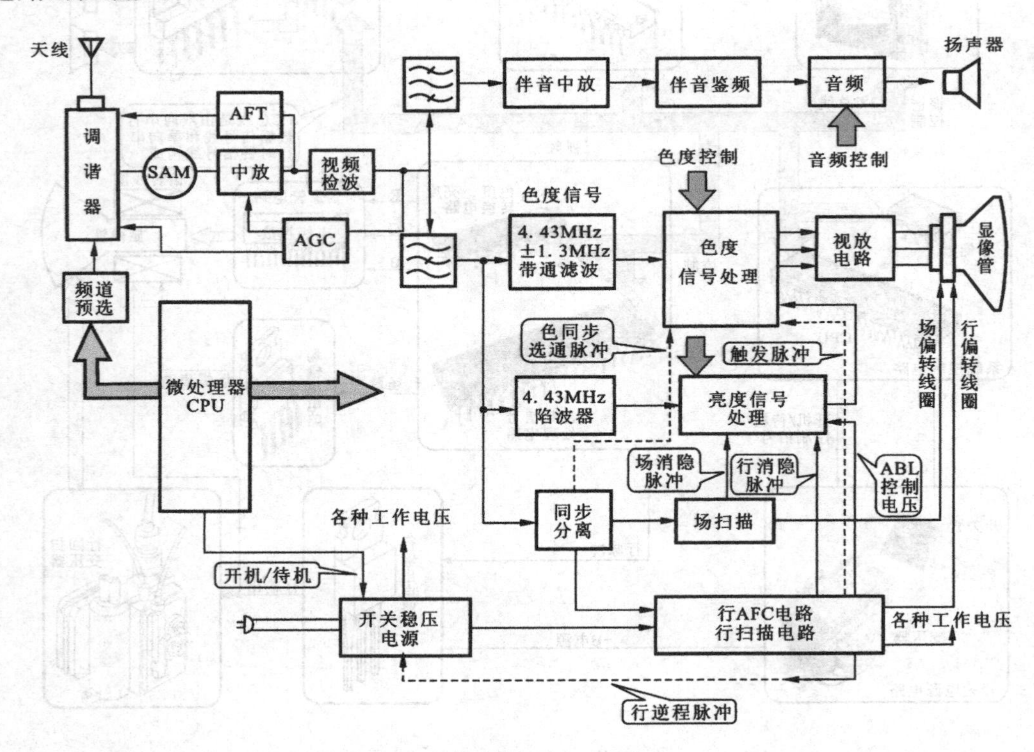

图 3.7　彩色电视机各单元电路的控制关系

3.4.1 图像中放电路的相关信号

图像中放电路是对中频信号进行放大并完成视频检波和伴音解调任务的电路。它有三种控制信号。

1. 中放 AGC 电压

视频检波器输出的视频全电视信号，进入 AGC 检波电路，输出反映中频信号大小的中放 AGC 电压。这个电压控制图像中放电路的增益。使中放增益随着电视信号的强弱自动改变，使输入到视频检波器的信号大小保持在一定范围之内。

2. 高放 AGC 电压

图像中放电路的输入信号来自调谐器，中放电路要求这一信号具有合适的电平，不可过高和过低。要实现这一信号的稳定，需提供给调谐器一个电压，以控制高放电路的增益。这电压即是高放 AGC 电压。它是由中放 AGC 电压与人工调定的高放延迟参考点电压比较产生的控制电压，从中放电路输出到调谐器 RF AGC 端子。

3. AFT 控制电压，即自动频率微调电压

图像中放电路不但要求调谐器送来的图像中频信号幅度适当，而且要求其频率稳定，以保证中频特性曲线稳定，从而保证中放后的电路正常工作。要使中频信号频率稳定，可以用一个反映实际中频与标称中频（38MHz）的频率偏差大小的电压（误差电压）来控制调谐器本机振荡电路的变容二极管，自动调整本振频率，以稳定输出的中频频率。这个电压便是 AFT 控制电压。它由中频载波放大器后的 AFT 移相鉴频电路产生，放大后供给调谐器 AFT 端子或叠加在 VT 端子调谐电压上。在设有微电脑控制器的电视机中，AFT 电压还送至微处理器电路作为电台识别信号，控制其搜索电台的速度或停止搜索。

3.4.2 亮度信号处理电路的相关信号

亮度信号处理后输入到矩阵电路中与三个色差信号运算合成三基色信号。在亮度信号电路中还有行、场消隐信号。这是因为在行、场扫描的逆程期间，若不加措施，显像管屏幕上会出现亮的回扫线。另一个与亮度电路有关的控制电压是 ABL（自动束流控制电压），它能自动控制屏幕背景的平均亮度。

3.4.3 色度信号处理电路的相关信号

色度信号处理电路由色度信号解调（色解码）电路和彩色副载波恢复电路两大部分组成。每个部分中又有几个单元功能电路，其相互间也有控制关系。彩色副载波恢复电

路需要两个外来的控制脉冲才能正常工作：一个是色同步选通脉冲，它来自同步分离电路；另一个是行触发脉冲（实质是行逆程脉冲），它由行输出电路或回扫变压器绕组提供。

3.4.4 行鉴相（AFC）电路的相关信号

行 AFC 电路输出的误差电压控制行振荡电路的频率和相位，保证行扫描与电视信号同步。行鉴相电路的一个输入端输入电视信号中的行同步信号，另一端则输入由行回扫变压器送来的逆程脉冲。此电路的实质是把行扫描输出的一部分（逆程脉冲）与电视信号中的行同步信号在鉴相器中进行比较，比较后得出的误差电压去控制行振的频率，使行频与发射台的行扫描同步。

3.4.5 开关电源的相关信号

开关电源是彩色电视工作的能源供给部件。开关电源是先将交流 220V 电压经整流变成约 300V 的直流，直流先经振荡开关电路变成 100kHz 左右的脉冲信号，接着由开关变压器将开关信号变成多组不同幅度的脉冲信号，然后再经整流滤波输出多组不同电压值的直流电压，供给彩色电视机电路。电源的待机和开机是由微处理器控制的，控制方式和控制电路有很多种。

掌握单元电路相互控制关系，可以进一步理解彩色电视机接收机的原理，通过分析故障现象迅速判断原因，找到故障发生的线索（通道），再通过检测定位到故障点（元件）。例如，接收声像不稳，很可能是 AGC 电路故障；接收频率不稳、微电脑电路搜索电台不停，有可能是 AFT 电路问题；黑白图像正常，无彩色，除色度电路本身故障外，也可能是行同步选通脉冲和行脉冲不到位所致；满屏回扫线，则要查消隐脉冲输入情况；亮度失控，应查亮度通道和 ABL 电路等。

第4章

调谐器电路的结构和故障检修

4.1 调谐器的基本功能和电路结构

调谐器也称高频头，它的功能是从天线送来的高频电视信号中调谐选择出欲收看的电视信号，进行调谐放大后与本机振荡信号混频，输出中频信号。彩色电视机中采用的是电子式的调谐器，它是利用变容二极管的结电容作为调谐回路的电容，故只要改变加于变容二极管的反向偏压，即可进行调谐。其波段切换是利用开关二极管的开关特性来切换调谐回路中的电感，故也可用改变加于开关二极管的偏置电压来切换波段。由于它所处理的信号频率很高，为防止外界干扰，通常将它独立封装在屏蔽良好的金属盒子里，由引脚与外电路连接。

4.1.1 调谐器的基本结构

调谐器电路的基本结构如图 4.1 所示，调谐电路实例如图 4.2 所示。天线接收的电视信号，由输入电路输出至高放电路进入高放双栅场效应管的信号栅极。由调谐电压控制变容二极管 D1 的反偏压，改变电容，即可调谐高放级频率，选出欲收电台，送混频电路。混频电路还接收由本机振荡电路送来的比欲接收的高频信号高出 38MHz 的本机振荡等幅波，其振荡频率是由调谐电压控制变容二极管 D2 的反偏压来控制的。混频电路输出本机振荡信号和高频信号的差频，即图像、伴音中频信号。由于调谐电路处在电视接收机的最前端，为保证接收质量，要求输出的中频信号稳定。在电路中采取了措施使高频放大级具有自动增益控制 AGC 功能。由中放来的高放 AGC 控制电压，送入双栅场效应管的控制极，控制其电压增益。当接收信号弱时，AGC 电压使增益升高，反之则下降，为保证中放频率稳定，彩色电视机中还设有自动频率调整电路（AFT）。自动频率调整电压叠加在变容二极管上或送给调谐控制微处理器，由微处理器进行微调，使输出的中频稳定。

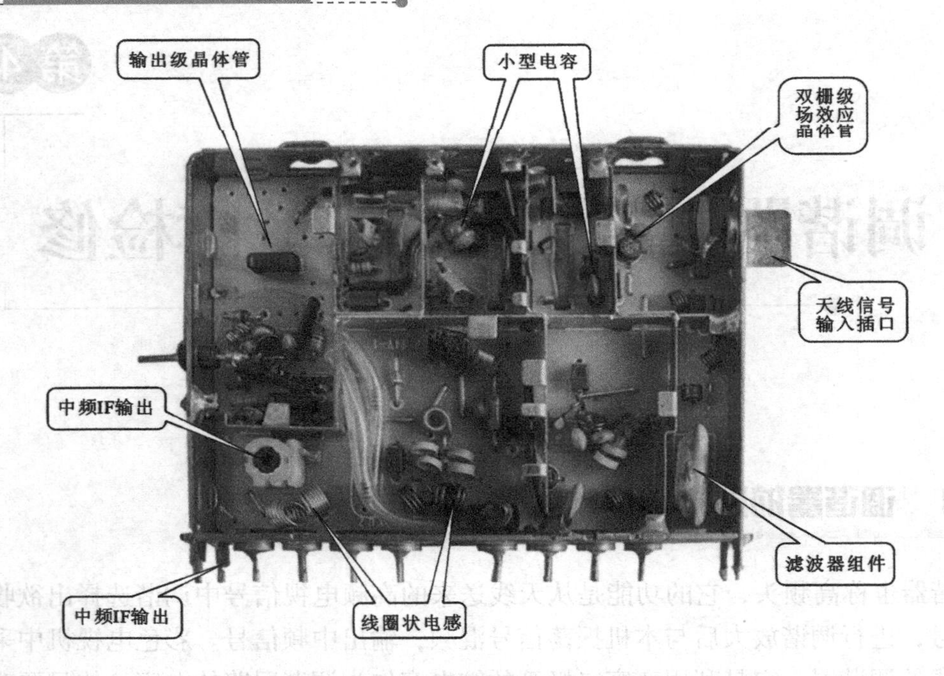

图 4.1　调谐器电路的基本结构

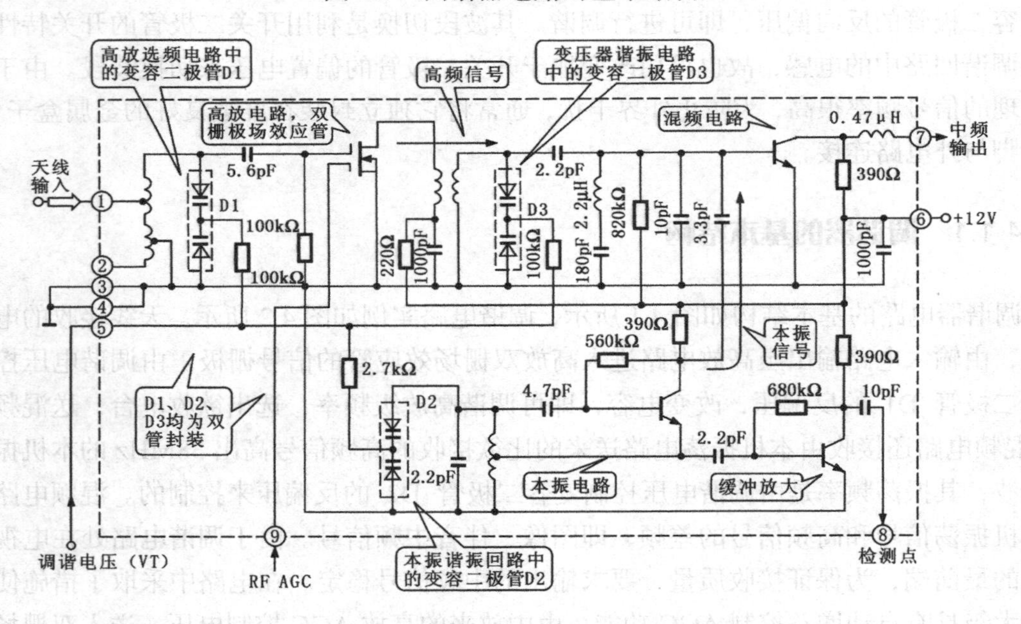

图 4.2　调谐器的基本电路实例

4.1.2　调谐电路的信号处理过程

全频道调谐器的电路框图如图 4.3 所示。天线接收的 VHF 和 UHF 电视信号，进入调谐器后分两路进行处理。U 波段在图的上部，V 波段在图的下部，频段切换是以切换 BU、

BH、BL 端子的供电（12V）来实现的。当接收 U 波段节目时，BU 端子给 U 波段电路供电。天线信号进入输入电路（UHF），在调谐电压的控制下，取出欲收频道信号，耦合至调谐高放 Q1 信号栅极，放大后再耦合到 UHF 混频器（Q2）。同时 Q3 送来本机振荡信号，差频后中频信号 VIF 送至 VHF 混频级 Q102，放大后输出中频信号，这时因 V 波段本振不工作，V 波段混频级这时是用做 U 波段前置中频放大。

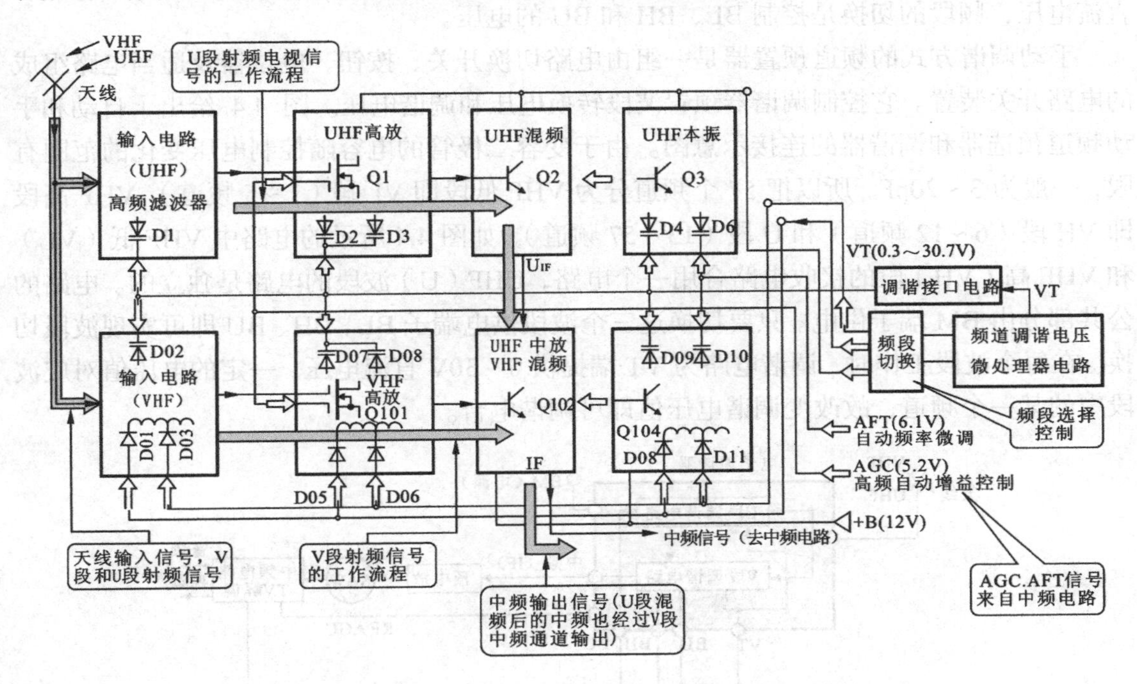

图 4.3　全频道调谐器电路框图

BL 端子供电时，V 波段低端的电路工作。BH 端子供电时 V 波段高端电路工作。V 波段高低两段工作原理一样，其信号流程相同，天线信号都经 VHF 输入电路、高放 Q101 至混频级（Q102），同本振信号差频输出中频信号（IF），VHF 本振电路为 Q104。V 波段高低段的差别在于 BL 供电时，波段切换开关二极管 D05、D08 导通，使由两节电感串成的线圈的电感较大，故谐振频率低。当 BH 供电时，开关二极管 D06、D11 导通，调谐线圈只有一部分接入，使电感减小，谐振频率上升，调谐电压的产生有多种方式，在手动调谐方式中取自预置器中的电位器，把 30V 分压，为选频电路提供选频电压，同时调谐输入电路和本振电路频率。在自动调谐方式中，频道微调电压 VT（或称 BT 电压）和频道选择电压（BU、BH、BL）都是由微处理器进行控制的。微处理器调谐也有两种方式，一种是电压合成的方式，另一种是频率合成的方式，从电路上说有 PWM 信号控制方式和 I²C 总线的控制方式，在 I²C 总线控制方式中多采用数字锁相环（PLL）频率合成器方式。AFT 自动频率微调电压控制对象是 V/U 段本机振荡器中的变容管。高放 AGC 电压控制对象是 V/U 两组高放管的增益。

4.1.3 调谐控制电路的结构

调谐控制电路是完成电视频道调谐（搜索）和记忆的电路。遥控型彩色电视机的频道调谐和记忆是由微电脑来完成的。频道调谐和搜索就是给调谐器中的变容二极管提供直流电压，频段的切换是控制 BL、BH 和 BU 的电压。

手动调谐方式的频道预置器是一组由电路切换开关、按钮、电位器及适当电路组成的电路开关装置。它控制调谐器预置波段转换电压和调谐电压。图 4.4 给出了自动和手动频道预选器和调谐器的连接示意图。由于变容二极管的电容随控制电压变化的范围有限，一般为 3 ~ 20pF，所以把 57 个频道分为 VHF 低段即 VL 段（1 ~ 5 频道），VHF 高段即 VH 段（6 ~ 12 频道）和 U 段（13 ~ 57 频道）。如图 4.4 所示的电路中 VHF 低（VL）和 VHF 高（VH）段的接收电路合用一个电路，UHF（U）波段的电路是独立的。电路的公共部分由 BM 端子供电。只要切换这三个波段供电端子 BL、BH、BU 即可实现波段切换。在每个波段工作时，调谐电路为 VT 端提供 0 ~ 30V 直流电压。一定的电压值对应波段中的某一个频道，故改变调谐电压值即可调谐电台。

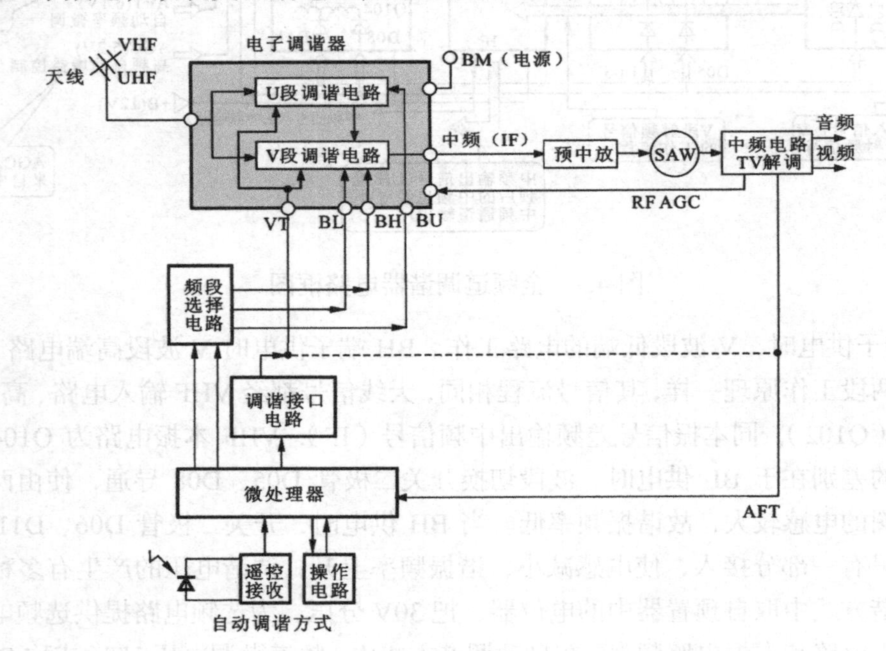

图 4.4　频道预选器和调谐器的连接示意图

对于自动调谐方式，微处理器是控制中心，它收到遥控指令或是人工按键的调谐控制信号后，输出频道调谐脉冲和频段选择信号，经调谐接口电路和频段选择电路后输出 BL、BH、BU 选择信号和 VT 调谐电压分别送到调谐器中。目前彩色电视机几乎淘汰了手动方式。

4.2 调谐电路的工作原理

图 4.5 是一个使用场效应晶体管（FET）做高频放大器的调谐电路实例。由于场效应晶体管具有输入阻抗高、增益高、反馈电容小的特点，故不易发生互调干扰。下面我们介绍一下它的工作原理。

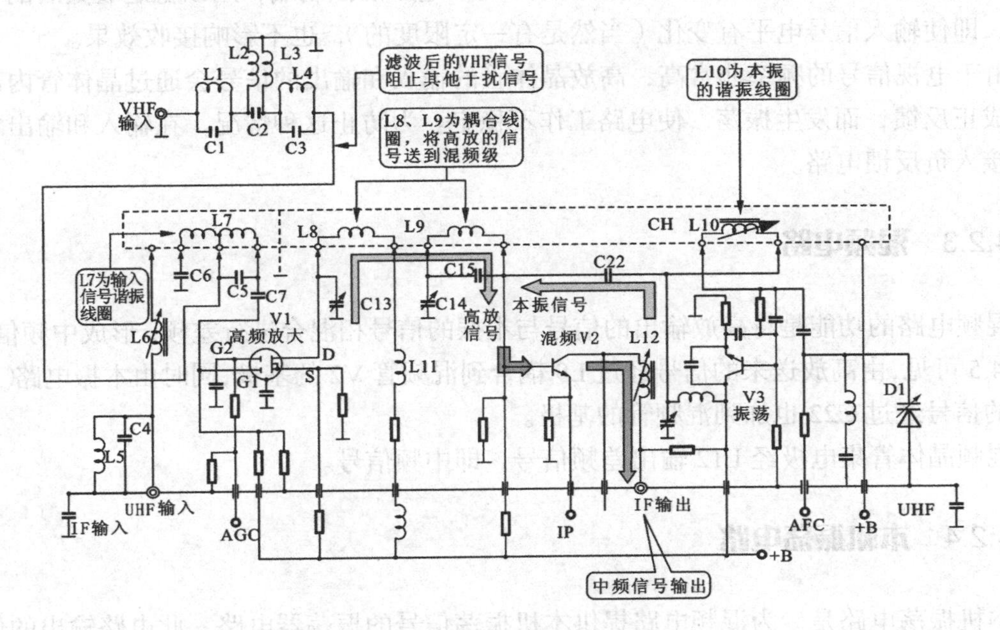

图 4.5　调谐电路的结构实例

4.2.1 输入电路

输入电路是连接天线信号的电路，它主要是由匹配电路和滤波电路构成的，即图中的 L1、L2、L3、L4 及 C1、C2、C3 等。为使天线信号能高效地送给高频放大器，必须使高频放大器的输入阻抗与天线的阻抗匹配，同时还具有防止干扰信号混入的功能。

4.2.2 高频放大器

高频放大器是以场效应晶体管为主体的放大电路。这个电路的功能是选择和放大所希望的频道的信号，并保持良好的信噪比（*S*/*N*），防止本振电路的振荡信号通过天线发射出去影响其他电视机的接收。

从图 4.5 可见，天线输入的信号先由 L1 ~ L4，C1 ~ C3 等组成的高通滤波器，滤除不希望的信号，然后通过 L7、C7 加到高放场效应晶体管 V1 的栅极 1（G1）上。C6、L7、C5 构成单谐振回路，它谐振在相应的电视频道上，切换 L7 就可以切换频道。机械切换式的电视机就是通过这种办法来切换频道的。电子切换式的电视机是用开关二极管来切换谐振回路线圈的接入点来进行的。

高频放大器场效应管的漏极（D）输出信号经 L8、L9 耦合到混频级 V2。

场效应管的第 2 栅极（G2）作为高放 AGC 电压的控制端，用以稳定放大后的电视信号，即使输入信号电平有变化（当然是有一定限度的），也不影响接收效果。

由于电视信号的频率非常高，高放晶体管的输入和输出的信号会通过晶体管内部电容形成正反馈，而发生振荡，使电路工作不稳定。为防止这种情况，在输入和输出之间适当接入负反馈电路。

4.2.3　混频电路

混频电路的功能是将高放输出的信号与本振的信号相混合进行差频，形成中频信号。从图 4.5 可见，由高放送来的信号经过 L9 耦合到混频管 V2 的基极，同时由本振电路（V3）送来的信号经过 C22 也加到混频管的基极。

混频晶体管集电极经 L12 输出差频信号，即中频信号。

4.2.4　本机振荡电路

本机振荡电路是专为混频电路提供本机振荡信号的振荡器电路。此电路输出的信号应比高频放大器输出的信号（即欲接收的电视载频信号）高一个中频信号。如果要接收 8 频道的节目，那么高频电视信号的载频为 184.25MHz，本振电路产生的信号必须是 222.25MHz，即 184.25MHz 与中频信号 38MHz 之和。改变要接收的电视频道，就首先要改变本振电路的振荡频率。

图 4.6 画出典型的本振电路的电路图和等效电路图。它是一个电容三点式振荡电路，常被称为考比兹的振荡电路，其振荡频率主要由 L1、C1、C2、C5、DC（变容二极管的结电容）等元件决定。其中 C2 是将发射极输出信号的一部分反馈到基极，形成正反馈。L1 是振荡线圈，改变 L1 的值就可以改变振荡频率，通过微调 L1 线圈的电感量可以微调振荡频率。R1、R2 为偏置电阻，12V 电源经 R1、R2 分压后加到晶体管基极。C4、C3、L2 为滤波元件。

4.2.5　自动频率调整电路（AFT）

从前述可知，本振的频率是要求很准确的，一旦发生频率漂移便会引起所接收的图像和伴音不良，然而实际上要求电路的振荡频率绝对准确也是不可能的，因而在调谐器

电路中都设置了自动频率微调电路，其结构如图 4.7 所示。AFT 电路的功能是，在接收电视节目的同时，对调谐器输出的图像中频载波信号进行频率检测，如果中频发生漂移，则表明调谐器中的本振频率发生了漂移。AFT 电路则会将频率漂移的误差信号转换成直流控制电压，利用这个控制电压去微调本振电路中的变容二极管的电容量，从而达到微调本振频率的目的，使本振信号始终保持在充许的误差范围内。

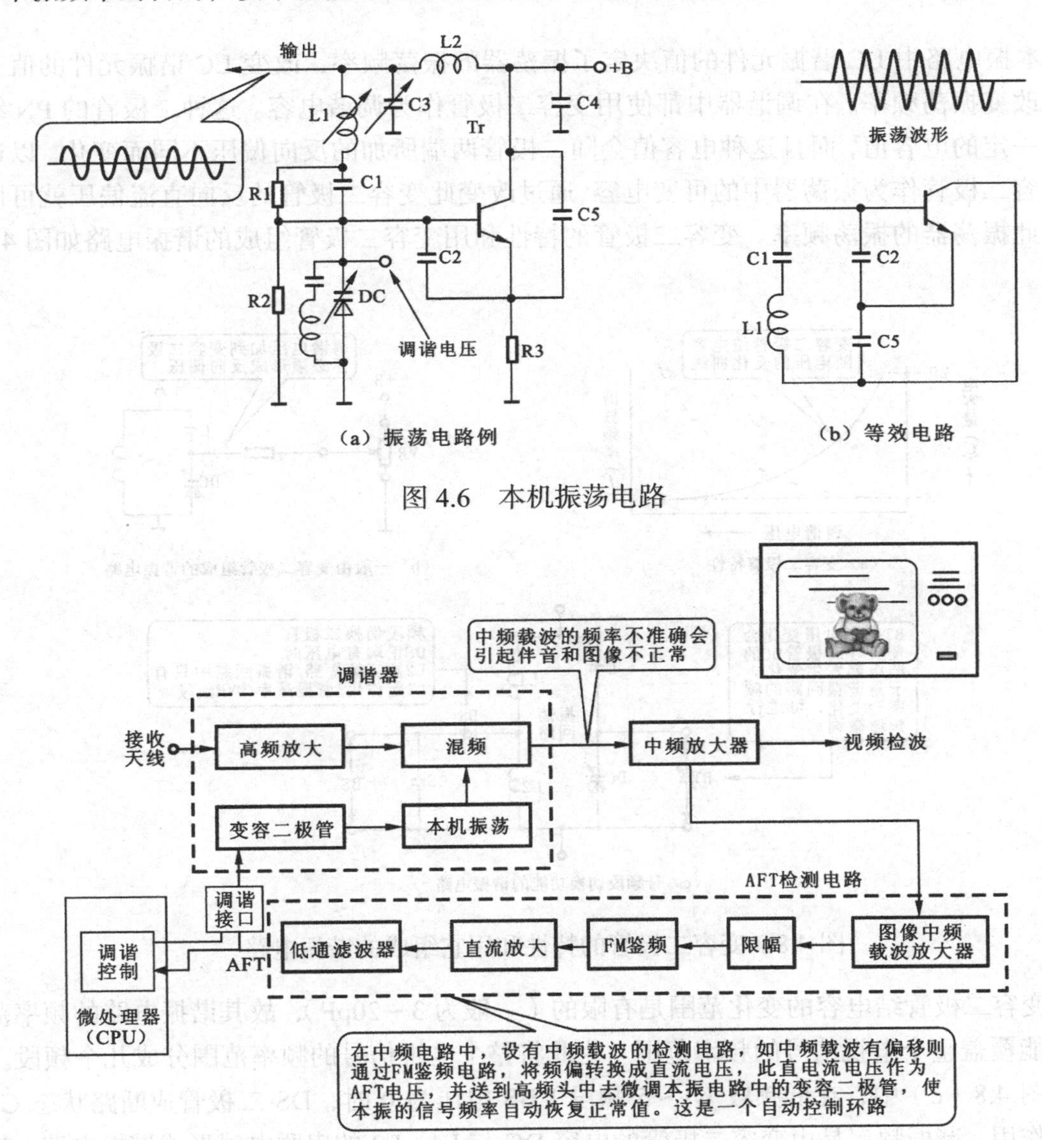

图 4.6 本机振荡电路

图 4.7 自动频率调整电路（AFT）

从图 4.7 可见，AFT 电路是由图像中频载波放大器、限幅器、FM 鉴频器、直流放大器和低通滤波器等构成的。图像中频载波放大器放大从中频通道中提取的图像中频载波，然后进行限幅，消除载波幅度变化对电路的影响。鉴频器将频率误差转换成直流误差电压，直流放大器用以放大直流误差电压，低通滤波器滤除高频分量，输出直流误差电压，也即 AFT 电压，送到调谐器中加到本机振荡器中谐振回路的变容二极管的两端，从而达到自动微调本振频率的目的。

4.2.6 变容二极管及其特性

本振电路中 LC 谐振元件的值决定了振荡器的振荡频率，改变 LC 谐振元件的值就可以改变振荡频率。在调谐器中都使用变容二极管作为调谐电容。这种二极管的 PN 结具有一定的电容值，而且这种电容值会随二极管两端所加的反向偏压不同而变化。以这种变容二极管作为振荡器中的可变电容，通过改变此变容二极管的反向直流偏压就可以改变此振荡器的振荡频率。变容二极管的特性和用变容二极管组成的谐振电路如图 4.8 所示。

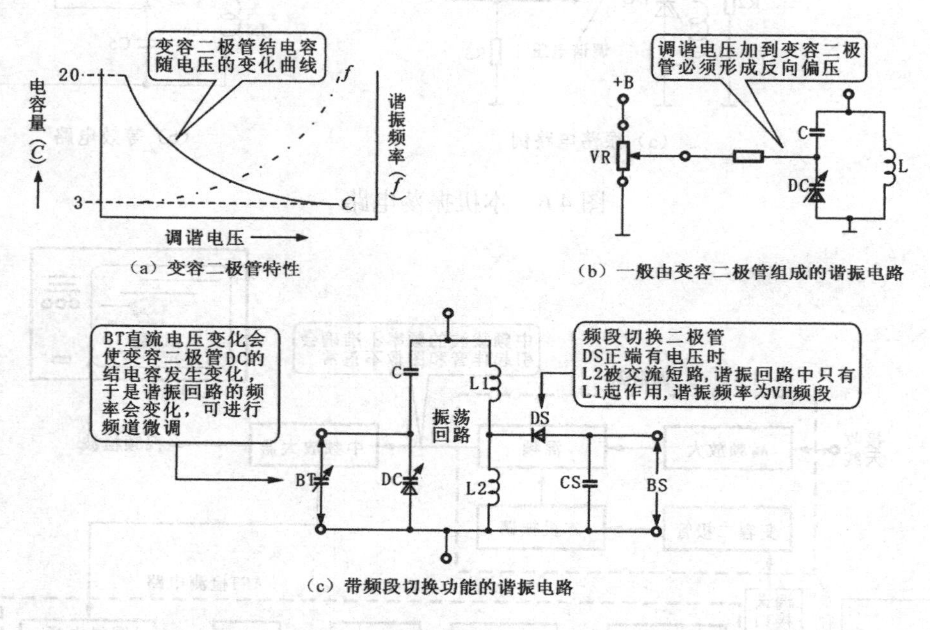

图 4.8 变容二极管的特性和用它组成的谐振电路

变容二极管结电容的变化范围是有限的（一般为 3 ~ 20pF），故其谐振电路的频率范围不能覆盖整个电视信号的频率范围。为此将整个电视信号的频率范围分成几个频段。如在图 4.8（c）中，在低频段（1 ~ 5 频段）BS 电压为 0 时，DS 二极管成断路状态 CS 不起作用。谐振频率是由变容二极管的电容 DC 与 L1、L2 的串联电感形成谐振电路，其谐振频率在低频段（VL）。当接收高频段时（6 ~ 12 频段），BS 电压上升，使 DS 由载止状态变成导通状态，CS 将电感 L2 短路，谐振电路中只有电感 L1 起作用，故其谐振频率升高，电路工作在 VH 频段。

4.2.7 UHF 高频头电路实例

图 4.9 是 UHF 高频头电路实例之一，由于 U 段的信号频率很高，各谐振电路的 LC 值也很小，一个金属片所具有的电感量就已经足够了，因而在电路中多采用分布参数的谐振元件。例如，图中 L1、L3、L4、L6 等实际上就是由小金属片制成的电感，也有利用金属盒的腔体形成谐振腔来进行选频。

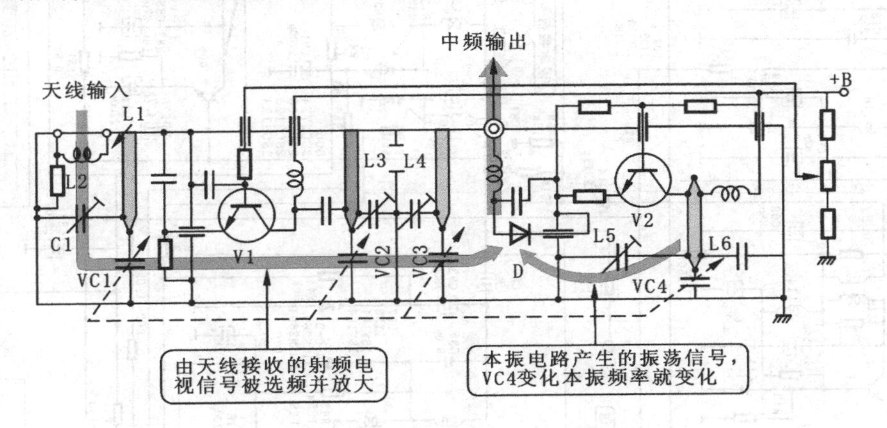

图 4.9 UHF 高频头电路

图 4.9 中 V1 为高频放大管，V2 为本振管，D 为混频二极管，来自天线的输入信号由 L2、VC1 进行调谐，然后由共基极放大器 V1 进行放大。放大后的高频信号经 L3、L4 耦合送到混频二极管 D。V2 产生的振荡信号经 L5、L6 耦合也送到混频二极管 D。混频后输出中频信号再加到 VHF 调谐器的混频器（这时用做预中放），经预中放后再输出到中频通道。

选台时，通过改变各调谐电路中的可变电容（VC1 ~ VC4）的容量进行连续调谐，VC1 ~ VC4 均可用变容二极管代替。

4.3 调谐器电路实例分析

图 4.10 是彩色电视机所用的一种调谐器电路实例（EF－563C）。下面我们来分析其具体的工作过程。U 频段调谐器和 V 频段调谐器都装在一个屏蔽盒子中，图中上部是 U 频段电路，下部是 V 频段电路。从实际电路结构来看是很复杂的，但从学维修的角度来说没有必要对电路细节了解很深入，因为调谐器内部都是由微型贴片元件组成的，一般采用专业焊装工艺（表面安装工艺），如损坏只有整体更换调谐器，现把实际电路画出来，是使大家了解它的实际结构。

调谐器的两个频段使用同一个天线输入插座。天线接收到的 VHF 和 UHF 频段信号由输入分离电路来分配。

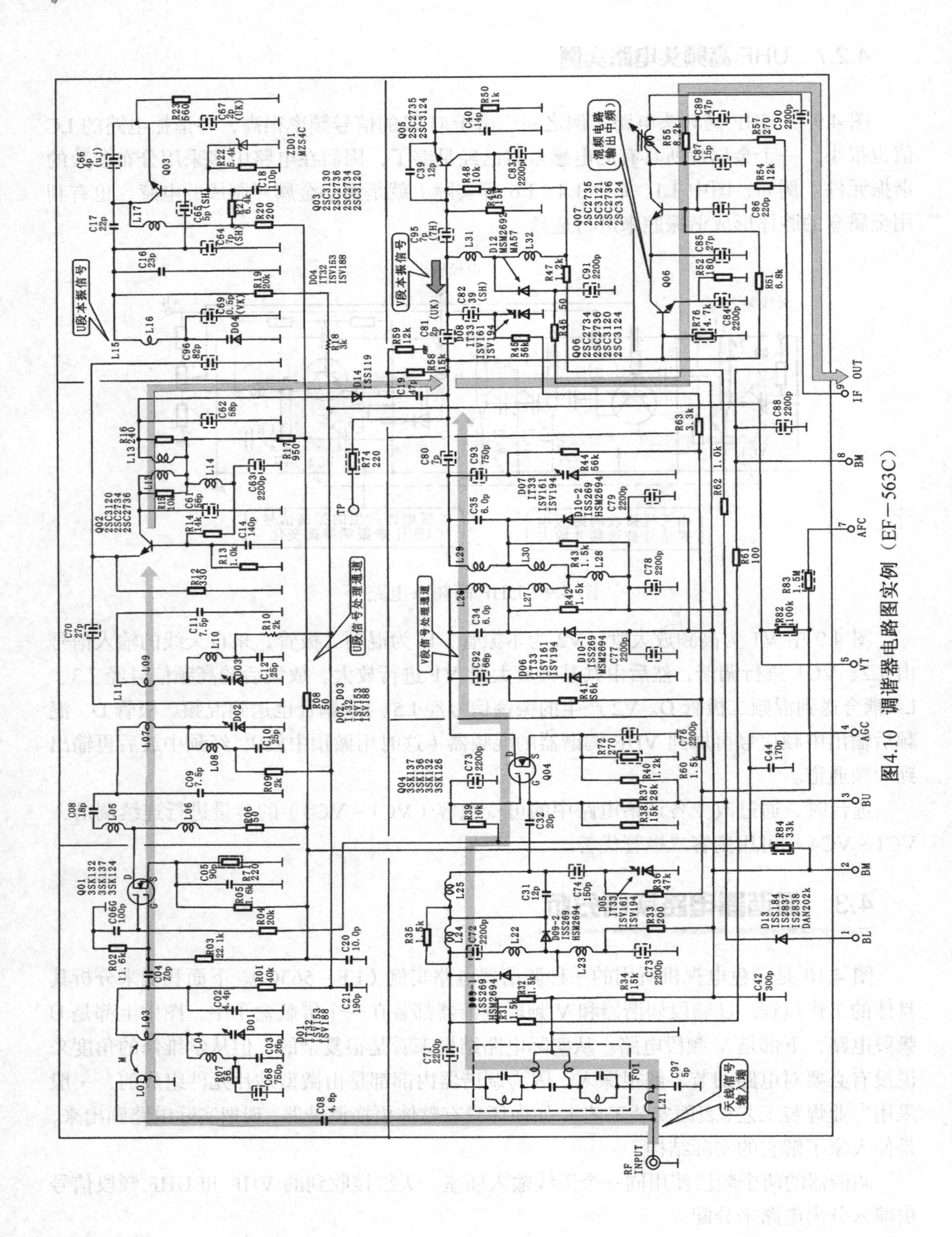

图4.10 调谐器电路图实例（EF－563C）

4.3.1　频段分离电路

调谐器的输入分离电路位于天线的输入端口。由 L21、C97 构成了一低通滤波器，频段范围为 0～250MHz。其作用是使 VHF 频段的 1～12 频道内的信号通过，而阻止 UHF 频段的信号。C08 与 L01 构成了一个高通滤波器，频带的下限频率为 450MHz，其作用是使 UHF 信号顺利通过而阻止 VHF 信号。

4.3.2　VHF 段高通滤波器

F01 高通滤波器，主要作用是阻止低于 48MHz 的信号输入，以提高接收机的中频抗干扰能力。因为电视频道都在 48MHz 以上。

4.3.3　高放电路

调谐器的高频放大都采用双栅极场效应管（Q01 及 Q04）电路。其特点是增益高、工作稳定、失真小、频带宽、并能受 AGC 控制。图中场效应管下部的输入栅极接的是单调谐电路，下部的栅极为自动增益控制（AGC）栅，输出端（漏极 D）接的是双调谐回路。该双调谐回路的双峰幅频特性与输入端的单调谐回路的单峰幅频特性共同合成具有 8MHz 带宽的高放幅频特性。

4.3.4　本机振荡电路

Q05 是 VHF 频段的本机振荡管。电路中，L31、L32 与变容二极管 D06 串联，与电容 C95、C39、C40 相关联，组成并联谐振回路。此谐振回路中 C39 与 C40 连接点为发射极，另两端分别与 Q05 的基极与集电极相连（经过地），是改进电容三点式振荡电路。在此电路中，三极管的极间电容不仅使 C39 和 C40 的容量增大，而且由于极间电容不稳定，会导致了本振频率的不稳定。为了减小三极管间电容的影响，串入了一个小容量电容器 C95。这种改进型电容三点式振荡电路又称为“克拉泼”振荡电路。

4.3.5　混频电路

Q06、Q07 是 VHF 频段混频兼作 UHF 段的中频预放电路，它是共基—共射串接电路。共射电路输入阻抗较高，电流和电压放大倍数较大，缺点是上限工作频率较低，且会随负载的增大而降低，共基电路的输入阻抗低，在共基—共射串接电路中作为共射电路的负载，采用这种串接电路做混频电路可保证在 VHF 的频率范围内具有平坦的混频增益。此电路在 UHF 接收时，作为中频预放大电路。

4.3.6 UHF 频段的调谐

在 UHF 调谐器中，通常不采用电感线圈和电容器组成集中参数调谐回路，而是由分布参数元件（即用一般 1/2 波长开路的或 1/4 波长短路的传输线）来组成具有选频特性的调谐回路。在实际使用中，常用传输线加接缩短电容的方法，缩短传输线的实际长度。通过调节缩短电容的容量来连续调节传输线长度，达到连续调谐的目的。Q01 是 UHF 高放管，L01、L03、L04、C02、C03、D01 等是 UHF 高放输入调谐回路。L03、L04 为 1/2 波长开路线，开路线两端所接的 C02 和 C03 为开路线的缩短电容，变容二极管 D01 接在开路线的抽头处。D01 的结电容可改变 1/2 波长传输线的等效长度，即调谐回路的谐振频率。高放输出由一级单调谐回路和一级双调谐回路组成。L05、C08、C09 组成单调谐回路；L07、L08、L09、L010、C09、C10、C11、C12、D02、D03 等组成高放输出双调谐回路，其基本工作原理与高放输入回路相同。其中 L07、L08 和 L09、L10 为 1/2 波长开路线，接在 1/2 开路线两端的电容 C09、C10、和 C11、C12 为缩短电容。改变变容二极管 D02、D03 的结电容可使回路谐振频率变化，改变两开路线之间的距离可调节初次级的耦合程度。高放输出调谐回路呈双峰特性。

Q03 是 UHF 频段的本振管，也是采用 1/2 波长开路线来实现本振荡频率的调谐。C16 和 C69 与 D04 容量的并联值作为 L16 缩短电容，其振荡电路的基本工作原理与 VHF 振荡电路相同。C17 为隔直流电容，为了提高本振频率的稳定性，UHF 频段本振晶体管基极采用稳压供电（由稳压二极管 ZD01 来完成）。

Q2 担任 UHF 频段混频。高放输出信号和本机振荡信号同时注入 Q2 发射极，输出采用电感耦合双调谐回路。输出信号通过 D14、C19 加至 VHF 混频电路，此时 VHF 混频电路作为 UHF 的预中放，以保证 UHF 频段有足够的灵敏度。

4.4 调谐器的故障检修

4.4.1 调谐器及前端电路的故障特点

前端电路是指从天线端到中放电路之间的部分。它主要包括调谐器及其外围电路，调谐器是电路的主体。如果这部分有故障，最常见的是收不到电视节目；不能锁定在某一频道上；图像上有明显的雪花噪波，同时伴音噪声也变大；图像模糊或无色彩等。

引起上述症状的原因往往是调谐器本身不良，供电不良，调谐器外围电路损坏，中放电路提供的 AGC 电压或 AFC 电压不正常，或是引线焊接不良等。

4.4.2 调谐器故障的检测方法

遇到接收不良的故障往往要检查调谐器及其相关电路。因为调谐器、频道预选电路或是中频电路有故障都会造成接收不良，故首先要区分故障所处的范围。最好是先检查各部分电路的供电电压，供电失常不是调谐器的故障。

如图 4.11 所示为调谐器的电路实例，从图中可以看到，在金属盒的一侧有一个天线信号输入插口,天线信号就是通过这个输入插口将天线上感应的电流信号送到调谐器中，在调谐器中进行处理之后输出中频信号。调谐器的金属盒是通过引脚焊接在主电路板上的。

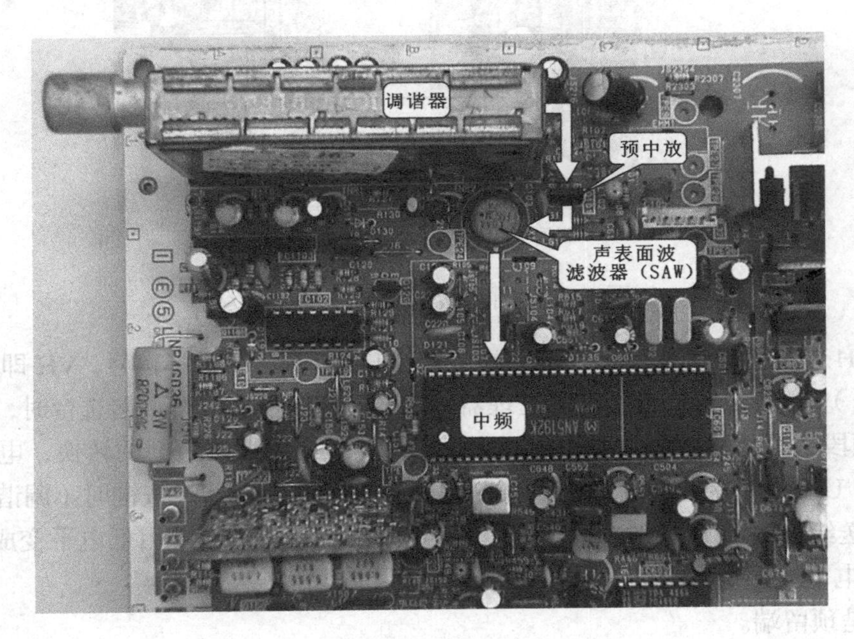

图 4.11 调谐器的电路实例

如图 4.12 所示为调谐器电路背部示意图，可以看到，调谐器共有 8 个引脚。分别为 IF 端、AFC 端、BM 端、VL 端、VH 端、HS 端、VT 端和 AGC 端。

IF 端是中频信号的输出端，天线信号在调谐器中经高放、混频（变频）后变成中频信号由此脚输出。

AFC 端是自动频率控制端。如果调谐器中的本振信号频率发生漂移，输出的 38MHz 中频信号的频率也会变化，最终导致伴音噪声增加，图像也会出现噪波。自动频率控制就是通过对中频信号的检测，产生一个控制电压，自动调整调谐器的本机振荡频率，从而使中频信号的频率稳定。

BM 端是电源电压输入端，它为调谐器内部电路供电。正常时该端电压为+5V。

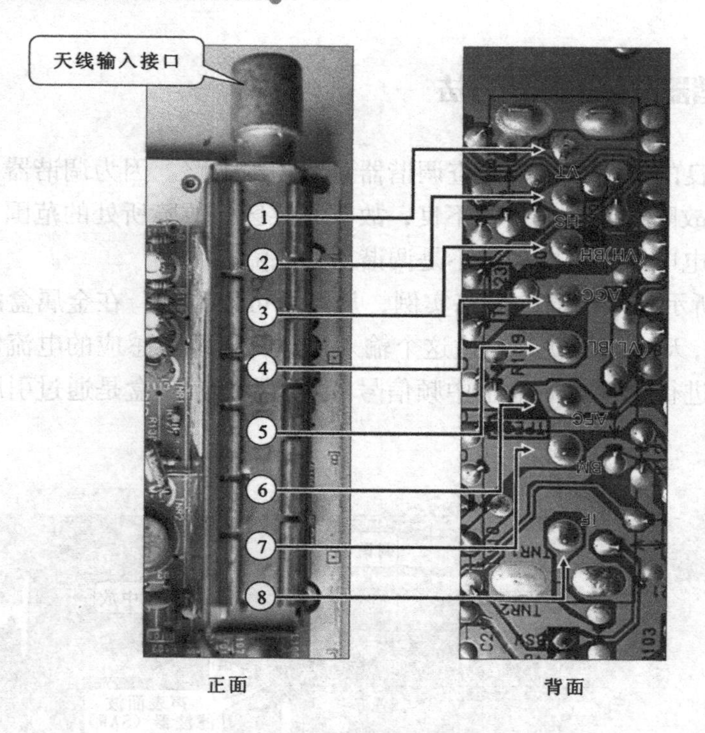

图 4.12　调谐器电路背部示意图

VL、VH 端是频段选择信号的输入端（VL 即 BS0 端频段选择信号，VH 即 BS1 端频段选择信号）。频段选择信号是由微处理器输出的。当电视机进行调谐选台时，从微处理器输出的频段选择信号分别送到 VL、VH 端，然后经调谐器内部的转换，电路转换成 VL、VH 和 U 段的控制电压加到相应的电路中。当操作频段切换按键时（调谐选择电视节目时），送给 VL、VH 端的电平信号会发生变化，例如，VL 端由低电平变成高电平，VH 端由高电平变成低电平。

HS 端是预留端。

VT 端是频道调谐电压的输入端，微处理器输出的调谐电压经调谐接口电路将脉宽调制信号（PWM）经放大和平滑滤波后变成直流电压加到该端，以控制调谐和本振中的调谐频率。该端在频道调谐搜索时应有 0～30V 的电压变化。

AGC 端是自动增益控制电压的输入端，它用来控制调谐器中高频放大器的增益。在中频电路中设有 AGC 检测电路，它通过对检波后的视频信号进行检测，然后产生 AGC 控制电压加到该端以控制高频放大器的增益，即强信号时，增益降低；弱信号时，增益提高。

在调谐器和中频通道之间还有一些滤波电路，它们是由电阻和电容等元件构成的。如果元件有故障，例如，电阻短路、断路，变值严重，电容有漏电和失效的情况，也可能引起上述故障。

如果外围元器件都正常而收不到节目或是收到的节目不良，这往往就是调谐器本身

的故障。调谐器损坏的一般条件下很难修理，因为它所处理的信号频率很高，普通仪表不能检测，而且调谐器内部都采用微型贴片元件和表面安装工艺，很难找到代用器件，普通电烙铁也难以胜任。因此一旦证实是调谐器故障，一般应整体更换。调谐器中的楔形电容和变容二极管都可能损坏，正常时焊开调谐器的 VT 引脚，测量调谐器的调谐端 VT 其电阻值应当大于 500kΩ，如查出现电阻值明显下降的情况则属故障。这些元件也可以进行代换。

4.4.3 调谐器的维修与更换

电调谐器处于整机前端，且维修较难，故在排除调谐器故障前，必须确定其他部位是正常时才可动手。判断的方法，一是鉴别调谐器 IF 端子至图像中放以后是否正常；二是试进行选台操作（用本机键控或遥控选台），测调谐器各端子电压。若不正常，则属调谐接口（预置器）或电源故障。

（1）V/U 段都收不到台，故障在调谐器 U、V 段公共通道，如 V 段混频级可能损坏；

（2）V 段或 U 段收不到台，则为 V 段或 U 段本振停振，高放损坏，通道有断路或短路故障；

（3）V 段低端有台，高端无台，为高段切换二极管及电路故障；

（4）收台不稳，则除调谐电压通路、AFT 电压通路故障外可能是有关调谐元器件性能变坏。

4.4.4 典型彩色电视机调谐器及相关电路的故障检修

1. 调谐器及相关电路的结构

调谐器（高频头）和它的外围电路如图 4.13 所示，整个高频头都封装在一个金属屏蔽盒中，盒上有一个天线信号输入插口。在盒的下面设有 6 个引脚 2 个空脚，并焊装在主电路板上。各引脚的功能如下。

（1）IF 端。IF 端是高频头的中频信号输出端，天线信号在高频头中经高放和混频（变频）后变成中频信号由此端输出。中频信号输出后经 C114、R112 送到中频放大器 Q101 的基极，Q101 又称预中放。耦合送到声表面波滤波器 Z101，然后再送到 IC201 的中频电路。

（2）BM 端。BM 端是高频电路的电源供电端，+5V 电源经 LC 滤波电路加到此端。

（3）BS0、BS1 端。BS0 和 BS1 是频段选择信号的输入端。当进行调谐选台的时候，微处理器 IC101㊶、㊷脚的频段选择信号分别送到 BS0 和 BS1 端，CPU 送入的是二进制信号，在高频头内部设有转换电路将二进制信号转换成 VL、VH 和 U 段的控制电压加到相应的电路中，使高频头工作在所选择的频段上。

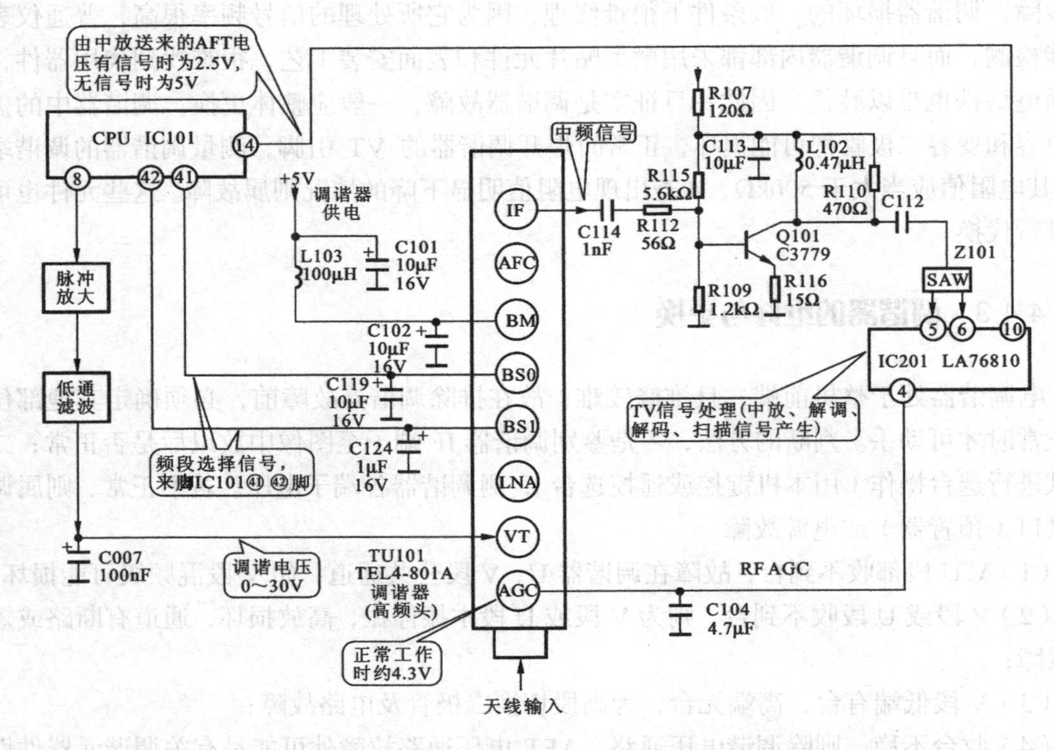

图 4.13　调谐器及外围电路（TCL—2116）

（4）VT 端。VT 端是高频头调谐电压的输入端，由微处理器 IC101⑧脚输出的调谐电压（脉宽调制信号 PWM）经接口电路变成 0～30V 直流电压加到此端。VT 电压加到高频头中的变容二极管上以改变调谐和本振中的谐振频率。

（5）AGC 端。AGC 端是由中频通道送来的自动增益控制电压输入端。当接收电视节目时，中频通道设有 AGC 检测电路，它通过对视频信号的检测形成中频 AGC 电压和高频 AGC 电压，中频 AGC 电压去控制中放的增益，高频 AGC 送到高频头中去控制高频放大器的增益，使放大器输出的信号稳定。

表 4.1　数据真值表

④脚	③脚	BAND
0（0V）	0（0V）	VL
0（0V）	1（5V）	VH
1（5V）	0（0V）	UB

2．调谐器的故障检修

调谐器的检测部位如图 4.14 所示。

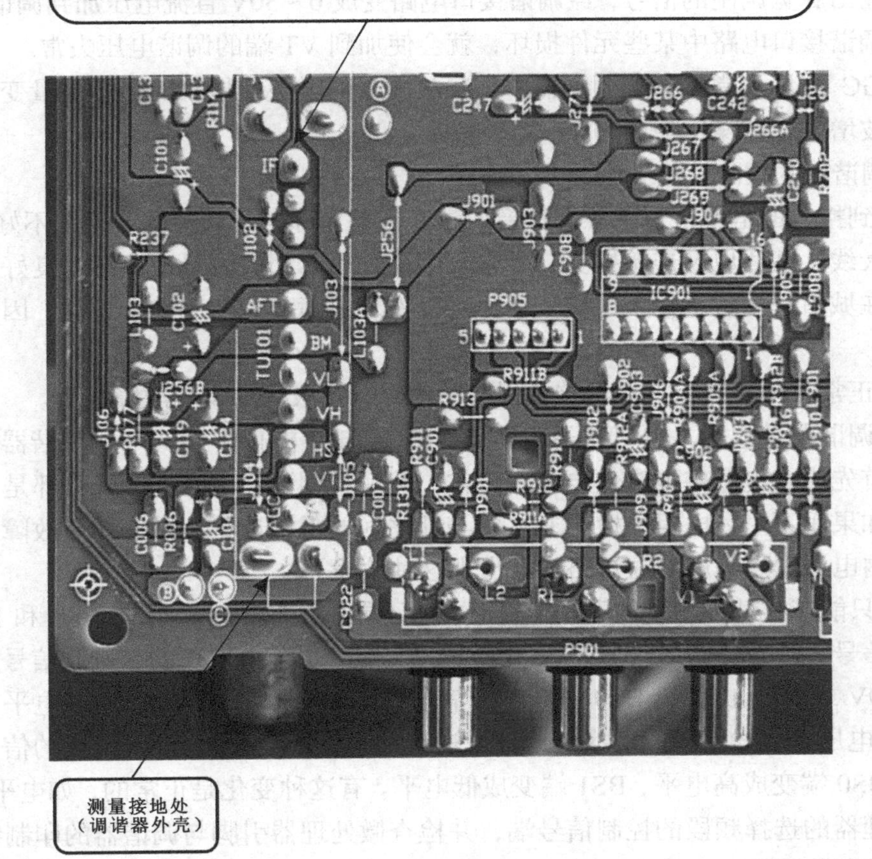

图 4.14　调谐器的安装部位

（1）调谐器的常见故障。

① 调谐器本身不良会引起无中频信号输出，或是输出的信号比较弱，其症状表现为无伴音、无图像，或伴音、图像质量都比较差。

② 调谐器的外围电路不良也会引起伴音和图像不正常，例如：天线插头或输入电缆有短路或断路现象会使输入的射频信号幅度弱或无信号输入，则接收的电视节目声像不良。

③ 调谐器供电电压不正常，会引起调谐器不工作。调谐器的 BM 端是 5V 电压输入端，它为调谐器内的电路提供电源，电源电路有故障，或是 BM 脚外的滤波电容 C102、C101 漏电都会引起调谐器不工作。

④ 频段选择信号失常会使电视机的频段选择功能失常，或只能接收某一频段的节目。频段选择信号是由微处理器 IC101 输出的，经印制板送到调谐器的 BS0 和 BS1 端，

如印制线有短路或断路故障，会使频段切换不正常。

⑤ 调谐器电压 VT 失常会使调谐器收不到电视节目，或不能调谐。调谐时，微处理器 IC101 输出脉宽调制的信号，经调谐接口电路变成 0～30V 直流电压加到调谐器的 VT 端。如果调谐接口电路中某些元件损坏，就会使加到 VT 端的调谐电压失常。

⑥ AGC 电压失常会影响调谐器中高频放大器的增益使接收的信号质量变差，图像上雪花噪波增加，信噪比降低。

（2）调谐器的故障检修方法

① 遇到接收的电视节目图像、伴音质量都很差，即各个频道的节目都不好的情况，可查一下天线、馈线以及连接插头，看是否不良，用万用表测量或用已知良好的天线代替，一般在城市里用表笔作天线试一下也可以发现故障。如使用室外天线，因风吹雨打易于损坏。

② 在正常收视状态检查调谐器各引脚的信号，比较容易发现故障线索。

③ 查调谐器供电端（BM）正常时应为+5V，如果电压低于 4.5V，调谐器便会工作失常。故首先应查电源供电端供电是否正常，然后查调谐器引脚内部或外部是否有短路的故障。如果用万用表电阻挡检测 BM 端与地之间的阻抗近于 0 则有短路故障存在，例如调谐器内电源焊点与屏蔽壳短路就会出现这种故障。

④ 如只能接收某一频段的电视节目，或者不能转换频段时，应查 BS0 和 BS1 端的频段选择信号，微处理器送给 BS0 和 BS1 的信号是“0”和“1”的二进制信号，其对应电压值为 0V 或 5V，例如给 BS0 送低电平信号近于 0V 电压，给 BS1 送高电平信号近于 5V 的直流电压，当操作频段切换键选择电视节目时，送给 BS0 和 BS1 端的信号也会变化，例如 BS0 端变成高电平，BS1 端变成低电平。有这种变化是正常的，如电平不正常，应查微处理器的选择频段的控制信号端，并检查微处理器引脚与调谐器的印制线，看是否有短路或断路现象。

⑤ 如果不能调台搜索，收不到电视节目，应查 VT 端的调谐电压。使电视机处于调谐搜索状态，同时检查调谐器 VT 端的直流电压。调谐时 VT 端应有 0～30V 变化的直流电压。如果电压正常故障在调谐器本身。如果没有电压或电压不正常，再查微处理器的调谐信号输出端，微处理器 IC101⑧脚应有脉冲信号输出，幅度为 5V。有这种信号则正常。然后再进一步查调谐接口电路，以及调谐接口电路的+33V 供电，即可找到故障。在接口电路中有晶体管放大器和 RC 低通滤波器，应分别检查。

⑥ 如果伴音和图像质量不好还应查 RF AGC 电压是否正常。在正常接收状态 IC201 ④脚输出 RF AGC 电压经 C210（滤波）R202 送到 R201 和 R237 的分压点与直流电压相叠加然后再送到调谐器的 AGC 端。

3. 调谐器及接口电路的故障检测

图 4.15 是很多遥控彩色电视机采用的一种电路结构，图中 U101 为调谐器，它有 8 个引脚，N701 是微处理器，N101 是中频电路，N701 ⑳脚输出的调谐脉冲经接口电路（脉

冲放大和低通滤波）形成调谐电压加到 VT 端。N701 ㉛、㉜脚输出频段选择信号经 N701（ZA7910）变成选择 VL、VH 和 UB 的电压送到调谐器。检测部位如图 4.15 所示。如果调谐器各引脚的电压都正常，故障则出自调谐器本身。

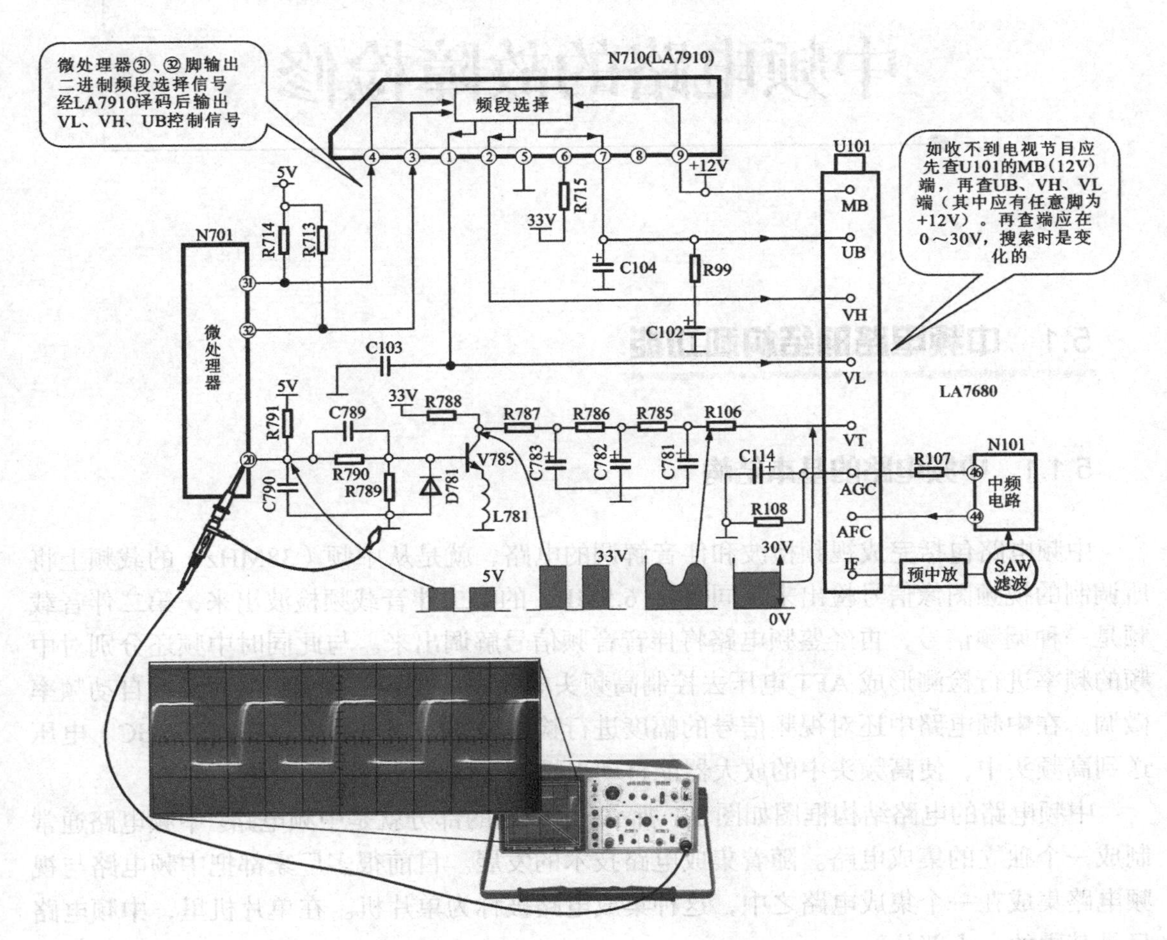

图 4.15　调谐器及外围电路的检查（海信 2518）

第5章

中频电路的故障检修

5.1 中频电路的结构和功能

5.1.1 中频电路的基本结构

中频电路包括完成视频检波和伴音解调的电路，就是从中频（38MHz）的载频上将所调制的视频图像信号检出来，同时将 6.5MHz 的第二伴音载频检波出来，第二伴音载频是一种调频信号，再经鉴频电路将伴音音频信号解调出来。与此同时中频还分别对中频的频率进行检测形成 AFT 电压去控制高频头本振中的变容二极管，从而实现自动频率微调。在中频电路中还对视频信号的幅度进行检测以便形成自动增益控制（AGC）电压送到高频头中，使高频头中的放大器能自动根据信号强弱改变增益大小。

中频电路的电路结构框图如图 5.1 所示，虚线内的部分就是中频电路。中频电路通常制成一个独立的集成电路。随着集成电路技术的发展。目前很多厂家都把中频电路与视频电路集成在一个集成电路之中，这种集成电路被称为单片机。在单片机里，中频电路只是其中的一小部分。

5.1.2 中频电路的组成部分

1. 中频滤波器

中频电路的输入信号是调谐器 IF 端子输出的中频信号。这个信号中有以 38MHz 为中心的图像中频信号和以 31.5MHz 为中心的伴音中频信号，此外还有数字音频载波（38～5.85MHz）。在中频电路的输入端常设有声表面波中频滤波器，用以滤除杂波和干扰。使用滤波器会对信号有衰减作用，在这里增加中频预放电路可以补偿滤波器的衰减量。有些彩色电视机设两个滤波器分别提取图像中频（38MHz）和伴音中频（31.5MHz），这样效果会更好。

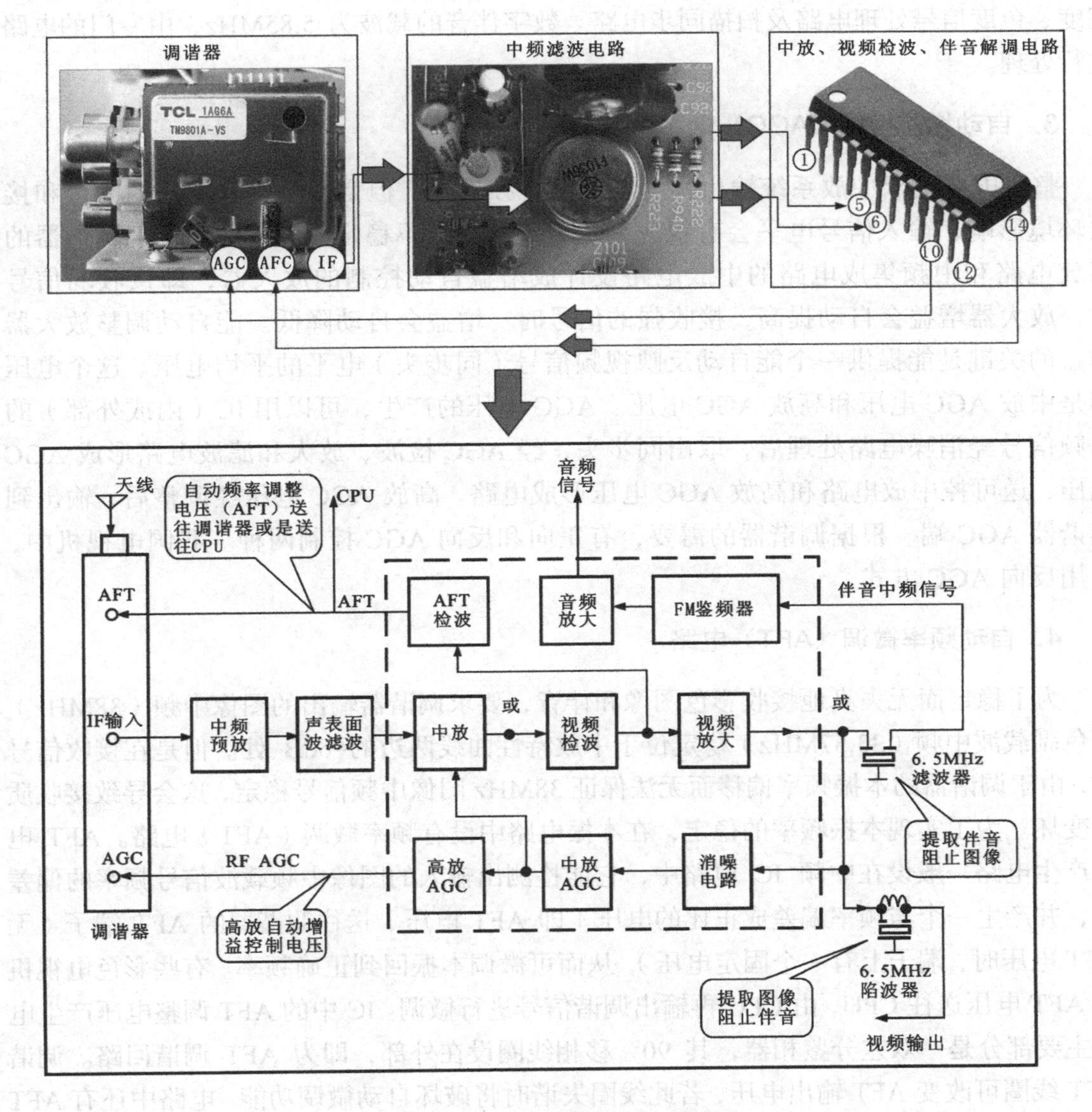

图 5.1　中频电路的结构框图

2. 视频检波与伴音解调电路

中频信号首先进入中频预放电路予以放大，然后经过声表面波滤波器或图像中频输入变压器进入中频集成电路内。在集成电路里，中放电路一般为三级增益可控的直接耦合放大器，而后由视频检波器进行视频同步检波。检波后可得到 0～8MHz 的视频全电视信号。这个信号中还有图像中频信号与 31.5MHz 伴音中频信号差拍产生的 6.5MHz 第二伴音中频信号。视频全电视信号经视频放大电路放大后分成两路。一路经 6.5MHz 滤波器取出 6.5MHz 第二伴音中频信号去伴音通道；另一路经 6.5MHz 陷波器，去除伴音信号，取出图像视频信号，经视频缓冲电路或 AV 接口电路，送往视频信号处理电路或分别去亮度、色度信号处理电路及扫描同步电路。数字伴音的载波为 5.85MHz，由专门的电路进行处理。

3. 自动增益控制（AGC）电路

整机电路要求中放系统输出幅度稳定的视频信号，但是由于接收不同的电台和接收环境影响，输入信号电平会有很大差异，致使输出不稳定。为此，通常把调谐器的高放电路和中频集成电路的中放电路设计成增益自动控制的放大器，即接收弱信号时，放大器增益会自动提高，接收强的信号时，增益会自动降低。能自动调整放大器增益的关键是能提供一个能自动反映视频信号（同步头）电平的平均电压。这个电压即是中放 AGC 电压和高放 AGC 电压。AGC 电压的产生，可以用 IC（内或外部）的视频信号经消噪电路处理后，取出同步头，经 AGC 检波、放大和滤波电路形成 AGC 电压，送可控中放电路和高放 AGC 电压形成电路。高放 AGC 电压经调整后，输出到调谐器 AGC 端。根据调谐器的需要，有正向和反向 AGC 控制两种。我国电视机中，多用反向 AGC 方式。

4. 自动频率微调（AFT）电路

为了稳定而无失真地接收彩色图像和伴音，要求调谐器输出的图像中频（38MHz）的色副载波中频（33.57MHz）稳定位于中放特性曲线两边的–6dB 处。但是在接收信号时，由于调谐器的本振频率偏移而无法保证 38MHz 图像中频信号稳定，这会导致接收质量变坏。为了实现本振频率的稳定，在本振电路中设有频率微调（AFT）电路。AFT 电压产生电路一般设在中频 IC 电路中，它能检测出输入的图像中频载波信号频率的偏差度，并产生一个与频率偏差成正比的电压（即 AFT 电压）送往调谐器的 AFT 端子（无 AFT 电压时，端子上有一个固定电压），从而可微调本振回到正确频率。有些彩色电视机将 AFT 电压送往 CPU，由 CPU 再输出调谐信号进行微调。IC 中的 AFT 调整电压产生电路主要部分是一双差分鉴相器，其 90° 移相线圈设在外部，即为 AFT 调谐回路。调谐 AFT 线圈可改变 AFT 输出电压，若此线圈失谐时将破坏自动微调功能。电路中还有 AFT 开关，用以在作频道调谐时，中断 AFT 功能。一般是用此开关将 AFT 调谐线圈接地，使 AFT 电路不起作用。在调谐完成要正常接收时，断开开关，AFT 电路工作。此外，AFT 开关方式有多种，在设有微处理器控制的电路中，处理器芯片上设有 AFT 除去/工作控制功能引脚，进行自动的 AFT 功能开关。AFT 电压的另一个用途，是在部分遥控电路中作收到电台的识别信号，以控制电台自动搜索功能。

中频电路可能发生的主要故障现象为无声、无图像或声像质量不佳，杂波干扰、图像不稳等。在检修中频单元电路故障以前，应确认故障是在中频电路，而不是在调谐器和预置器。因为两种电路的故障现象都会引起图像和伴音不正常。

5.2 中频电路的工作原理

5.2.1 视频同步检波器的工作原理

视频同步检波器的功能是将调制在载波上的视频信号检波出来，目前都采用集成电路来完成这一任务。视频同步检波器的电路框图如图 5.2 所示。

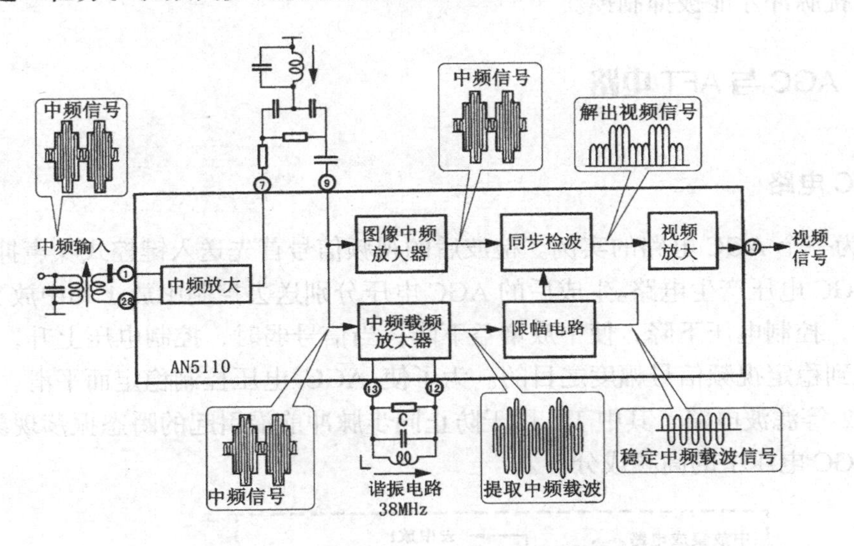

图 5.2 视频同步检波器电路框图

来自调谐器的中频信号首先送到集成电路 AN5110 的①和㉘脚，在 IC 内首先进行中频放大，然后经⑦脚和⑨脚的外接干扰噪波吸收电路后分别送到图像中频放大器和中频载波放大器。图像中频信号放大后送到同步检波器；中频载波放大器把图像载波从图像中频信号中（经谐振选频）提取出来并进行放大，然后再经限幅处理后将中频载波信号也送到同步检波器。这样，使图像中频信号与其载波信号保持了同频同相的关系，以适应同步检波器的要求。同步检波器完成视频信号的检波。

5.2.2 消噪电路的功能

这里的噪声是指大幅度的脉冲干扰，如电火花、雷击等产生的脉冲电磁场将通过调谐器和中频放大电路后和视频信号同时被检波出来。如果不把这些脉冲干扰去掉，它们进入同步分离电路后将破坏行、场振荡器的同步工作。在中频系统若采用峰值 AGC 检波时，此干扰将严重破坏中频电路的工作。因此，在图 5.1 的中放集成电路中，在中放 AGC 电路之前还加有噪声抑制电路，它把这些干扰脉冲从视频信号中抑制掉。噪声抑制的电路形式是很多的，其作用原理都是设法将视频信号中超过某电压的干扰脉冲切割下来，经过倒相后又叠加到原视频信号中，由于干扰脉冲的极性相反，正好把原干扰脉冲抑制掉。

噪声通常分为白噪声与黑噪声两类，白噪声是指视频信号中比白电平更“白”的干扰脉冲。当输出的白噪声干扰脉冲达到或超过一定的电压（6.2V）时，白噪声抑制电路可检出此脉冲，并倒相之后又混入此信号中。结果，干扰脉冲就被抑制掉了。

黑噪声是指超过消隐电平，比黑电平还“黑”的干扰脉冲。一般来说，只有超过同步头的黑干扰脉冲才能被抑制掉。

5.2.3　AGC 与 AFT 电路

1. AGC 电路

图 5.3 为一个 AGC 电路的实例。检波后的视频信号首先送入键控式噪声抑制电路，而后送入 AGC 电压产生电路。生成后的 AGC 电压分别送去控制中放 1 和中放 2 的增益。当信号强时，控制电压下降，使中放增益下降；当信号弱时，控制电压上升，使中频增益上升，达到稳定视频信号幅度之目的。为了使 AGC 电压控制稳定而平滑，故增设了 C1、L1、C2 等滤波电路。其中 L1 用于防止同步脉冲前沿引起的瞬态振荡现象，而 C2 则滤去其 AGC 电压中的高频成分。

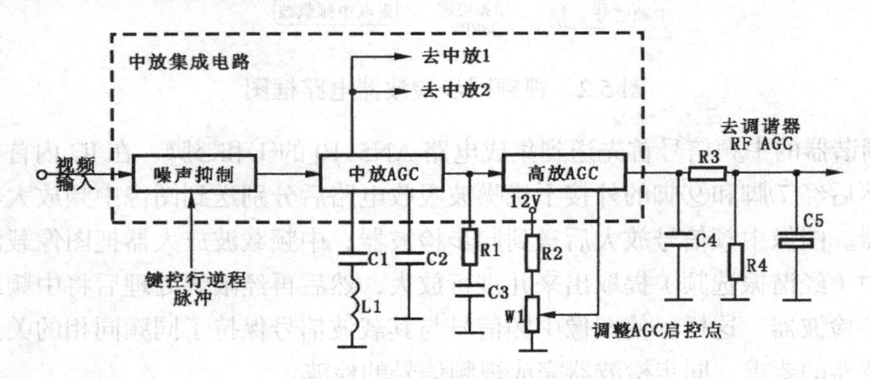

图 5.3　AGC 电路框图

中放 AGC 电压经过 R1、C3 滤波之后，又送入高放 AGC 电路。高放 AGC 的输出控制电压，经过 C4、R3、R4、C5 等组成的平滑滤波之后，又去控制调谐器高放级的增益。当信号弱时控制电压升高，使高放增益提高；当信号强时，控制电压下降，使高放增益降低，最后保持了视频振幅的稳定性。

另外，由+12V 的电压通过电阻 R2 和电位器 W1 的分压，送入高放 AGC 电路。改变此电压，可以改变高放 AGC 的起控点（提前或延迟），即改变了高放级的延迟控制特性。

2. AFT 电路

像分立元件电路一样，集成电路自动频率微调电路也是为了克服本振频率偏移而设置的，图 5.4 画出了 AFT 原理框图。在具有视频同步检波的中放集成电路中已经得到了图像中频载波（38MHz），它经过缓冲输出后进入 AFT 电路，再经过限幅放大，然后将此信号送往鉴频器。鉴频器的主要作用是：当此中频载波频率和标准中频值一致时就输出一个零误差信号；若此中频偏离标准中频值时就输出一个正的或负的误差信号，并经直流放大器后去控制本地振荡器中的变容管，进行频率微调，使中频信号频率自动回到标准值（但总还有一定的剩余频率误差）。电路不断地检测误差，不断地进行微调，这是一个动态的自动控制过程。这样，在收看节目时由于温度等变化所引起的本振漂移，将自动得到补偿。

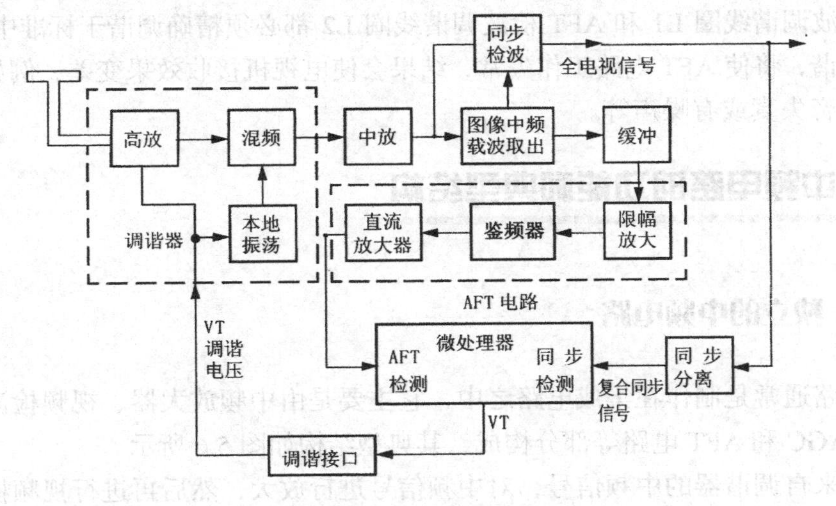

图 5.4 AFT 原理框图

在图 5.5 中画出了一个包括集成块外接元件在内的 AFT 电路方框图（主要说明外接元件之作用）。我们知道加到 AFT 检波器中鉴相电路上的信号有两个，一个是由视频检波器送来的图像中频载波信号，它作为基准信号；另一个是通过视频检波线圈 L1 与 AFT 线圈 L2 之间耦合而产生的图像中频载频信号，经移相之后加到 AFT 鉴相器上。这两个信号在鉴相器中进行比较。当图像中频（38MHz）准确时，这两个信号的相位差刚好为 90°。此时 AFT 鉴相器输出电压为基准电平。当图像中频偏高时，这个相位差大于 90°，此时 AFT 鉴相器的输出电压则低于基准电平；反之，当图像中频偏低时，这个相位差又小于 90°，此时 AFT 鉴相器的输出电压则高于基准电平。由此电压输出通过 C4、R3、R4，滤波分压之后加到高频调谐器的本地振荡器上，去相应校正其工作频率，使其稳定工作。

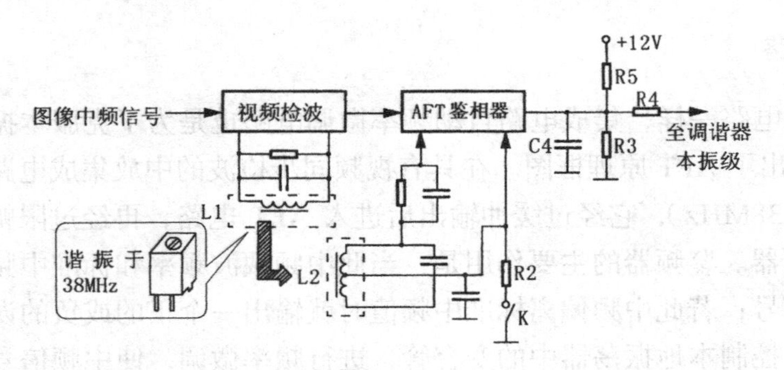

图 5.5　AFT 电路原理框图

电源电压 12V 通过 R5 及 R3 分压，叠加到 AFT 电压上。另外，AFT 的线圈抽头通过 R2 及开关 K 接地。当此开关接通时 AFT 电路即不起作用（在调谐电视频道时用）。

视频检波调谐线圈 L1 和 AFT 检波调谐线圈 L2 都必须精确调谐于标准中频 38MHz 上，若有失谐，将使 AFT 电路工作失常，结果会使电视机接收效果变差，例如图像清晰度下降，伴音失真或有噪声等。

5.3　中频电路的功能和典型结构

5.3.1　独立的中频电路

中频电路通常是制作在集成电路之中，它主要是由中频放大器、视频检波、伴音解调以及 RF AGC 和 AFT 电路等部分构成，其典型结构如图 5.6 所示。

它接收来自调谐器的中频信号，对中频信号进行放大，然后再进行视频检波和伴音解调，将调制在载波上的视频图像信号提取出来，将调制在第二伴音载频上的伴音信号解调出来，这是它的两个主要任务。

同时它还具有自动增益控制电压的检测任务以及自动频率微调电压的检测任务。通过对视频信号的检测产生出自动增益控制电压，除了对中频电路增益控制之外，还将 AGC 信号送到调谐器中，对高频放大器的增益进行控制。与此同时，在中频电路中，对中频载波信号的频率进行检测，如果产生频率漂移，它会产生一个自动控制电压，即 AFT 电压，这个电压会送到调谐器或微处理器，从而微调调谐器中的本机振荡电路，使本机振荡的信号跟踪所调谐的信号，就是说一旦发生频率漂移，马上会有一个自动控制电压产生，并进行自动微调，使接收的电视节目信号稳定，不会出现跑台的情况。

有很多彩色电视机的中频信号处理电路都集成在一个小规模集成电路中，如图 5.7 所示，它将中放、视频检波、伴音解调以及 AFT 和 AGC 电路都集成在这个电路里。由调谐器输出的中频信号经过预中放以及中频滤波器（声表面波滤波器）送到集成电路中进行中放、视频检波和伴音解调。

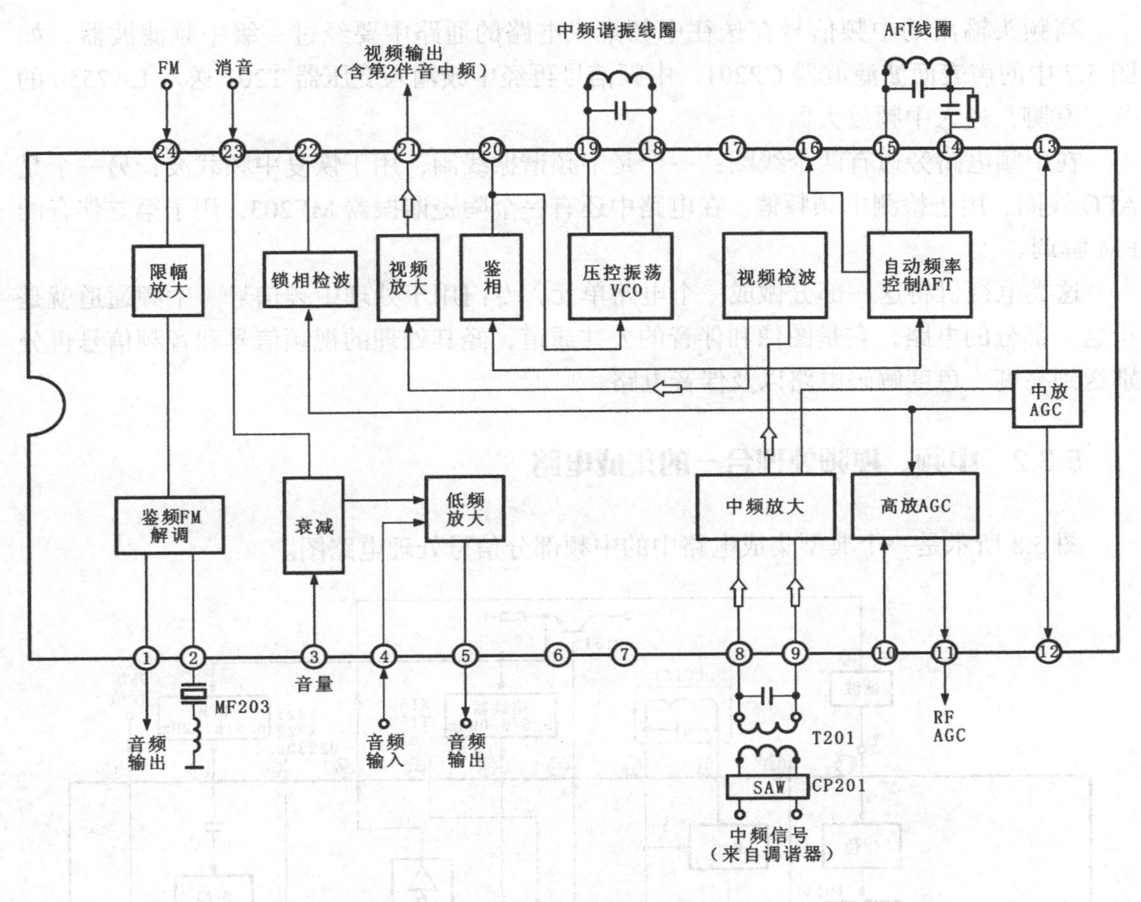

图 5.6　独立中频电路的结构原理图（LA7550）

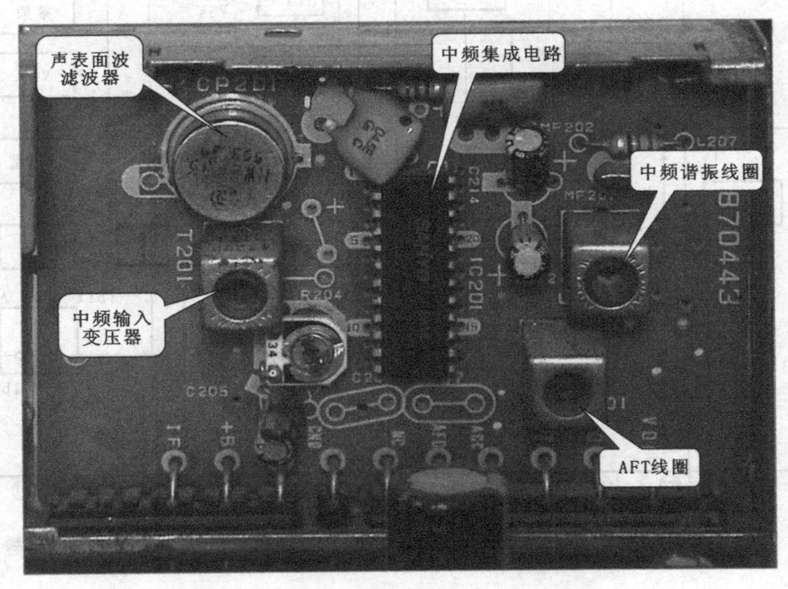

图 5.7　独立的中频信号处理电路

高频头输出的中频信号在送往中频集成电路的通路中要经过一级中频滤波器，如图 5.7 中的声表面波滤波器 CP201。中频信号再经中频输入变压器 T201 送入 LA7550 的⑧、⑨脚，送入中频放大器中。

在中频电路旁边有两个线圈：一个是中频谐振线圈，用于恢复中频载波；另一个是 AFC 线圈，用于检测中频频偏。在电路中还有一个陶瓷谐振器 MF203，用于第二伴音的 FM 解调。

这类电视机将这一部分做成一个电路单元，专门用于处理中频信号。中频通道就是指这一部分的电路，它是图像和伴音的公共通道，经其处理的视频信号和音频信号再分别送到亮度、色度解码电路以及伴音电路。

5.3.2 中频、视频处理合一的集成电路

图 5.8 所示是一个典型集成电路中的中频部分信号处理电路图。

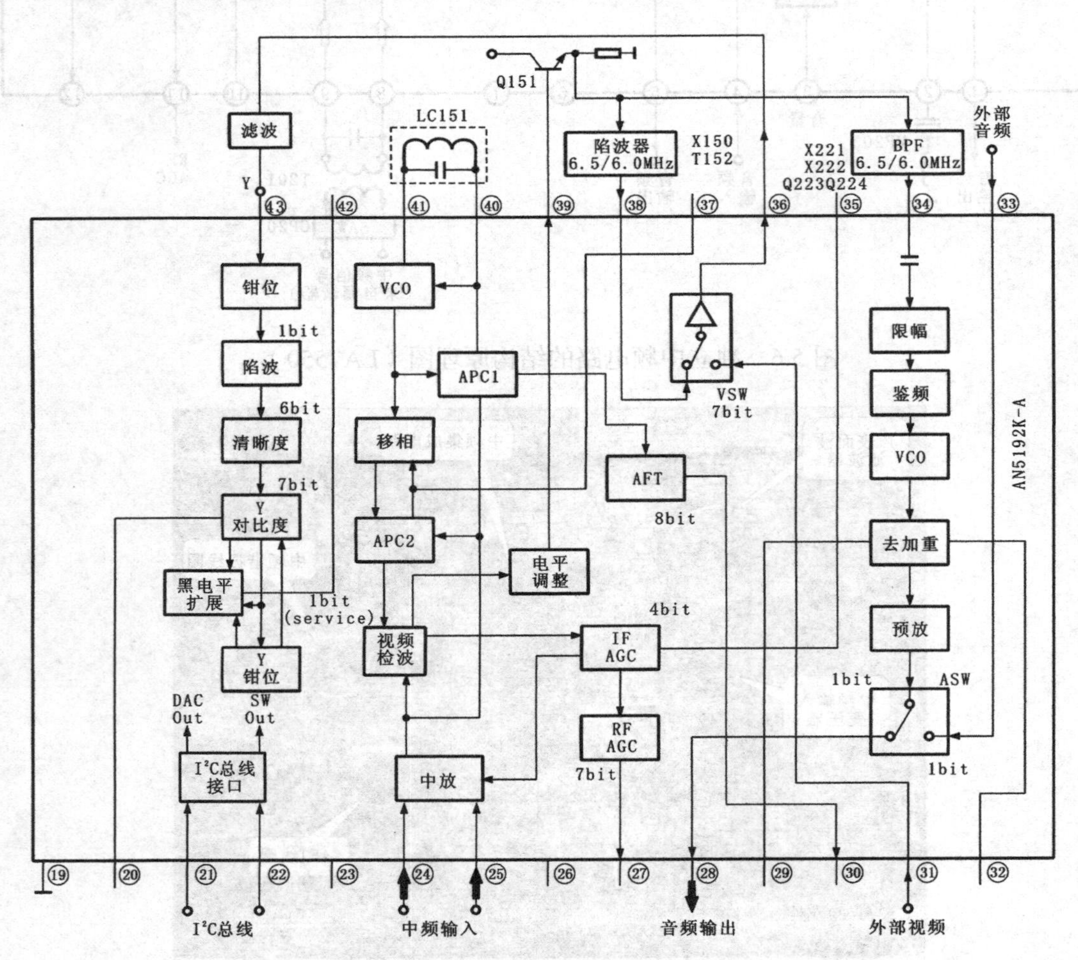

图 5.8 AN5192K 单片集成电路的中频部分

电视机的小信号处理电路都集成在该集成电路（AN5192K）中，称为 TV 信号处理电路，又称单片集成电路，中频电路只是它的一部分，AN5192K 中还包含视频解码电路和行、场扫描信号产生电路。下面，我们就以实际电路为例介绍一下它的信号流程和相关电路。

图 5.9 所示为采用 AN5192K 集成块的实际电路（TC-2160）。AN5192K 各引脚的功能如表 5.1 所列。

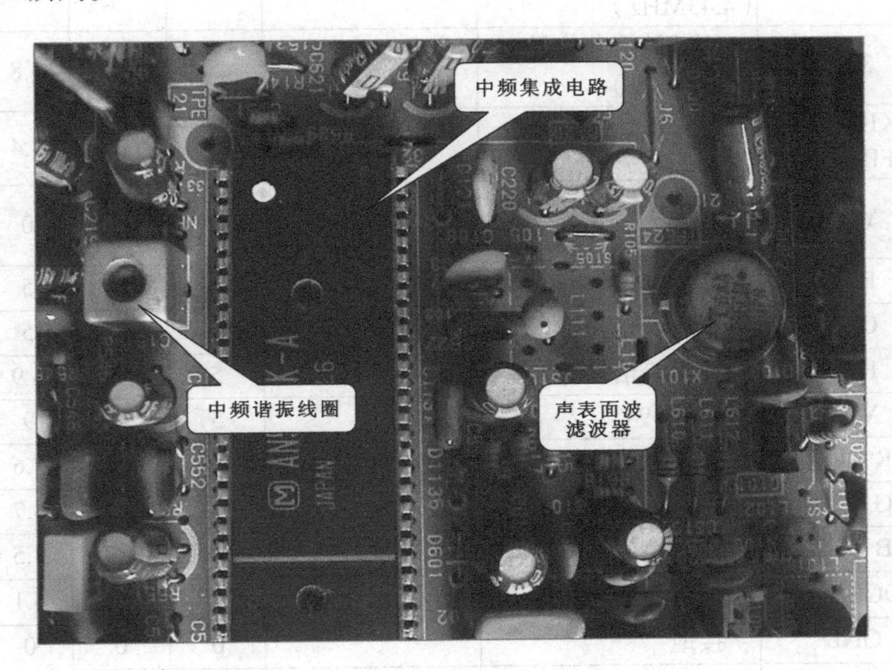

图 5.9 采用 AN5192K 集成块的实际电路（TC-2160）

表 5.1 AN5192K 各引脚的功能及参数

引脚序号	英文缩写	集成电路引脚功能	备注	电阻参数(kΩ)		直流电压参数（V）	
				正笔接地	负笔接地	有信号	无信号
1	R CLAMP	红基色钳位信号		5	8.7	7.5	7.3
2	G CLAMP	绿基色钳位信号		5	8.8	7.4	7.3
3	B CLAMP	蓝基色钳位信号		5	9	7.4	7.3
4	KILLER FILTER	消色滤波		5	8	3.3	2.4
5	KILLER OUT	消色信号输出		4	7.7	4.4	0.5
6	APC FILTER	自动相位控制信号滤波		5	8.4	2.8	2.6

续表

引脚序号	英文缩写	集成电路引脚功能	备注	电阻参数（kΩ）		直流电压参数（V）	
				正笔接地	负笔接地	有信号	无信号
7	4.43	副载波振荡信号（4.43MHz）		5	9.7	2.9	2.8
8	3.58	副载波振荡信号（3.58MHz）		5	8.7	3.8	3.4
9	KILLER FILTER	消色滤波		5	10	4.4	4.9
10	YsIN	快速消隐脉冲信号输入		0.21	0.33	0	0
11	R IN	红字符信号输入		5	11	5	4.9
12	G IN	绿字符信号输入		5	11	5	4.9
13	B IN	蓝字符信号输入		5	11	4.9	4.9
14	VCC	电源+9V		3	4	9	9
15	R OUT	红基色信号输出		1.4	0.44	3.6	2.9
16	G OUT	绿基色信号输出		1.4	1.7	3.7	3
17	B OUT	蓝基色信号输出		1.4	1.7	3.5	2.9
18	LOCK DET	锁定检波信号输出		5	6	6.1	0.3
19	GND	接地		0	0	0	0
20	ACL	自动对比度限制信号		5	9	3.2	3.7
21	SDA	数据线		3.8	9	4.4	4.4
22	SCL	时钟线		4	9.5	4.6	4.5
23	VCC	电源+5V		3.8	6.7	5	5
24	PIF IN	图像中频信号输入		5	8.5	2.9	2.9
25	PIF IN	图像中频信号输入		5	8.5	2.9	2.9
26	GND	接地		0	0	0	0
27	RF AGC	高频自动增益输出		4.5	5.7	8.4	8.4
28	AUDIO OUT	音频信号输出		3.8	4	3.7	3.9
29	DEEM	去加重		5	9	5	4.9
30	AFT OUT	自动频率控制信号输出		5	9	4.4	4.7
31	VIDEO IN	视频信号输入		5	11	2.2	2.2

续表

引脚序号	英文缩写	集成电路引脚功能	备　　注	电阻参数(kΩ)		直流电压参数（V）	
				正笔接地	负笔接地	有信号	无信号
32	DECOP	未使用		5	11.5	4.1	4.3
33	AV AUDIO IN	音频信号输入		4.2	4.5	6.1	6
34	SIF IN	伴音中频信号输入		5	10	4.5	4.5
35	IF AGC FILTER	中频自动增益控制信号滤波		5	10.5	3.4	3.4
36	VIDEO OUT	视频信号输出		5	10.5	3.4	3.2
37	APC2	自动相位控制（2）		5	8	3	4.9
38	VIDEO DET IN	视频检测信号输入		5	11	2.5	2.7
39	CVBS OUT	复合视频信号输出		5	9	3.3	3.5
40	APC1	自动相位控制（1）		5	11	2.5	2.7
41	VCO	压控振荡信号		5	5.8	3.3	4.6
42	BLACK DET	黑电平检波信号		5	8	2.7	2.3
43	Y IN	亮度信号输入		5	8	4	3.5
44	V CLAMP	场扫描同步脉冲钳位信号		5	5.8	5.9	6.4
45	V SYNC SEP	场扫描同步脉冲分离信号输入	0.57V（峰–峰值）	5	10	4.1	4.1
46	V SYNC SEP	行扫描同步脉冲分离信号输入		5	10	2.7	2.3
47	VCC	电源+5V		2.5	3	5	5
48	C IN	色度信号输入	0.45V（峰–峰值）	4.3	5	4.8	4.8
49	GND	接地		0	0	0	0
50	H FBP IN	行扫描逆程脉冲信号输入		2.2	2.5	0.5	0.5
51	H REG	行扫描稳压		3.8	15	6.3	6.3
52	AFC2 FILTER	自动频率控制信号（2）滤波		4.8	17	2.3	2.4

续表

引脚序号	英文缩写	集成电路引脚功能	备注	电阻参数（kΩ）		直流电压参数（V）	
				正笔接地	负笔接地	有信号	无信号
53	AFC1 FILTER	自动频率控制信号（1）滤波		4.8	26	4.4	4.5
54	H OSC	行扫描振荡信号		4.8	9.5	2.6	2.5
55	X-RAY	X 射线保护		4.8	6.5	0	0
56	H DRIVER OUT	行扫描驱动信号输出		2.8	3	1.5	1.5
57	DET OUT	检波信号输出		5	10	2.9	1.5
58	V DRIVER OUT	场扫描激励信号输出	4V（峰–峰值）	4.5	6.5	3.8	3.7
59	CV	未使用		4.8	7	1.5	1.5
60	B-Y OUT	蓝色差信号输出		4.8	6.8	2.4	2.4
61	R-Y OUT	红色差信号输出		4.8	6.8	2.4	2.4
62	SAND	沙堡脉冲信号		4.8	6.8	1	1.3
63	B-Y IN	蓝色差信号输入	1.18V（峰–峰值）	4.8	11	4.6	4.7
64	R-Y IN	红色差信号输入	1.0V（峰–峰值）	4.8	11	4.6	4.7

图 5.10 所示为预中放的电路结构图，其安装位置如图 5.11 所示。

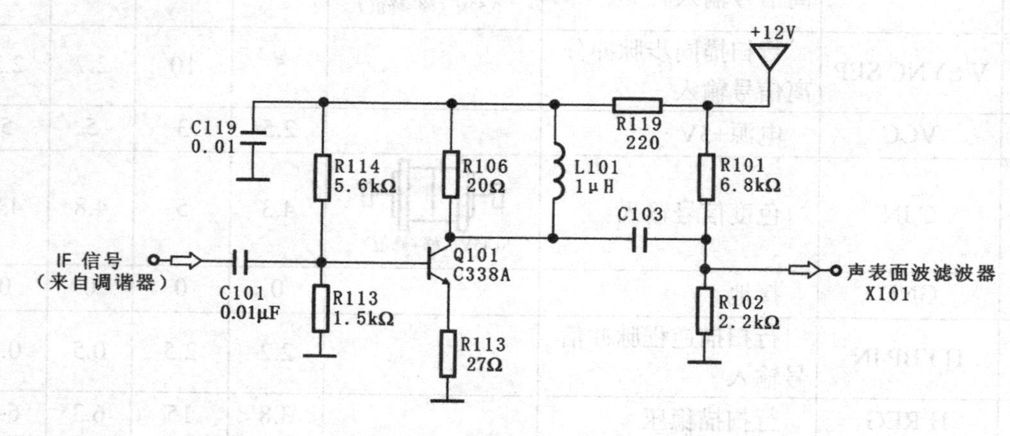

图 5.10　预中放的电路结构

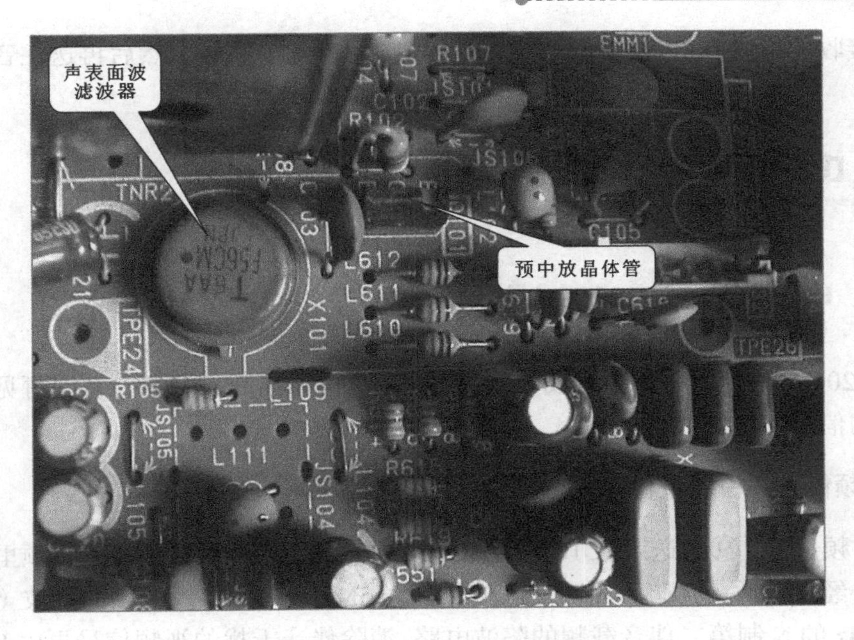

图 5.11 预中放的安装位置

调谐器输出的中频（IF）信号经过预中放和声表面波滤波器滤除噪波和干扰后，将中频图像信号（含伴音中频信号）提取出来再送到集成电路的中频部分进行处理。预中放电路是由 Q101 和 X101 等部分构成的。Q101 和偏置元件构成共发射极中频放大器，中频信号经耦合电容 C101 加到 Q101 的基极，经放大后由集电极输出，然后再经耦合电容 C103 加到声表面波滤波器 X101 的输入端（耦合电容具有隔直流的作用）。电感 L101 与 Q101 的集电极负载电阻 R106 并联，利用 L101 对高频信号阻抗高的特性来补偿预中放的高频特性。声表面波滤波器 X101 的输出经匹配电路，送到 AN5192K 的㉔、㉕脚。

中频电路被集成在 AN5192K 之中，它主要是由中放、视频检波、伴音解调构成的。其功能是检出视频图像信号和第二伴音中频信号，再经鉴频电路解出伴音音频信号。此外，中频电路中还设有中放 AGC 电路、高放 AGC 电路、AFT 电路以及压控振荡器电路。

中频信号从㉔、㉕脚送入 AN5192K 中，在集成电路中先进行中频放大，然后进行同步检波，检出视频信号。㊶脚外的 LC151 谐振电路用于恢复中频 38MHz 的载波，为同步检波器提供载波信号。检波后的视频信号由㊴脚输出。㊴脚输出的信号中包含有第二伴音中频信号，需要将视频图像和第二伴音载频信号分离。

在 AN5192K ㊴脚外设有一个缓冲放大器 Q151。Q151 发射极输出的信号分成两路。一路经陷波电路 X150 和 T152 吸收 6.5MHz 和 6.0MHz 的第二伴音中频信号，然后将视频信号再送回 AN5192K 的第㊳脚。

另一路经 X222（6.0MHz）和 X221（6.5MHz）带通滤波器提取出第二伴音中频信号，该信号再经 Q223 或 Q224 缓冲放大后送到 AN5192K 的第㉞脚，在集成电路中进行限幅放大和鉴频（ＦＭ解调）解出伴音音频信号。外部音频信号由㉝脚输入，在集成电路内部与本机接收的音频信号进行切换选择后由㉘脚输出音频信号，然后再送往音频功率放大器。

5.4 中频通道的电路分析

5.4.1 中频电路μPC1820CA的结构和原理

μPC1820CA是典型的中频集成电路，其信号流程如图5.12所示，从图可见它可以处理多制式的信号。

1．视频信号的检波过程

图像中频从⑧、⑨脚送入IC101，在IC101中先进行中放和检波，从中频里检出视频图像信号，经视放后由①脚输出。①脚处设有6.5MHz第二伴音载频的陷波（吸收）电路和4.5MHz的N制第二伴音载频的陷波电路。消除伴音干扰的视频信号再由IC101的㉚脚送入IC中的缓冲放大器放大，放大后的信号再由㉖脚输出，㉖脚外设有5.5MHz、5.74MHz、5.85MHz陷波电路（SECAM制伴音中频吸收电路）。最后输出视频图像信号。

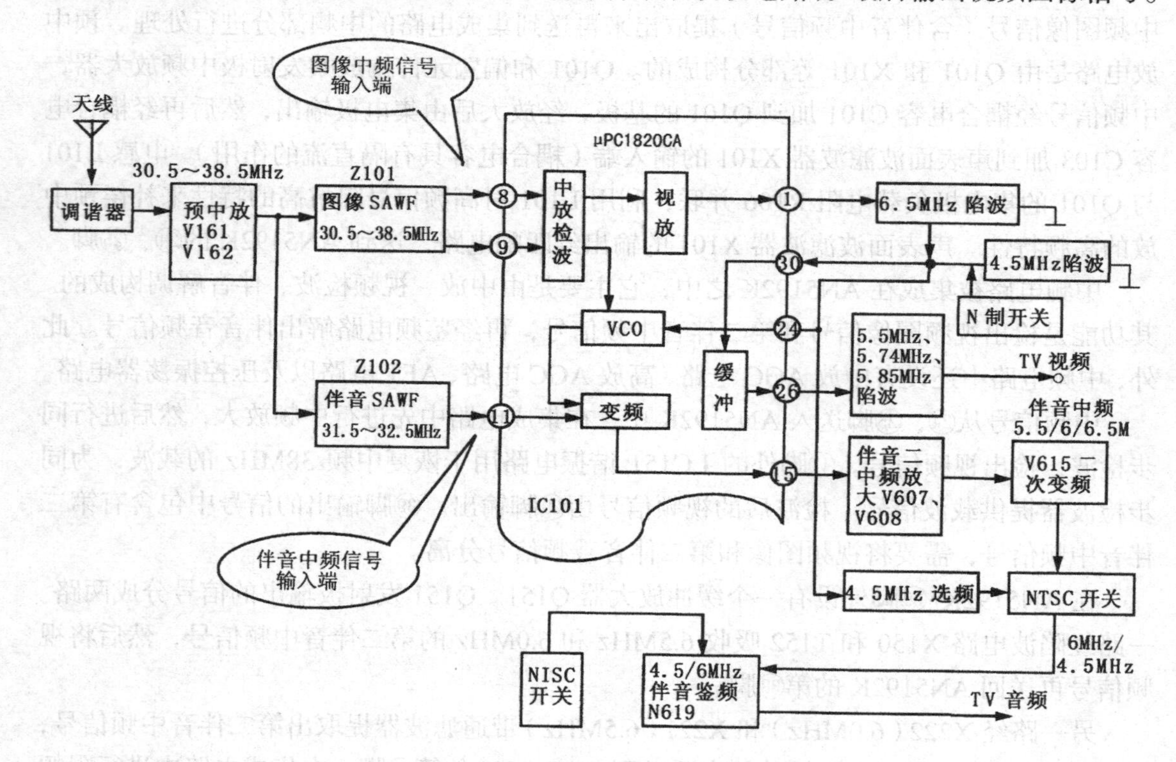

图5.12 视频检波和伴音解调信号流程图

2. 伴音信号的解调过程

调谐器的中频信号经预中放后由伴音声表面波滤波器将 31.5～32.5MHz 的伴音中频信号提取出来，从⑪脚送入μPC1820CA 中。在 IC 中将伴音中频与图像中频进行差频，以 PAL-D/K 制为例 31.5MHz 与 38MHz 图像中频进行差频，取出 6.5MHz 的第二伴音中频，从⑮脚输出，经放大后再进行二次变频，将 PAL-D/K 的 6.5MHz，PAL-B/G 的 5.5MHz 和 PAL-I 的 6MHz 信号都变成 6MHz 信号。NTSC 制的 4.5MHz 第二伴音载频是从视频检波的信号选出 4.5MHz 的信号。4.5MHz 和 6MHz 的伴音载频经 NTSC 开关电路后将信号送到 4.5MHz/6MHz 的伴音鉴频电路中，由 NTSC 开关电路控制。在接收 NTSC 信号状态，进行 4.5MHz 的鉴频处理。在其他状态进行 6MHz 的鉴频处理。然后输出音频信号。中放μPC1820CA 电路的内部结构和外围电路如图 5.13 所示。

5.4.2 单片 TV 信号处理电路

图 5.14 表明了中频电路与调谐器和视频解码电路的关系，调谐器的输出（IF）经声表面波滤波器（SAW）送到单片集成电路的中频放大器，中频放大器的输出再进行视频检波和伴音解调。检波后的视频信号在单片集成电路中进一步进行亮度和色度信号的处理，伴音信号则送往音频信号处理和功放电路。

LA7680 是彩色电视机中常用的单片集成电路之一，它的应用电路框图如图 5.15 所示。

LA7680 是将中频电路、视频解码和行场扫描信号的产生电路集于一体的大规模集成电路。

当接收电视信号时，在微处理器输出的波段控制电压和调谐电压的控制下，调谐器 U101 把接收到的射频电视信号经高放和混频后从 IF 端子输出 38MHz 的中频图像信号，经 V101 一级预中放、Z101 声表面波滤波器，形成具有一定特性的中频信号，送到 N101 ⑦、⑧脚。N101 对中频信号放大和视频检波，从㊷脚输出全电视信号。在这个中频信号处理过程中，还产生两个自动控制信号 AGC 和 AFT。这两个信号反过来加到高频调谐器上，使得高频调谐器输出的中频图像信号的频率准确，幅度稳定。

N101㊷脚输出的全电视信号送到信号分离电路 A3 板上，由于视频信号中包含第二伴音中频信号，在 A3 板上要进行分离处理。视频信号经 V01 缓冲放大，然后经 Z04～Z07 第二伴音中频吸收电路，设置多个陷波器以便吸收不同制式的第二伴音中频（4.5MHz、5.5MHz、6.0MHz、6.5MHz），再由 V09 放大后输出视频图像信号。

N101㊷脚输出的信号在 A3 板上经 C16 和三个带通滤波器 Z17～Z19，将 5.5MHz、6.0MHz 和 6.5MHz 的第二伴音信号送入伴音载频变换电路 N12，在 N12 中将第二伴音载频都变成 6.0MHz 输出。

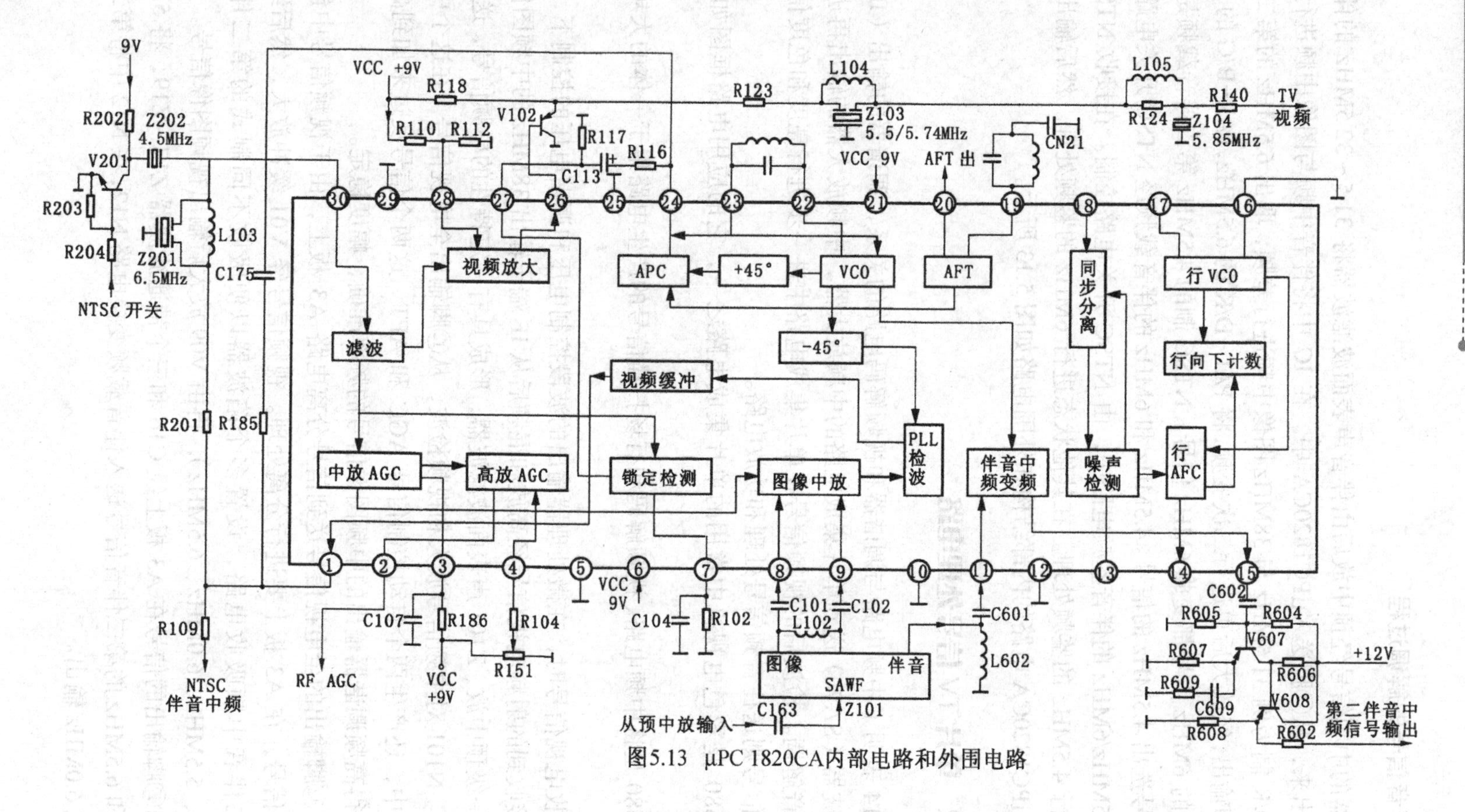

图5.13 μPC1820CA内部电路和外围电路

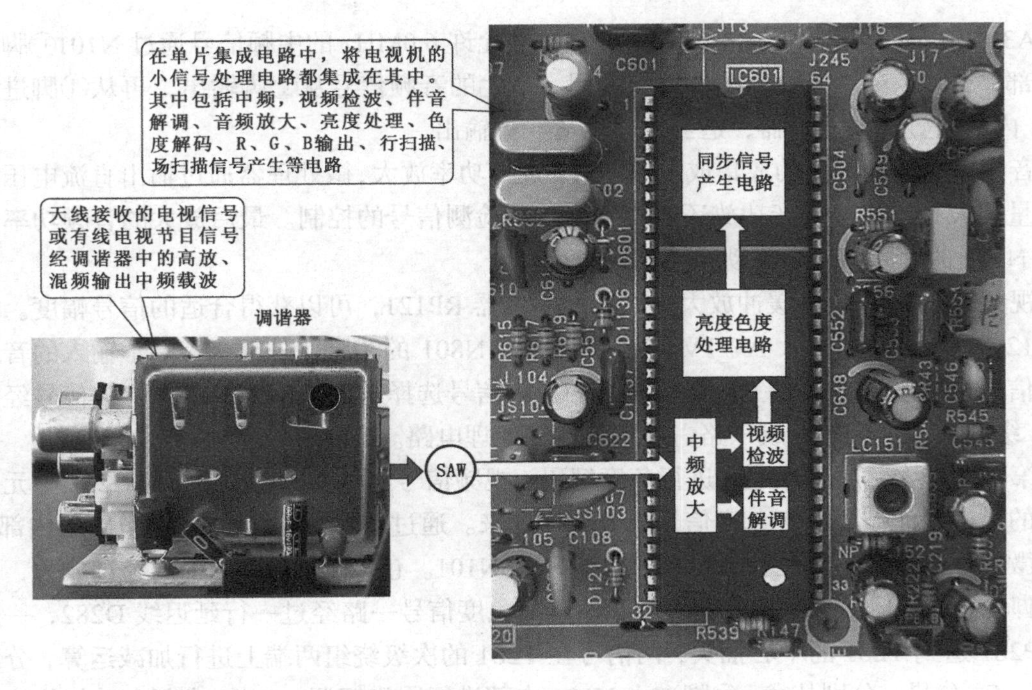

图 5.14　中频电路与调谐器和视频解码电路的关系

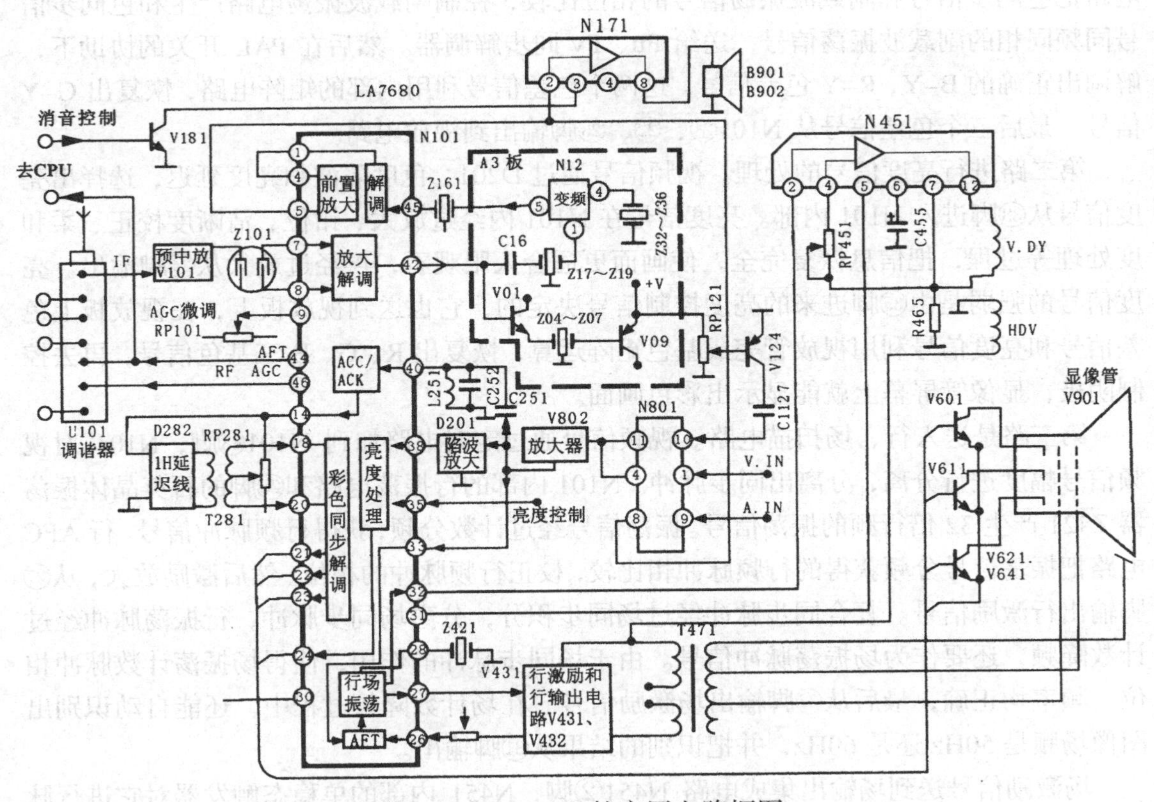

图 5.15　LA7680 的应用电路框图

A3 板输出的伴音信号经过 Z161 滤波，仅允许 6.0MHz 的中频信号通过 N101㊺脚进入内部。N101 对伴音中频信号调频解调。产生的音频信号从①脚输出，再从④脚进入 N101 内部前置音频放大器，适当放大后从⑤脚输出。

音频信号送到伴音功放集成电路 N171 进行功率放大，微处理器通过输出直流电压控制音量的大小，另外伴音功放还要受到一致性检测信号的控制。最后放大的音频功率信号从 N171 的⑧脚输出，推动扬声器发出声音。

视频信号经过 V09 缓冲放大，然后经电位器 RP121，可以获得合适的信号幅度。经过 V124 一级缓冲，进入 AV/TV 转换集成电路 N801 的⑩脚。外部 AV 端子输入的音、视频信号也输入到 N801 上。经切换后的视频信号选择送入 V802 的基极。该信号经过 V802 缓冲放大之后，分成三路，进入各自的处理电路。

第一路进入色度处理电路进行色度解码。视频信号经过 C251、L251 和 C252 等元件组成的色带通滤波器，把色度信号成分选择出来。通过 N101㊵脚进入集成电路的内部。同时微处理器把色饱和度控制信号从该脚输入 N101。色度信号在 N101 内经过放大，再从⑭脚输出，进入后面的梳状滤波器。⑭脚的色度信号一路经过一行延迟线 D282，一路经 RP281 送到 T281 的中心抽头，两信号在 T281 的次级绕组两端上进行加减运算，分离出 Fu、Fv 分量，分别从⑱、⑳脚进入 N101 内部进行同步解调。N101 内部自动相位控制电路把色同步信号和副载波振荡信号的相位比较，控制副载波振荡电路产生和色同步信号同频同相的副载波振荡信号，送给 Fu、Fv 同步解调器。然后在 PAL 开关的协助下，解调出正确的 B–Y、R–Y 色差信号。这两个色差信号利用内部的矩阵电路，恢复出 G–Y 信号。最后三个色差信号从 N101㉑、㉒、㉓脚输出到视放电路。

第二路进行亮度信号的处理。视频信号通过 D201，色度陷波和亮度延迟，选择出亮度信号从㊳脚进入 N101 内部。亮度信号在 N101 内经过放大、钳位、清晰度校正、柔和度处理等过程，把信息恢复完全，使画面更适合人眼观看，再经过放大从㉔脚输出。亮度信号的强弱是由㉟脚进来的亮度控制信号决定的，它也送到视放板上，在视放板上色差信号和亮度信号利用视放管完成基色矩阵运算，恢复出 R、G、B 三基色信号，再去控制阴极，显像管屏幕上就能显示出彩色画面。

第三路是送入行、场扫描电路。视频信号通过定时电路加到 N101㉝脚，N101 对视频信号幅度进行分离，分离出同步脉冲。N101 内部的行振荡电路和㉘脚的石英晶体振荡器 Z421 产生 32 倍行频的振荡信号。振荡信号经过计数分频，获得行频脉冲信号。行 AFC 电路把振荡信号分频获得的行频脉冲相比较，校正行频脉冲的相位。然后激励放大，从㉗脚输出行激励信号。复合同步脉冲经过场同步积分，分离场同步脉冲，行振荡脉冲经过计数降频，还要作为场振荡脉冲信号。由于场同步脉冲的作用，使得场振荡计数脉冲相位、频率均正确，最后从㉜脚输出场激励信号。在场计数降频过程中，还能自动识别出图像场频是 50Hz 还是 60Hz，并把识别的结果从㉛脚输出。

场激励信号送到场输出集成电路 N451②脚，N451 内部的单稳态触发器对它进行脉

冲整形，送到内部的场积分电路。场积分电路利用⑥脚C455的线性充放电特性把矩形脉冲信号转变为线性锯齿波，再经驱动放大，送到场输出电路。场输出电路把锯齿电压信号功率放大，转变为电流流经场偏转线圈，产生水平方向的磁场，控制电子束在显像管内垂直方向的运动。行激励信号从N101㉗输出，再经V431激励放大，使行输出管V432工作于开关状态，为行输出变压器T471提供脉冲电流。T471是一种脉冲变压器，脉冲电流在其高压包上感应出高电压加到显像管的阳极，显像管内就形成强电场，迫使电子脱离阴极表面飞出，形成束电流。束电流的大小受阴极信号电压的控制，束电流打在屏幕上激发出亮光，形成图像。行输出脉冲还加到行偏转线圈上，利用行偏转线圈本身的电感性形成锯齿电流，控制电子束的水平方向运动。就是这样在行、场的控制下，在屏幕上形成完整的图像。

LA7680内部对中频信号的处理包括放大、视频检波、AFT形成、AGC形成等，原理方框图如图5.16所示。

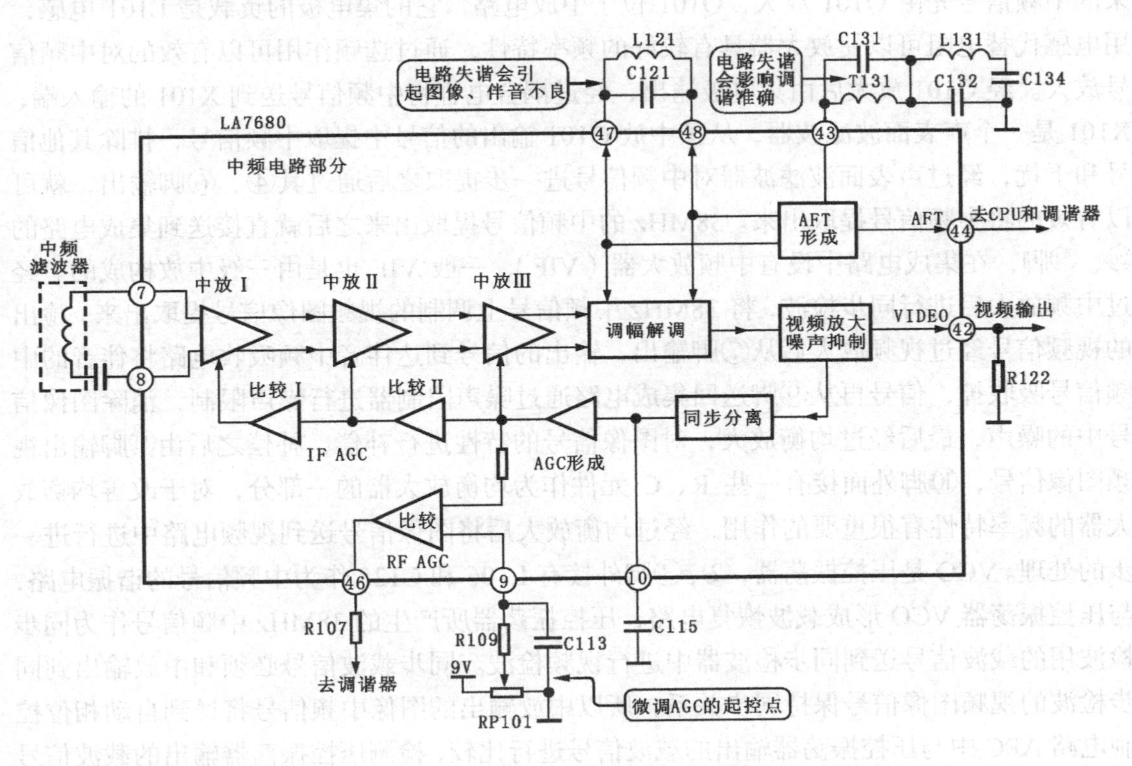

图5.16 LA7680内的中频电路原理方框图

图像中频信号是一种调幅波，在调幅解调之前必须放大到一定的幅度。LA7680内部由差分放大器对中频信号连续三级直接耦合放大，大幅度地提高信号的幅度。电路总增益约为50dB。

LA7680接着对调幅图像信号进行幅度检波，解调出视频图像信号。集成电路内通常采用同步检波器解调，同步检波器实际上是乘法器，所以也称这种解调方法为乘法器解调。LA7680㊼、㊽脚的 C121、L121 并联电路谐振于 38MHz 的载波信号，这个信号再由内部限幅，就获得和图像载波信号相同的等幅信号。它反过来再和原图像中频信号在乘法器上相乘，最后从㊷脚输出视频信号。检测㊷脚输出的视频信号是判断中频电路工作是否正常的重要手段。

5.5 中频电路的故障检测方法

5.5.1 中频电路的检测要点

图 5.17 所示为松下三超画王所采用的中频电路（AN5179NK）的电路方框图。AN5179NK 是中频通道专用的集成电路。⑳、㉑脚是图像中频信号输入端，由调谐器送来的中频信号先由 Q101 放大，Q101 位于中放电路，它的集电极的负载是 L101 电感，用电感代替电阻可以使放大器具有较好的频率特性，通过选频作用可以有效的对中频信号放大。经 Q101 放大后由集电极输出，经过耦合电容将中频信号送到 X101 的输入端，X101 是一个声表面波滤波器，从预中放 Q101 输出的信号中提取中频信号，排除其他信号和干扰，经过声表面波滤波器对中频信号进一步提取之后通过其④、⑥脚输出，就可以有效的将中频信号提取出来。38MHz 的中频信号提取出来之后就直接送到集成电路的⑳、㉑脚，在集成电路中设有中频放大器（VIF），一般 VIF 也是由三级中放构成的。经过中频放大后进行同步检波，将 38MHz 中频信号上调制的视频图像信号提取出来，检出的视频信号经过视频放大后从⑦脚输出，输出的信号到达伴音中频吸收电路将伴音的中频信号吸收掉，信号再从⑨脚送回集成电路通过噪声限制器进行噪声限制，消除图像信号中的噪声，最后经过均衡放大，对图像信号的特性进行补偿，补偿之后由⑪脚输出视频图像信号，⑩脚外面接有一些 R、C 元件作为均衡放大器的一部分，对于改善均衡放大器的频率特性有很重要的作用，经过均衡放大后将图像信号送到视频电路中进行进一步的处理。VCO 是压控振荡器，②、③脚外接有 L106 和 C125 作为中频信号的谐振电路，与压控振荡器 VCO 形成载波恢复电路，压控振荡器所产生的 38MHz 中频信号作为同步检波用的载波信号送到同步检波器中进行视频检波。同步载波信号必须和中放输出到同步检波的视频图像信号保持同步关系，所以中放输出的图像中频信号将送到自动相位控制电路 APC 中与压控振荡器输出的载波信号进行比较，检测压控振荡器输出的载波信号与图像中频信号的相位误差，相位误差将转换为直流电压对压控振荡器进行微调控制，使压控振荡器产生的载波信号的相位和频率与图像中频信号保持同步。APC 的⑥脚外接 R、C 电路，晶体管 Q104 受微处理器的控制，当 Q104 导通时就会将 R160 短路，如果 Q104 断开 C122 便通过 R175 接到 12V 上，晶体管 Q104 的导通与否是由微处理器控制的。使用彩色电视机进行游戏时，微处理器的控制脚（㊼脚）为低电平则晶体管 Q104 处于断开的状态，在接收电视节目时，微处理器的㊼脚输出高电平，Q104 导通。在游戏

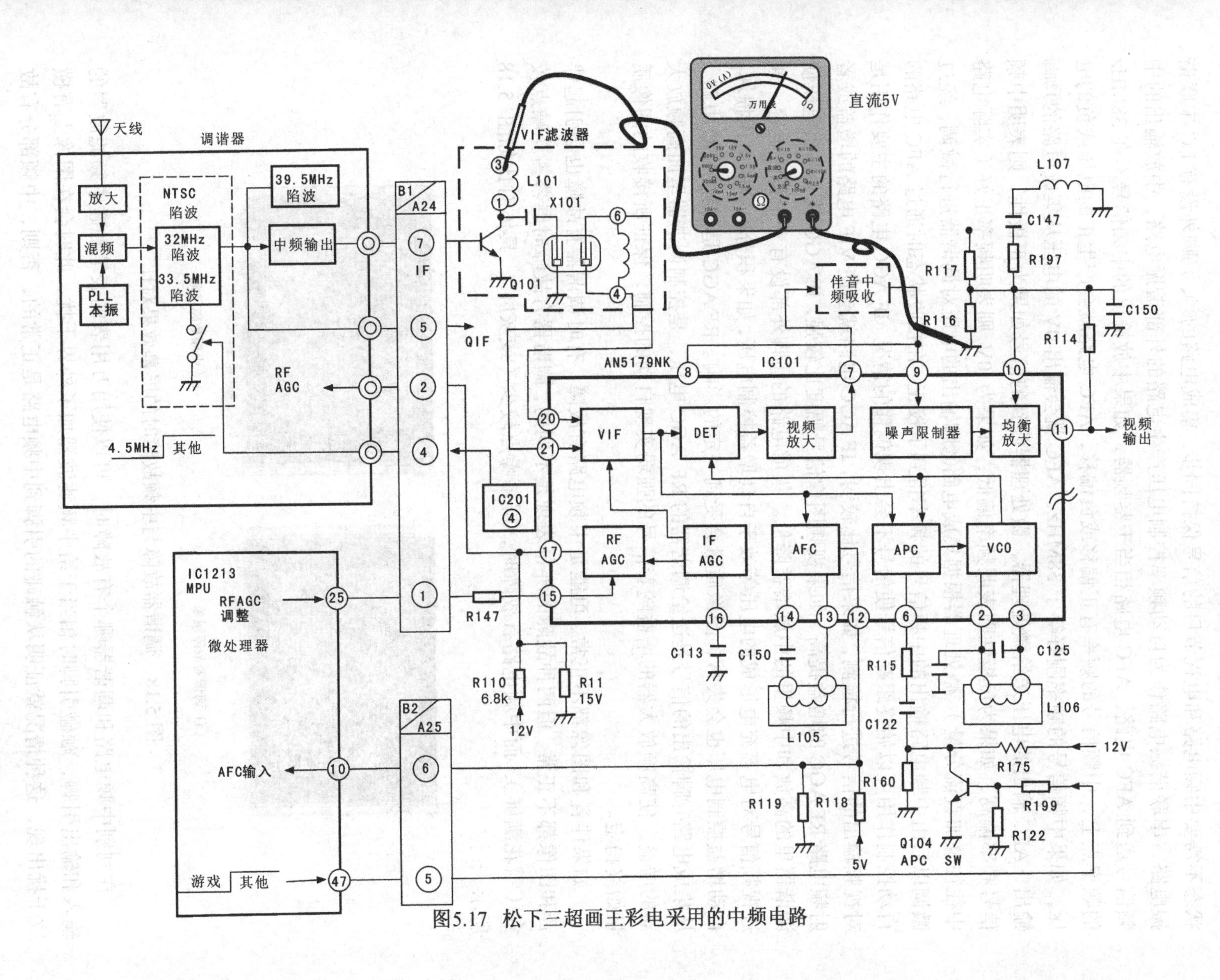

图5.17 松下三超画王彩电采用的中频电路

状态不需要中频电路和电视节目的信号保持同步。集成电路的⑬、⑭脚外设有 LC 串联谐振电路，串联谐振电路作为自动频率控制电压产生电路的外部谐振电路，中放输出的中频信号送到 AFC 电路，AFC 电路相当于鉴频器，如果中放输出的中频信号不在 38MHz 的频率点上，中频信号的频率有正偏移或负偏移，AFC 电路就会产生正的电压或负的电压，如果中频信号的频率刚好等于 38MHz，AFC 就会输出 0V 的电压从集成电路的⑫脚输出，AFC 输出的电压送给微处理器，微处理器收到的信号如果为正极性，则表明中频信号频率偏高，如果为负极性则表明频率偏低，如果为 0V 则表明频率正好（实际电路中往往叠加直流分量）。微处理器根据集成电路⑫脚输出的电压对调谐器进行微调，经过微调以后由中频电路输出的中频信号的频率得到了校正。在接收状态时通过 AFC 电路的自动控制作用可以始终跟踪信号使信号不会出现偏移的情况。IF AGC 电路的主要作用是对视频输出的信号进行检测，如果信号比较弱，IF AGC 电路就会使 VIF 电路的增益或者射频电路 RF AGC 的增益提高。如果视频图像信号幅度比较强，IF AGC 就会输出电压使调谐器里的高放和中频里的中放增益降低。集成电路的⑯脚外部设有一个积分电容，通过视频信号对电容充电形成的电压等效于自动增益控制电压，如果积分电容的电压损坏，自动增益控制电压也会失常，图像质量会受到一定的影响。RF AGC 是射频 AGC 电路，从集成电路⑰脚输出的信号是送给调谐器的 RF AGC 电压，是控制调谐器里面高频放大器的增益，使高频放大器的增益随着信号的强弱实现自动的控制，保证所接收的图像质量始终稳定。

如果伴音和图像都不正常，可能是中频电路有故障，有时调谐器有故障也会引起伴音和图像都不正常。但两种故障的屏幕表现是不同的，调谐器有故障时屏幕雪花噪点较多（雪花满屏），而中频电路有故障时，屏幕噪点较少（或灰屏），具体对比如图 5.18 所示。

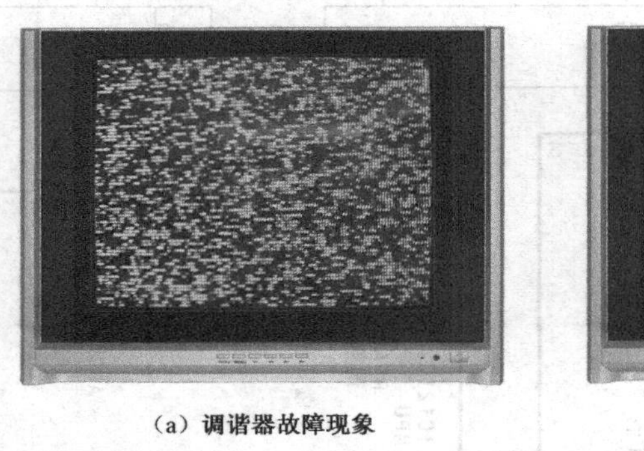

（a）调谐器故障现象

（b）中频故障现象

图 5.18　调谐器故障与中频故障时的屏幕效果对比

在判别中频电路和调谐器哪个有故障时，可以使用万用表的表笔触碰中频滤波器的输入和输出引脚，触碰引脚时相当于给中频滤波器加了外界干扰，此时会在图像上有横纹干扰出现，这种情况就证明从触碰的引脚到中频电路是正常的，否则，中频部分有故

障。如果调谐器有故障一般会表现为图像上噪波比较大，如果中频电路有故障一般表现为噪波、图像及伴音都没有。

5.5.2 中频电路的故障检修实例

中频电路有故障会引起伴音和图像不正常，甚至是无图像、无伴音。这种情况可以通过对中频集成电路主要引脚的检测来判别故障。以松下 AN5192K 中频电路为例，如图 5.19 所示，首先可以从㊴脚检测一下视频信号，㊴脚是在接收电视节目时，经过解调后输出的视频信号，若这个信号正常，就表明集成电路里面的视频检波电路、中放电路都是正常的。

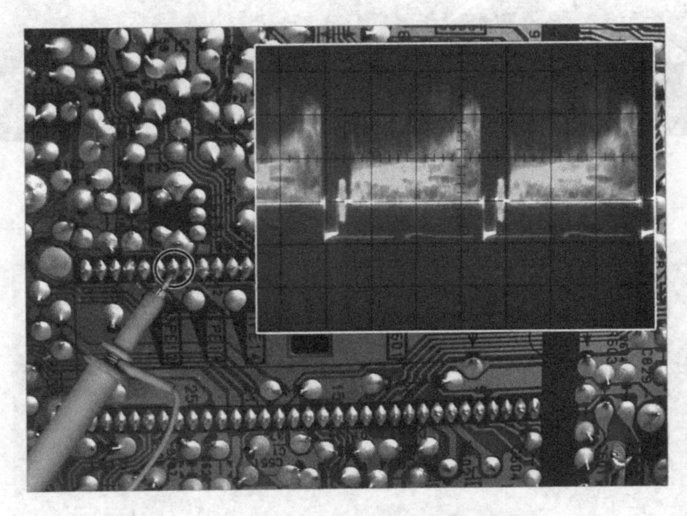

图 5.19　AN5192K 第㊴脚视频信号

第二伴音中频滤波器从输出的视频信号中取出第二伴音中频信号，然后送入 AN5192K 的㉞脚，在集成电路内进行限幅和 FM 解调，解出伴音音频信号。外部音频信号从㉝脚送入集成电路，在集成电路内部还有一个音频信号切换开关，如果是收看本机接收的电视节目，就接到本机的输出，若收看外部录像机或影碟机的节目就切换㉝脚送入的音频信号。外部音频和本机音频切换后由㉘脚输出。如果㉘脚输出的音频信号正常，则表明伴音解调电路是正常的。如果在㉘脚测不到音频信号，再分别检查㉞脚外的第二伴音中频信号或㉝脚外的 AV 音频信号。

如果是接收本机电视节目时，图像和伴音不良，可以检查㊶脚外部的 LC151，这个谐振电路里边的线圈磁芯是可以微调的，微调时必须监测㊶脚的中频信号，也就是必须准确地调到 38MHz。具体调整方法如图 5.20 所示。调整谐振线圈时需要使用无感螺丝刀，如图 5.21 所示为无感螺丝刀的实物外形，这种螺丝刀为塑料或铜制材质，以保证在调节时不会影响电感量。

图 5.20　微调谐振线圈

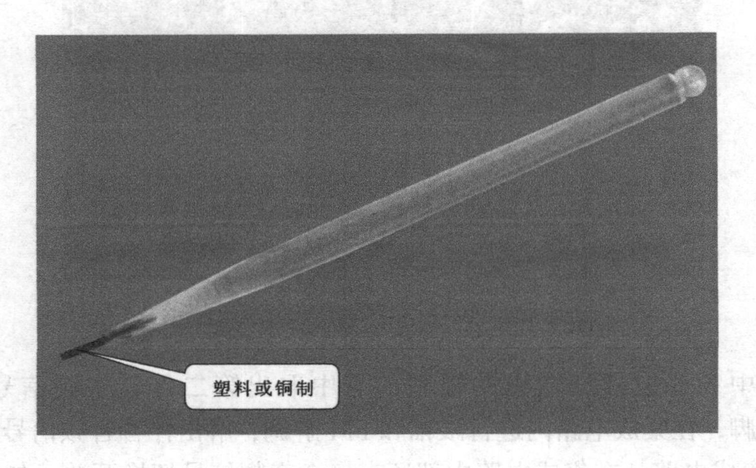

图 5.21　无感螺丝刀

一般情况下，在 LC151 线圈里的磁芯在使用和维修过程中不要任意调整，因为其很难调得精确。若 LC151 损坏需要更换，更换后要准确地进行调整，若有计数器或示波器可以监测它们的频率，频率接近到 38MHz 后还要将它转换到收看电视节目时的图像和伴音，判别是否都正常，在此期间小心微调一下磁芯使图像和伴音都正常即可。

接下来进一步检查㊲脚外面的电阻电容是否有损坏。因为这里的电阻和电容，特别是电容若失效或变质，会直接影响中频电路的正常工作，所以特别是电视机使用时间长了，电容就容易变质。这一点应该引起注意。检查时还应注意㉛脚是否有脱焊或虚焊的情况，它也会影响中频电路的正常工作。

另外还要检查一下集成电路上面的引脚，㉔脚和㉕脚是中频信号的输入端，他们在

正常接收时，如图 5.22 所示，我们可以用万用表的表笔点触㉔脚和㉕脚，如有很多干扰条出现，表明中频电路正常，也就是说在㉔脚用表笔加入一个人为的干扰，在图像上有反映，说明通道正常；若没有图像也没有噪波，那么中频电路可能就有故障。

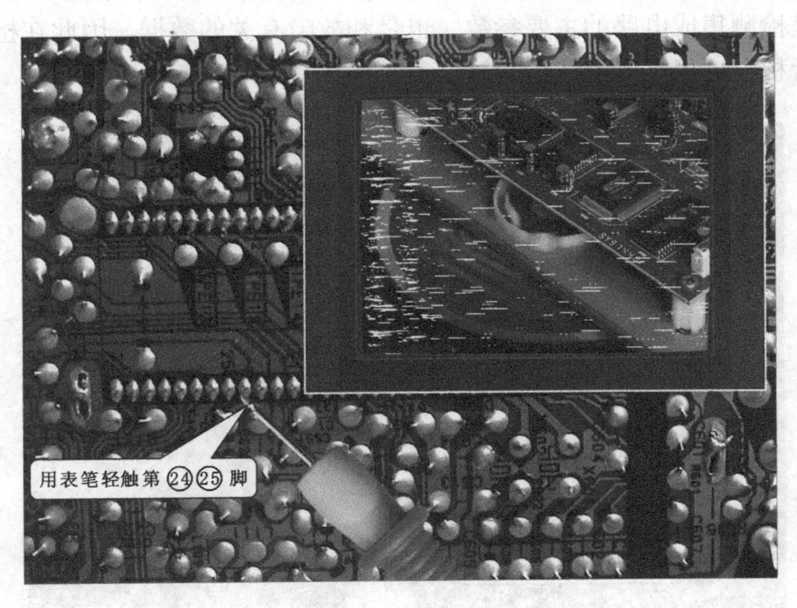

图 5.22 轻触第㉔和㉕脚的检测效果

若怀疑中频电路有故障，应重点检查㉓脚的电压。正常情况下在㉓脚应有 5V 的电源供电，它专门为中频电路供电，若㉓脚电压过低或失落，那么中频电路就不能工作了，也就是说视频和伴音都会消失。所以在检查集成电路时首先应检查㉓脚是否供电正常。

中频电路中还有一个电压需要注意，就是 AFT 电压，它从㉚脚输出，㉚脚外有一个滤波电容 C122，如图 5.23 所示，它输出的电压经 C122 滤波后送到微处理器，在这个电路里有一个检测中频信号频率的电路，中频信号的频率如果发生漂移，一般来讲表明调谐器的本机振荡信号有偏移，所以造成中频信号的偏移，并会引起调谐不准或跑台的情况，因此频率有漂移，㉚脚就会有一个误差电压产生，根据频率漂移的高低，它的输出电压的极性就有所变动，漂移的量与电压的高低相对应。所以这个信号作为一个参考电压送给微处理器后，微处理器便会根据它的电压对调谐器进行微调并输出本机振荡器的信号。经过微调之后会使中频信号准确，若其准确这个误差电压就会减小，若这个电压失常，或其送给微处理器的电路中断，就有可能出现调谐好之后，频率不准、频率漂移或发生跑台的情况。所以这个地方的外接元件和内部电路相结合对频率的准确性进行检测。如果有跑台的情况，首先应该检查这里的电压，然后检查电容 C122，看其是否有变质和损坏的情况，它们是影响跑台最主要的元件。

在流行的彩色电视机中有许多不同型号的中频集成电路或单片信号处理电路。不同的集成电路的信号引脚功能是不同的，所以在检测中频电路时，要注意不同集成电路的

引线脚，不同集成电路的引线脚输出的信号主要是音频信号、视频信号、自动增益控制信号和自动频率控制信号，这些信号的特点基本相同，但电路的直流电压由于采用不同的电路结构，它们的数值不同。所以在用万用表检测相关引脚时，要区别它们的电压值，这些电压值是检测集成电路的主要参数，也是和故障有关的数据。因此在检修实践中，要对数据进行积累，积累得越多经验就越多。

图 5.23　滤波电容 C122

第6章

伴音电路的结构和故障检修

6.1 伴音解调电路的结构和工作原理

6.1.1 伴音信号的处理过程

伴音解调电路的功能是从电视信号的载波上将伴音信号提取出来，这个提取的过程就是解调。电视机的伴音解调电路的任务是完成电视伴音的解调和放大，使声音信号有足够的功率去推动扬声器。其电路方框图如图 6.1 所示。从图可见，伴音电路是由伴音中频滤波器（带通滤波器）、第二伴音中放限幅放大器、鉴频器、前置放大器、音量控制、功率放大器等电路组成。通常把伴音中频放大器、鉴频器和电子音量衰减器做在一块集成电路里，或与图像中频电路做在一起。

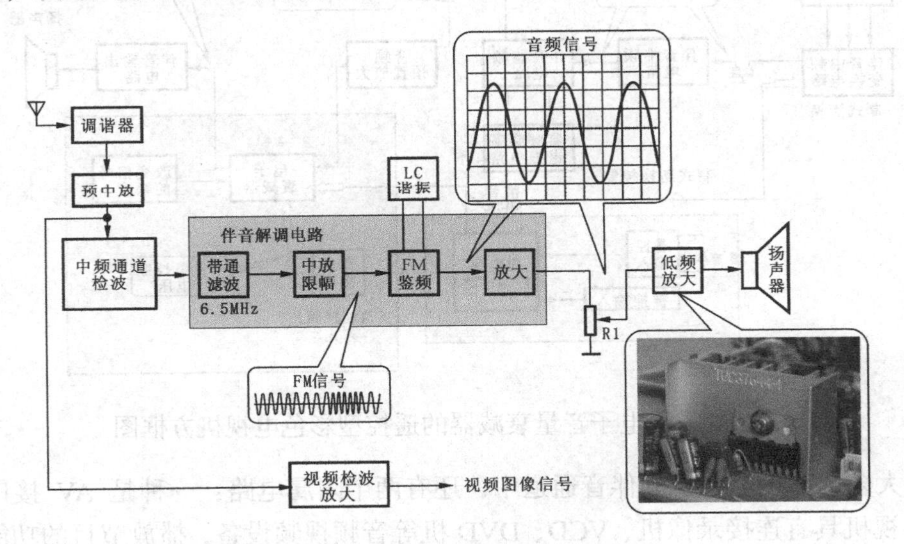

图 6.1　伴音解调电路的框图

视频检波输出的视频全电视信号，其中包含有 6.5MHz 的第二伴音中频信号，进入 6.5MHz 滤波器，取出 6.5MHz 调频伴音中频信号，然后由伴音中放电路作限幅放大，再送到鉴频器，鉴频器解调出伴音音频信号。至此已还原出伴音信号，但它的功率小，不足以推动扬声器，所以这种小音频信号还要经前置音频放大器和功率放大器后才最后送扬声器。为了能控制音量，在前置放大或功率放大器还设有音量控制电路。音量控制的方法有多种，最简单的是：电位器分压法，用电位器做音频前置放大器音频输出的负载，从活动滑臂上取出信号送功率放大级。在集成电路电视机中目前多采用直流电压音量控制法。其方法是在音频前置放大器与功率放大器之间设一个电子衰减器。图 6.2 包含了一个采用电子衰减器的音频信号处理方框图。图中的虚线框即是电子衰减器。它有一个信号输入端和一个直流电压控制输入端，其衰减量的大小决定于输入的直流控制，有的电路是该电压越高，信号衰减越大，输出信号电平越低，有的电路则与此相反。产生控制用直流电压的方法有两种：①电位器调节法，如图中的 R2。12V 电压加在电位器 R2 两端，调节滑臂，即可调节直流控制电压；②微处理器控制法。键控信号送入微处理器，再由微控制电路输出直流音量控制电压，去控制电子衰减器（其间还插入接口电路）。由于采用了电子衰减器具有直流电压控制衰减功能，故易于开发伴音静噪和静音功能。静音功能是使微电脑控制电路产生一高电位——静音控制电压，送至衰减器音量控制端，暂停伴音输出。电子衰减器一般随伴音放大电路或功放电路制做在集成电路里。

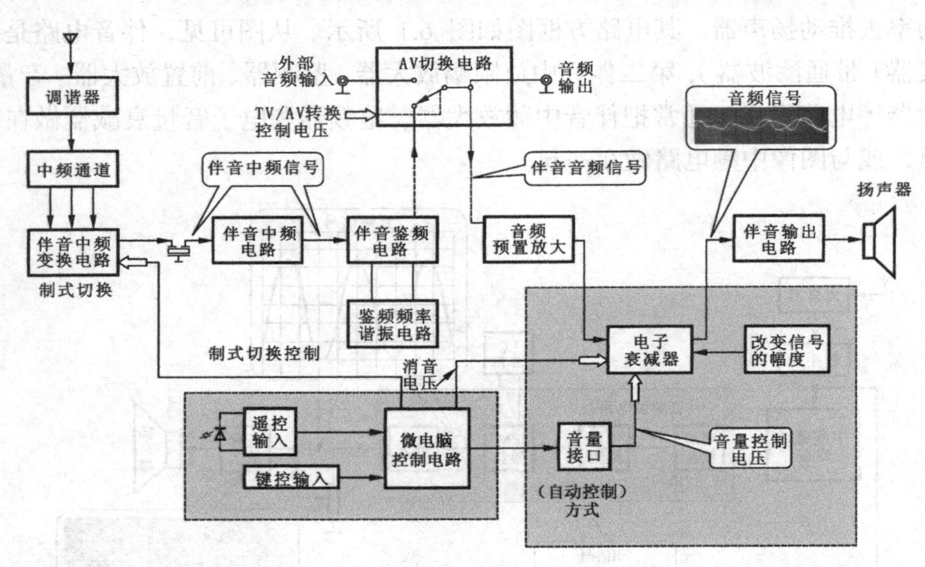

图 6.2　采用电子音量衰减器的遥控型彩色电视机方框图

目前大多数彩色电视机的伴音通道中，还有两个附属电路：一种是 AV 接口电路。为了使电视机具有连接录像机、VCD、DVD 机等音频视频设备，播放节目的功能，设置了 AV 接口电路。它的主要电路是集成化的电子开关，图 6.2 中给出了音频切换的示意图。伴音解调器（鉴频器）输出的音频信号不直接送往音频预置放大电路，而先送往 AV 切

换电路，与外部音频信号切换后，将切换后的信号送去音频放大电路。

还有伴音中频制式转换电路。由于世界各地区电视广播的制式的差别，第二伴音中频信号的频率有 4.5MHz、5.5MHz、6.0MHz、6.5MHz 等多种。因此，有必要增加伴音中频制式转换电路或多通道鉴频电路。这一电路的本质是使用电子开关、带通滤波器及变频技术，使伴音解调电路适应各制式的伴音中频，而其转换过程则由微电脑来控制。

6.1.2 伴音电路的结构

TC-29GF12G 的伴音解调电路是典型的多制式音频信号处理电路，其结构如图 6.3 所示。伴音中频变换电路如图 6.4 所示，在中频电路中，伴音与图像是各自独立的通道。调谐器输出的中频信号经 Q105 预中放和 X108 声表面波滤波器（SAW），将 31.5MHz 的伴音中频信号提取出来，送到 IC101 的㉓脚，经伴音中频放大（SIF 放大器）和检波电路将第二伴音中频信号以及数字伴音载频信号检出来，由 IC101⑤脚输出经带通滤波器（X201 ~ X204）分别对应于 4.5MHz、5.5MHz、6.0MHz、6.5MHz 等不同制式的第二伴音中频信号，并将音频信号解调出来，再经音频放大后由㉘脚输出音频信号。

伴音中频变换电路如图 6.4 所示，IC101⑤脚输出的第二伴音中频信号，通过多个带通滤波器（BPF），将不同制式的第二伴音送入 IC201 中。

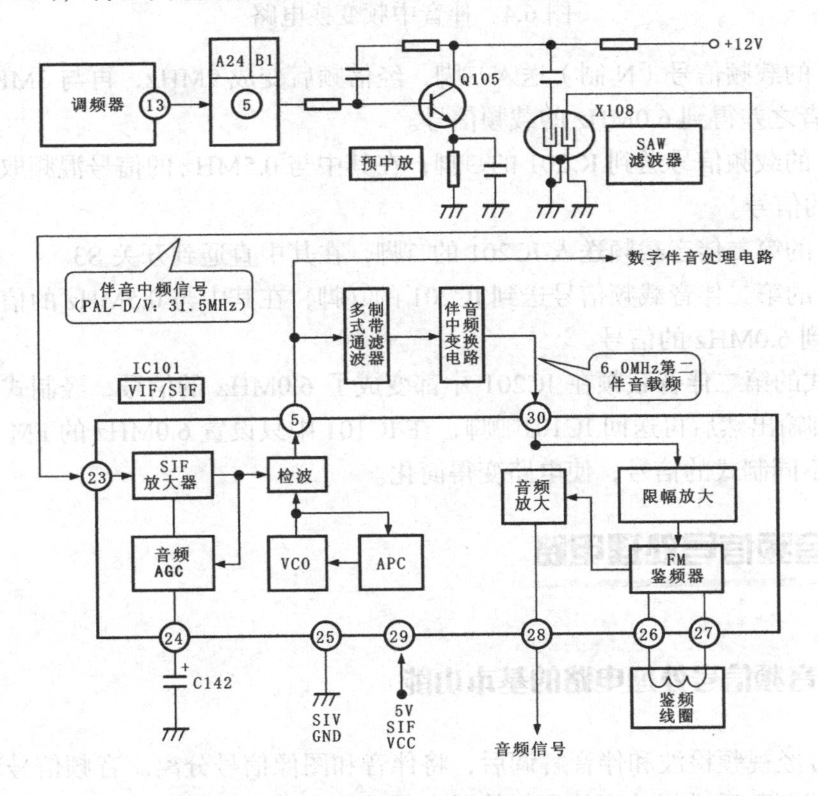

图 6.3 TC-29GF12G 伴音解调电路

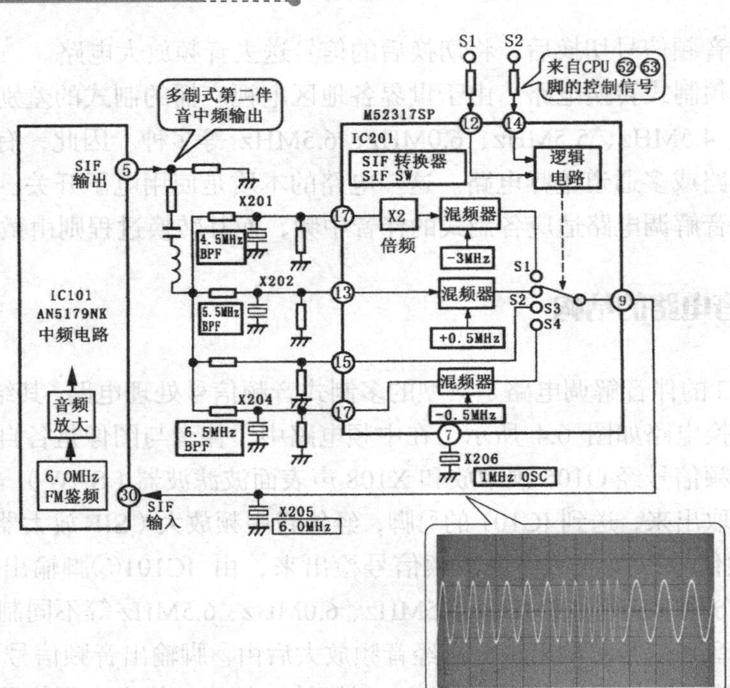

图 6.4　伴音中频变换电路

4.5MHz 的载频信号（N 制）送入⑰脚，经倍频后变成 9MHz，再与 3MHz 的信号进行混频取二者之差得到 6.0MHz 的载频信号。

5.5MHz 的载频信号送到 IC201 的⑬脚，在其中与 0.5MHz 的信号混频取二者之和得到 6.0MHz 的信号。

6.0MHz 的第二伴音载频送入 IC201 的⑮脚，在其中直通到开关 S3。

6.5MHz 的第二伴音载频信号送到 IC201 的⑰脚，在其中与 0.5MHz 的信号混频，取二者之差得到 6.0MHz 的信号。

不同制式的第二伴音载频在 IC201 中都变成了 6.0MHz 的信号，经制式选择开关后从 IC201⑨脚输出然后再送回 IC101㉚脚，在 IC101 中只设置 6.0MHz 的 FM 鉴频电路就可以适应，不同制式的信号，使电路变得简化。

6.2　音频信号处理电路

6.2.1　音频信号处理电路的基本功能

电视信号经视频检波和伴音解调后，将伴音和图像信号分离。音频信号取出后通常经音量和音调调整后进行功率放大，然后去驱动扬声器。为了改善音频系统的效果，在

电路中增加了音频信号处理电路。经音频信号处理电路处理后，可以大大改善音响效果。在音频信号处理集成电路中，往往通过数字技术，将单声道变成立体声，或虚拟环绕立体声，同时从信号中分离出重低音信号，形成低音声道，再通过左、右和重低音三路功率放大器去驱动三路扬声器，这样可以大大增强电视机的音响效果。

6.2.2 音频信号处理电路的结构

1. 音频信号处理电路

图 6.5 是夏普彩色电视机的音频信号处理电路，它是由三个集成电路构成的，IC301 是双声道音频信号预放电路，左、右两声道的信号分别送到 IC301 的②脚和⑧脚，经预放后由③脚和⑦脚输出，然后再送到立体声信号处理电路 IC302 的①脚和⑲脚，经过电路的合成和相位处理，增强输入信号的立体声效果。然后再由③脚和⑤脚输出送到 IC303 的㉖、㉗脚，这个电路在微处理器 I^2C 总线信号的控制下进行音量、音调（高音、低音），左右平衡等处理，同时通过电路的处理形成 R+L 信号，此信号可形成中置声道，也可经低通滤波器形成重低音声道。

2. 音频功放电路

图 6.6 是三通道音频功率放大电路。经过音频信号处理电路形成的主声道（L、R）和重低音声道（W），分别送到三通道功率放大集成电路 IC304 的输入端。三通道的音频信号在 IC304 中进行功率放大。IC304 的内部功能方框图如图 6.7 所示。R 声道、L 声道的信号加到⑥脚和②脚，重低音信号（W）送到 IC304 的⑤脚，集成电路内有三路功率放大器，⑩脚⑰脚输出 R、L 功率信号，⑭脚输出低音功率信号，经耦合电容后分别加到各自的扬声器上。在集成电路中，设有消音控制电路，在彩色电视机调整状态或功能转换状态，消音电路使功放停止功作，扬声器无声。

3. 重低音信号形成电路

图 6.8 是重低音信号形成电路 CX1642P 的内部功能框图，L、R 信号送到⑧、①脚，在集成电路重分别经加减电路的处理，再经低通滤波器提取低音信号的成分，减去电路可以去掉信号重幅度和相位相同的部分，增强幅度和相位不同的分量。再与低频分量合成，由⑤脚输出，该信号经低音功放驱动低音扬声器，可以大大增强电视机低音的震撼力。

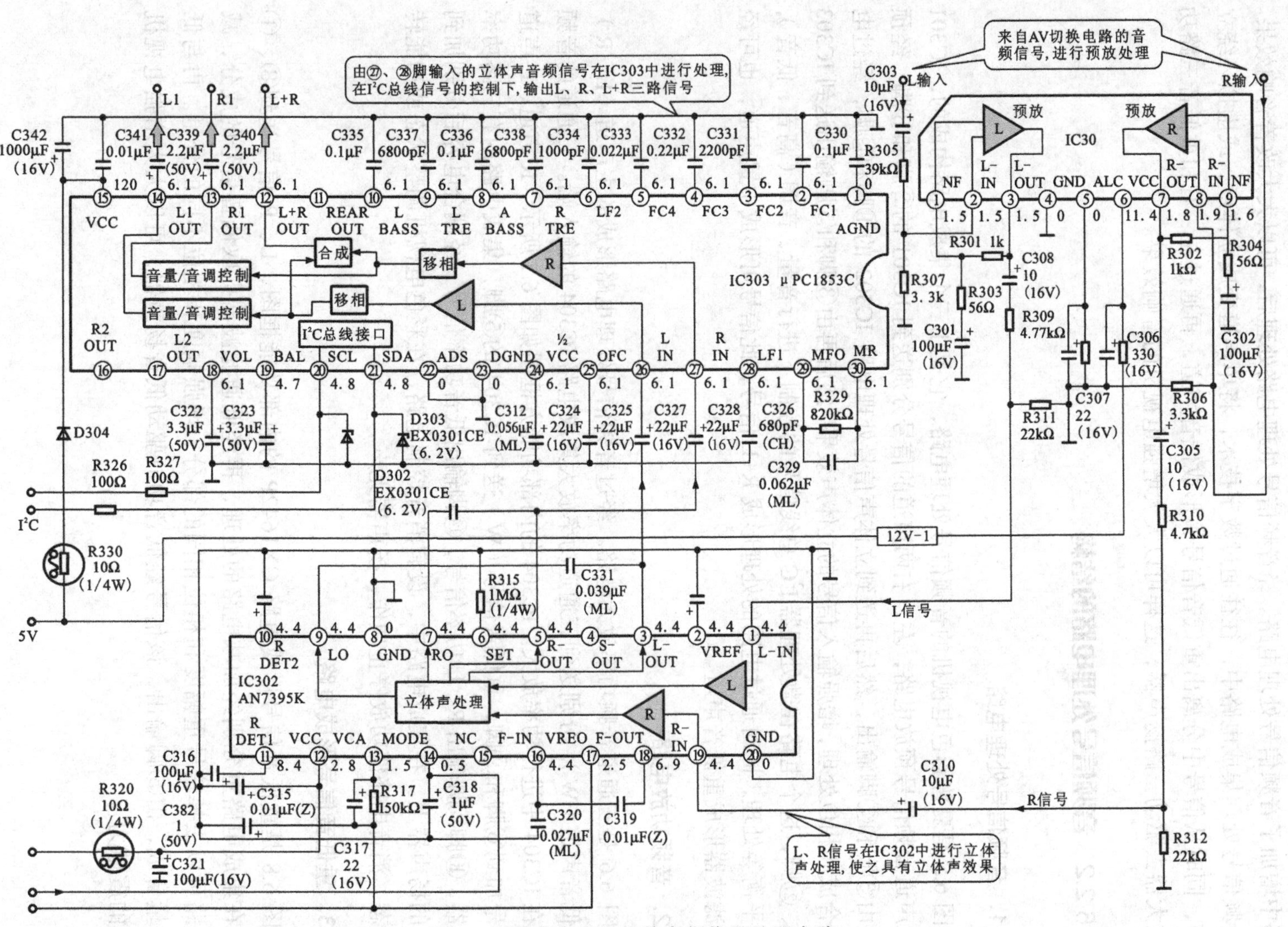

图6.5 夏普彩色电视机的音频信号处理电路

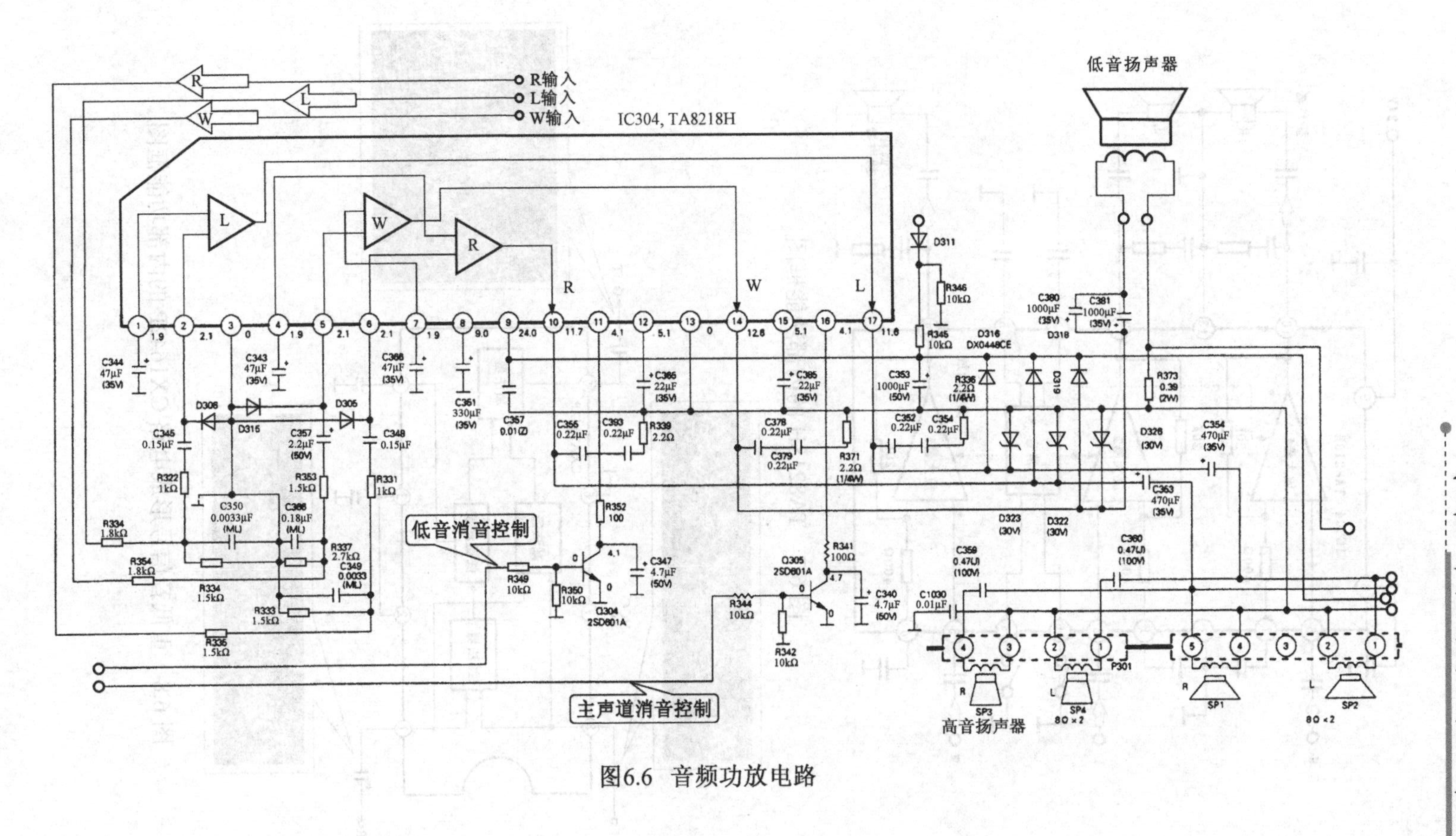

图6.6　音频功放电路

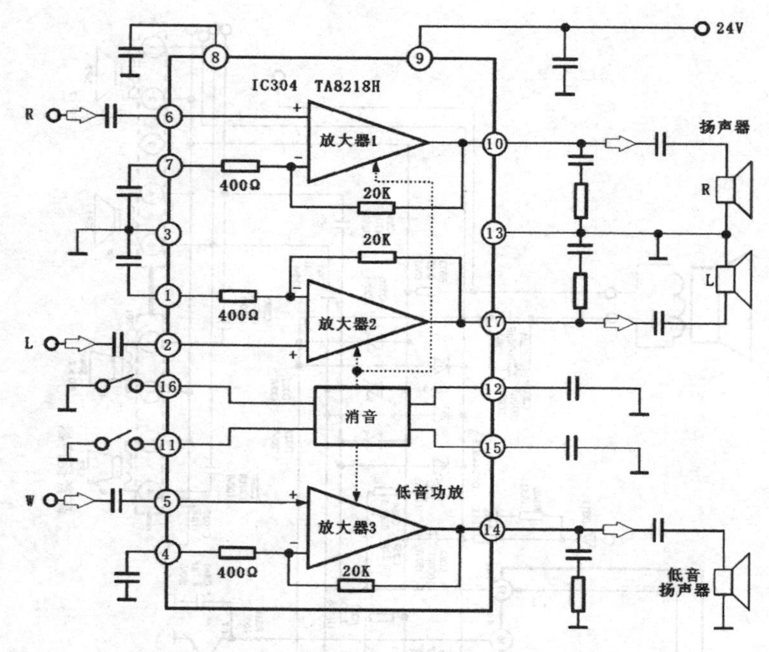

图 6.7 TA8218H 的内部功能框图

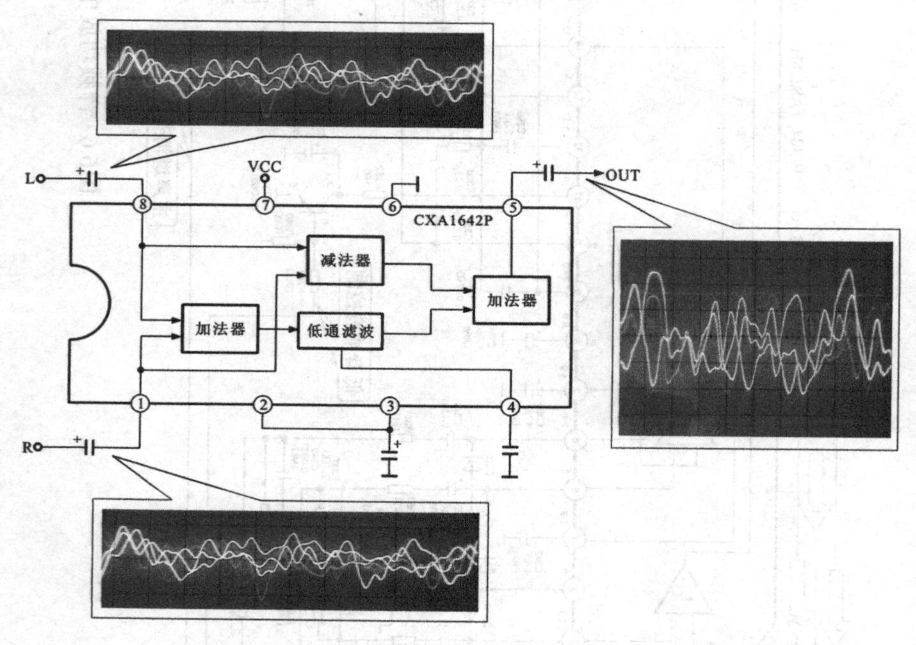

图 6.8 重低音信号形成电路 CX1642P 的内部功能框图

第7章

亮度、色度信号处理电路的结构和故障检修

7.1 亮度、色度信号处理电路的基本结构

7.1.1 视频、解码电路的基本功能

彩色电视机的亮度、色度信号处理电路也叫视频、解码电路。其功能是，把由视频检波器输出的视频全电视信号解调成红、绿、蓝（R、G、B）三基色信号，或是三个色差信号和一个亮度信号提供给显像管。其电路方框图如图 7.1 所示。从方框图可以看出，亮度、色度信号处理总体方案是：把视频图像信号分离成亮度信号和色度信号，然后由两路分别解调。亮度信号经放大钳位、延时、对比度等处理后送到矩阵电路，色度信号经解码处理后形成三个色差信号，最后在矩阵电路形成三基色信号，由彩色显像管还原为彩色图像。

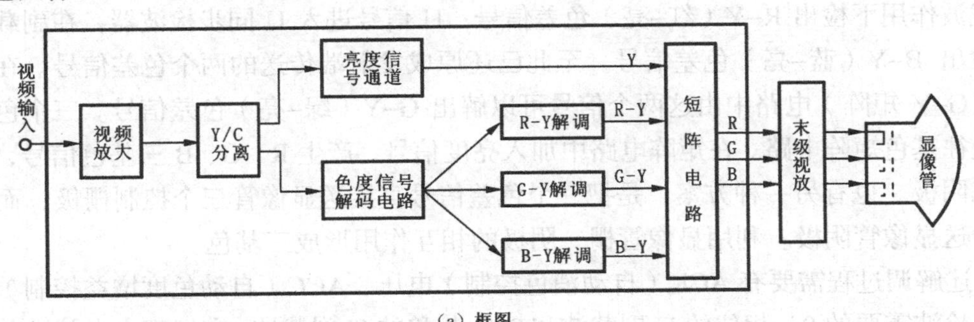

（a）框图

图 7.1　亮度、色度信号处理电路的结构图

（b）实物图

图 7.1　亮度、色度信号处理电路的结构图（续）

7.1.2　视频、解码电路的基本构成

图 7.2 是视频、解码电路比较详细的电路框图。图中，亮度、色度信号处理电路中的上半部是色度信号解调电路，中部是基准副载波产生电路。视频全电视信号在通过 4.43MHz 带通滤波器后，色度信号被分离出来。它进入受自动色度增益控制的带通放大器，其后又分为两路：一路去副载波产生电路的色同步选通电路；一路去受自动消色控制（ACK）的色度信号放大电路，然后再进入梳状滤波器。所谓梳状滤波器，它包含了一个 1 行延时线，一个加法器和一个减法器。

梳状滤波器的信号流程是：色度信号一路直接去加减法电路，一路经 1 行延迟线去加减法电路。直通色信号和延迟色信号在加法电路中分离出 V 信号（含 R–Y 信号），在减法电路中分离出 U 信号（含 B–Y 信号）。进入加减电路的直通信号和延迟信号幅度要相等，否则会造成彩色爬行现象。V、U 信号分别被放大后，V 信号去 V 同步检波器，在副载波作用下检出 R–Y（红–亮）色差信号；U 信号进入 U 同步检波器，在副载波作用下检出 B–Y（蓝–亮）色差信号。至此已还原成发射端传送的两个色差信号。在色差矩阵（G–Y 矩阵）电路中由这两个信号可以解出 G–Y（绿–亮）色差信号。三个色差信号再送往基色矩阵电路。在矩阵电路中加入亮度信号，产生 R、G、B 三基色信号，送显像管三阴极。也有另一种方案，是把三个色差信号直接送显像管三个控制栅极，而把亮度信号送显像管阴极。利用显像管栅—阴极的相互作用形成三基色。

上述解调过程需要有 ACK（自动消色控制）电压、ACC（自动色度增益控制）电压及同步检波需要的 0° 相位的 U 副载波和 90° 相移的 V 副载波。它们都来自基准色副载波产生电路。对这个电路产生的色副载波要求是：其频率（4.43MHz）和相位完全与发射端的相同，否则将不能还原彩色图像或使彩色质量变差。这个电路的具体结构是：由石英晶体组成的压控振荡器，产生 4.43MHz 左右的载波。但这个载波的频率和相位不一

定能与发射端的色副载波同频。发射的电视信号中没有连续的色副载波，只是行同步信号肩上有 10 个周期的 4.43MHz 副载波的色同步脉冲。接收机用这个色同步脉冲控制晶体振荡器产生 4.43MHz 的载波并与发射端同频同相。其过程是色度放大器输出的色信号及色同步信号送入色同步选通电路，该电路在外来的色同步选通脉冲的控制下，取出色同步信号送入鉴相器。同时晶振产生的副载波也送到鉴相器。鉴相器产生 7.8kHz 的半行频方波，其一路经平滑（低通）滤波后，产生一直流电压（APC 电压）控制晶振电路，使输出载波与色同步信号同频、同相。另一路经双稳电路控制 PAL 开关使它作逐行切换。这样就使已同步的压控振荡器送出的 4.43MHz 色副载波，经 PAL 开关及 90° 移相电路，作 ± 90° 移相后加至 V 同步检波器，使 V 信号逐行倒相。由压控晶振输出的 4.43MHz 的另一路，则直接送入 U 同步检波器。

控制 PAL 开关的双稳态触发器，是在 7.8kHz 识别信号和回扫变压器送来的行触发脉冲控制下工作的。如果缺少行触发脉冲，PAL 开关的工作即不会正常，从而将产生无彩色的故障现象。

色度信号处理电路故障的主要现象及产生原因有：1）只有黑白图像而无彩色。造成这种现象（除因信号太弱自动消色外）的原因有两类，一是色度信号在色公共通道中断，由于滤波器、延时线等元器件损坏或 ACC、ACK 电路超控而关闭等造成；二是色副载波恢复电路故障，如晶体损坏、频率偏差过大、无色同步选通脉冲、行触发脉冲失常等。2）彩色滚动，即彩色不同步。这多是由于晶振频偏过大、锁相失控、无色同步选通脉冲所致。3）彩色爬行。由于梳状滤波器调整不当、元件损坏等所致。4）彩色失真、偏色或易色、色淡不艳。这属色解码故障，是色副载波频率偏差或色差矩阵电路部分元器件损坏所致。在处理色度电路故障前，必须先调出质量好的黑白图像，若调整不当将扩大故障。

图 7.2 的下部是亮度信号处理电路。视频全电视信号通过 4.43MHz 陷波器去掉色度信号成分，取出亮度信号。亮度信号经放大、延时，由亮度信号输出电路供给色矩阵电路或显像矩阵电路，形成三基色信号。亮度信号也可独立形成黑白图像。亮度电路中设有亮度调整和对比度调整电路，控制亮度信号钳位电平（即控制亮度信号放大器的静态直流电位）即为（背景）亮度调节。此外亮度电路还要受行、场消隐脉冲控制以隐去回扫线，否则出现满屏回扫线现象；同时还受自动束流控制（ABL）电压控制，故 ABL 电路出故障时也可能出现亮度失控的现象。

要在显像管上再现彩色图像，需要将三基色信号加到显像管的三个阴极上，常用末级视放电路去驱动显像管。视频信号经 Y/C 分离后分别对亮度信号和色度信号进行处理。最后亮度信号和色差信号在矩阵电路中进行合成运算，然后形成三基色信号加到显像管三个阴极。驱动显像管通常需要 $V_{P-P}=80\sim150$V 的信号电压，而视频检波器的输出只有 $V_{P-P}=1\sim2$V。故在末级信号处理电路中对信号的放大量约为 80 ~ 100 倍。

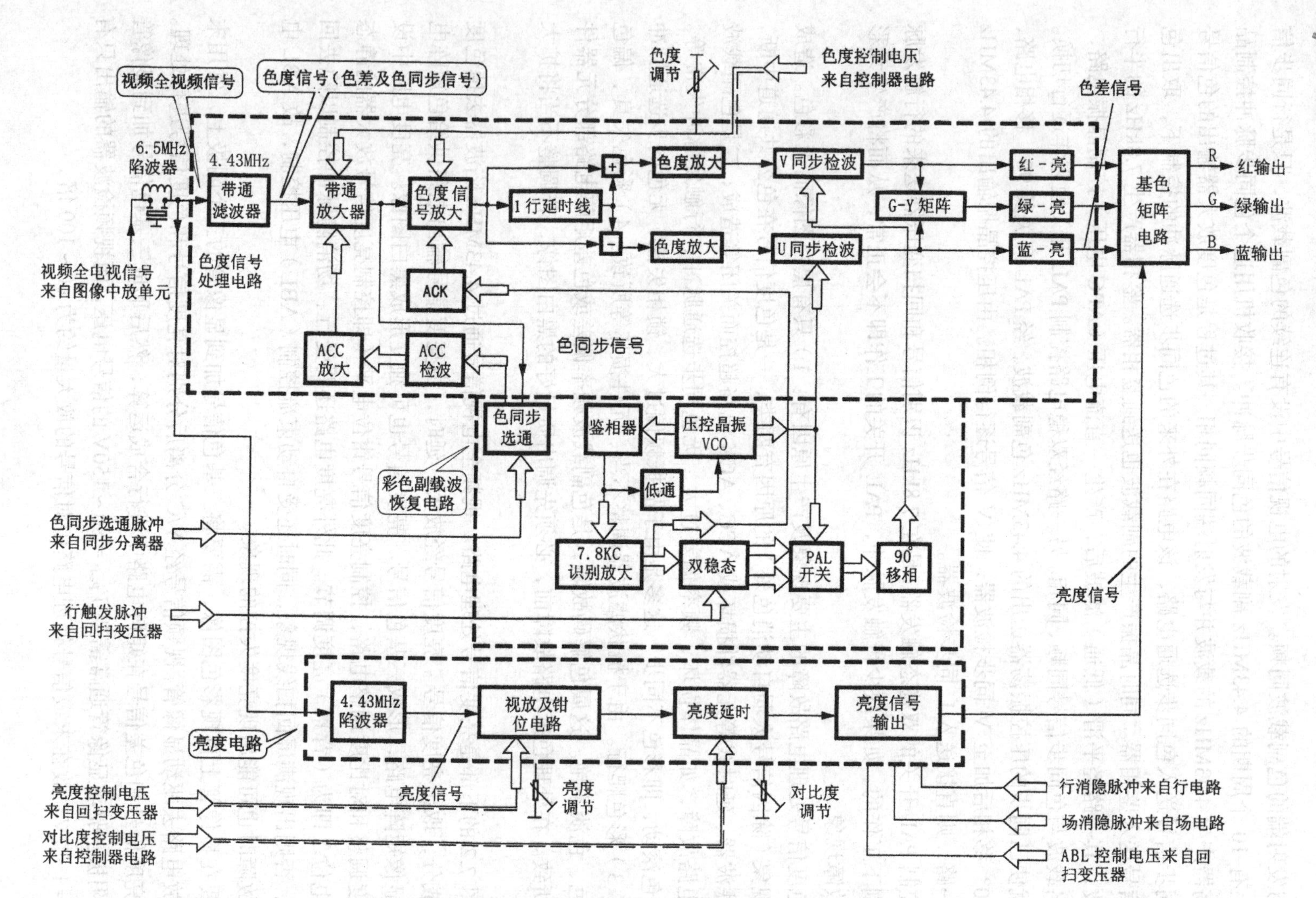

图7.2　亮度和色度信号处理的电路方框图

7.2　典型亮度和色度信号处理电路的故障检修

7.2.1　亮度、色度信号处理电路的集成化

亮度、色度信号处理电路是彩色电视机中的主要信号处理电路。随着集成电路技术的发展和彩色电视机制造技术的成熟，使彩色电视机的主要信号处理电路都可以集成到一个集成电路芯片上，这样既降低了成本，又简化了电路结构，省去了很多调整环节，提高了性能和可靠性。于是便开发了很多各具特色的大规模集成电路，用于彩色电视机中。目前流行的彩色电视机中采用两片机或单片机的比较多。将中频放大，视频检波、伴音解调等部分集成一起制成一个集成电路，再将视频解码和行场扫描信号的产生电路集成在一起制成一个集成电路。这两个集成电路联合起来完成彩色电视机的信号处理任务，因为使用了两个集成电路，便称之为两片机。而将上述两片机的电路都集成到一片集成电路芯片上，便称之为单片机。将这种单片机的电路与微处理器合在一起制成的大规模集成电路被称之为超级芯片。一般来说这种大规模集成电路内部的电路损坏是无法修理的，只有更换整个集成电路。只要能判断是集成电路损坏而不必细查是集成电路中的那一部分有故障。这样使电路的检修变得简单了。整机电路的简化，便于增添新的电路，扩展新的功能。例如，梳状滤波器，清晰度增强电路，高画质和高音质电路，以及画中画、图文解码、丽音等各种数字电路。

市场上流行的亮度、色度信号处理电路有很多种型号，例如 TA8783，TDA8841/42/43/44，LA7680、LA76810 等。这些集成电路它们的功能有些基本相同，只是引线脚的功能不同，因而不能更换使用。下面我们介绍几种典型的集成电路和结构特点。

7.2.2　亮度、色度处理电路 TA8783N

TA8783N 是东芝公司开发的大规模集成电路，目前国内有很多种型号的彩色电视机用这种集成电路。它将亮度、色度信号处理和行场扫描信号的产生集成到一个集成电路芯片上。其电路方框图如图 7.3 所示。各引脚的功能和数据表列于表 7.1。

集成电路中的信号流程

（1）亮度信号流程

从图 7.3 可见，TA8783N 的㊺和㊽脚为亮度信号输入端，来自中频电路的视频全电视信号经低通滤波和色度吸收电路将亮度信号提取出来送入㊺、㊽脚，→图像控制电路→对比度控制电路→钳位电路（将同步头钳位到规定的电平）→半色调控制→基色矩阵（与两色差信号运算合成出三基色信号）。

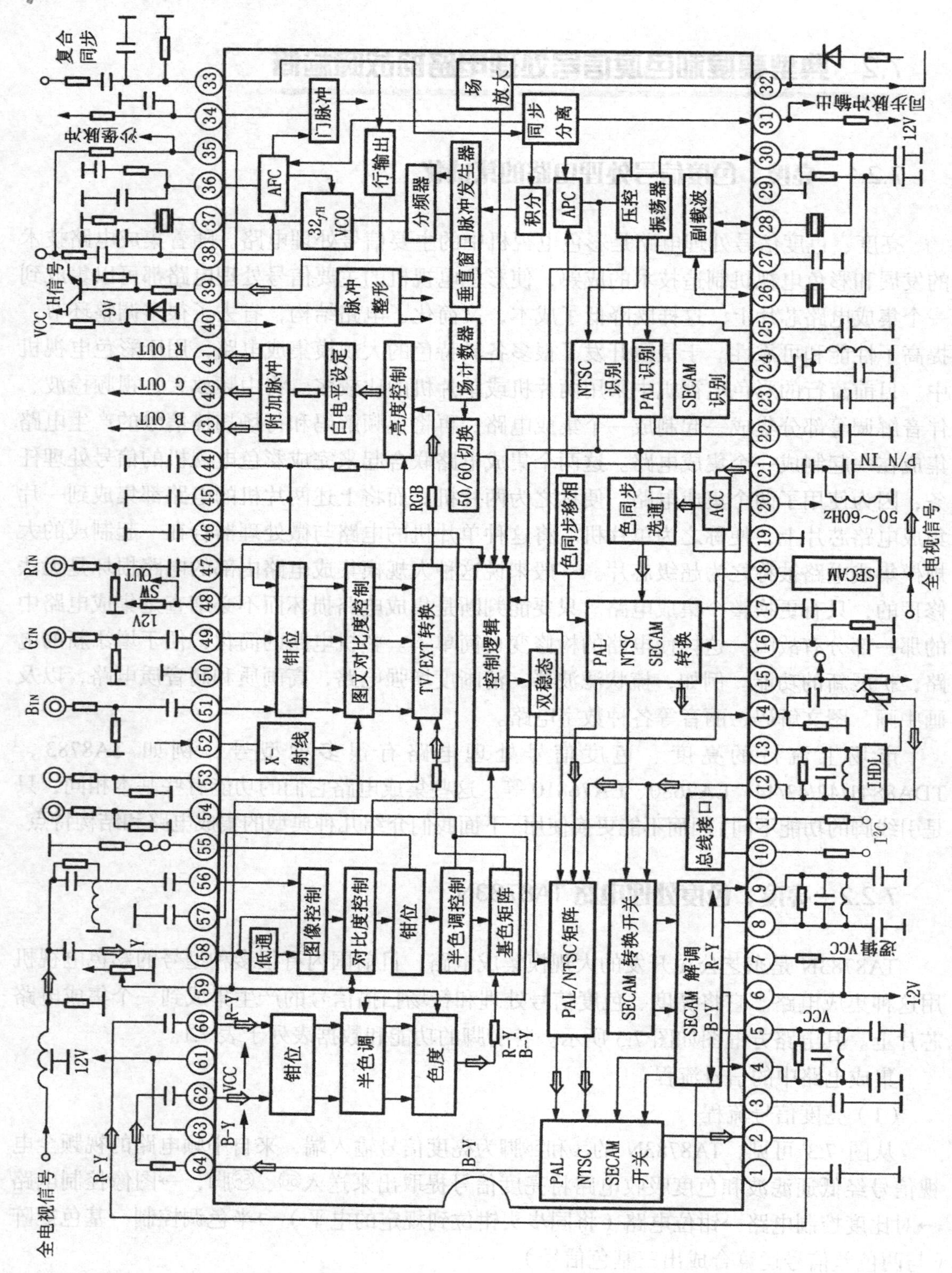

图 7.3　亮度、色度处理电路 TA8783N 内部结构和外围电路

表 7.1　TA8783N 各引脚的功能和数据

引脚号	电压值（V）	对地电阻（kΩ）	功 能 说 明
①	8.25	5.6	SECAM 去加重电容端子
②	8.1	5	R–Y 色差信号输出端
③	8.3	5.5	SECAM 去加重拉入端子
④	6.6	5	SECAM　B–Y 检波器，接 4.250MHz 谐振电路
⑤	6.6	5	SECAM　B–Y 检波器，接 4.250MHz 谐振电路
⑥	12	7.5	色度信号电路电源
⑦	3	1.5	供电 VCC 端子
⑧	6.6	5	SECAM　R–Y 检波器，接 4.250MHz 谐振电路
⑨	6.6	5	SECAM　R–Y 检波器，接 4.250MHz 谐振电路
⑩	4.85	4.8	I^2C 总线接口
⑪	4.85	5.5	I^2C 总线接口
⑫	5.2	5.5	1H 延迟信号输出端
⑬	5.2	5.5	偏压
⑭	7.8	2	1H 延迟线驱动端
⑮	0～0.8	5.5	3.58/4.43MHzVCO 的工作状态控制端
⑯	8.8	5.5	ACC 滤波器接入端
⑰	3.5	5.5	直流电压反馈端
⑱	4.35	5.5	SECAM 信号输入。此脚的直流电压还随 50/60Hz 识别逻辑输出而改变，即 60Hz：7.4V，50Hz：4.4V。这个识别输出用于改变场幅和屏幕的行位置
⑲	0	0	色度信号部分接地
⑳	0.1	5.5	50/60Hz 识别信号输出端
㉑	3.55	5.5	PAL/NTSC 信号输入，SECAM 识别方式也由这脚的直流电平决定
㉒	5.3	5.5	PAL 识别滤波器
㉓	5.3	5.5	SECAM 识别滤波器
㉔	4.7	6	SECAM 基准谐振线圈
㉕	5	5.5	APC 滤波器。时间常数由外接元件决定。当消色器动作时，自动搜索电路工作
㉖	3.25	4.6	3.58MHz 晶体输入
㉗	4.65	5.6	NTSC 识别
㉘	3.2	4.6	4.43MHz 晶体输入

续表

引脚号	电压值（V）	对地电阻（kΩ）	功 能 说 明
㉙	0	0	地
㉚	8.2	5.3	压控振荡驱动
㉛	0	5.5	同步信号输出。在同步期间，此脚为高电平
㉜	4.7	5.5	场脉冲输出端和外部消隐信号输入端
㉝	6.8	6.9	同步分离输入端
㉞	3.5	5.5	选通脉冲门
㉟	0.7	5.5	行消隐输入：用于色差信号输出（②脚、㊹脚）、基色信号输出（㊶～㊸脚）和1H延迟线输出的行消隐
㊱	7.2	5.6	AFC 滤波输入端
㊲	5.7	5.7	$32f_H$VCO。无需调整的32倍行频压控振荡器，连接陶瓷谐振器，引入范围宽，能覆盖 15 625Hz 和 15 734Hz 的行频
㊳	6.4	5.7	逆程脉冲积分输入。其积分的时间常数应能切换，以保证在15734Hz和15625Hz行频时，屏幕位置一样
㊴	2.2	400	行驱动输出
㊵	7.3	4.5	H·VCC 行偏转电路的电源端
㊶	3.65	5.5	三基色信号输出端
㊷	3.65	5.5	三基色信号输出端
㊸	3.65	5.5	三基色信号输出端
㊹	1	5.5	钳位电容。用于直流恢复
㊺	1	5.5	钳位电容。用于直流恢复
㊻	1	5.5	钳位电容。用于直流恢复
㊼	1.5	5.5	外部 R 信号输入。输入耦合电容用作钳位电容。输入信号电平为 $V_{P-P} = 0.7V$
㊽	0.1	5.5	总线控制开关输出端和 DAC 信号输出端
㊾	1.5	5.5	外部 G 信号输入。输入耦合电容用作钳位电容。输入信号电平为 $V_{P-P} = 0.7V$
㊿	0	0	视频电路、偏转电路的地
(51)	1.5	5.5	外部 B 信号输入。输入耦合电容用作钳位电容。输入信号电平为 $V_{P-P} = 0.7V$
(52)	0	3.8	X 射线保护输入端。当该脚的输入电压超过特定的阈值 1.3V（典型值）时，㊴脚变为低电平
(53)	0	2.3	图文开关

续表

引脚号	电压值（V）	对地电阻（kΩ）	功 能 说 明
54	0	1	半色调开关和图像ACL（自动对比度限制）开关端子
55	4.2	5.5	图像锐度调整
56	3.2	5.5	亮度信号输入
57	1.9	5.5	黑电平钳位
58	4.35	5.7	Y输入
59	3.7	5	TV对比度控制输出端和峰值ACL滤波器
60	1	5	色差信号输入（R–Y）
61	12	7.6	视频、场偏转处理部分的电源VCC
62	12	5.6	色差信号输入（B–Y）
63	12	7.6	R、G、B输出级电源VCC
64	8	5	B–Y色差信号输出端

（2）色度信号流程

TA8783N的㉑脚为NTSC/PAL制色度信号输入端，⑱脚为SECAM制色度信号输入端。全电视信号经带通滤波器（PAL制为4.43MHz带通滤波器）将色度信号加到㉑脚，→ACC电路（色度信号的自动增益控制放大器，使色度信号稳定）→色同步选通门→PAL/NTSC/SECAM转换电路→⑭脚→1H延迟解调电路→⑫脚→PAL/NTSC矩阵（解调出R–Y、B–Y两色差信号）→制式开关（PAL/NTSC/SECAM开关）→②输出R–Y信号，64脚输出B–Y色差信号→R–Y送入60脚，B–Y送入62脚，钳位电路→半调→色度控制→将处理后的R–Y、B–Y信号→基色矩阵与亮度信号合成。

（3）三基色信号的处理过程

由图文解码电路送来的R、G、B信号或是微处理器送来的字符显示R、G、B信号，分别送到TA8783N的㊼、㊾、51脚，→钳位电路→图文对比度控制→TV/EXT转换电路（由内部视频解码后基色矩阵输出的R、G、B图像信号也送到此电路，并进行切换）→亮度控制电路→白电平设定→附加脉冲→最后由㊶、㊷、㊸分别输出R、G、B信号。R、G、B信号再送到显像管电路上的末级视放电路，再去驱动显像管。

（4）色副载波信号产生电路

在色度信号的解码过程中必须有副载波信号，如果色副载波的信号频率和相位不正常，就不能正确完成色解码。TA8783N㉖、㉘脚外接有4.43MHz和3.58MHz的谐振晶体，晶振的信号必经与电视信号中的副载波信号保持同步，因此在TA8783N中设有自动相位控制电路APC和压控振荡器，通过与电视信号中的色副载波信号的相位比较，使压控振荡器的输出信号频率符合解码电路的要求，为解调电路提供副载频信号。电路中还有制式识别和副载波转换电路，以适应不同制式解码的要求。

7.2.3 单片集成电路LA7680

A3机芯是应用LA7680的典型机芯，很多厂家的彩色电视机都采用这种机芯，图7.4是A3机芯的整机电路方框图。从图中可以看出，彩色电视机主要的信号处理部分都集成在其中，下面介绍一下它的主要功能、电路结构和故障检修要点。

1. LA7680的基本功能

LA7680的引脚功能如图7.5所示，它是一个比较完整的小信号处理芯片，内部由五大部分组成。同TA8783N相比它增加了中频电路部分，也就是说中放、视频检波、伴音解调、音频放大也都集成在IC之中。

（1）中频信号处理部分

通过集成⑦～⑩脚、㊷～㊹脚内电路、㊻～㊽脚内电路完成中频信号的处理，包括图像中频放大、图像中频解调、噪声抑制、AFT检波、中放AGC、射频AGC形成和输出电路。它把预中放电路送来的图像信号放大、解调，输出全电视信号（包括亮度信号、色度信号、第二伴音中频信号）。在这个过程中，还产生两个自动控制电压即AFT和AGC。

（2）伴音解调部分

这部分功能由集成电路的①～⑤脚、㊺脚相连的内电路完成，包括限幅放大器、鉴频器、电子电平衰减器、音频前置放大等。它把调频第二伴音中频信号经过限幅放大，调频解调，再经过适当的放大，输出音频信号。电路中还能实现静音控制、音量衰减控制等功能。

（3）亮度信号处理

这部分功能由集成电路⑫、㉔、㉟～㊳脚连接的内电路完成。包括直流钳位电路，锐度提升电路，亮度、对比度控制电路，行逆程脉冲检测电路，ABL电路等。亮度信号分离出来之后，由于交流传递的原因，直流成分损失。为了图像亮度稳定，本电路对直流成分进行钳位和恢复。为了使图像更清晰，电路对景物边缘进行了处理，同时实现对比度、亮度控制。

（4）色度解码电路

这是本集成电路中最复杂、占用引脚最多的部分。色度解码电路的功能是把正交平衡调幅的色度信号解调为三个色差信号E_{R-Y}、E_{G-Y}、E_{B-Y}，由集成电路⑫、⑭～㉓、㊴～㊶脚连接的内电路完成。内部相关电路有：ACC放大器、ACK控制器、色同步分离电路、APC电路、VCO电路、PAL开关电路、移相电路、双稳态触发器电路、同步解调电路、色差矩阵电路、制式识别电路和色调调整电路等。

（5）行、场小信号部分

这部分由集成电路的㉕～㉝脚连接的内电路组成。主要功能是产生行、场扫描脉冲。视频信号（包括亮度信号和色度信号）经过行、场同步分离，校正行振荡电路频率，控制场计数分频，产生和图像内容同频同相的扫描信号，再经过激励放大输出。同时它还对场同步信号检测，产生反映图像情况的识别信号，包括同步检测电压及50/60Hz识别信号。

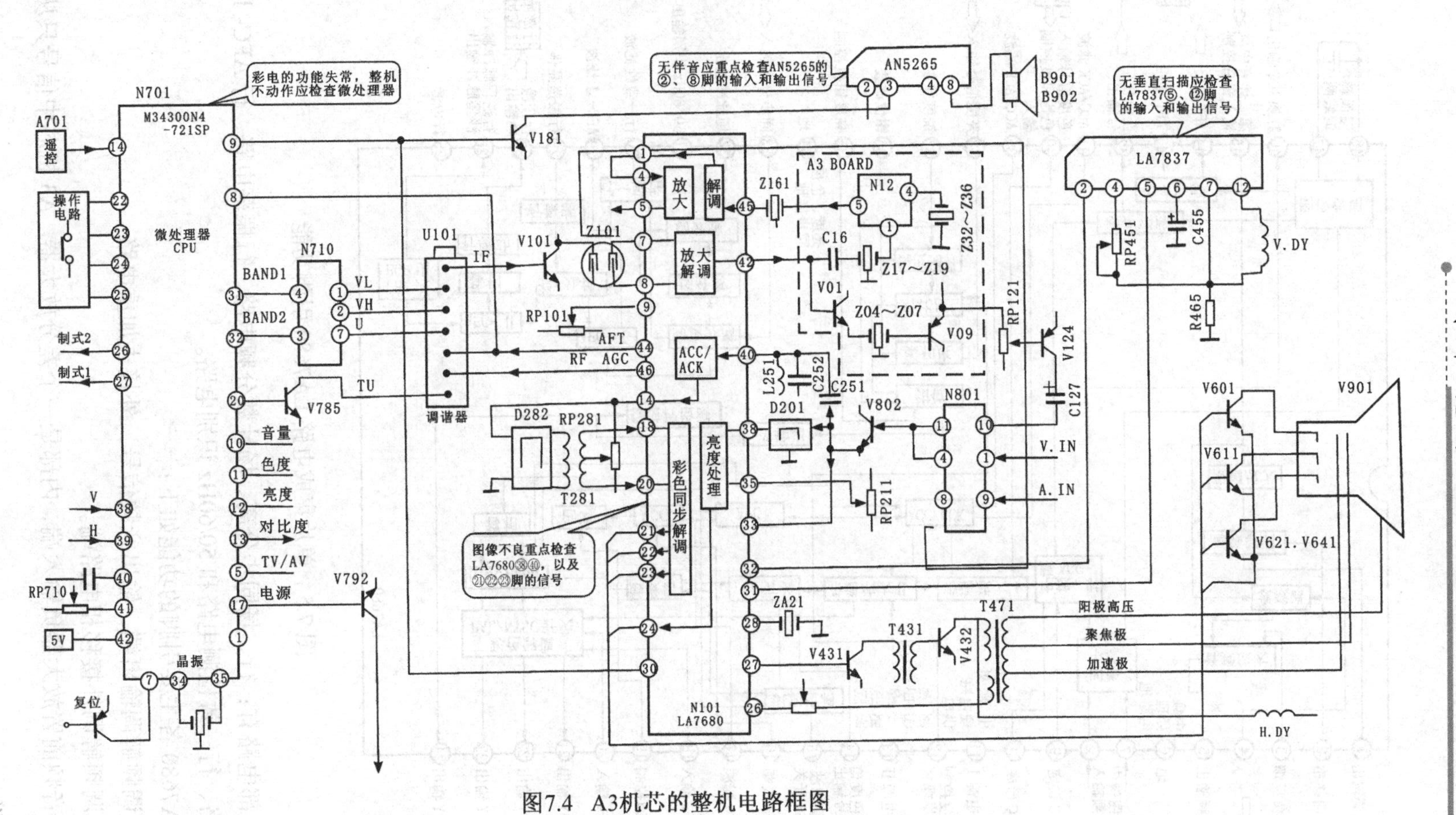

图7.4 A3机芯的整机电路框图

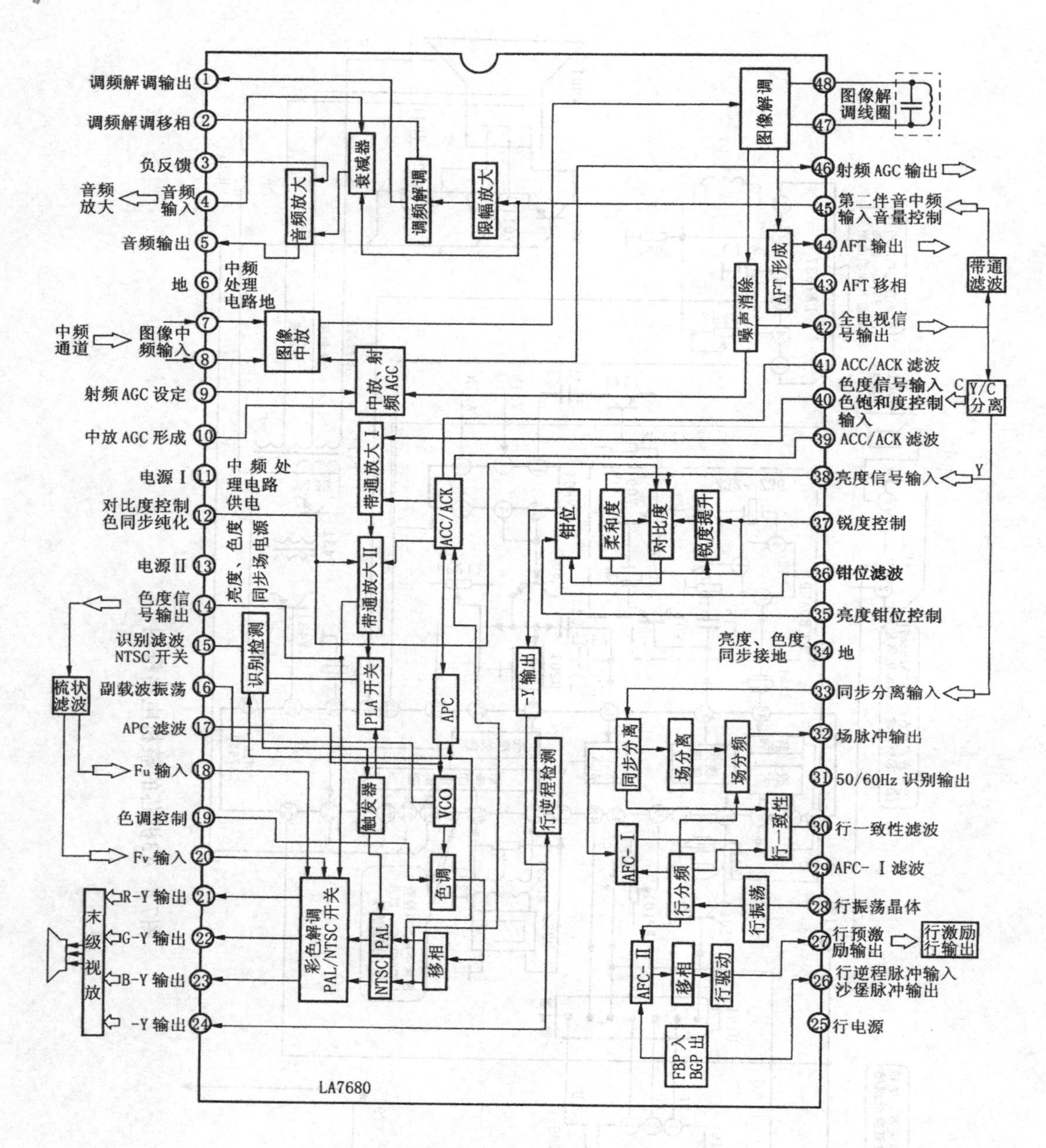

图 7.5　单片集成电路 LA7680 引脚功能

相应内部电路有：行、场同步分离、场计数分频电路、行振荡电路、行 AFC-Ⅰ及行 AFC-Ⅱ电路、行一致检测电路和 50/60Hz 识别电路。

（6）LA7680 各主要引脚的功能如下：

①脚为调频解调输出端，输出音频信号，外接去加重电路。

②脚为调频解调外接移相电路端。

③脚为音频前置放大器负输入端，内部是一个差分放大器。A3 机芯中信号只从一个

输入端输入，成为单输入端方式，故可把它通过交流接地，起负反馈的作用，控制增益，改善音质。

④脚为音频前置放大器输入端，通常把①脚解调出的音频信号隔直耦合至该脚。

⑤脚为音频前置放大器输出端，它把④脚输入的信号放大输出。

⑥脚为图像中频信号处理、伴音解调电路电源接地脚。

⑦、⑧脚为图像中频差分放大器平衡输入端，直流电压值由内部决定，交流信号输入方式。经过图像中放电路的38MHz图像中频信号，以双端平衡方式输入。

⑨脚为射频AGC延迟控制端，起控电压值由外部决定。通过外部元件设定一个电压值，作为延迟AGC的起控点。

⑩脚为中放AGC电压形成端，电压值决定于信号强度。信号越弱，电压值越高；无信号时为8V。LA7680采用的是峰值式AGC；峰值检波器把视频信号的同步信号切割下来，通过该脚去平滑滤波，形成中放AGC控制电压，故该脚电压直接影响中放电路增益。

⑪脚为图像中频信号处理、调频解调电路电源供电端，约7.2V。

⑫脚具有多个功能：

对比度控制电压输入端。外部的对比度控制电路把直流控制电压信号加到该脚，控制亮度信号的放大。

有时接色同步纯化电路连接端，外部的LC元件组成谐振电路，提高色同步信号的比例。

⑬脚为亮度处理电路、色度解码电路电源供电端，约为7.2V。

⑭脚为PAL制下ACC放大色度信号输出端，经ACC放大器放大，都达到统一的幅度。然后从该脚输出，送至后面的梳状滤波器，分离出Fu、Fv信号。

⑮脚为PAL/NTSC识别输出端，电压输出方式。在PAL制式时，Fv分量是逐行倒相的，色同步信号也是逐行改变180°，其中正相行时（也称NTSC行）初相角为45°，倒相行时（也称PAL行），初相角为225°。这个相位差别由内部相位检波器检波，经该脚和平滑滤波形成识别信号。

⑯脚为彩色副载波形成端。外接单个串联谐振4.43MHz或3.58MHz石英晶体振荡器，通过电子开关选择。

⑰脚为自动相位控制端。它把色度同步信号和副载波振荡信号的相位相比较，通过滤波，输出误差电压。

⑱脚为Fu信号输入端。PAL制式下正常值3V，NTSC制式下正常值2V。

⑲脚为NTSC制式下色调控制端。该脚在PAL制时完全不起作用。

⑳脚为Fv信号输入端。梳状滤波器分离出的另一个信号Fv从本引脚输入，PAL制式下解调出红色差信号E_{R-Y}。

㉑脚E_{R-Y}信号输出端。同步解调电路解调出E_{R-Y}、E_{B-Y}，在内部的色差矩阵中运算，恢复出E_{G-Y}信号，输出到视放电路。

㉒脚为 E_{G-Y}信号输出端。同步解调电路解调出 E_{R-Y}、E_{B-Y}，在内部的色差矩阵中运算，恢复出 E_{G-Y}信号，输出到视放电路。

㉓脚为 E_{B-Y}信号输出端。

㉔脚为亮度信号输出、行逆程脉冲输入端。电压越高，屏幕图像亮度越低；电压大于 7V 时，屏幕全黑。亮度信号在内部经过多次处理，输出负极性的信号-Y 到视放电路。输入的行逆程脉冲作为行消隐脉冲。

㉕脚为行振荡、行预激励电路供电端。正常值 7.7V。

㉖脚具有多个功能：

行逆程脉冲输入。交流信号输入方式，行逆程脉冲加到内部的行 AFC-Ⅱ比较器上，校正图像扫描的相位误差，使图像水平中心位置准确。

色同步选通脉冲形成。行逆程脉冲信号经过沙堡脉冲形成，供给色同步分离电路，分离出色同步信号。当图像行同步时，因行激励脉冲和行逆程脉冲基本相同，所以即使该脚无信号输入，也可进行色同步分离。

VCR 开关。给该脚加上 3V 左右的直流电压，可使 AFC-I 的工作范围增大，避免播放录像节目前出现行不同步。

㉗脚为行预激励信号输出脚，脉冲信号输出方式。行振荡信号经过内部同步及分频，形成频率和相位都正确的行脉冲信号，内部放大后输出。

㉘脚为行压控振荡器 VCO 电路端。外部 500kHz 石英晶体和内部电路共同作用，产生 32 倍行频的振荡信号，供分频电路分频出行场脉冲信号。

㉙脚为行 AFC-I 滤波端。AFC-I 的作用在于把同步电路分离出来的行同步信号和行振荡信号相比较，控制行振荡频率准确。该脚完成两个信号的比较和脉冲滤波。

㉚脚为行同步检测端。输出电压由内部决定，直流信号输出方式。电视机接收到电视节目而且行同步良好时输出电压 7.4V，无节目或行不同步时输出电压 0V。它实际上起到行同步一致性检测的作用。

㉛脚为场频 50/60Hz 识别输出端。内部电路通过对行同步信号计数，识别出场频。当图像场频为 50Hz 时，输出低电平，输出电压在 0.7V 以下；60Hz 时，输出高电平，电压值在 4.5V 以上。还可以通过外部电路选择场频方式，比如接地表示固定使用 50Hz 场频，接电源表示固定使用 60Hz 场频。

㉜脚为场激励信号输出端。场计数分频之后，再经过放大，输出场激励信号。它还兼有场同步分离灵敏度设置功能，外部通过一个电阻并联到地，电阻的大小直接影响同步分离的灵敏度和场同步校正范围。

㉝脚为同步分离信号输入端。外部的负极性视频信号通过定时电路引入，由内部电路切割同步头，输出脉冲信号。该脚输出的脉冲信号要送到其他电路使用，对其他电路有至关重要的影响。特别是亮度钳位电路，如果没有分离出任何信号，就使得钳位电路错误，造成屏幕全黑但是字符显示正常的现象。

㉞脚为亮度信号处理、色度解码电路接地端。

㉟脚为亮度钳位控制。控制电压越高，屏幕亮度越高。控制电压低于 2.5V 时，㉔脚输出电压高于 7V，屏幕亮度极低，近乎全黑；控制电压高于 6V 时，㉔脚电压最低，屏幕亮度最强；控制电压为较适宜的 4.5V 时，㉔脚输出为 3V。内部钳位电路在行同步脉冲的作用下，对绝对黑电平钳位，恢复丢失的直流分量，达到亮度均衡的目的。

㊱脚为亮度钳位连接。直流电压由内部决定，电压值和㉝脚有很大关系。亮度钳位时，要通过较大容量的电容器充放电形成。电容通过本脚接入。外部通过两个电容接地和接电源，形成交流参考点。

㊲脚为轮廓校正电路接点。为了使图像景物层次分明，就需要将景物边缘信号提升，使之更加突出，这由外部的二次微分电路完成。该脚还输入直流控制电压，控制微分电路和工作深度，调节校正情况。

㊳脚为亮度信号输入端。经过色度陷波和亮度延迟的亮度信号从本引脚输入。

㊴脚为 ACC 滤波。色同步分离出的色同步信号，通过外接电路滤波，形成控制电压，控制 ACC 电路的放大增益。

㊵脚为多功能引脚：

经 Y/C 分离色度信号（4.43+1.3MHz 或 3.58+1.3MHz 的正交平衡调幅色度信号）从该脚输入。

色饱和度控制输入，由外部电路提供直流电压控制色差放大器的放大倍数，控制图像颜色的深浅。

㊶脚为功能引脚：

ACK 滤波，APC 电路和色同步信号在该脚滤波形成控制电压，如有 APC 错误或色同步分离无信号，就会使 ACK 起控切断色度通道。

内部维修开关，该脚的直流电压的大小还能决定内部电路的工作状态：当直流电压低于 5.4V 以下时，色度通道被切断，屏幕上只剩下黑白图像，可以调节图像白平衡；当直流电压低于 1.5V 以下时，集成电路内部场激励电路被切断，屏幕呈现水平一条亮，可以调整图像暗平衡。

㊷脚为全电视信号输出端，图像中频信号经过解调，把调幅中频信号幅度检波，产生视频信号。伴音信号属于调频信号，虽然没有解调，但是在和 38MHz 中频信号运算过程中，内差频出载频较低的第二伴音中频信号，与视频信号一起输出。

㊸脚为 AFT 移相。外部的动态元件组成移相网络，移相中心频率 38MHz，相位移 90°。内部电路把移相后的信号和未移相的信号相比较，检测出中频信号相对于中心频率 38MHz 的偏移程度，产生误差比较电压，自动校准调谐器的频率偏移。

㊹脚为 AFT 电压输出端。AFT 移相等处理之后产生的误差电压最终从该脚输出。

㊺脚为多功能引脚：

第二伴音中频信号输入，固定频率的伴音中频信号从该脚进入内电路解调。

该脚同时还加上直流控制电压，控制内部衰减器工作，能够控制音量的大小。该脚电压越低，则⑤脚输出音频信号电平越低。

㊻脚为射频 AGC 输出端，无信号时为 8V。外部 RC 电路组成低通滤波器。在有信号的情况下，该脚电压决定于⑨脚延迟控制输入。

㊼、㊽脚为图像同步检波移相。外部谐振频率 38MHz。图像信号经过放大限幅，通过此二脚选频移相，变成等幅开关脉冲，提供给乘法器电路解调用。外部除 LC 谐振元件外，还可以接电阻以扩展带宽。

2．LA7680 的视频解码电路

LA7680 的彩色解码部分如图 7.6 所示，解码过程如下：

中频解调电路输出的视频信号，送到 C251、C252、L251 等组成的色度带通滤波器电路，正好把 PAL 制式的 4.43+1.3MHz 的色度信号选出来。当接收的信号为标准彩条信号时，在 LA7680 的㊵脚色度信号的波形如图 7.7 所示。

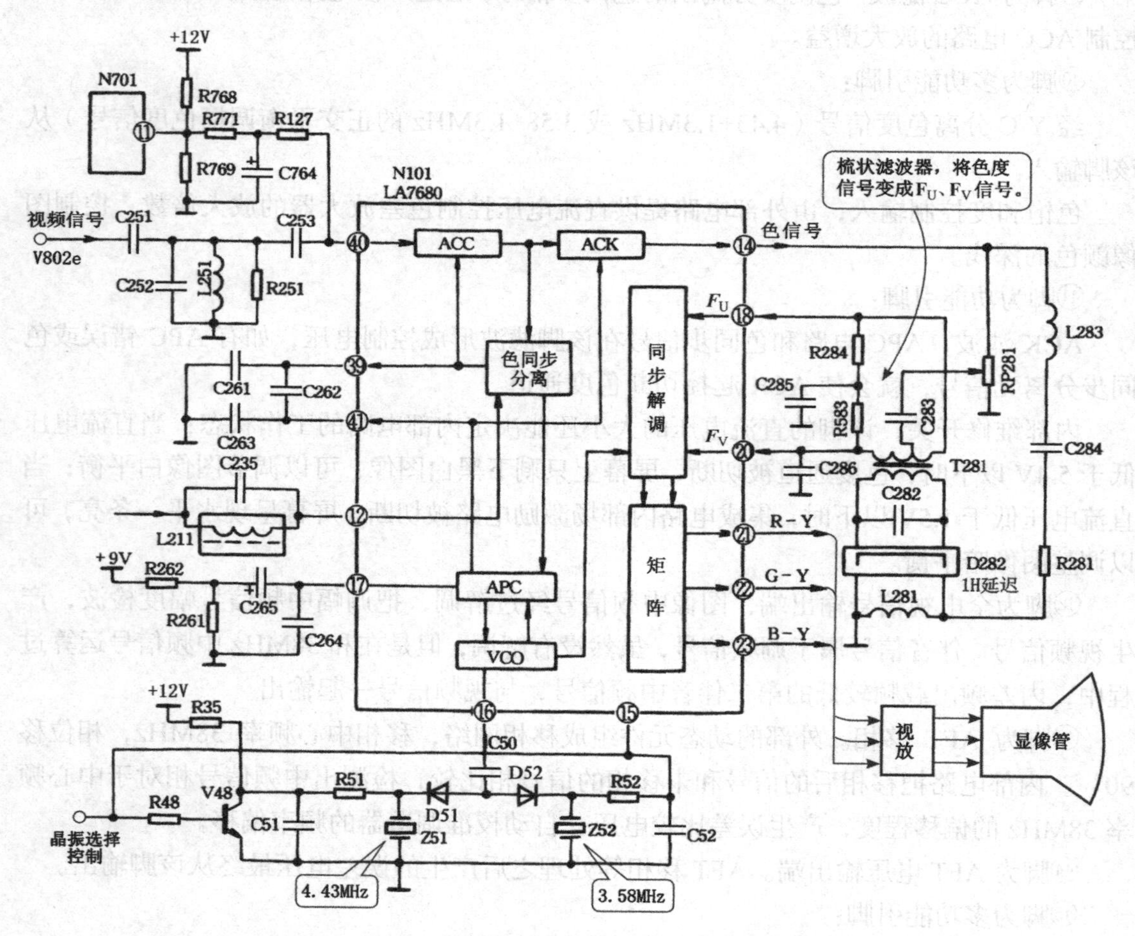

图 7.6　LA7680 中的解码电路

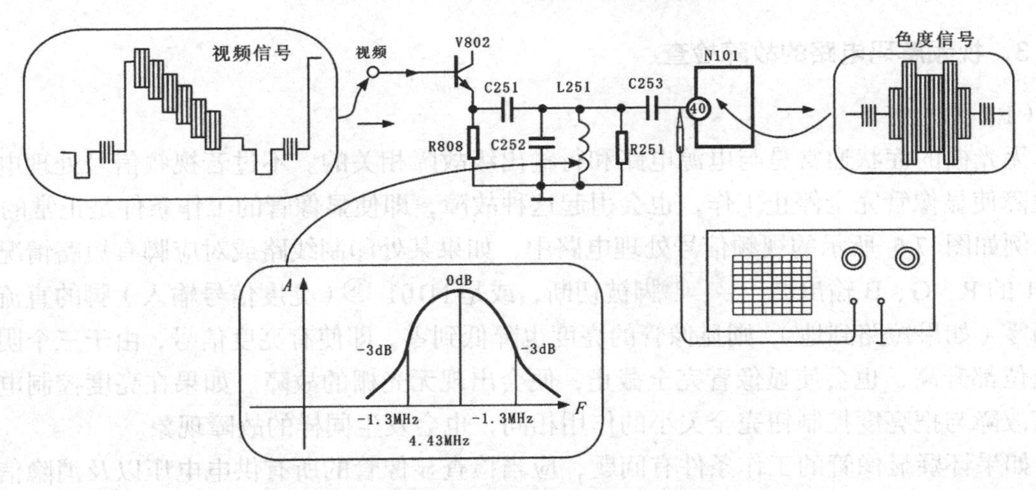

图 7.7 接收标准彩条时的信号波形

色度信号通过 C253 耦合，从 N101㊵脚进入集成电路，如图 7.6 所示。这时色度信号的幅度还是比较弱的，N101 要根据色度信号的实际强度在自动色饱和度控制电路中对色度信号放大。色同步信号和色度信号同时传送，它的强度就反映了色度信号实际的强度。而且色同步信号不受图像内容的影响，更能客观地反映出色度信号内容的强度。LA7680 先通过色同步分离把色同步信号分离出来，进行检测和自动色度控制。色度信号是一种正交平衡调幅信号，它的解调必须有严格同频同相的开关信号，这个开关信号是由电视机本身产生的。如果电视机电路提供的不是完全同频同相的开关信号，彩色解码电路就解调出色调失真的彩色。这种失真是使得颜色本身发生改变，例如，红色变成了紫色等，这就使色解码功能失常。如果电视机失去开关信号，彩色解调也不能正常进行。为了不显示这种异常的彩色，当出现上述情况时 ACK 电路也启动，切断色度输出，保证屏幕上剩余的黑白图像仍正常。色同步信号是色度信号强弱的标志，也是无彩色的标志，ACK 电路依据色同步信号的有无及同频同相的开关信号是否良好，来判断是否该启动 APC 电路的工作。

如果没有上述异常现象出现，幅度稳定的 PAL 制式色度信号就从 N101⑭脚输出，进入梳状滤波器运算分离。PAL 制式的特点在于利用相邻两行色度之间的特点进行加减运算，抵消相位失真；同时利用 Fu、Fv 相位上的特点实现 Fu、Fv 分离。分离是利用相邻两行运算，而电视发射机每时刻只能传输一个信号，怎样同时出现相邻的行信号？这就是利用信号延迟的方法。

如图 7.6 所示，N101⑭脚输出的色度信号分成两路，其中一路通过 RP281 分压后加到加减运算器 T281 的中心抽头上，称为直通信号；另一路通过 L283、C284、R281 加到色度延迟线 D282 上，延迟一行的时间后再加到 T281 上，称为延迟信号。色度延迟电路 D282 是完成延迟的一种特殊器件。直通信号和延迟信号在 T281 线圈的两端实现加减运算，分别得到 Fu、Fy 信号并送入⑱、⑳脚进行解调。解调后形成 R–Y、B–Y 信号，再经矩阵电路形成三个色差信号由⑳、㉑、㉓脚输出。

3．视频解码电路的故障检查

（1）无光栅

无光栅的症状通常是与电源电路和行输出级故障相关的。不过若视频信号处理电路有故障使显像管完全停止工作，也会引起这种故障，即使显像管的工作条件是正常的。

例如图 7.6 所示的视频信号处理电路中，如果某处印制线路或对应脚有短路情况使 N101 的 R、G、B 输出㉑、㉒、㉓脚被切断，或是 N101 ㊳（亮度信号输入）脚的直流电平为零（如果短路到地），则显像管的亮度也降低到零。即使有亮度信号，由于三个阴极的电位都升高，也会使显像管完全截止，便会出现无光栅的故障。如果在亮度控制电路上有故障与把亮度控制钮完全关小的作用相同，也会发生同样的故障现象。

如果怀疑显像管的工作条件有问题，应当检查显像管的所有供电电压以及消隐信号和加到 LA7680 的其他控制电压。应特别注意检查显像管灯丝电压和阴极电压，如果灯丝电压较低，使发射电子不足，图像自然不良。如果某一电压不正常，应追踪检查相应电路中的电容、电阻元件，例如检查是否有短路漏电、变值等，如果所有的电压都正常，仍然无光栅，则可能使显像管本身有故障。

（2）伴音、光栅正常而无图像

伴音良好，有光栅（有蓝底）而无图像，很明显故障出现在视频信号处理电路。在图 7.5 所示的电路中应检查 LA7680 ㊷～㊳脚的外围电路等处的视频信号，以及㉑～㉔脚的色差信号、Y 信号以及显像管电路中的 R、G、B 信号。

在这部分电路中任何一处有故障或是亮度信号失落都会引起无图像的故障。

（3）图像不良

当画面质量不好时，如缺少细节、拖影、模糊不清等，通常故障出自视频电路，这种情况伴音往往是正常的。有时调谐器或中频电路不良也会引起类似的故障。

检修时可使用电视信号发生器，在视频电路的输入端注入一视频信号，看图像是否正常。如图像仍然不良，则表明视频电路有故障。

（4）图像正常但彩色不良

彩色故障可分为四类：无色、色偏、色弱、彩色爬行。这种故障可以利用彩条信号发生器进行检测，基本方法如下：

①连接彩条信号发生器的输出到电视机天线输入端，也可使用录像机、影碟机播放彩条信号。

②调整信号发生器使之产生 NTSC（或 PAL）制彩条信号。

③将色度与色调置中间位置。

④用示波器检测电路中有关色信号流程中各有关点，并注意其相应症状。例如可以检测㊵脚的色度信号，⑯脚的基准色副载波信号和㉑～㉓脚的三个色差输出信号。

先检查视频检波的输出。如果视频检波的输出信号中无彩色信号，则故障不在色度信号处理电路；如果视频检波的输出有正常的彩色信号，而显示图像无色彩，则故障是

在色度信号处理电路（解码电路）。

无色故障的检测可参照图7.6进行。先查Y/C分离电路的输出和LA7680色信号输入端㊵脚，再查⑭、⑱、⑳脚的色信号和色差R–Y、B–Y信号。如Y/C电路输入端无信号，再检测中频电路的视频检波器；如果Y/C输出的信号是正常的，再查N101的色差信号是否正常。

对于采用大规模IC的电视机，主要电路都集成在IC之中，所有IC的输入信号都是可以检测的，对于无彩色的故障，应分别检查色度信号，消隐信号，以及基准色副载波信号。如果在上述检查过程中发现有任何信号不良或信号失落，都应当逆信号流程查到信号源。例如，如果延迟同步信号（同步脉冲）失常，则N101中的色同步选通门不能开通，色度信息也不能通过。如查彩色全无，检测IC所有的输入信号都正常，则故障是在IC内部。还可以检查亮度和色度控制信号，如果色度信号控制钮完全关死，彩色电路就不工作了。

色偏最大可能故障部位是色解码电路，色偏故障的检修程序实际上与无彩色的故障基本相同。遇到故障主要是先检查色解码电路的输出。

如果色解调器的输入是正常的，但有一个色解调器无输出，显然故障就出自该色解调器。如果解调器有输出但相位不正确，很大可能是色解调级调整不良；如果色解调器的输出是正确的，那么故障是在B–Y、G–Y或R–Y色差放大器（也被称之为矩阵放大器），或是在显像管电路。

对于色弱的故障，应当首先检测色解调器的输入端，如果可以测得信号，应当查看色解调器输入信号的幅度并与技术手册对照。注意从基准色振荡器来的信号幅度是固定的，而从色带通放大器来的信号幅度是可变的，可通过色饱和度调整钮调整该信号幅度。

有时，可以预先将色饱和度调深一些（深于中间值）以便产生一个正常的信号波形。如果色度调到最大信号仍然很弱，应检查送到带通放大器的信号。

7.2.4 单片集成电路LA76810

图7.8是目前在彩色电视机中普遍采用的一种将中频、视频、解码和扫描信号处理集于一体的单片集成电路LA76810。

从图可见，从中频信号送入到三基色信号的形成，在该集成电路中完成了整个电视信号的处理过程，其中主要的部分是完成对亮度信号和色度信号的处理。

1．LA76810的信号流程如下：

调谐器输出的中频信号经预中放和中频滤波器（声表面滤波器SAW），将中频信号送入LA76810的⑤、⑥脚→中频放大器（具有自动增益控制功能AGC）→视频检波，检出视频信号（含第二伴音中频）→陷波，吸收第二伴音中频，（伴音中频送往伴音解调电路）→视放（放大视频信号）→㊻脚输出→AV/TV切换开关→㊹脚（外部视频送入㊷脚）→钳位（将视频同步钳位在规定的电平上）→视频开关（选择㊹脚的信号还是选择㊷脚的外输入信号，由微处理器进行控制）→进行亮度和色度信号的分离。

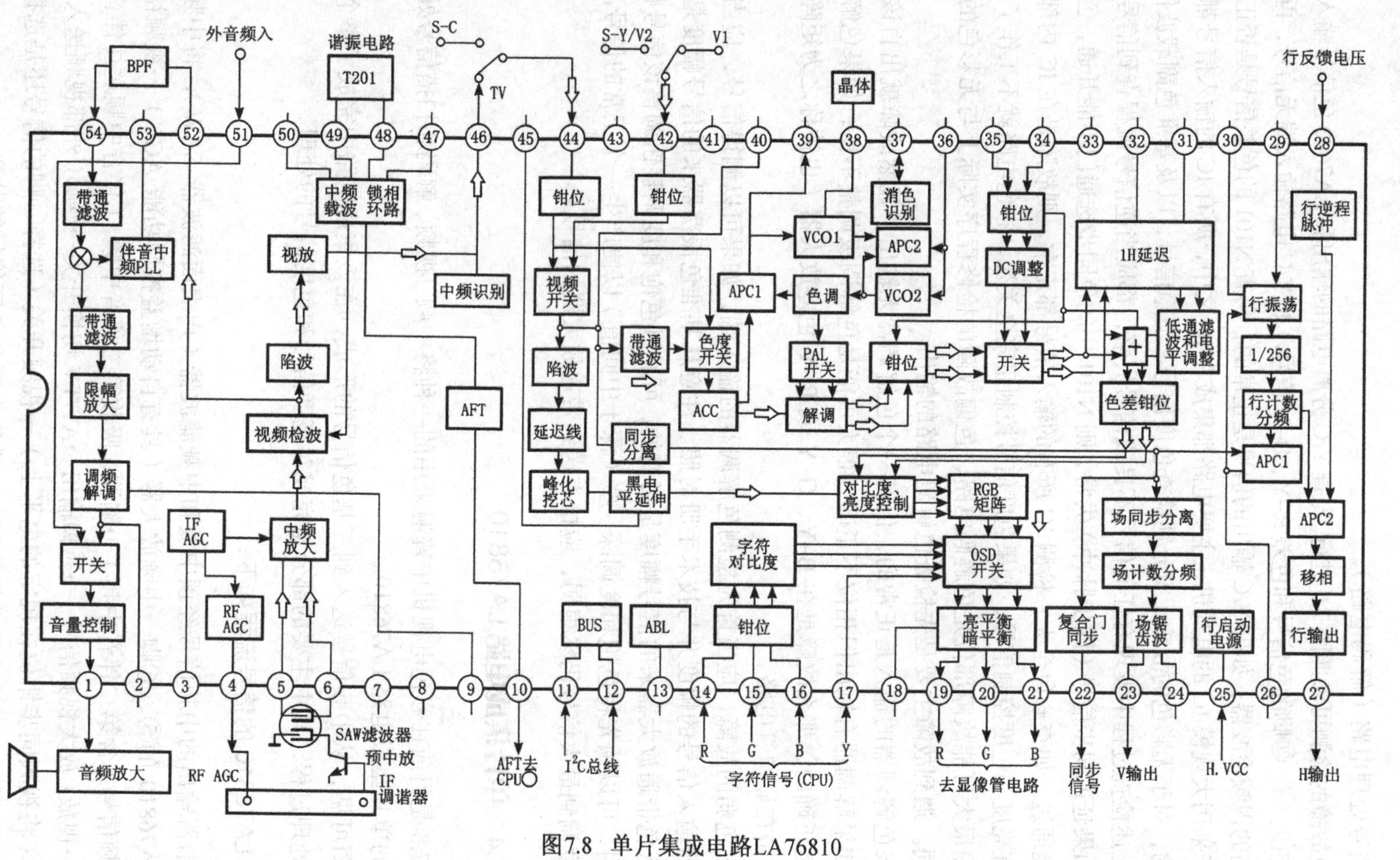

图7.8 单片集成电路LA76810

亮度信号的流程：→陷波（吸收色度信号以防干扰）→延迟线→峰化挖芯电路（改善清晰度）→黑电平延伸（扩展动态范围）→对比度、亮度控制电路，在这里与色差信号进行矩阵处理。

色度信号的流程：→带通滤波（4.43MHz 带通滤波器提取色度信号，阻止亮度信号进入色度通道）→色度开关（消色开关）→ACC（自动色度增益控制电路，用以稳定色度信号的幅度）→解调，解出两色差信号，有 PAL 开关提供解调用的色副载波信号→钳位→开关→色差钳位→与亮度信号进行矩阵处理→R、G、B 矩阵→OSD 开关（与 CPU 送来的字符 R、G、B 信号进行切换）→亮平衡→暗平衡→由⑲、⑳、㉑输出三基色信号。至此完成亮度、色度处理的任务，三基色信号送到末级视放电路（显像管尾板）进行放大后就去驱动显像管阴极显像。

2．亮度、色度电路的故障检测方法

下面以 TCL-2118E 彩色电视机为例介绍一下亮度、色度信号处理电路的故障检测方法。

TCL-2118E 的中频、视频、解码电路 IC201 用 LA76810，它还具有产生行场扫描信号的功能。其电路结构如图 7.9 所示，IC201 在主电路板上的焊接如图 7.10 所示。

3．中频、视频信号处理电路的故障检修

IC201 的检测部位和信号波形如图 7.9 所示。

TCL-2116E 的中频、视频（亮度、色度）电路都集成在 IC201（LA76810）之中。这个电路或是它的外围电路有故障都会引起图像方面或是伴音方面的故障，由于行场扫描信号的产生也在这个单片集成电路之中，因而此电路不良也会引起扫描电路不能正常工作。

（1）中频部分的检查

中频电路是 LA76810 的一部分，它的主要功能是完成视频检波和伴音解调，由⑤、⑥脚输入中频信号，㊻脚输出视频图像信号，㊾脚输出第二伴音载频信号。在正常收视状态，用示波器检测㊻脚，如有视频图像信号表明中频电路工作正常。

如无视频信号，再查㊾脚有无第二伴音载频信号，如伴音正常，则应查 LA76810 的外围元件，如㊾脚无信号，表明中频电路有故障，也可能高频头中频预放或声表面波滤波器等部分有故障。可用信号发生器输出中频信号加到声表面波中频滤波器的输入端，测㊻脚输出的视频信号，或用其他彩色电视的中频信号加到声表面波滤波器或⑤、⑥脚，看㊻脚的视频信号。如无信号表明中频电路有故障，注意㊽、㊾脚外的 T201 损坏也会影响㊻脚的视频信号输出。

（2）视频电路的检查

图像或彩色不良或无图像，应查视频电路，即亮度和色度信号处理电路。

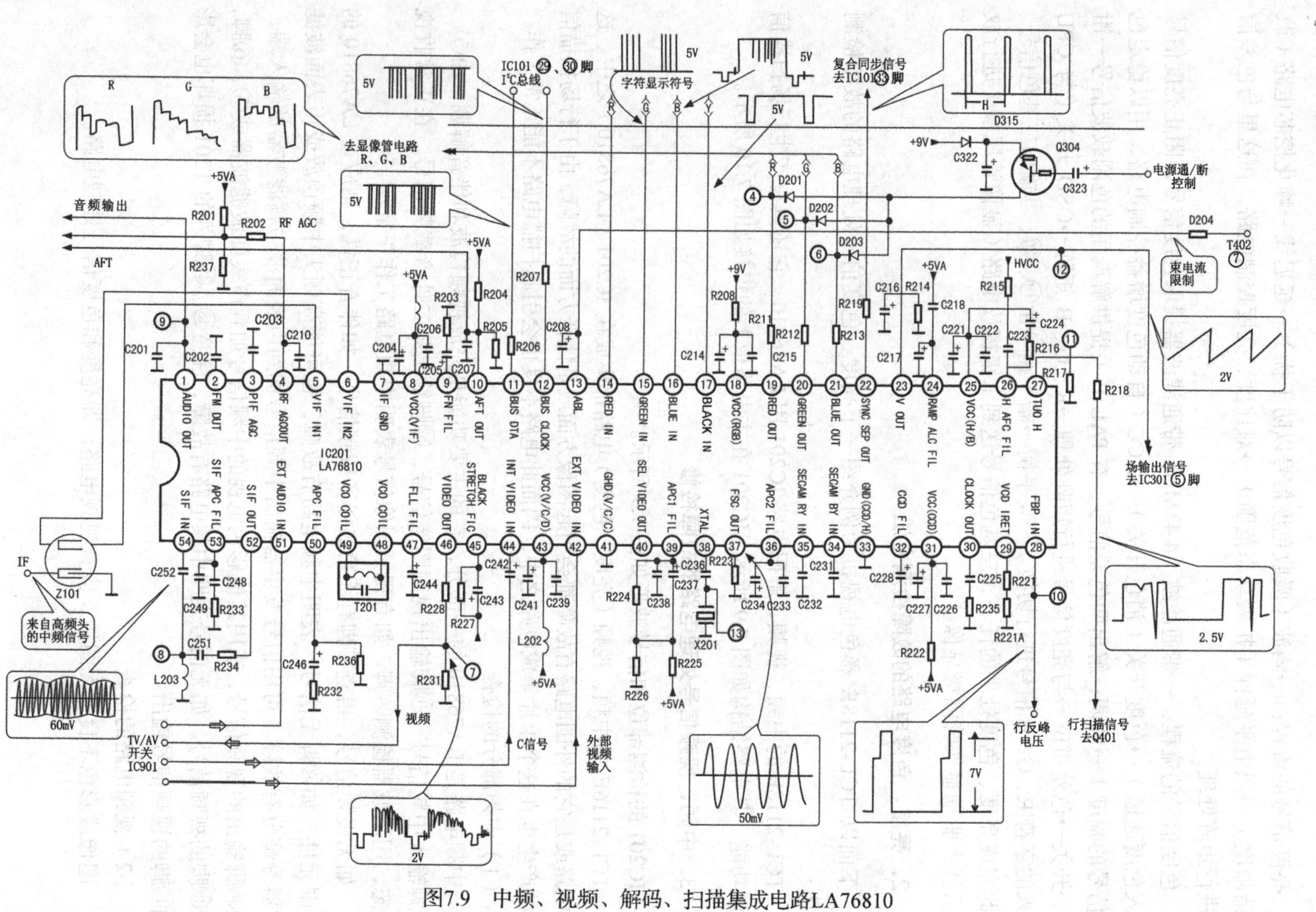

图7.9 中频、视频、解码、扫描集成电路LA76810

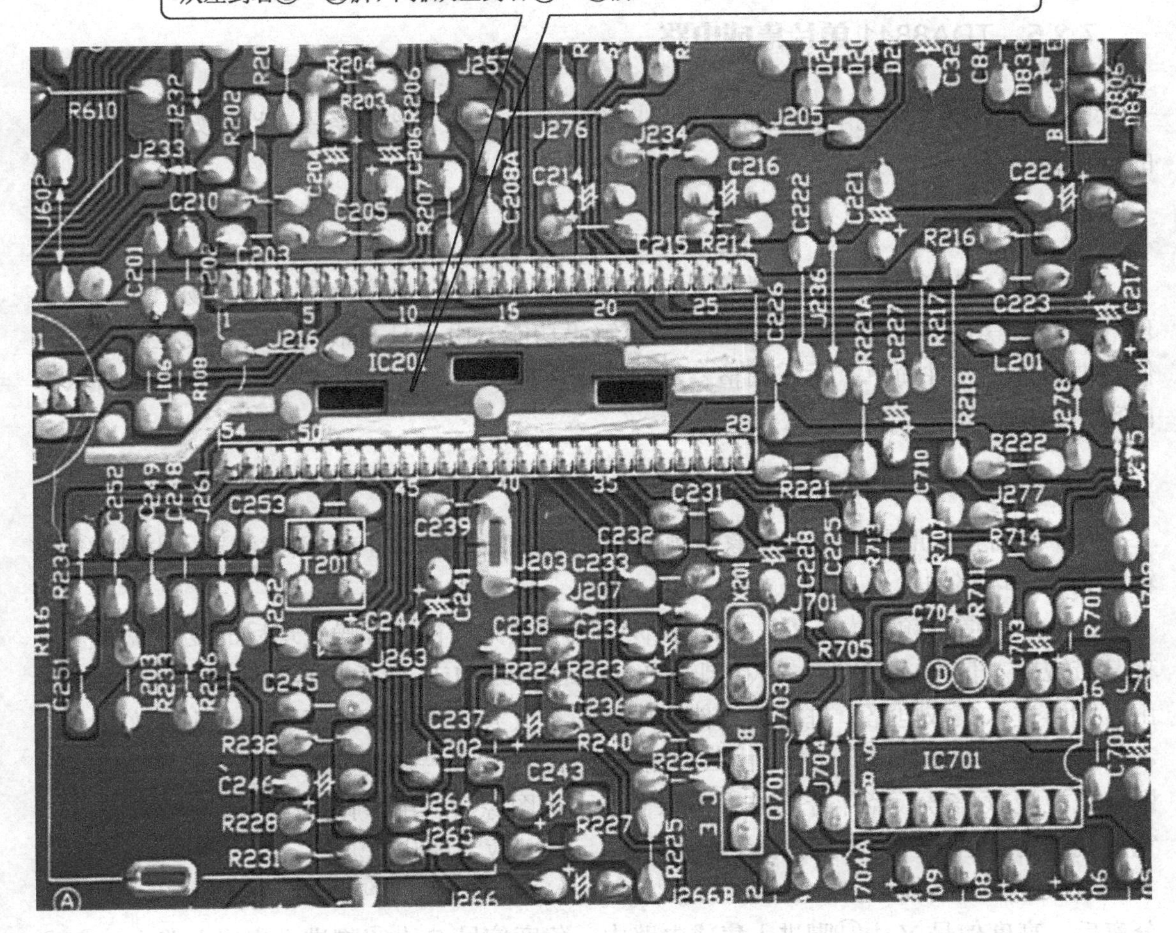

图 7.10 IC201 在主电路上的焊接位置

视频信号处理电路的功能是对亮度信号进行处理，对色度信号进行解码，最后形成R、G、B 三基色信号送到显像管电路。视频信号处理电路的工作是否正常，可直接用示波器检测 IC201⑲、⑳、㉑脚的 R、G、B 输出，如接收彩条信号，波形如图 7.9 所示。如无此信号或波形失常，表明视频电路有故障，根据故障表现进一步检查。

如果无图像应查 IC201㊹脚㊷脚有无视频信号输入，IC201 检波输出的视频信号和外部输入的视频信号都送到 IC901 切换电路，然后再送回 IC201。如在 TV 状态本机检波的视频经 IC901 送到 IC201㊹脚。如在 AV 状态外部视频送到㊷脚，如使用 S–视频输入，S–C 色信号送到 IC201㊹脚，S–Y 亮度信号送到㊷脚。

如输入视频正常无 R、G、B 输出则 IC201 或外围电路有故障。查各引脚直流工作点（直流电压）与标准值比较，确定是 IC 内部有故障还是外围元件有故障。

如果图像正常没有彩色应查色副载波振荡晶体、测量㊳脚的 4.43MHz 信号波形，如波形不正常应更换晶体。

7.2.5 TDA8841 单片集成电路

TDA8841 也是彩色电视机常用的单片集成电路之一，该电路具有性能好、结构简单的特点。

1．电路的功能

TDA8841 主要完成图像、伴音中频信号处理、亮度、色度信号、行、场扫描信号处理等功能。具有 PAL/NTSC 两种制式彩色解码功能。由于具有最新 I^2C 总线控制方式，使该电路外围元件简单，无需调整，功能实用，控制灵活。其实用电路如图 7.11 所示，内部结构框图如图 7.12 所示。

2．电路结构

（1）由高频调谐器输出的图像中频信号，经前置放大器，声表面滤波器，由㊽、㊾脚输入到集成电路内。

（2）经图像中频放大、PLL 同步检波、视频放大、视频静噪处理后的复合视频（又称基带视频）信号（CVBS）由⑥脚输出。一路经 6.5MHz 带通滤波，抑制视频信号后，由①脚再进入集成电路，进行第二伴音中频限幅放大、锁相环解调、伴音前置放大、自动音量限制（AVL）、伴音切换，由㊺脚输出伴音信号；另一路复合视频基带信号（CVBS）即全电视视频信号，经伴音陷波，消除伴音干扰图像后，由⑬脚再次进入集成电路内，完成视频切换后，再由㊳脚输出 CVBS 信号，进入数字梳状滤波器。

（3）经数字梳状滤波器 IC202（MC142628A）完成亮度信号 Y 与色度信号 C 的彻底分离后，亮度信号 Y 由⑪脚进入集成电路内，色度信号 C 由⑩脚进入集成电路内，完成信号切换、PAL/NTSC 色度解调、基带延迟、基色矩阵、肤色校正、黑电平延伸、白电平扩展和束电流调整等，由⑲～㉑脚输出 R、G、B 基色信号，㉒脚输出屏显消隐信号，再送到高电平视频放大集成电路 TDA5112 然后去驱动显像管。

（4）同步分离功能在集成电路内部完成，并通过行 AFC 环路控制两倍行频的压控振荡器 VCO。VCO 的振荡频率由 I^2C 总线设置，并与彩色副载波锁相，行频振荡器经 2:1 分频后作为行频脉冲由㊵脚输出，行频脉冲受行同步脉冲锁相。因此它又可以作基准脉冲送到基带延迟线，使行基带延迟线与行扫描电路同步。第二个行 AFC 环路的两个输入信号分别是被行同步脉冲锁相的行定时脉冲和由行输出级反馈的、代表行扫描电路相位的行反峰脉冲（由㊶脚输入），因此第二个行 AFC 电路的主要任务是行相位补偿，使重现图像位于屏幕中心。

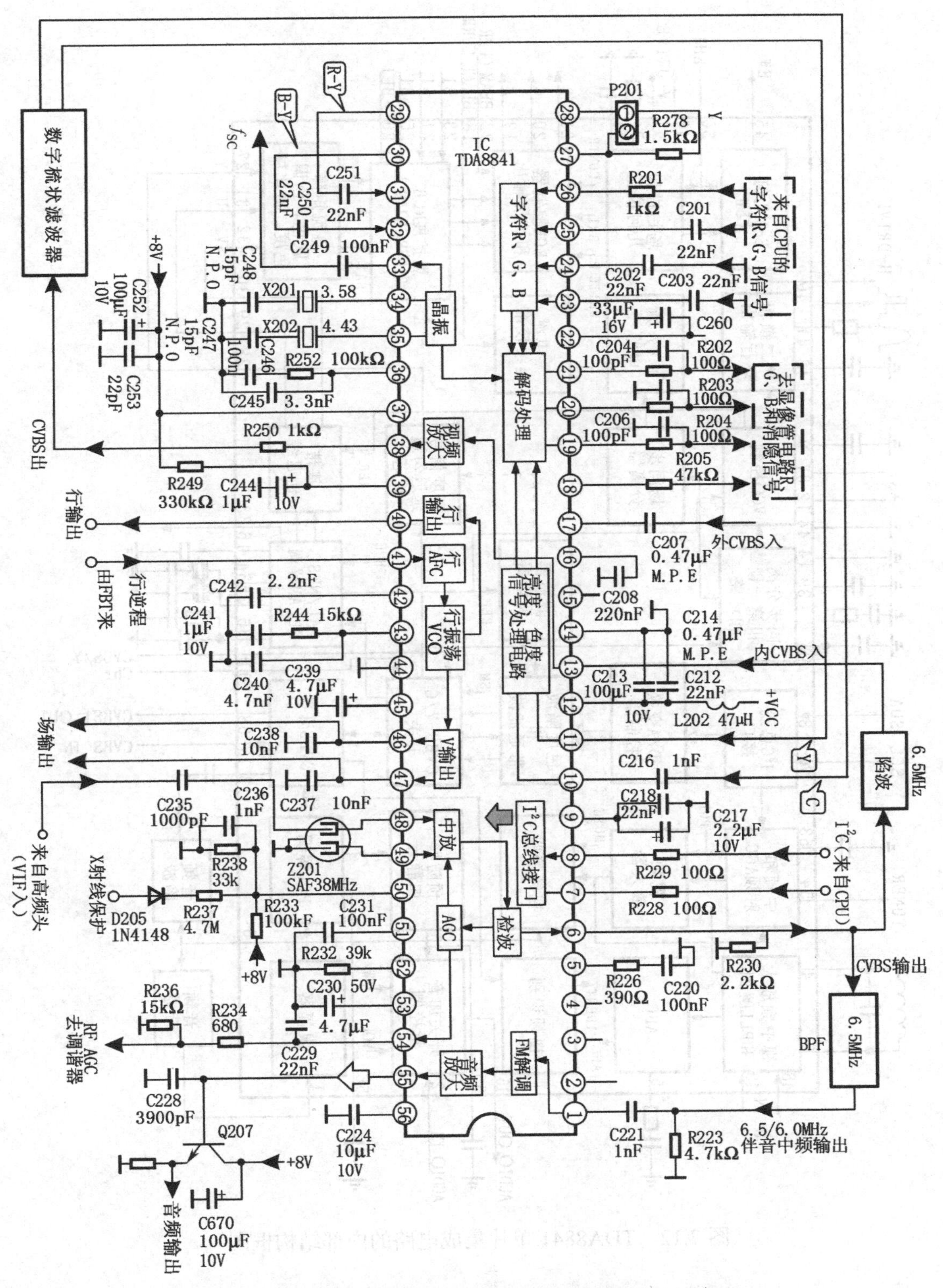

图 7.11 单片集成电路 TDA8841 及其实用电路

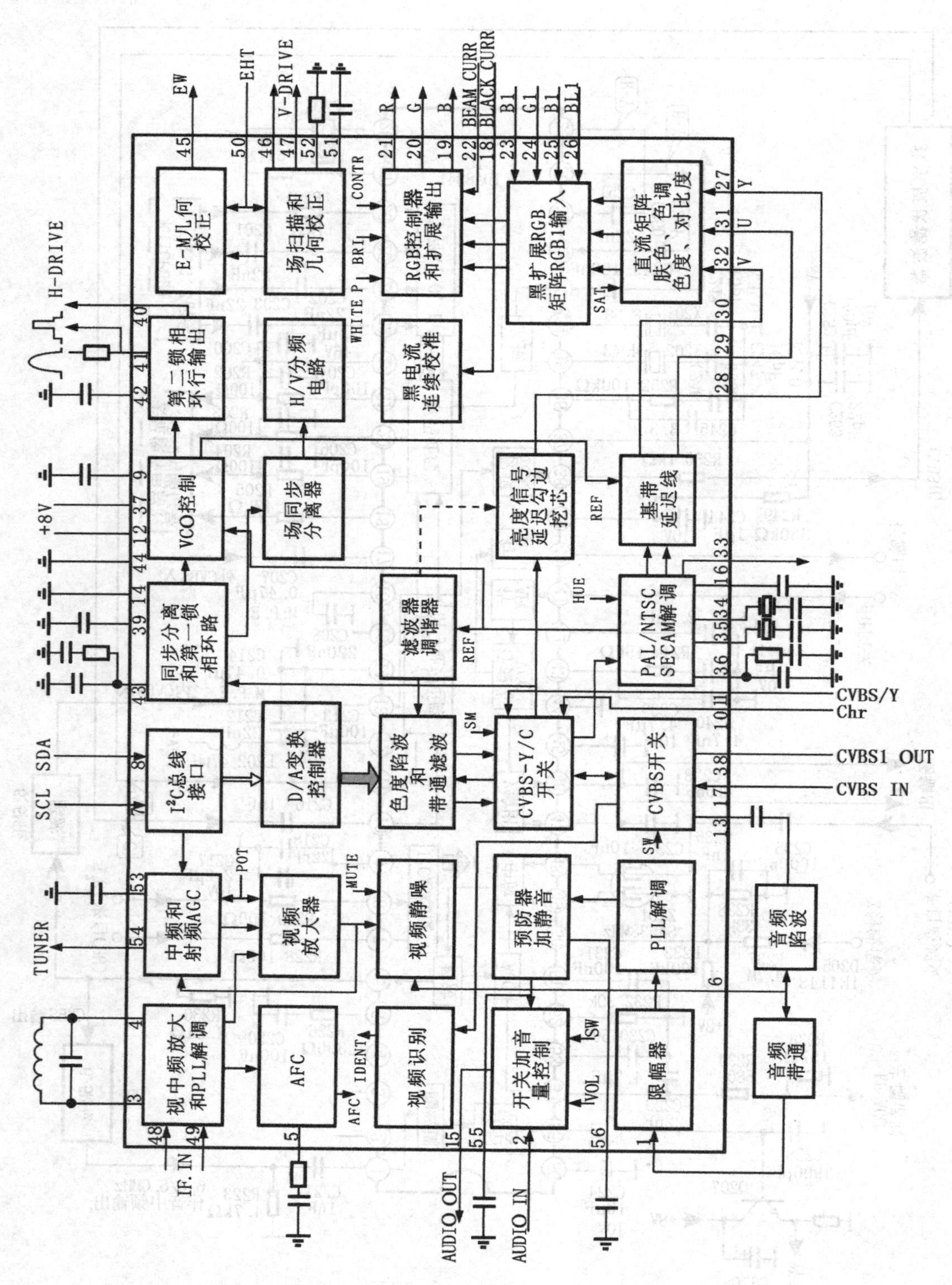

图 7.12　TDA8841 单片集成电路的内部结构框图

（5）场同步电路与一般积分电路不同，场锯齿波发生器的激励脉冲由场分频电路获得。场分频电路的 50Hz 或 60Hz 的场同步信号具有不同的窗口，也是由 I^2C 总线强制置于某一模式。场频锯齿波分别由㊻、㊼脚输出差分信号，并送到场输出集成电路 TDA8351SL 的①、②脚。

（6）TDA8841 与 CPU 的连接

⑦、⑧脚分别与 CPU 的㉜、㉞脚相接，它们分别为 I^2C 总线的时钟线（SCL）和数据线（SDA）。

㉓～㉖脚，分别与 CPU 的㊷～㊴脚相连接，接收 CPU 字符的 R、G、B 三基色信号与消隐信号的叠加、混合、输出。

（7）显像管阴极电流连续校正的截止电流由⑱脚输入，它通过接插件 S－601①脚→P601①脚，与 TDA5112 的⑤、⑪、⑭脚相连，自动完成显像管的暗平衡调节。

7.3 高画质电路的结构和故障检修

7.3.1 梳状滤波器的基本功能

1. 电路功能

大屏幕彩色电视机，采用动态数字梳状滤波器，可以提高图像清晰度，减少亮度信号和色度信号的相互串扰。

2. 工作原理

动态数字梳状滤波器的英文是：Dynamic Digital Comb Filter（缩写为 DDCF），它的作用是实现彩色电视机亮度（Y）/色度（C）信号的彻底分离，又称 Y/C 分离。彩色电视信号是利用移频和频谱交错技术，把色度信号 C 插在亮度信号 Y 的高频段，彩色副载波频率的选择使亮度信号的频谱与色度信号的频谱互相交错，互不干扰。

传统的模拟式 PAL 制彩色电视机是利用 4.43MHz 的带阻滤波器和带通滤波器实现 Y/C 分离如图 7.13 所示。这种 Y/C 分离技术的主要优点是电路简单、成本低、生产和调试也简单。但这种方法存在两个主要缺点：

（1）对于亮度信号 Y，由于 4.43MHz 带阻滤波器的吸收作用，6MHz 的亮度通道带宽只有 4.2MHz 左右。图像清晰度由 400 线下降到 320 线左右，清晰度损失很大。同时在黑白图像或图像的黑白部分存在 4.43MHz 的彩色副载波点状干扰。这是由于 4.43MHz 的带阻滤波器对 4.43MHz 彩色副载波吸收不彻底造成的色度信号对亮度信号的干扰。

（2）对于色度信号 C，通过 4.43MHz 带通滤波器的选频作用，一方面选出了色度信号 C，但也把亮度信号中频率接近 4.43MHz 的亮度信号误认为是色度信号，通过解调电路解调出亮串色的低频干涉条纹。由于行扫描是从左到右，场扫描是从上到下，使这种干涉斜条纹不断向上翻滚。

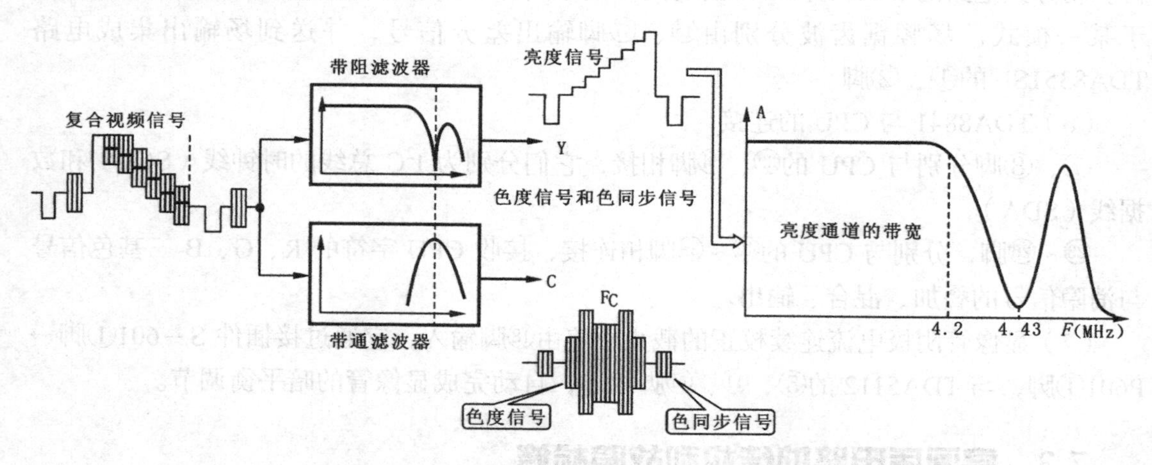

图 7.13　用普通滤波器进行 Y/C 分离

为了彻底克服上述两个缺点，提高图像清晰度，改善彩色图像质量，可以利用动态数字梳状滤波器，实现亮、色信号的彻底分离。

在 PAL 制彩色电视信号中，采用 1/4 行间置实现频谱交织。亮度信号 Y 的主谱线之间相差 $1/4 \cdot f_H$。为了利用数字梳状滤波器实现 Y/C 信号的彻底分离，可以把模拟的 PAL 制亮度、色度信号经 A/D 变换后，用数字方法分离出亮度信号 Y 和色度信号 C，再从色度信号 C 中分离出 U、V 色差信号。图 7.14 示出了 PAL 制彩色电视信号分离框图。

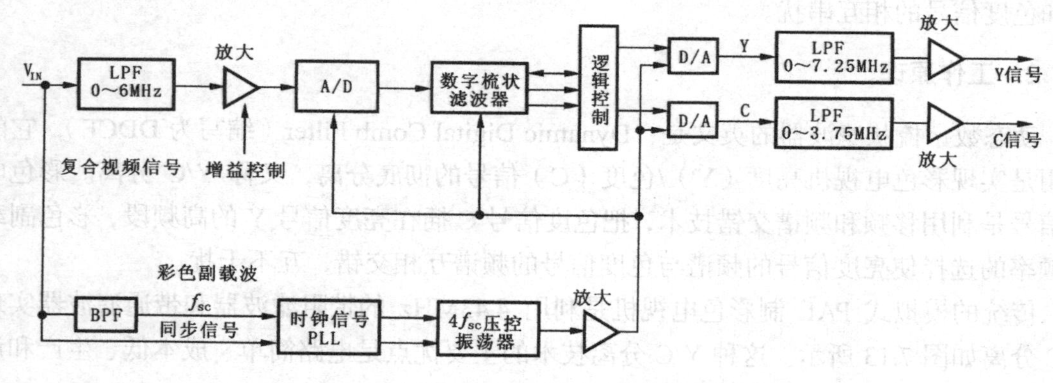

图 7.14　PAL 制亮、色分离框图

NTSC 制彩色电视信号采用 1/2 行间置，采用一行延迟线就可以实现 Y/C 分离，PAL 制彩色电视信号采用 1/4 行间置，必须采用两行延迟线，才能对复合亮度、色度信号实现亮、色分离。二维滤波器实际上是利用相邻行或隔行信号的相关性进行亮、色分离。当两行之间图像内容相关性较强时，亮、色分离效果较好；如果相邻两行之间图像内容变化较大，相关性较差时，二维滤波器的效果可能较差，即当图像在垂直方向上有较大变化时，二维梳状滤波器的效果可能比不上一维滤波。在实际应用中往往将二者结合，

利用相关性检测电路，根据上、下两行相关性大小，控制滤波器在一维和二维之间切换。

由于彩色电视信号属于三维信号，不但以行扫描为周期，而且存在场间、帧间图像信号的变化，因此信号频谱中除了有以行频为周期的亮度、色度信号主谱线之外，还在主谱线的两侧存在以场频和帧频为间隔的副谱线族，因此可以采用延时一场或一帧的梳状滤波器，对主副谱线作更完美的梳状滤波。

三维梳状滤波器实际上是利用前后两场（或两帧）信号之间的相关性，利用加、减电路实现亮、色信号的彻底分离。静止画面的场间、帧间信号相关性最强，利用行间、帧间滤波效果最好。但对于场间、帧间图像内容相关性较弱的活动图像，利用加、减电路实现亮、色分离时，容易造成图像垂直方向清晰度下降，在图像黑白突变的垂直边缘表现为边缘模糊。其原因是运动图像的频谱分布会发生摆动，造成频谱混叠，使用固定频率特性的窄带滤波器会使运动图像的频谱丢失或衰减。所以比较理想的梳状滤波器是将三维梳状滤波器与二维梳状滤波器结合在一起使用，通过图像运动检测器检测运动状况，运动检测输出信号自适应的在二维与三维梳状滤波器中进行淡入淡出切换，完成亮、色信号的彻底分离。

图 7.15 为一个常见的二阶梳状的二维亮、色分离的原理图。对于 PAL 制彩色电视信号来说，它的色度信号逐行倒相，为了实现频谱交织，彩色副载波的选择采用 1/4 行间置，在一个行周期内含有 283.75 个彩色副载波周期。根据梳状滤波器的要求，对相关行进行运算时，两行的色度信号必须反相，通过相减电路，色度信号相减而加倍。一个行周期含有 283.75 个彩色副载波周期，经过两行延迟之后，延迟时间为 2×283.75（周期）=567.5（周期），它正好与直通信号的相位相反，通过减法电路使色度信号加强，而使亮度信号互相抵消，只有色度信号输出。对亮度信号并无相位问题，相加结果，色度信号互相抵消，只有亮度信号输出，从而完成了彻底的亮、色分离。

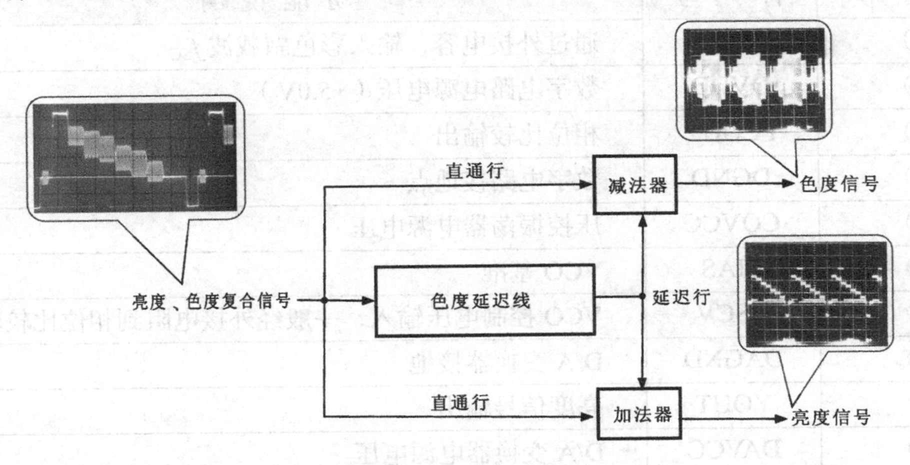

图 7.15 二维亮、色分离原理图

综上所述，对逐行倒相的 PAL 制彩色电视信号，必须用延迟时间为 $2T_H$ 的延迟线与加、减电路，才能完成亮、色分离。考虑到场与场之间图像内容的变化，至少应该运用两个两行延迟线，完成在运动状态的 PAL 制彩色电视信号的亮、色分离。

利用数字动态梳状滤波器可以有效减少亮串色引起的干涉条纹，并使普通彩色电视机的图像清晰度由 320 线提高到 400 线左右，如果从 AV 输入口输入全电视信号，清晰度可以达到 500 线左右。

7.3.2　数字梳状滤波器的结构和原理

采用 MC141628 PAL/NTSC 制数字梳状滤波器，完成亮、色分离，是许多彩色电视机常用的方法，如图 7.16 中所示的电路。MC141628 又称先进的 PAL 制梳状滤波器 APCF-1，它是英文 Advanced PAL Comb Filter-1 的缩写。在彩色副载波信号 f_{SC} 驱动下，通过锁相环（PLL）压控振荡器（VCO），产生 A/D、D/A 变换所需要的 4 f_{SC} 时钟信号，通过频率补偿和交流负反馈，展宽视频信号带宽。其主要特点有以下特点：

（1）内置 8bit A/D 变换器，分辨率高。

（2）内置 2 行和 1 行的行存储器，完成色度信号延迟。

（3）内置钳位电路和 4 f_{SC} 锁相环振荡器，产生 A/D、D/A 变换所需要的时钟信号。

（4）内置 A/D 变换器所需要的基准电压，并支持 PAL/NTSC 两制式。

1. 内部电路方框图及引出脚功能

图 7.16 是 MC141628 集成电路的内电路简化方框图，它是一种 32 脚缩短形双列直插结构，表 7.2 为 MC141628 各引出脚功能。

表 7.2　MC141628 引出脚功能符号（SDIP-32）

引　出　脚	符　　号	功 能 说 明
①	CLKIN	通过外接电容，输入彩色副载波 f_{SC}
②	DVDD	数字电路电源电压（+5.0V）
③	PCOUT	相位比较输出
④	DGND	数字电路接地点
⑤	COVCC	压控振荡器电源电压
⑥	BIAS	VCO 基准
⑦	OSCV	VCO 控制电压输入，一般经外接电阻到相位比较输出
⑧	DAGND	D/A 变换器接地
⑨	YOUT	亮度信号输出
⑩	DAVCC	D/A 变换器电源电压
⑪	COUT	色度信号输出
⑫	DAREF	D/A 变换器基准，一般经陶瓷电容（0.1μF）到地
⑬	IBIAS	D/A、A/D 变换器偏流控制，经外接电阻到地
⑭	TEST	模式检测输入，一般接地

续表

引 出 脚	符 号	功 能 说 明
⑮	PAL/NTSC	PAL/NTSC 制式控制输入端，PAL 制接地，NTSC 制接电源
⑯	BYPASS	旁路彩色信号处理，接收 B/W 广播时应断开，一般接地
⑰	PLLSEL	时钟输入模式选择，f_{SC} 输入：接地（低电平） $4f_{SC}$ 输入：接 VDD（高电平）
⑱	ADGND	A/D 变换器接地
⑲	ADVCC	A/D 变换器电源电压
⑳	CLC	钳位电路时间常数设定
㉑	CLOUT	钳位电路电压输出，它能把接到 VIN 的输入信号钳位，并通过交流耦合输入视频信号
㉒	VIN	A/D 变换器输入
㉓	RBT	A/D 变换器底部基准电压，提供内部底端基准电压
㉔	RTP	A/D 变换器顶部基准电压，提供内部顶部基准电压
㉕～㉜	TB7～TB0	数字接口（仅测试模式），一般接地

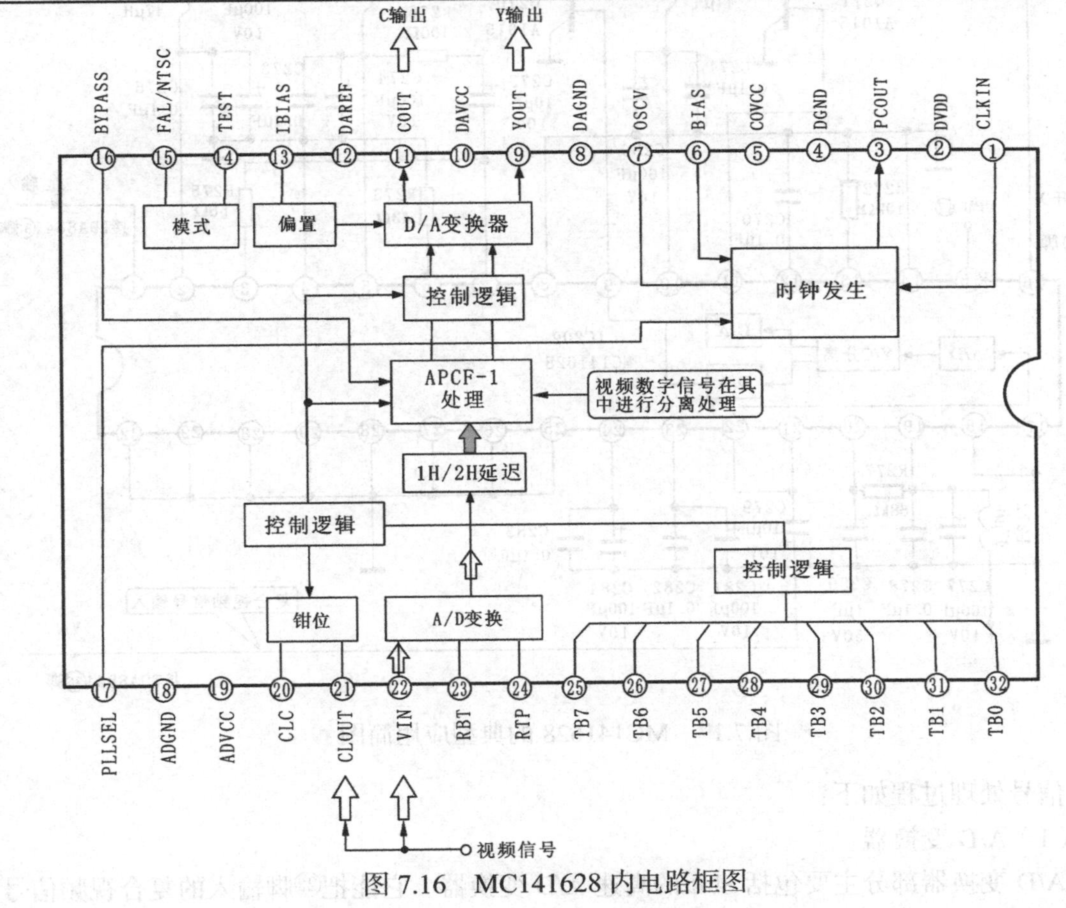

图 7.16 MC141628 内电路框图

2．MC142628 在彩色电视机中的应用电路

MC142628 集成电路在 TCL 彩色电视机中的应用简图如图 7.17 所示，复合视频信号由 TDA8841 的㊳脚输出，进入 MC142628 的㉑、㉒脚。经亮、色分离之后的亮度信号由⑨脚输出。又进入 TDA8841 的⑪脚。色度信号由⑪脚输出，进入 TDA8841 的⑩脚，完成色度解码。由 TDA8841 的㉝脚输出的彩色副载波 f_{SC}，进入 MC142628 的①脚，完成 A/D、D/A 变换器锁相环压控振荡，形成 4 f_{SC} 时钟频率。梳状滤波器开关由 CPU 的㊳脚，加到 MC142628 的⑯脚。PAL/NTSC 制式开关信号由 CPU 的⑰脚输出，加到 MC142628 的⑮脚。

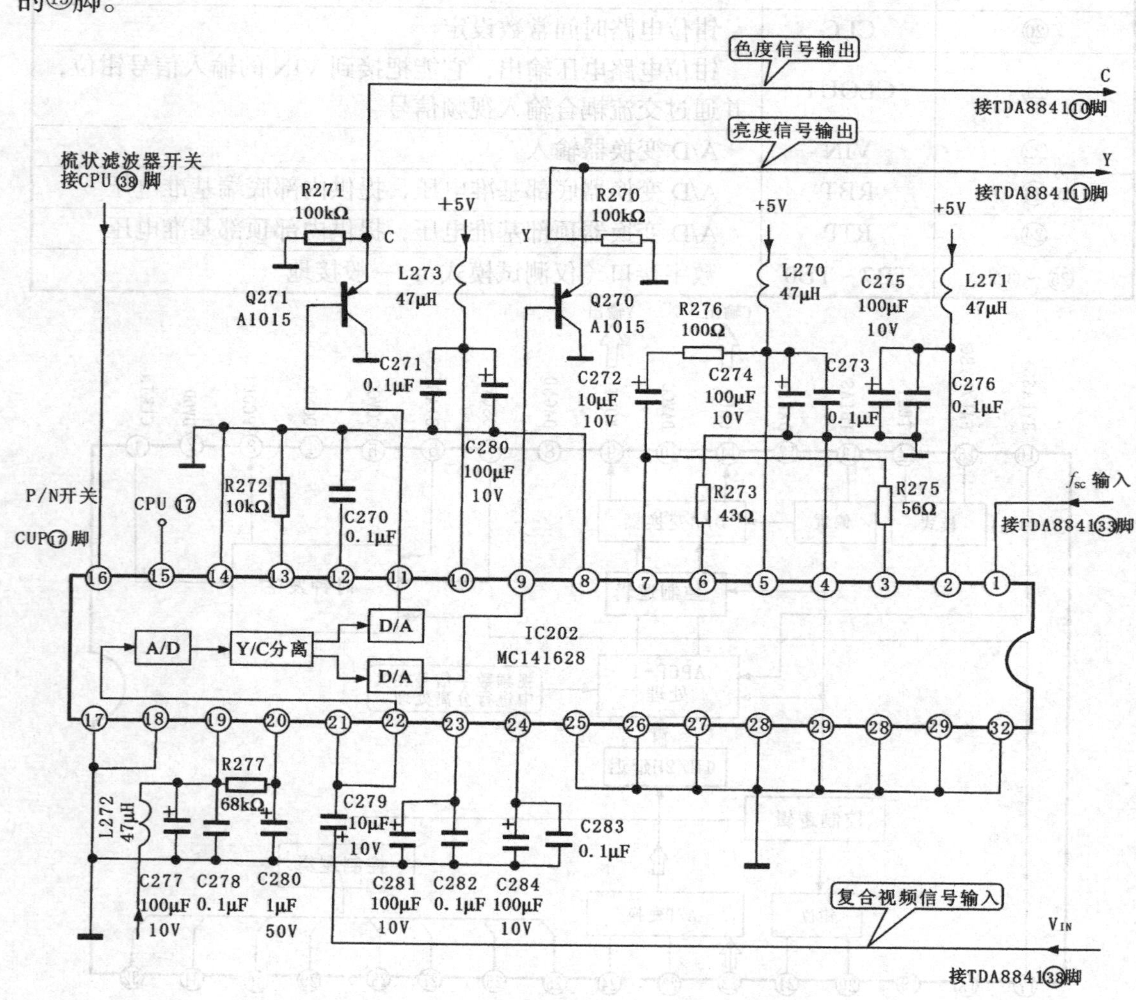

图 7.17　MC141628 的典型应用简图

信号处理过程如下：

（1）A/D 变换器

A/D 变换器部分主要包括 8bit 的高速 A/D 变换器。它能把㉒脚输入的复合视频信号

变为 8bit 的二进制数据流，取样频率为彩色副载波 f_{SC} 的 4 倍，对 PAL 制彩色电视信号，取样频率为 17.73MHz；对 NTSC 制彩色电视信号，取样频率为 14.32MHz。

A/D 变换器的基准参考电平分别内设为：RTP 为 2.5V（顶部内设基准电平）；RBT 为 0.5V（底部内设基准电平），因此这部分电路无需外接基准电压和偏置，但旁路电容将置于此脚。这部分电路的另一个特点是具有内部钳位功能，所有视频信号在进行数字化处理之前，必须首先进行行脉冲钳位，其作用是不管视频信号内容如何，首先应保证行与行之间黑电平不变，这样取样、量化等数字处理才有相同的基准参考，否则取样、量化会产生误差。在同步脉冲顶部，A/D 变换器的输出与接在内部的钳位电平寄存器比较，并在 CL OUT 引出脚㉑脚输出控制信号，把㉒脚（视频信号输入脚）与㉑脚相连接，并通过交流耦合，由 TDA8841 的㊳脚加入复合亮度–色度信号，这种接法能达到自动钳位电平调整功能。

（2）先进的 PAL 制梳状滤波器

从图 7.16 可见，在 IC 内部经 A/D 变换器的数据流信号，进入梳状滤波器的核心电路，通过 1H/2H 延时线和运动图像检测器，对图像相关性较强的两行信号进行加、减处理，就可以实现亮、色信号分离。⑯脚为旁路引出脚，它可以选择数字梳状滤波器部分是否工作，例如当接收黑白电平电视图像信号时，就可以不通过 Y/C 分离，这时⑯脚可以断开。一般接收彩色信号时该脚为低电平或接地，即有 Y/C 分离功能。⑮脚为 PAL/NTSC 制式选择端，因为 NTSC 制采用 1/2 行间置选择彩色副载波，色度信号延迟一行，就可以使直通行与延迟行相位相反，满足 Y/C 分离的相位要求；而 PAL 制采用 1/4 行间置选择彩色副载波，色度信号延迟二行，才能使直通行与延迟行相位相反，满足 Y/C 分离的相位要求。因此选择延迟一行（NTSC 制）还是选择延迟二行（PAL 制）要由⑮脚的电平值进行控制。

（3）D/A 变换器

Y 信号、C 信号两路 8bit 数据流，通过两个 8bit 高速 D/A 变换器变换为 0.3V（峰峰值）~1.5V（峰峰值）的模拟视频输出信号，亮度信号 Y 由⑨脚输出，经 Q270 射随输出；色度信号由 MC141428 的⑪脚输出，经 Q271 射随输出，完成色度解码。D/A 变换器的时钟频率同样分别为 17.73MHz（PAL 制）/14.32MHz（NTSC 制）。

（4）时钟信号的产生

时钟信号发生器产生数字信号的取样时钟，由解码电路产生的彩色副载波信号 f_{SC}，经交流耦合加到 MC141628 的①脚（CLKIN），在 IC 内部通过锁相环（PLL）压控振荡器（VCO），产生 4 倍彩色副载波的时钟信号，对 PAL 制为 4×4.43MHz=17.73MHz；对 NTSC 制为 4×3.58MHz=14.32MHz，⑰脚为锁相环时钟频率选择端，当⑰脚为低电平时，①脚输入 f_{SC}；当⑰脚为高电平时，①脚输入 4 f_{SC} 信号。本机为 f_{SC} 输入模式，⑰脚接地。

（5）梳状滤波器的故障检测

梳状滤波器发生故障往往会引起图像彩色不良或是无图像的故障，重点应查 IC202 数字梳状滤波器的㉑、㉒脚是否有正常的视频信号波形。如无信号则应查 TDA8841 及外围电路。如信号正常再查 IC202⑨脚的亮度信号和⑪脚输出的色度信号，如信号正常再去查 TDA8841。如信号不正常，再查电源，f_{SC} 信号输入端①脚以及⑯脚的制式控制端。如这些信号都正常则是 IC202 本身的故障。

7.3.3 清晰度增强电路

为了提高图像的水平清晰度，很多彩色电视机都设置了图像清晰度增强电路，它主要是由边缘校正电路、细节校正电路，动态清晰度控制电路，锐度控制（孔阑补偿）电路和扫描速度调制（VM）电路等 5 部分组成，整个电路集成在 AN5342K（IC3006）之内。

清晰度增强电路的功能方框图如图 7.18 所示。亮度信号经过耦合电容从 IC3006 的㉕脚送到集成电路中，先进入延迟电路（DL），经延迟处理后，再从⑲脚送出来至色度陷波器，消除信号中的色度成分，再从 IC3006 的⑰脚送入，分别送到边缘校正（轮廓校正）和细节校正电路，用以对黑白跳变幅度不同的亮度信号进行不同效果的校正，如图 7.19 所示。边缘修正电路用于对跳变幅度较大且不陡的图像轮廓部分，产生幅度较大、宽度较窄的校正信号，使校正后的亮度信号与原信号相比，上升沿和下降沿变得更加陡直，从而使图像的轮廓变得更加清晰。细节校正电路是对跳变幅度较小的图像细节部分，产生大小随图像细节变化的校正信号，使图像的细节变化清晰分明。

在图像清晰度校正的过程中，细节校正电路还受动态清晰度控制（DSC）电路的控制，使细节校正量随图像中的细节情况动态地变化，对画面中的大面积背景等细节很小的图像信号，减少校正量，以降低图像噪声。而对毛发等细节表现较强的图像，增加校正量，以增强细节，提高图像的锐度（SHARPNESS）。轮廓校正电路和细节校正电路的输出信号，在加法器中相加后，一路送锐度控制电路，经锐度控制电路后的亮度信号由 IC3006⑮脚输出（再去灰度校正电路）。另一路则送往扫描速度调制（VM）电路，形成速度调制信号送入设在显像管颈上的 VM 线圈。

1．清晰度增强电路的信号处理过程

亮度信号送到 IC3006 的㉕脚，同时经高通滤波器将高频信号送入②脚。㉕脚的信号在 IC3006 内经延迟处理后再从⑲脚输出，经色度陷波器吸收其中的色度残余成分，为了使电路适应 NTSC 制和 PAL 制不同的信号，色度陷波器的频率受 Q3601 的控制，控制信号加到 Q3601 的基极，当 PAL 制信号时高电平加到 Q3601 基极，Q3601 导通，将集电极连接的一组线圈短路到地，陷波器的频率为 4.43MHz，当 NTSC 信号时，Q3601 截止，陷波器的频率变成 3.58MHz。表 7.3 是色度（陷）滤波器电路工作状态比较表。

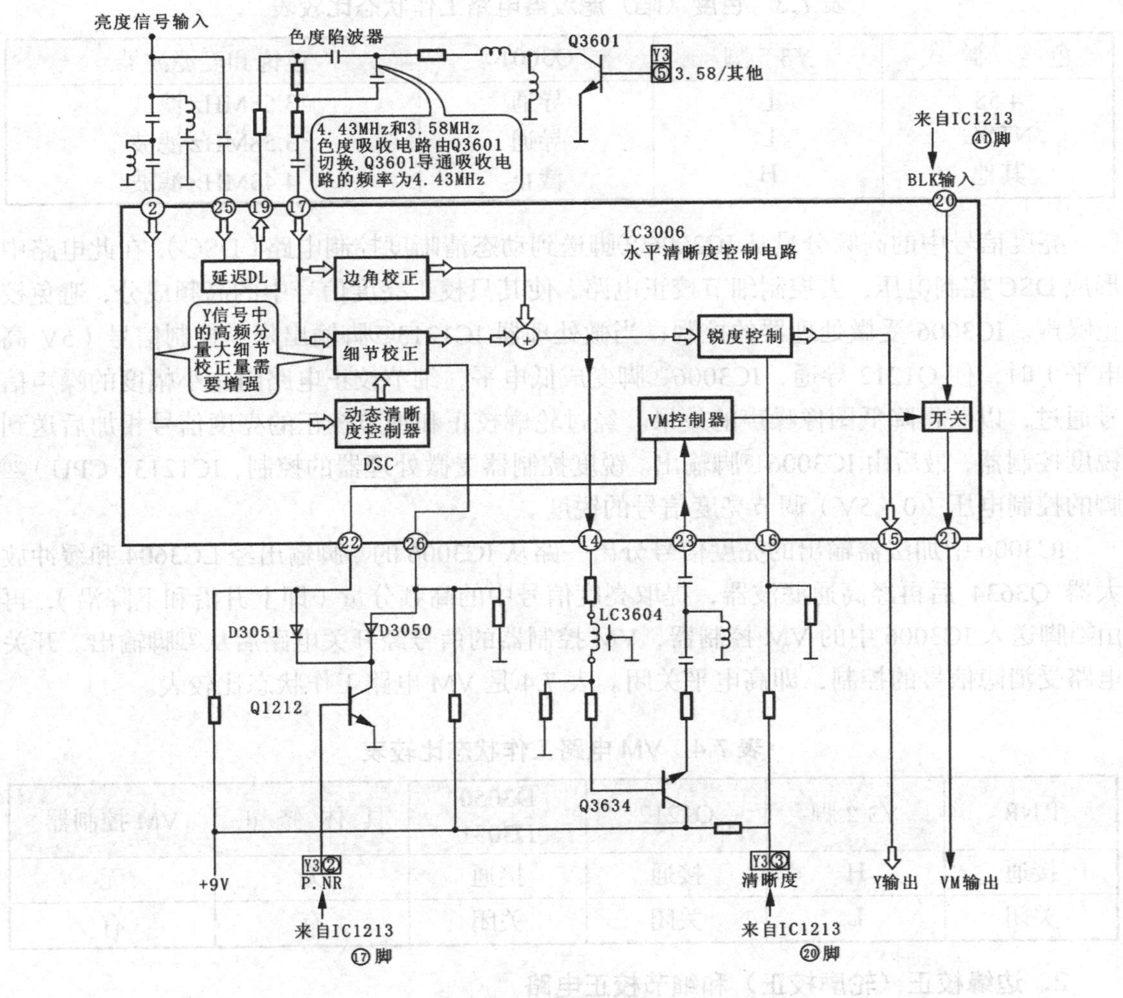

图 7.18　清晰度增强电路

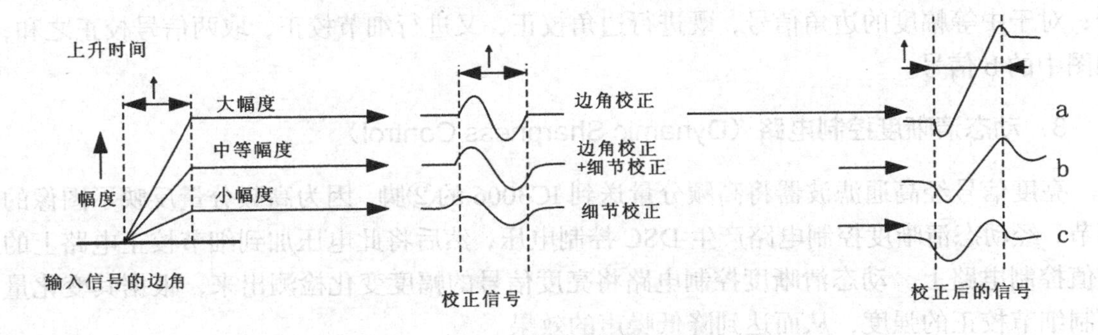

图 7.19　边缘校正和细节校正

表 7.3　色度（陷）滤波器电路工作状态比较表

色彩制式	Y3⑤脚	Q3601	色饱和度滤波器
4.58	L	导通	3.58MHz 滤波
NTSC	L	导通	3.58MHz 滤波
其他	H	截止	4.43MHz 滤波

亮度信号中的高频分量从 IC3006②脚送到动态清晰度控制电路（DSC），在此电路中形成 DSC 控制电压，去控制细节校正电路，使其只校正亮度信号中的高频成分，避免校正噪声。IC3006 受微处理器的控制，当微处理器 IC1213⑰脚输出降噪控制信号（5V 高电平）时，使 Q1212 导通，IC3006㉖脚变成低电平，细节校正电路阻止小幅度的噪声信号通过，以获得降低图像噪声的效果。经过轮廓校正和细节校正的亮度信号相加后送到锐度控制器，最后由 IC3006⑮脚输出。锐度控制器受微处理器的控制，IC1213（CPU）⑳脚的控制电压（0～5V）调节亮度信号的锐度。

IC3006 中加法器输出的亮度信号分出一路从 IC3006 的⑭脚输出经 LC3604 和缓冲放大器 Q3634 后再经高通滤波器，提取亮度信号中的高频分量（即上升沿和下降沿），再由㉓脚送入 IC3006 中的 VM 控制器，VM 控制器的信号经开关电路后从㉑脚输出。开关电路受消隐信号的控制，即高电平关闭。表 7.4 是 VM 电路工作状态比较表。

表 7.4　VM 电路工作状态比较表

P.NR	Y3②脚	Q1212	D3050 D3051	具体修正	VM 控制器
接通	H	接通	接通	无	无
关闭	L	关闭	关闭	有	有

2．边缘校正（轮廓校正）和细节校正电路

在水平清晰度控制电路中，对输入亮度信号其边角幅度比较大时进行边缘（轮廓）校正如图 7.19 中的 a 信号；而对小幅度的边角信号只进行细节校正，如图 7.19 中的 c 信号；对于中等幅度的边角信号，既进行边角校正，又进行细节校正，取两信号校正之和，如图中的 b 信号。

3．动态清晰度控制电路（Dynamic Sharpness Control）

亮度信号经高通滤波器将高频分量送到 IC3006 的②脚，因为高频分量反映了图像的细节，经动态清晰度控制电路产生 DSC 控制电压，然后将此电压加到细节校正电路上的增值控制电路上。动态清晰度控制电路将亮度信号的幅度变化检测出来，根据其变化量控制细节校正的强度，从而达到降低噪声的效果。

4．扫描速度调制 VM（Velocity Modulation）控制电路

为了使图像轮廓的勾边效果更好，在采用水平轮廓校正电路的同时，还采用了扫描速度调制（VM）电路。如上所述，水平轮廓校正电路在信号的黑白跳变处形成上、下过冲，使图像轮廓处具有强烈的明暗变化，从而产生勾边效果来使轮廓增强。这种电路的校正量不能太大，过大时会使白峰上冲过高，造成电子束流过大而导致散焦，这样反而使轮廓变得模糊。为了避免这一现象发生，专门设置了扫描速度调制（VM）电路。VM电路不是通过改变电子束流大小来产生勾边作用的。这样，既使图像的轮廓得到增强，又避免了过大校正所带来的散焦现象。因上述两种电路的并用，而进一步提高了重现图像的清晰度。

7.4　亮度、色度信号处理电路的故障检修实训

7.4.1　视频图像信号的特点及测量

亮度、色度信号处理电路是彩色电视机的主要信号处理电路，视频图像信号中包含了亮度信号和色度信号以及复合同步信号和色同步信号，这些信号都是对图像还原起着重要作用的信号。认识这些信号的特征对于检测电路和判别故障是非常重要的。

亮度、色度信号处理电路通过对这些信号的处理形成驱动显像管的信号，因为显像管的屏幕是由成千上万个像素单元组成的，每个像素单元是由 R、G、B 三种颜色的荧光粉点组成的，显像管的电子枪通过对显像管屏幕荧光粉点的电子轰击使荧光点发光，从而合成出五颜六色的图像。

显像管的电子枪发射电子束需要控制的信号。R、G、B 信号是控制显像管的信号，在亮度、色度信号处理电路中就是经过种种的处理之后形成 R、G、B 信号。

在介绍亮度、色度信号处理电路之前，我们先对视频图像信号的特点及其内容作一下简单的介绍，以便对图像信号有一个完整的认识。

图 7.20 所示是一个标准测试卡。将摄像机对准一个黑白图像的时候，例如图 7.20 所示的灰度阶梯的图像，在图像的上半段，右侧为白色，左侧为黑色，中间从白色到黑色的变换是呈阶梯状逐级加深的。在图像的下半段，左侧为白色，右侧为黑色，由白色到黑色的过渡也是呈阶梯状过渡。

在图像信号中用电平的高低表示图像的明暗，图像越亮电平越高，图像越暗电平越低，白色物体的亮度电平最高，而黑色电平和消隐电平基本相等，即显像管完全不发光。这是表示黑白信号的情况。

图 7.21 是摄像机对准上述图像所得到的视频信号波形。这个图像的波形内容为：最下面低的脉冲为行同步信号，旁边的一个为色同步信号，上面最高的一个电平是表示白

色的图像部分，最低的表示黑色的图像，从白色到黑色的变换在信号表现上是呈阶梯状变化的。由于黑白阶梯图像是由上下两部分组成，上面部分从左向右是由黑色到白色的阶梯变化，下面部分与上面正好相反，其变化效果是从左向右由白色到黑色。所以在这个波形中呈现为两个阶梯的信号波形，即交叉的两条阶梯的信号波形。

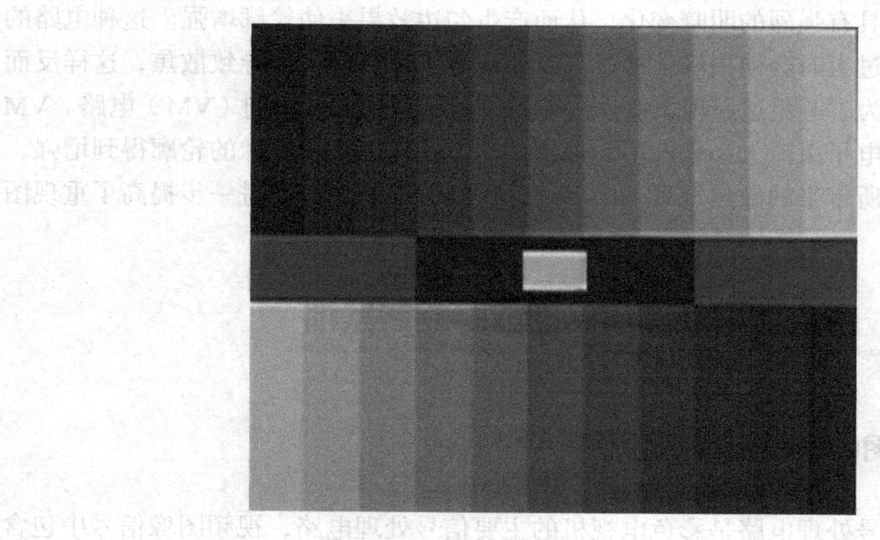

图 7.20　黑白阶梯图像（标准测试卡）

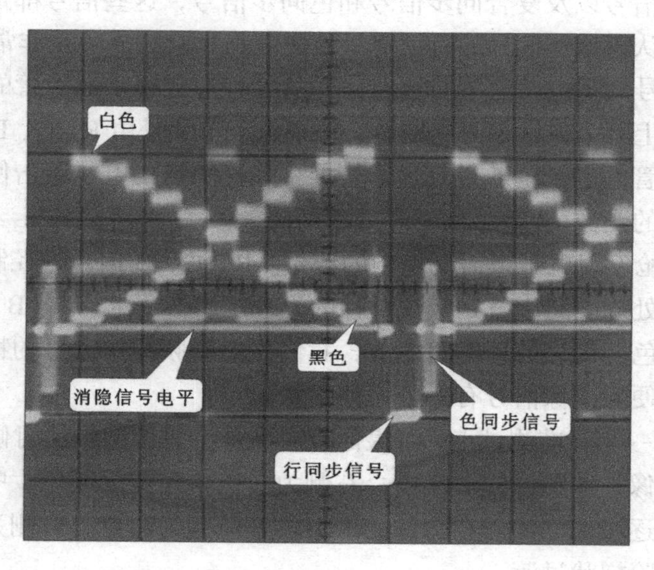

图 7.21　黑白阶梯图像的信号波形

如图 7.22 所示，当摄像机对准一个彩条图样的时候，即从右到左颜色的变化依次为：白、黄、青、绿、品、红、蓝、黑，这是一个标准的彩条测试卡。摄像机将这个图像拍摄后，经过编码电路就形成一种标准的彩条信号，每一个条代表一种颜色，实际上该信号的不同颜色是用色副载波的不同相位来表示的。

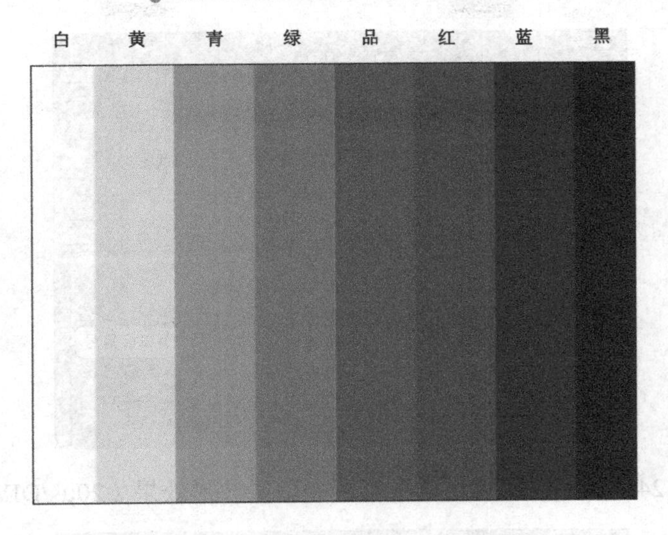

图 7.22 标准彩条图像（测试卡）

如图 7.23 所示是拍摄标准彩条图像的波形，这是一行信号，从左侧的行同步到右侧最近的行同步为一行信号，如果压缩一下时间轴，便可以看到更多行信号，如图 7.24 所示。为了看得更清把它展开，头朝下的脉冲是行同步信号；在行同步信号右侧的一小段信号是色同步信号；两组同步信号之间的部分是图像信号，它与彩条测试卡的排列相对应，每一种颜色的彩条信号，都是由 4.43MHz 的色副载波的不同相位表示不同的颜色；彩条信号最左侧为白信号，白信号是没有色副载波的；彩条信号最右侧，与消隐电平重合的为黑信号。

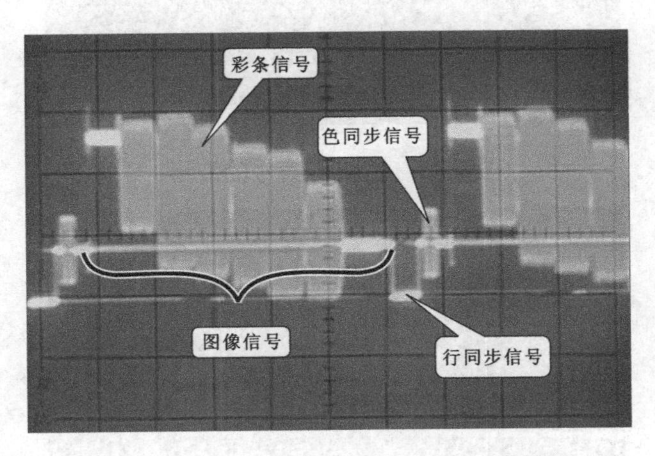

图 7.23 标准彩条信号波形（10μs/DIV）

再把波形展宽来看，它将行同步信号的部分放大，左侧是行同步信号，在行同步信号的台阶上面是色同步信号，在色同步信号里面为 4.43MHz 的色副载波，它是一个逐行倒相的信号，即每一行它的相位都要反转 180°。如图 7.25 所示。

如图 7.26 所示为场图像和场同步信号的波形。每一场为 312.5 行图像。

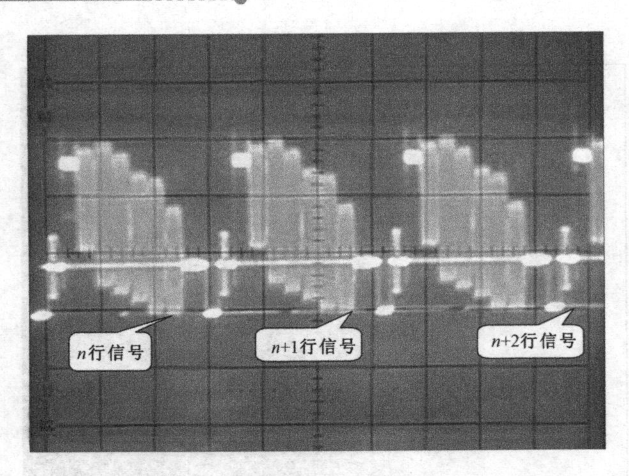

图 7.24　压缩时间轴后的标准彩条信号波形效果（20μs/DIV）

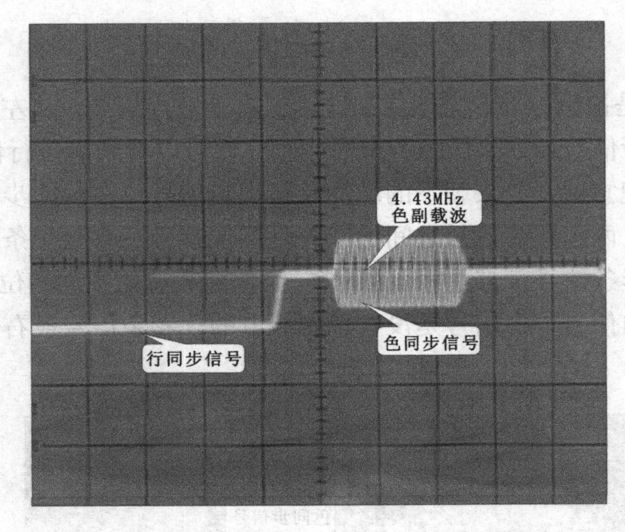

图 7.25　色同步信号的波形

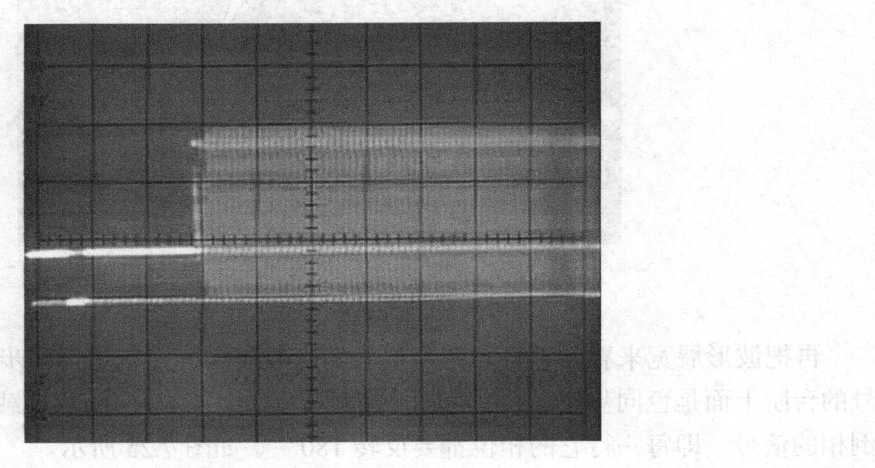

图 7.26　场视频信号的波形

如图 7.27 所示为两场视频信号的波形，中间的空挡是场同步信号，将场同步信号展开，如图 7.28 所示，从左侧依次是，均衡脉冲，场同步。

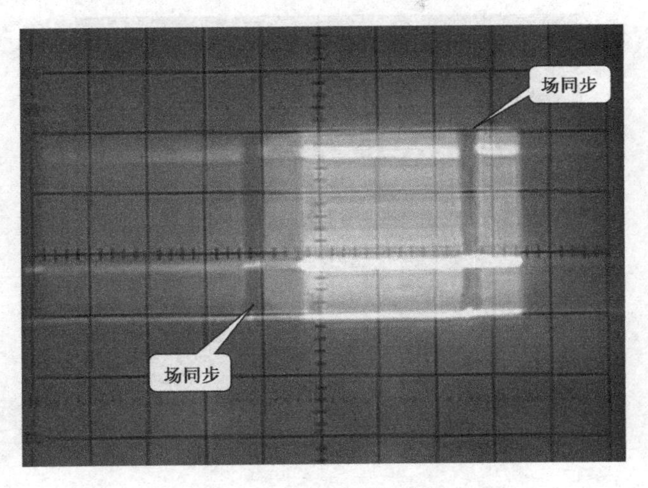

图 7.27　两场视频信号的波形

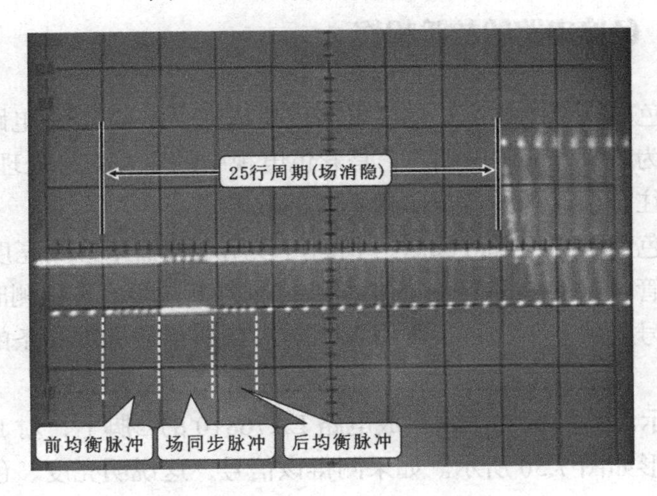

图 7.28　场同步信号的波形

当接收景物图像时，视频信号的波形随景物内容变化。具体效果如图 7.29 所示，我们知道行同步信号是由摄像机在拍摄景物的时候由编码形成的信号，它在电视机中要对其进行解码，即先将其中的亮度信号和色度信号进行分离，然后对色度信号进行分解，将色度信号变成色差信号，最后在形成控制显像管三个阴极的 R、G、B 信号，才能够在显像管上重现图像信号。

所以我们所介绍的亮度信号和色度信号处理电路就是处理视频图像信号的电路，即对亮度信号和色度信号分别进行处理，目的是在显像管上重现摄像机拍摄的图像，即把摄像机拍摄的图像还原出来，这是电视机解码电路的任务。亮度和色度信号处理电路又是处理视频信号的电路，因为它主要对色度信号进行解码，所以又称为视频解码电路，都是指的处理亮度和色度信号电路，因为亮度信号和色度信号合起来叫视频信号。可能在名称上有些不同，但是实质上是一样的。

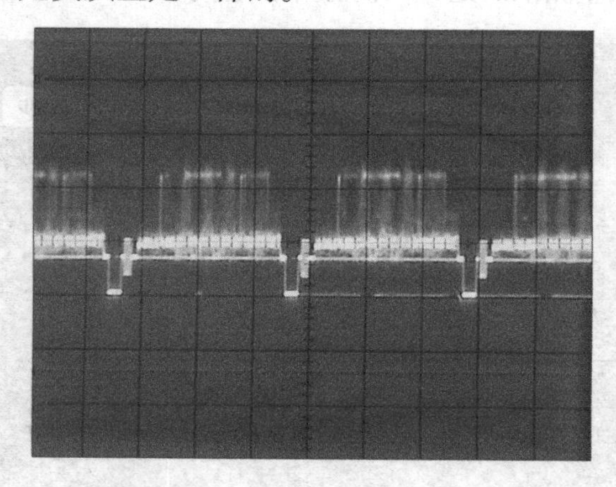

图 7.29　景物图像的波形

7.4.2　亮度、色度电路的故障检修

TCL-2116E 彩色电视机的亮度、色度电路也集成在了 LA76810 电路中。亮度、色度信号处理电路又称为视频、解码电路，它是彩色电视中的主要信号处理电路。如果亮度、色度信号不良，往往会引起无图像或图像不良的故障。

当怀疑亮度、色度电路出现故障时，我们可以用示波器来检测亮度、色度处理电路是否有输送到显像管电路的 R、G、B 的信号波形来判断故障。在检测时，最好使彩色电视机在收视彩条信号的状态下进行，可用 VCD/DVD 机播放标准彩条的光盘（标准测试光盘）作信号源。

（1）首先，将示波器的探头压到集成电路 LA76810 的⑲脚上，对 R 信号进行检测。具体操作及测试波形如图 7.30 所示。如果测得该信号，这说明亮度、色度处理电路输出的 R 信号是正常的。

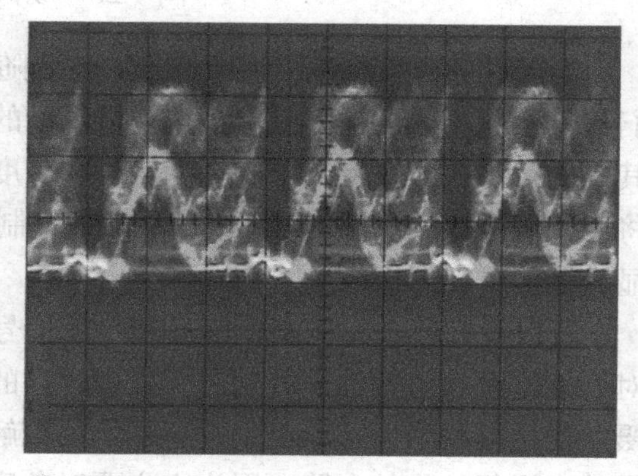

图 7.30　检测 R 信号波形

（2）然后，将示波器的探头放到集成电路 LA76810 的⑳脚上，对 G 信号进行检测。具体测得的 G 信号波形如图 7.31 所示，这说明 G 信号的输出也是正常的。

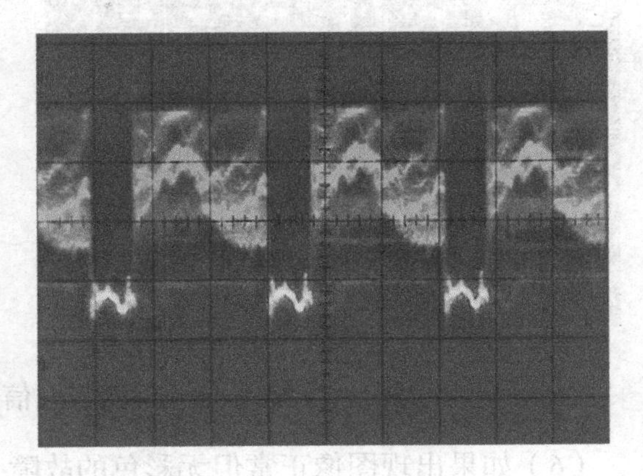

图 7.31　检测 G 信号波形

（3）最后，将示波器的探头放到集成电路 LA76810 的㉑脚上，对 B 信号进行检测。检测到的波形如图 7.32 所示，若有此信号，这说明 B 信号的输出也是正常的。

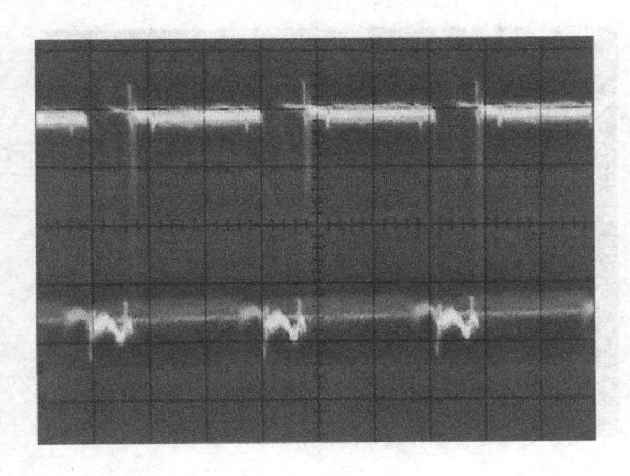

图 7.32　检测 B 信号波形

（4）如果没有检测到上面的 R、G、B 信号波形，那么，我们继续对集成电路 LA76810 的㊷脚视频信号输入端进行检测，看输入信号是否正常。将示波器的探头探到集成电路 LA76810 的㊷脚上。具体操作及波形如图 7.33 所示。这个波形是 VCD 机播放的彩条信号经过 AV 切换电路以后送来的视频图像信号。如果测得该图像信号，这表明 AV 切换电路和中频电路都是正常的。

（5）如果视频信号输入端㊷脚输入正常，而⑲、⑳、㉑脚若无输出的话，我们就可以怀疑集成电路 LA76810 内部有故障。遇到这种情况，还应再检查集成电路引脚外围的元器件，看是否出现短路或断路的情况。

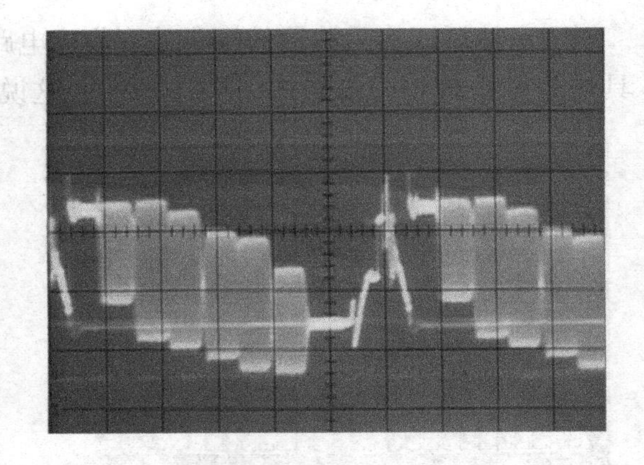

图 7.33　检测视频信号输入端的信号波形

（6）如果出现图像正常但无彩色的故障，还应该检测集成电路 LA76810 电路㊲脚的（有时㊳脚更为清楚）4.43MHz 的副载波晶体振荡器。具体操作是：用示波器探到集成电路 LA76810 的㊲脚上，对振荡器的输出信号进行检测。如图 7.34 所示为该振荡器输出的信号波形示意图，这个波形是一个正弦波信号。如果无此信号，就会引起无彩色的故障。

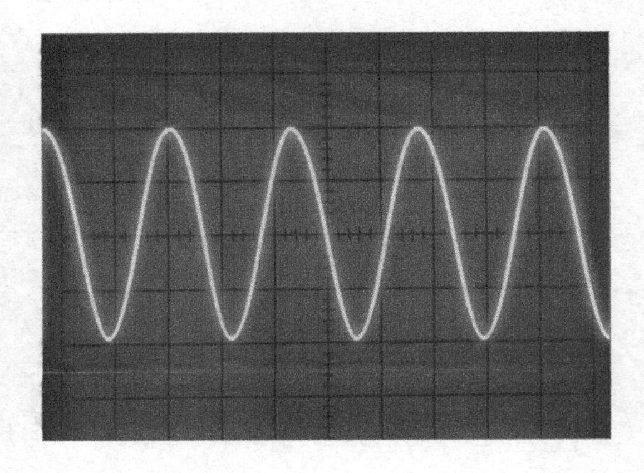

图 7.34　检测副载波晶体振荡器的输出信号

（7）如果有振荡器输出信号，但图像仍无彩色，这就需要我们对集成电路 LA76810 的㉛～㊵脚的外围元件进行检查，或者是进一步检查显像管电路。

第8章

行扫描电路的结构和故障检修

8.1 扫描电路的基本结构和功能

8.1.1 扫描电路的基本功能

彩色电视机是由显像管显示图像的，在工作时显像管的电子枪在偏转磁场的作用下进行从左到右和从上到下的扫描运动，形成一幅一幅的电视图像。在显像管的管颈上设有水平和垂直两组偏转线圈，如图 8.1 所示。行输出电路为水平偏转线圈提供水平扫描的锯齿波电流，场输出电路为垂直偏转线圈提供垂直扫描的锯齿波电流，使电子束进行水平和垂直方向的扫描运动。此外，行回扫描变压器还为显像管提供聚焦极电压和加速极电压。

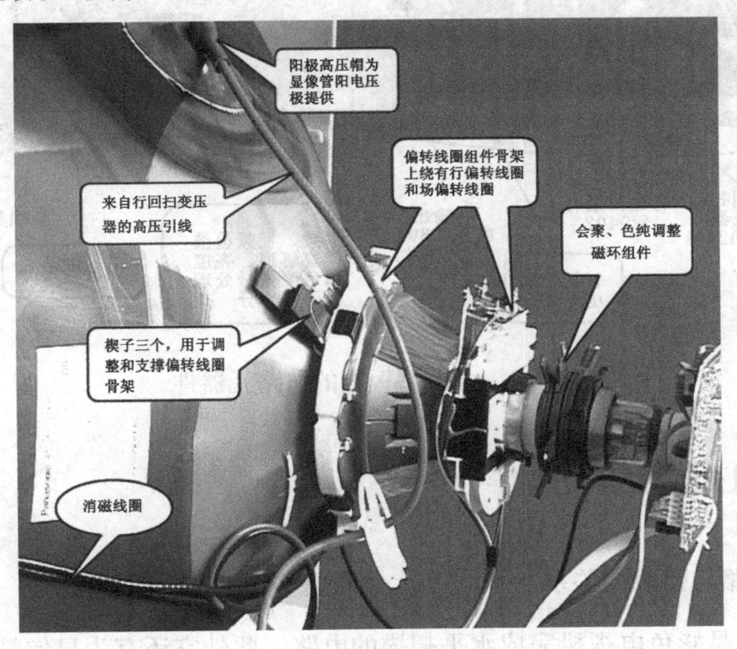

图 8.1　显像管偏转线圈

扫描电路是电视机的重要组成部分，场输出电路通常是一个功率放大集成电路。通常有一个散热片和它安装在一起，如图 8.2 所示。行输出晶体管为水平偏转线圈和回扫变压器提供功率脉冲，工作在大电流和高反压的条件下，因而也装有较大的散热片。行回扫变压器是产生高压、副高压以及许多低压的器件，通常用环氧树脂等材料封装成一个整体，通过引脚焊接装在主电路板上，如图 8.2 所示。

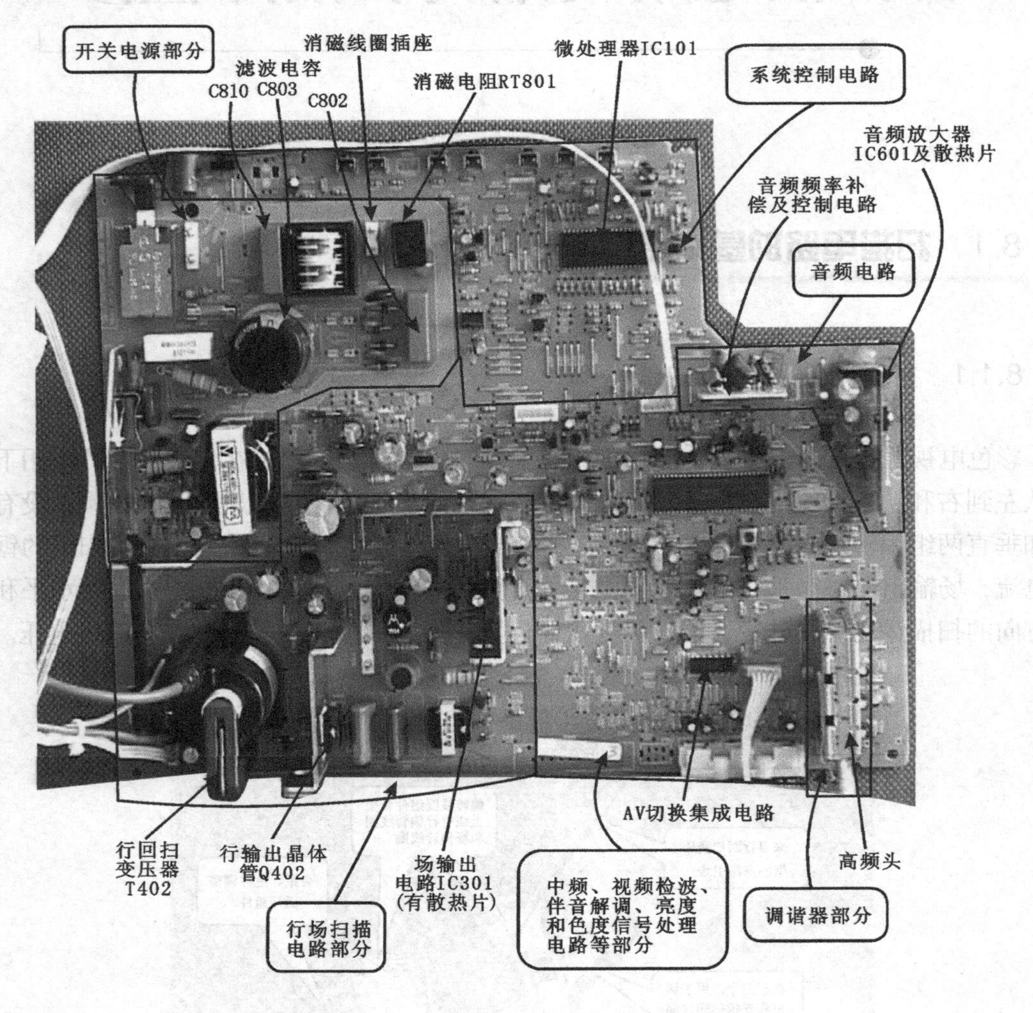

图 8.2　主电路板上的电路元器件

8.1.2　行扫描电路的结构

1. 扫描电路与整机的关系

行扫描电路是彩色电视机完成水平扫描的电路，此外它还有为显像管提供高压和副

高压以及许多电路所需要的电压。如果行电路失常往往会引起彩色电视机不能正常工作，无图像无光栅。目前流行的彩色电视机大都采用二片机或单片机作为信号处理电路。扫描信号的产生也都在集成电路中，例如图 8.3 所示，行扫描信号的产生是在小信号处理集成电路中完成的，同步分离和相位控制（AFC）都在集成电路之中，使整机电路简化。集成电路输出的行扫描脉冲经 Q401 进行放大，又称预激励。再由行输出级 Q402 进行行电压和功率的放大。放大后再将高压脉冲加到回扫变压器和偏转线圈上。场扫描信号也是由集成电路产生的，由场输出集成电路 TDA8351 进行功率放大，TDA8351 将放大后的场锯齿波信号加到垂直偏转线圈上。同时在扫描电路中还有枕形校正电路校正扫描过程中的非线性。

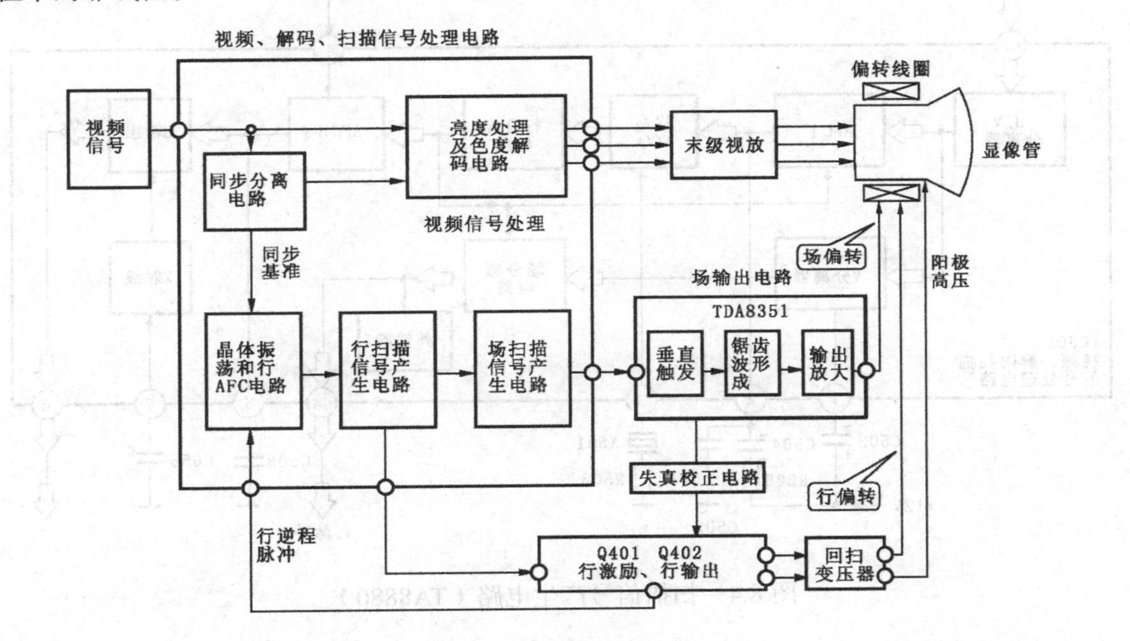

图 8.3 彩色电视机的扫描电路

2. 扫描信号产生电路的结构

图 8.4 是 TA8880 小信号处理电路中的扫描信号产生的电路，它是由同步分离和行场信号产生电路等构成的。

从图 8.4 可见，从㊸脚输入的视频信号（包含行场同步信号），在 IC601 中经同步分离电路，即 H.V 分离器，即可将行、场同步信号分离出来。行、场同步信号分别作为行、场扫描信号形成电路的基准信号，其功能是使显像管的扫描与视频图像信号同步。图中 $32f_H$ 压控振荡器是产生扫描信号的总振荡源。IC601③脚外接晶体与内部电路构成 32 倍行频的压控振荡器（VCO）。VCO 的输出经行分频器（H COUNT）变成行频信号。这个行频信号分成三路：一路送到 AFC Ⅰ 中与同步分离器送来的行同步基准信号进行比较，用其误差信号去控制 $32f_H$ VCO，使 VCO 的输出与行同步信号同步；第二路是送到场分频电路（V COUNT）形成场扫描信号。此信号以场分离电路来的场同步信号为基准，使场脉冲与场同步信号同步。第三路是将行脉冲送到 AFCⅡ，与行逆程脉冲（来自回扫变压器）进行比较（鉴相），使行扫描脉冲保持正确的相位关系。最后由 IC601 的⑥脚输出正确的行扫描脉冲。

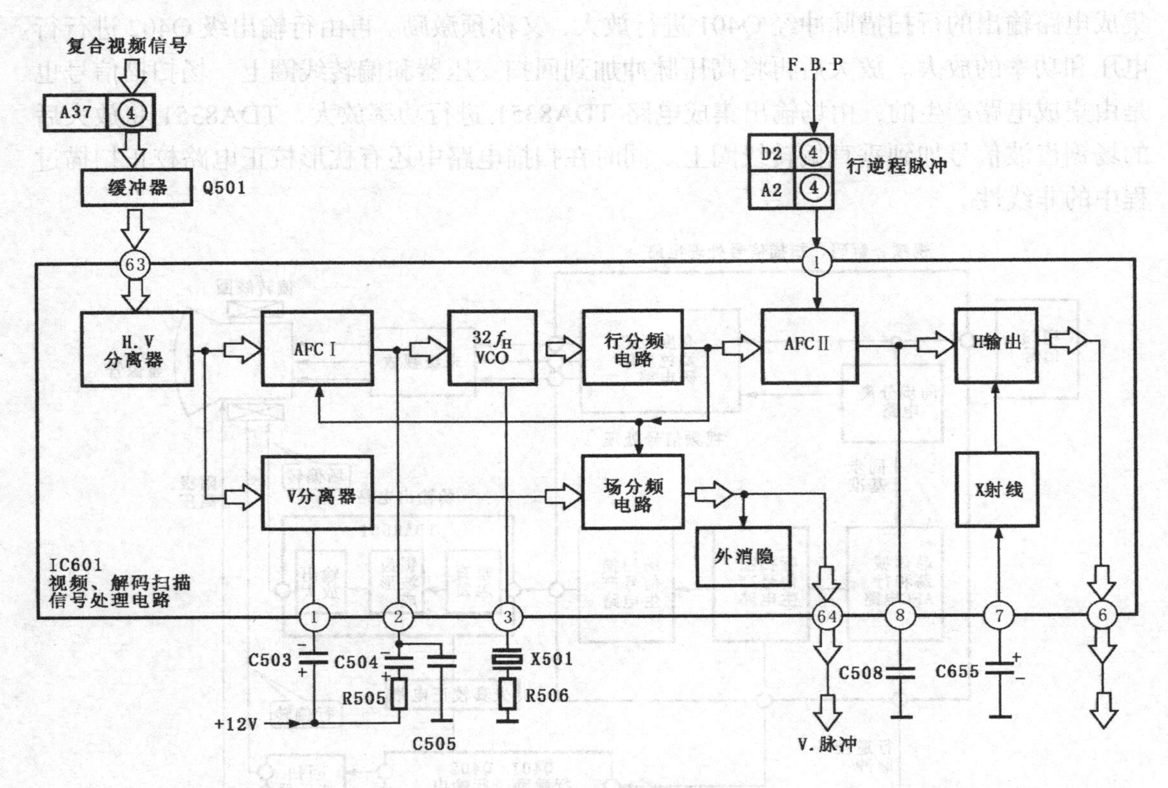

图 8.4　扫描信号产生电路（TA8880）

该电路适用于多制式机芯，由于 NTSC 和 PAL/SECAM 之间的行频、场频不同，32f_H VCO 的晶体频率会按照相应的电视制式在 500kHz 和 530kHz 之间变化。

扫描信号产生电路是和视频解码电路集成在一起的，图 8.5 是 LA7680 单片机集成电路中的扫描信号产生电路框图。

LA7680㉘脚外接 500kHz 的谐振晶体与 IC 内的电路形成振荡电路，产生 32 倍行频的信号，经行分频电路形成行脉冲，视频信号从㉝脚送入经同步分离后，取出行同步信号作为行鉴相器（AFC-Ⅰ）的基准与行脉冲鉴相。行同步信号再经场分离电路取出场同步信号作为场扫描的基准信号去控制场分频电路，使㉜脚输出的场扫描脉冲与视频同步。

分频后的行信号再经第二鉴相器（AFC-Ⅱ）与行逆程脉冲进行相位比较，再移相后经行驱动电路放大，最后由㉗脚输出行扫描脉冲。

如果出现行不同步的故障重点应查㉝脚的视频信号（或亮度信号），如果此信号失落

会引起同步不良。另外还应查㉖脚的行逆程脉冲信号，如果此信号失落也会引起同步不良，应分别顺信号流程检查线路及相关元件。

如果晶体损坏会引起㉗脚无输出，彩色电视机则会出现无光栅无图像的故障。

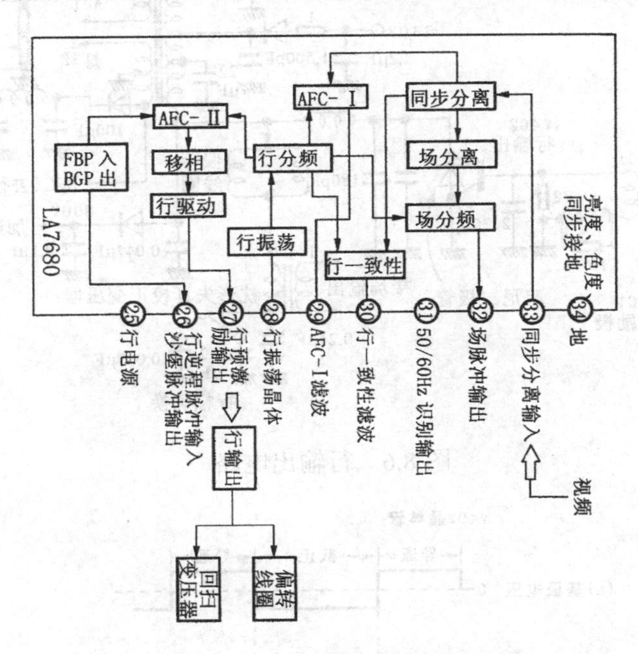

图 8.5　扫描信号产生电路

3．行激励和行输出级的结构

在扫描系统中，由集成电路产生的行扫描脉冲幅度较小，不足以推动行输出级晶体管。因此先由行激励放大器将行信号放大到一定的幅度再去驱动行输出级，其电路结构如图 8.6 所示。行脉冲信号由集成电路输出后，先加到行激励晶体管 V401 的基极，经放大后信号经行激励变压器 T401 将放大后的信号加到行输出晶体管 V402 的基极激励变压器，通过降压线圈增强驱动 V402 的基极电流。行输出管放大后，集电极输出的行扫描脉冲分别驱动偏转线圈和回扫变压器，同时 110V 直流电压经回扫变压器初级为 V402 集电极提供直流电压。在偏转线圈下面接有枕形失真校正变压器。行回扫描变压器的次级输出许多电压到彩色电视机的各个部分。

通常行输出晶体管输出上千伏的高压脉冲，如受环境温度、湿度过高、供电不稳等因素的影响，行输出管是易于损坏的部分之一。其次，行电路中的谐振电容（行逆程电容）及滤波电容变质、漏电等都会引起许多的电压值不正常，从而导致整个彩色电视机失常。检测时可用示波器检测主要部分的波形，并根据波形判断是否有故障。图 8.7 是行电路各部位的波形图，检测时可参照此波形。

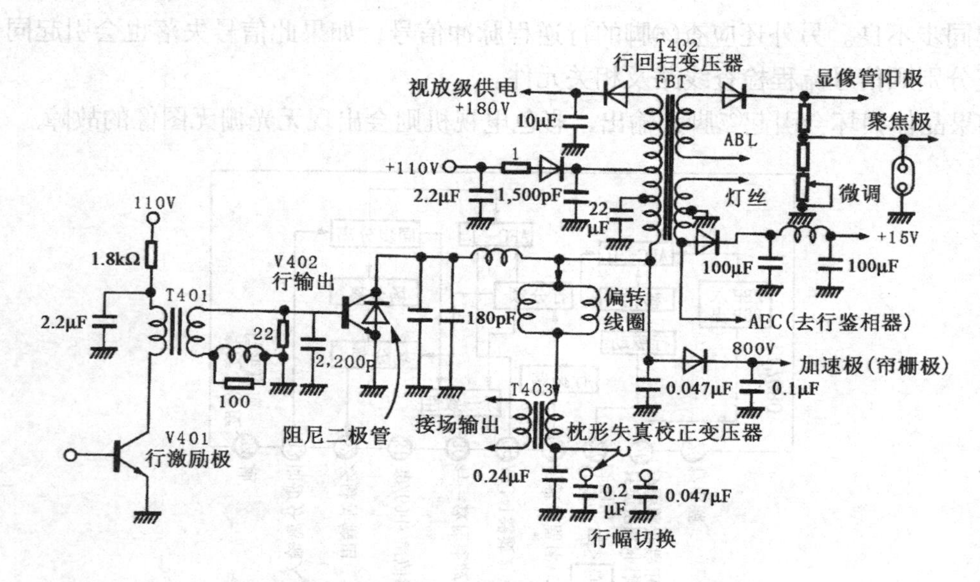

图 8.6 行输出电路

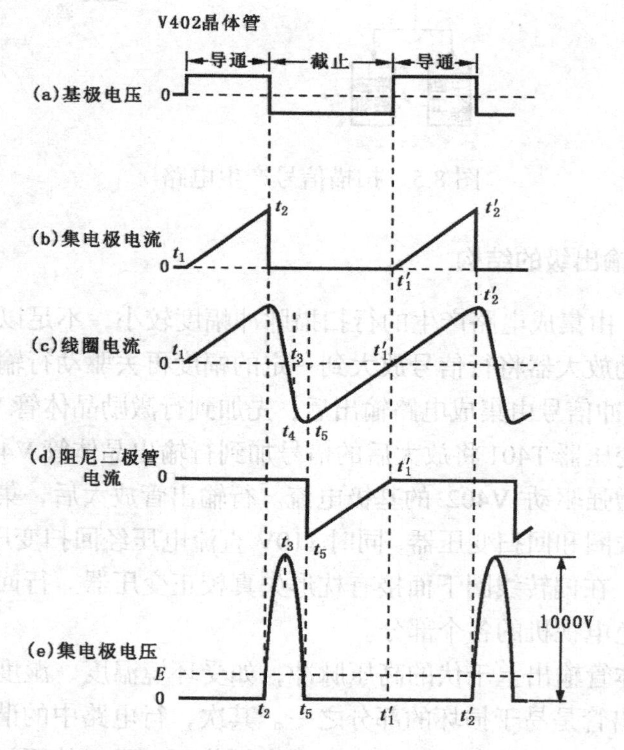

图 8.7 行电路各部位的波形

8.2 扫描电路的实例分析

8.2.1 TCL-2118 的扫描电路

在很多彩色电视机中行扫描和场扫描信号都是由视频解码集成电路产生的，两电路是互相关联的。

1．行扫描电路（图 8.8）

由 IC201（LA76810）㉗脚产生的行扫描脉冲送到行激励放大器 Q401 的基极，Q401 放大的行脉冲经行激励变压器 T401 加到行输出级晶体管 Q402 的基极。行输出晶体管将行扫描脉冲放大到足够大的功率和幅度，然后分别送给行偏转线圈和行输出变压器的②脚。为行偏转线圈提供脉冲电流。

行输出变压器 T402 为显像管提供阳极高压、聚焦极副高压、加速级副高压等。同时还为显像管提供灯丝电压，为末级视放提供+180V 电源电压，为彩色电视机其他电路提供+12V、+9V、+5VA、+24V、+33V 直流电压。

2．场输出电路

由 IC201（LA76810）㉓脚输出的场扫描脉冲送到场输出级集成电路 IC301 LA7840 的⑤脚。在 IC301 中进行功率放大，由②脚输出场锯齿波扫描信号加到场偏转线圈上。

LA7840 是一个专用场输出级放大器，电源+24V 经 R310 加到⑥脚为场输出级集成电路内泵电源电路供电，+24V 电源经 D301 为场集成电路中的输出级③脚供电，同时泵电源经自举电容 C308 在场扫描逆程期间为③脚提供自举电压。

3．行扫描电路的故障检修

行扫描电路是为水平和垂直偏转线圈提供偏转磁场的，如果行场扫描电路有故障便不会有图像。场扫描电路和行扫描电路是互相关联的，只有行扫描电路工作正常，场扫描电路才能工作正常，因为场输出级的电源是由行输出级提供的。

行扫描电路有故障则会出现无图像无伴音的故障，因为行电路故障会使阳极高压和副高压及末级视放电压、伴音电路的电压都没有。行输出和行回扫变压器的检测位置如图 8.9 所示。

行电路能正常工作，需要有行扫描脉冲和+112V 电源供电电压。所以行电路不工作首先查 IC201㉗脚的行脉冲是否送到行激励晶体管 Q401 的基极，查+112V 电源是否送到行输出级。如果无电压是电源电路有故障。

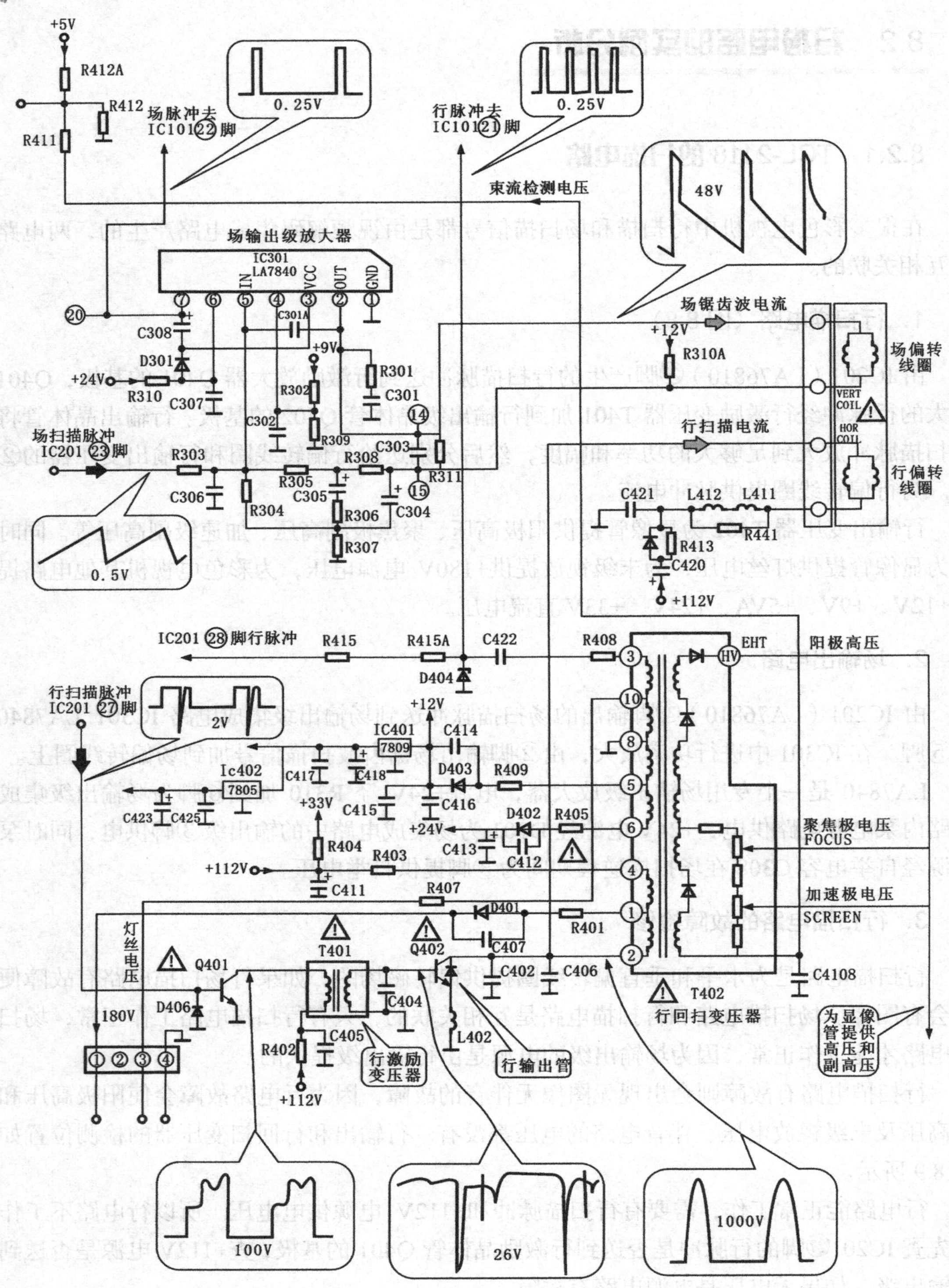

图 8.8　行、场扫描电路（TCL-2118）

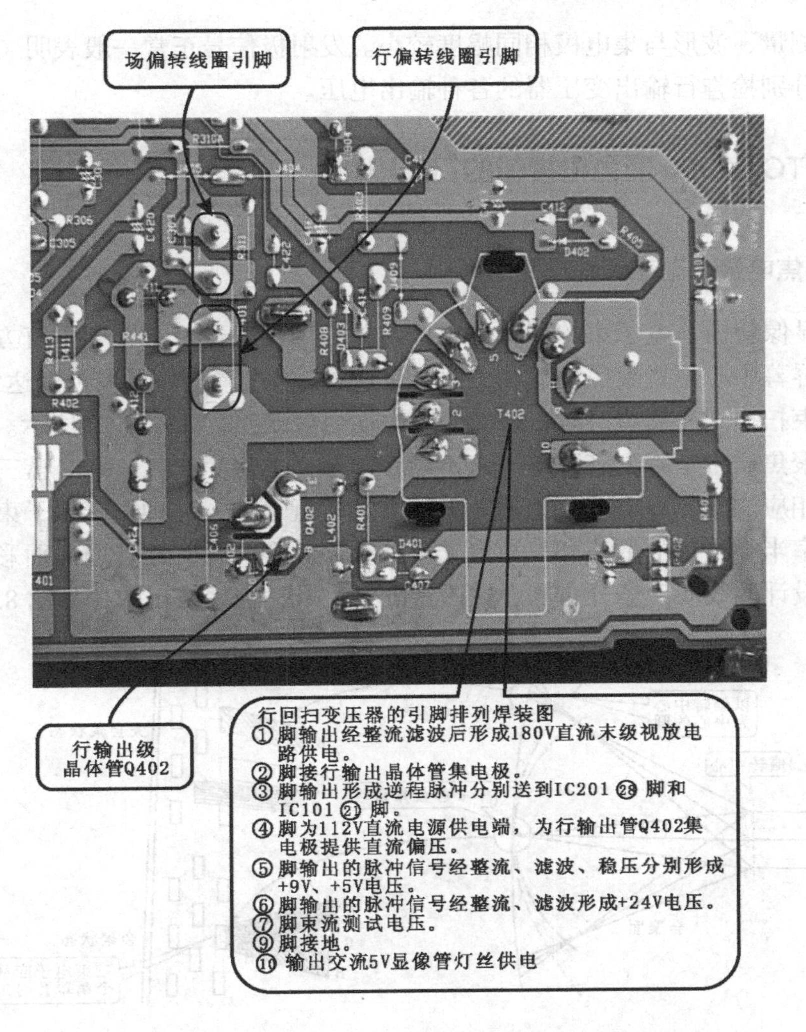

图 8.9　行输出级和行回扫变压器的引脚位置

在行电路中行输出晶体管 Q402 和行输出变压器都工作在超高压的条件下，因而是容易损坏的部分。行逆程电容 C402 和 C406 也都工作在高反压的条件下，如果电容漏电会加重行输出晶体管的负载，并烧坏行输出管。因而行输出管烧坏后，还应进一步查找哪些元件不良引起行管损坏，如果只更换行管，其他隐患未发现还会造成再次损坏。

行输出变压器易于产生高压击穿的故障，从而线圈发生断路或短路的故障，这种情况也会使行输出管击穿损坏。同时还应注意，行电路过载可能引起开关电源过载烧开关管的故障。一个元件故障会引起连带故障，在更换元件后要仔细检查相关的元件，避免发生一烧烧一串的故障。

行电路的故障检查可以顺信号流程检查，如图 8.8 所示。

先查 Q401 基极行扫描脉冲，然后再查行激励变压器 T401 的输出，最后查行输出级 Q402。Q402 的集电极输出幅度很高，需使用高压探头。如无高压探头也可以在行输出管的发射极测量，波形与集电极相同幅度较小。发射极信号正常一般表明 Q402 工作正常。然后再分别检查行输出变压器的各种输出电压。

8.2.2 TCL-2980 彩色电视机的扫描电路

1. 双聚焦电极、动态聚焦电路

在彩色显像管内，电子束的偏转是以偏转中心为圆心进行水平和垂直方向的扫描。三束电子在屏幕中心位置聚焦性能和三束会聚质量，通过调整静会聚可以达到最佳状态。当三束电子束扫描到光栅边沿时，必然会产生动会聚误差，如图 8.10 所示。同时还会使光栅边沿的聚焦质量下降，三束电子束不能在荫罩面上聚焦，红、绿、蓝三束电子束不能准确轰击相应的红、绿、蓝荧光粉。玻璃屏越接近平面，这种由于电子束偏转中心小于玻璃屏曲率半径造成的散焦和三束电子不能会聚就会严重。在普通曲面彩色显像管中是利用特殊设计的线圈磁场分布和会聚磁铁配合完成动会聚校正的，如图 8.11 所示

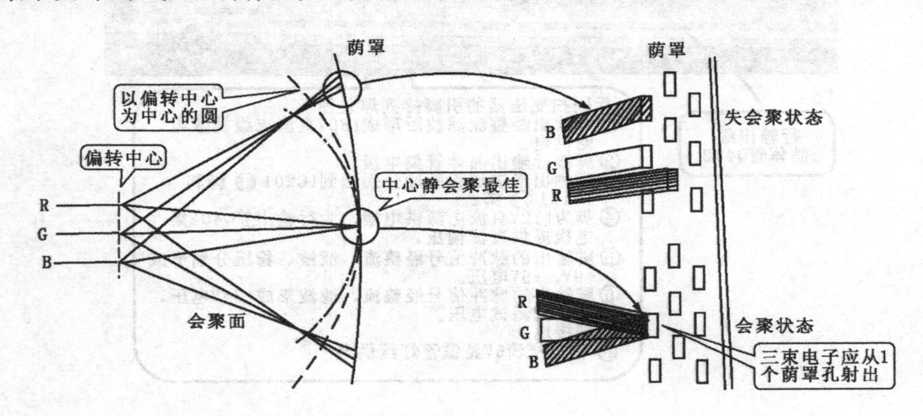

图 8.10 动会聚误差产生原因

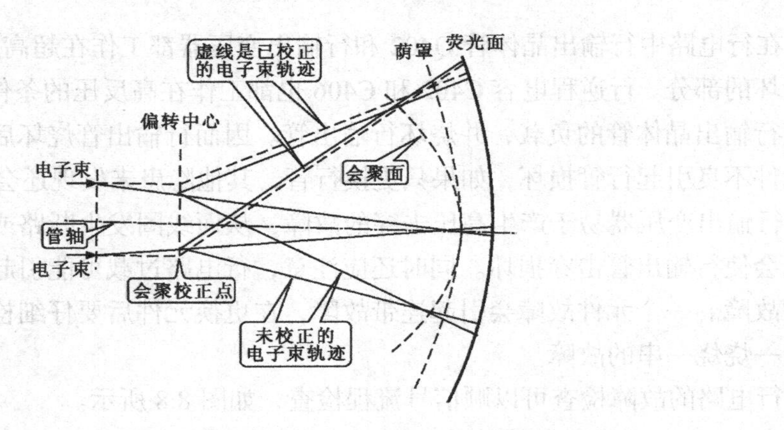

图 8.11 动会聚校正原理

一般彩色显像管只有一个聚焦电极，调整聚焦电压主要保证屏幕中心的聚焦质量，保证屏幕中心图像清晰透亮，适当兼顾屏幕边沿和聚焦质量。但在平面彩色显像管中这种散焦和失会聚更严重，会使图像边沿的温度、透亮度受到影响。为了解决这个问题，一般平面彩色显像管中设有两个聚焦电极：G3-5、G5，分别调整图像中心区域和四角边沿的聚焦质量。前者称主聚焦电极，后者称为动态聚焦电极。表 8.1 表示动态聚焦电极上施加不同校正电压对光栅聚焦和会聚质量的影响。

表 8.1　动态聚焦电压对光栅聚焦质量的影响

电子枪结构	双动态聚焦（直流加行、场抛物线）	单动态聚焦（直流加行抛物线）	单静态聚焦（直流电压）
彩管引出脚	两个（G3-5，G5）	两个（G3-5，G5）	一个（G3-5，G5）
动态聚焦电压	IV	IV	固定静态聚焦电压 Vf 7～9kV
聚焦性能	全屏均匀聚焦	垂直方向聚焦	中心、垂直、水平都可能出现聚焦
电路设计	基本电路加行、场抛物线电压形成电路	基本电路加行抛物线电压形成电路	基本电路

从表 8.1 可以看出：

第一种情况属于双动态聚焦方式，它有两个聚焦电极：一个加入固定的主聚焦电压（G3-5），主要调整屏幕中心的聚焦质量；另一个电极加入动态聚焦电压（G5），主要调整边沿、四角质量，该聚焦电压分别由行、场扫描电路引入行、场抛物线电压，其幅度分别可调，可以保证全屏幕均匀聚焦，电路虽然复杂，但校正质量最好。

第二种情况属于单动态聚焦方式，它也有两个聚焦电极：一个加入固定的主聚焦电压（G3-5），主要调整屏幕中心的聚焦质量；另一个电极加入水平动态聚焦电压（G5），只能调整水平聚焦，而垂直方向会产生散焦，但是电路比较简单。

第三种情况属于单静态聚焦（只有直流电压），这种方式虽然简单，但中心、水平、垂直方向都会产生散焦。

TCL 2980D/G 彩色电视机中采用第二种方式，在动态聚焦电极上叠加了一个峰值幅度为 900V 的行频抛物线波，改善平面彩色显像管水平方向的聚焦质量，具体电路如图 8.12 所示。它相当于表 8.1 中的第二种情况，可以消除水平方向的散焦，但垂直方向仍可能产生散焦现象。

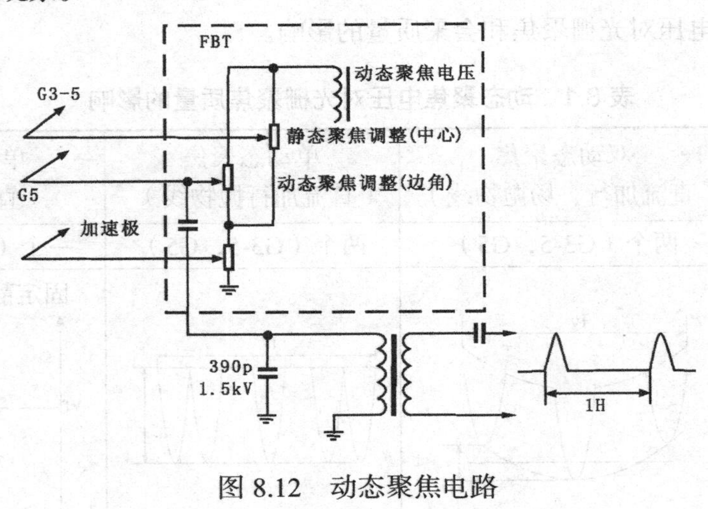

图 8.12　动态聚焦电路

2．电子束扫描速度调制电路

TCL 2980G/D 彩色电视机中，为了进一步提高图像清晰度，采用电子束扫描速度调制电路，对水平方向的图像进行勾边处理。一般情况下，视频信号在传输放大过程中，由于受放大电路分布参数影响和晶体管截止频率的限制，视频放大器带宽有限，使视频信号在放大过程中产生线性失真。具体表现为视频信号亮度变化部分（由黑–白–黑）的上升沿变缓，使重显图像模糊，清晰度，透亮度下降。

为了补偿这种缺陷，通常可以加入图像轮廓校正电路，在图像的上升沿、下降沿适当加入过冲分量。但过冲分量在图像高亮度边沿形成一个更高亮边沿，在调制彩色显像管时容易产生这个问题。

电子束扫描速度调制（Scanning Velocity Modulation，SVM）电路利用视频信号上升沿、下降沿的微分成分，在图像亮度变化部分形成一个补偿信号，加在彩色显像管颈部一个附加的偏转线圈上，控制电子束的水平扫描速度（调制电子束速度），在图像信号上升沿、下降沿部分，改变电子束的扫描速度（加速或减速），使图像轮廓加重，使它更符合人眼对图像边沿比较敏感的特性。

TCL 2980D/G 的扫描速度调制电路如图 8.13 所示，有关扫描速度调制电路的波形图如图 8.14 所示。

从图 8.13 可以看出，经过亮、色分离处理后的亮度信号，由 PV01 接插件的①脚进入扫描速度调制电路，首先经过亮度信号延迟线 X701，使亮度轮廓校正信号与加在彩色

显像管阴极的视频信号相位一致，即同时在屏幕上出现。然后再经过 R746、C730 加到射随器 Q713 的基极，射随器 Q713 起缓冲、隔离作用。Q713 射极的 R705、C703、L701 组成一次微分电路，它只取出亮度信号的高频成分，亮度信号的高频成分反映了亮度由黑–白–黑的突变部分。假定亮度信号如图 8.14（a）中波形，则微分信号输出如图（b）。微分信号经 Q702 放大，经 C704、R710 耦合到 Q703 的基极。Q703 为脉冲信号二次微分电路，Q703 集电极连接的 L702、R712 组成电感微分电路。经过电感微分电路之后的信号如图 8.14（c）所示。

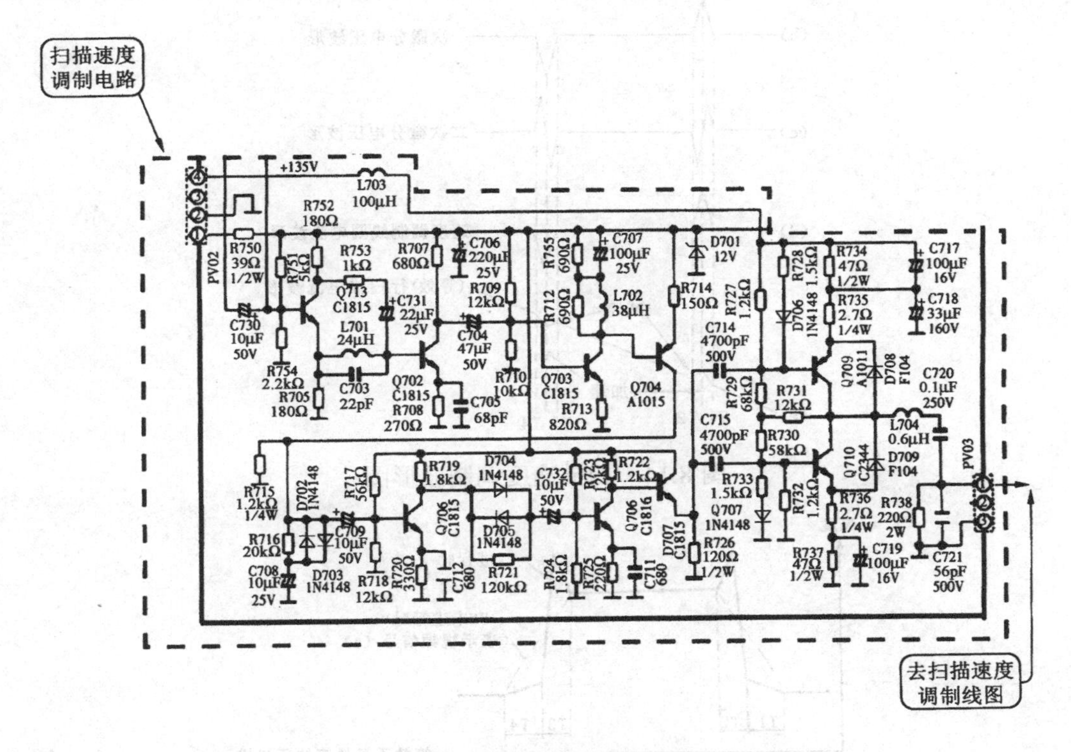

图 8.13 扫描速度调制电路

二次微分电压脉冲经过 Q704、Q705、Q706 放大、Q707 射随，经过 C714、C715 耦合，加到互补推挽放大器 Q709、Q710 的基极，Q709 放大负极性脉冲，Q710 放大正极性脉冲，输出信号经过 L704、C720，再经过接插件 PV03 加到扫描速度调制线圈，则扫描速度调制线圈中流过电流如图 8.14（d）波形。它给电子束扫描加了一个附加的速度，当扫描速度调制电流上升时，电子束获得加速度，电子束在屏幕上停留时间变短，屏幕变暗；当电子束扫描速度调制电流下降时，电子束获得减速，使电子束在屏幕上停留时间变长，屏幕变亮，行扫描电流波形如图 8.14（e）所示，它实际上是由偏转电流（行）与电子束扫描速度调制电流的合成效果。

经过电子束扫描速度调制电路后，使图像部分陡削度和亮度发生了变化，陡削度上升减小了图像边沿模糊现象，亮度变化形成了图像勾边效果，重显图像更加清晰、透亮，轮廓分明。电子束速度调制的效果如图 8.15 所示。由于电子束扫描速度调制电路是通过加速、减速电子束扫描速度来获得图像陡削度的上升和亮度变化的，因此不会产生高亮度下的散焦现象，是提高图像清晰度、透亮度、勾边效果的有效方法。图 8.13 中二极管 D702-D705 组成双向削波电路，用来限制电子束扫描速度调制电压的幅度。

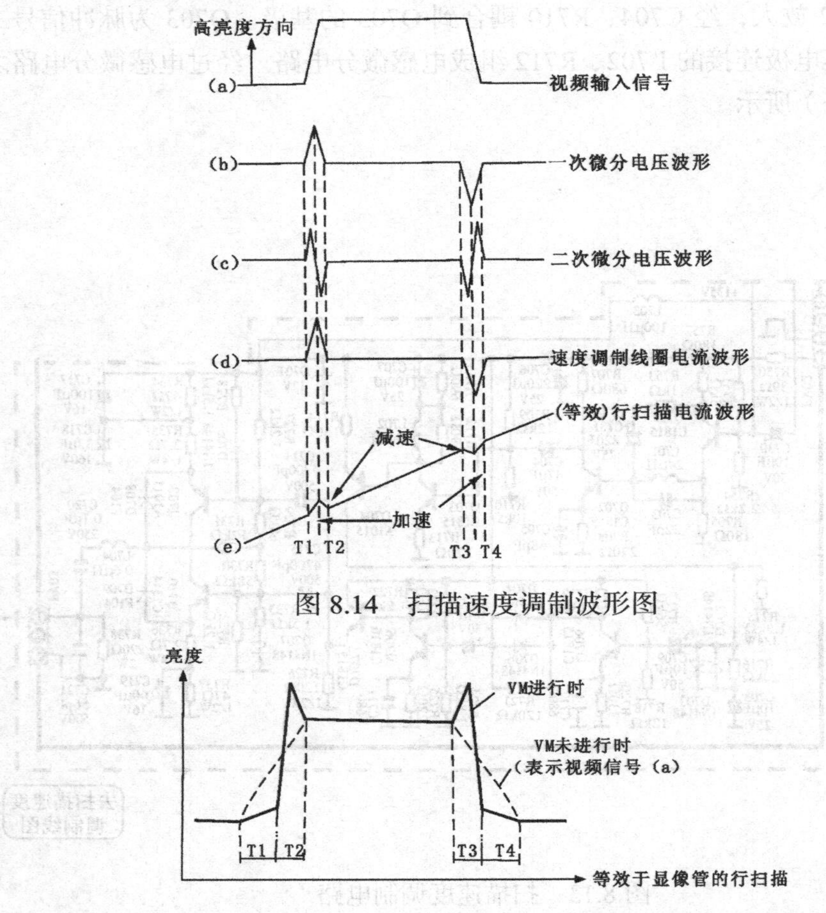

图 8.14 扫描速度调制波形图

图 8.15 电子束速度效果图

8.3 行扫描电路的常见故障及检修方法

8.3.1 行扫描电路的常见故障

1. 屏幕变黑

如果 CRT 屏幕是黑的（无光栅），但是声音良好（这表明低压供电电路是良好的），那么在进行故障检修时首先应该检测行驱动电路的输入波形（在预驱动的输出端，如图 8.6

中 V401 的基极处）。如果此处波形正常，则说明故障可能出现在行驱动（激励）或行输出电路、高压电路或者是 CRT。如果此处波形不正常（信号太弱或失真等），则故障可能在行振荡器中。

在对某一单元电路进行检查之前，以下所提到的一些检测往往有助于对故障部位定位：检测同步输入端的波形（从同步分离电路送来）；检测行 AFC 电路的输入比较脉冲；检测与行扫有关的所有晶体管与相应的集成电路的引脚处的信号（或预激励电路的输出波形及电压）。

如果没有同步脉冲或同步脉冲不正常，则故障出现在同步分离电路中的可能性较大。如果比较脉冲不正常，而行激励电路输出的信号却良好，那么很可能是行输出电路和高压电路中出现了故障。

2．图像变窄

图像变窄并且调整相应的部分（如行幅调整）也不能使之正常，这种故障的原因往往是行激励（驱动）不足。在图 8.5 所示的电路中，首先应通过检测判断故障到底是出在集成块（在 LA7680 的㉗脚处进行检测），还是出在图 8.6 所示分立元件部分（V401、T401 和 V402 等）。

3．行拉伸或相位不对，不同步

当图像拉伸呈一条条斜条状态时，说明行不同步。如果图像完全呈分裂的一条条斜花纹就表明彻底没有同步信号了。从倾斜的方向可以看出有关故障的信息如图 8.16 所示。如果行向右下倾斜，表明振荡器的频率可能偏高了，或者正好相反。如果图像整个向左或向右偏移，则说明可能是行相位不正确，即行振荡器的振荡频率正确，只是它与同步信号的相位不同。

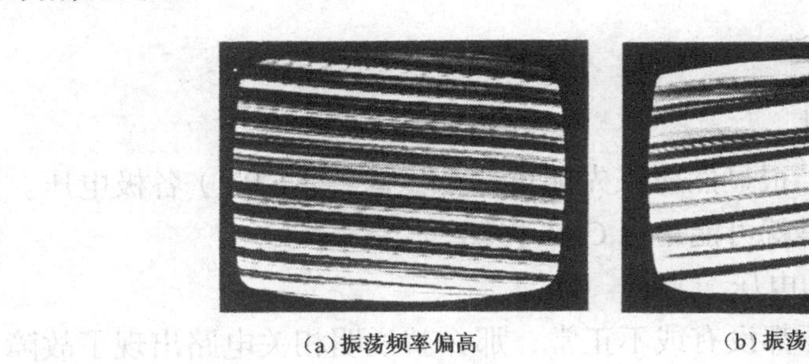

（a）振荡频率偏高　　（b）振荡频率偏低

图 8.16　不同步的故障现象

应该特别注意送到 AFC 电路的同步脉冲和比较脉冲是否正常。如果经检测发现这两个信号都没有或是信号不正常，则 AFC 电路就不能正常工作（即使集成电路是良好）。例如，如果图 8.5 中所示的 LA7680 的㉖脚处没有比较脉冲，同步很难稳定，而且还会发生相位飘移（图像中心左右飘移）。

4．行失真

行振荡器及激励电路不良会引起许多形式的行失真故障现象。称为“行扭”的失真就是一个典型的例子。这种故障发生时，图像在垂直方向上呈不规则的 S 形，尽管既没有发生图像破碎拉伸，也没有不同步和抖动等现象。这样的失真一般是因行扫电路中某元件变质所致，而不是完全损坏造成的。最常见的原因是电容损坏，特别是对由 AFC 电路送往行振荡器的同步控制电压进行滤波的电容很可能损坏。

8.3.2 行输出电路的故障检修

行输出电路不良所引起的许多故障现象也可由其他电路中的故障引起。屏幕发黑（无光栅）或宽度不足就是两个常见的故障。

如果低压供电彻底没有了（几乎为零），那么屏幕就是黑的。如果低压供电的输出电压偏低，则图像的宽度就会变小。当然，声音可能也会变小甚至消失。另一方面，如果行激励电路有故障（没有激励信号送到行输出级），那么即使声音可能是正常的，但是却不会有行扫描和高压，屏幕当然是黑的，但这时不要忽略的一点就是显像管损坏也可能出现这一情况。

这里最实际的故障检修方法，是分析故障现象，然后通过对输入信号波形的检测，找出故障到底出在行输出电路的什么位置。例如对图 8.6 电路来说，如果声音正常（低压供电良好），就可测量 V401 和 V402 基极处的输入波形。把测得的波形与维修手册所提供的正确波形相比较。

如果输入信号波形正常，则说明故障出在行输出电路部分（除非 CRT 损坏）。当然，如果经检测发现输入信号不正常，那么就应对行激励（驱动）电路进行检查。

1．黑屏故障一般检测的方法

（1）显像管各极电压正常时

在屏幕完全变黑的情况下，很显然应该先测量一个显像管（CRT）各极电压。如果各极电压都正常，那么屏幕变黑就可能是因 CRT 损坏。

（2）没有显像管高压或辅助电压

如果显像管高压和辅助电压都没有或不正常，那么就说明相关电路出现了故障。如果这两个电压都没有，而行激励（驱动）信号却是良好的，如图 8.6 中则可能是 V401 和 V402 或与其相连的某个部分出了故障。

（3）只缺高压

如果仅仅是没有高压，则应该首先检测一下聚焦极电流或电压。测量高压时要使用带高压探头的万用表。由于高压很高，搞不好会损坏电路或危及人身安全，因之在对高压进行测量时，应注意安全操作。不要用高压放电法检测有无高压。

2. 主要部件的检测方法

（1）低压和高压部件的测量

在维修彩色电视机时往往需要检测各单元电路中集成电路或晶体管的引脚电压。在彩色电视机中除高压电路和电源电路之外都可以使用普通万用表或示波器进行测量。但普通万用表或示波器不能直接测量行输出的高压部分。电源部分的测量要注意其“热地”部分。因为“热地”部分有可能与交流 220V 市电的火线相连。所以在检测时要特别注意。热区的地线不能与冷区的地相连，测量热区内的信号应以热区内的热地为基准（作为接地点），测量冷区电路的信号应以冷区的地线为基准（作为接地点）。

显像管的阳极电压高达 20～30kV，聚焦极电压也高达 4～5kV，而加速极电压也在 400～900V 左右。另外显像管还需要灯丝电压 6.3V，视放输出电路需要 190V 左右的电压，所有这些电压均由行输出变压器提供。可用感应法检测，如图 8.17 所示。

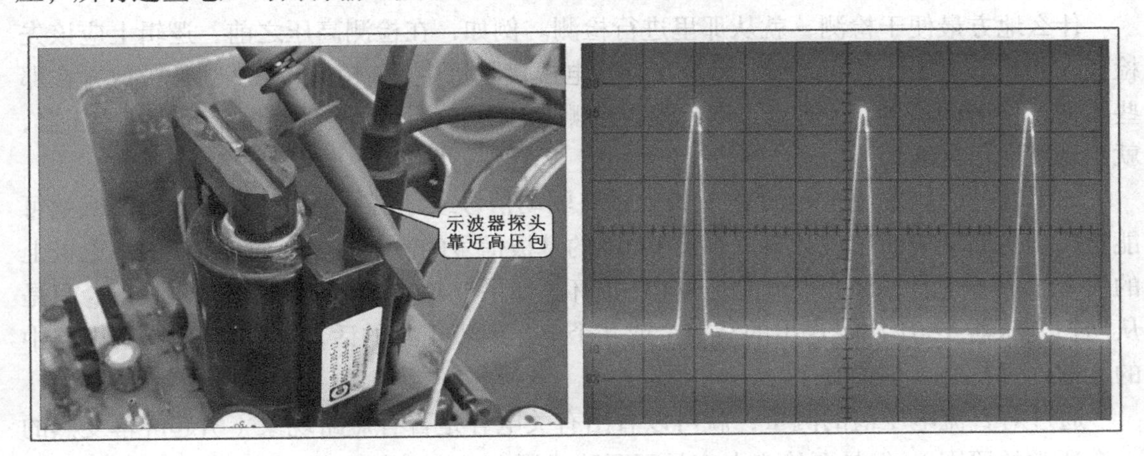

图 8.17　感应法测量

行输出变压器（也叫回扫变压器）是采用多级一次升压及聚焦电位器一体化结构形式的变压器。因为电压极高，需要很好的安全措施，所以这部分都用绝缘性良好的材料封装成一个整体。阳极高压和聚焦电压整流二极管是分级串联在高压线圈之中的，也同时封装在变压器中。

如果显像管阳极高压幅度不足，图像亮度就不够，行幅增大严重者会导致完全没有图像。这时应查阳极高压线是否断线，或内部高压线圈或整流二极损坏。若都完好，则应查变压器所有次级负载电路及行输出电路。

聚焦高压不足，会使聚焦变差，导致整个图像模糊不清。如果显像管阳极高压正常，则此故障可能是聚焦电位器或内部线圈损坏；若聚焦电压正常则可能显像管聚焦插针接触不良。

加速极电压不足，会使整个图像偏暗，对比度偏低。加速极电压偏高会使图像上出现回扫线。

（2）对行输出晶体管的测量

测量行输出晶体管的电流比较困难，所以一般只进行直流电压的测试并加上波形测量来判断故障。如果行输出管各极的直流电压和波形都正确，可以认为到行回扫变压器T501处的电路都是正常的。

3．行输出级和高压电路的典型故障

下面介绍一下由行输出级和高压电路不良所引起的典型故障。

（1）无光栅

下面也以图8.6的电路为例。在对各个元器件进行检测之前，先检查V402基极的激励电压波形和V402集电极的扫描输出波形，看是否正常；再检测一下显像管（CRT）阳极的高压（检测时应该注意检测的注意事项），以及视放供电电压、聚焦，加速极或帘栅极电压及行AFC电压等。

什么地方最便于检测，就从那里进行检测。例如，在检测高压之前，逻辑上应该先检查V401、V402各极的波形。但是在有些电视接收机中，V401、V402往往被放置在那些不便于检测的位置，这时也可以首先去检测高压，一般用示波器探头靠近回扫变压器，就出现感应信号波形。

如果通过检测发现，V402的基极处没有驱动信号或是信号的波形不正常，那么就可能是行扫的前端电路出现故障。如果V402的基极信号的波形正常，而V402的集电极上的信号波形不正常，那么很可能是V402损坏。如果V402的集电极处信号也良好，只是从回扫变压器T501次级送出的某一个或几个电压值不正常的话，那么就只对有关电路中的元器件进行进一步检查了。

通过对直流电压值的测量，就可以看出有关电容是否有短路现象（引起屏幕变黑的一个通常的原因）。但是要检查电容是否开路或漏电，并不那么容易。只能用代替法进行试换。但是电容开路和漏电一般都会造成信号的波形不正常。

V402集电极和发射极、基极间漏电是常有的事。如果漏电严重就可能引起无行扫、无光栅，屏幕变黑了。这时，V402的直流电压也就不会正确了。

这里应提起注意的是：V402静态时为零偏置或接近零偏，在有驱动信号时则是反向偏置。所以如果发现V402出现正向偏置，那么就说明可能漏电了。因为只要集电极-基极漏电就会使晶体管出现正向偏置。这样一来当V402截止时，正向偏置会使集电极处的波形幅度减弱。

如果有关电容和V402看来都很正常，那么就应去检查有关二极管。如果行扫描输出的波形（在V402的集电极处）不正常，应检测阻尼二极管（在本机中，它位于V402内部）。如果T402的次级输出电压不正常（而V402送来的扫描输入良好），就应去检查与T402各次级相连的相应的整流二极管。

通常V402中的阻尼二极管是否发生短路或开路是容易测定的（可用万用表测V402的c、e间电阻来判断）。阻尼二极管不良会引起V402的集电极波形和直流电压不正常。

此二极管开路一般不会导致屏幕变黑。如果其他的有关二极管损坏，一般会引起没有输出电压或者输出电路不正常的故障。

如果回扫变压器 T402 的某个绕组短路或开路，可用一般万用表测出，但若线圈间有局部短路或漏电，或产生高压电弧，就不易检测。只有用一个适用于这个电路的回扫变压器进行代换检测才能检查出来。但更换回扫变压器不是一件容易的事，所以不到万不得已时不要轻易进行更换（除非能确定所有的其他部件都是良好的）。

（2）过扫描

当图像变得模糊不清，亮度不足，行幅过大，且把亮度控制调到满度也依然如此，说明发生了图像过扫描故障。通常，这种光栅扩大是均匀的，但可能有些散焦。

当检修这种故障时显然应该首先测量一下高压是否正常。如果高压偏低，则应检测回扫变压器及行输出电路；如果高压正常，且显像管所有供电电压都正常，则可以换一个新的显像管（CRT）试一下。

如果高压帽周围出现电晕（高压头放电，尤其是在大屏幕的电视机中易发生），如果不是高压过高的话，那么排除此现象的方法就是清洗高压帽周围，若无效，就应更换高压帽。如果高压过低，可以去检查一下高压滤波器的电容是否漏电。

（3）图像狭窄

引起图像狭窄的最普遍的原因是行驱动不足。这种故障现象通常伴有其他故障现象一起出现，比如亮度减弱、图像失真等。这往往是因有关行扫器件变质引起的。例如，如果 V402 的集成极–基极间有些漏电，则 V402 会出现正向偏置，从而造成扫描电路输出减小。

根据图像狭窄这种故障现象的特征，一般可以看出最可能出现故障的部位。例如，如果图像的左边出现畸变，那么就可能是行阻尼二极管开路或漏电；如果是图像的右边出现畸变，那么就应去检查 V402，看是否不良。

在检修这一故障时，首先检测 V402 各极直流电压值，然后应该检查 V402 的集电极处的信号波形（送到行偏转线圈的扫描波形）。当图像狭窄时，此处的波形一般会失常。

不要忽略行驱动的不足这一因素。尤其是当波形和电压的测量结果都基本正常时，就更是如此。应该特别注意 V402 基极处的驱动脉冲信号，即使此脉冲的幅度发生了很小的衰减，也可能对输出到行偏转线圈的扫描信号产生影响。

（4）图像反折或叠像

行反折通常只发生在图像的两侧。所谓“反折”就是指图像的一部分反折回来又重叠显示在原来的那一部分图像上。也有很少的情况是在图像的中央发生反折。如果发生了反折现象（而驱动信号却是良好的），那么行扫描电路中的许多部分都有可能出现故障。若反折现象发生在图像的右侧，V402 损坏的可能性比较大；如果反折现象发生在图像的左侧，阻尼二极管很可能损坏。

在进行故障检测时应该首先测量一下 V402 的基极（驱动）和集电极（输出）的信号，

然后再测行偏转线圈上的波形，看此处信号的波形与 V402 的集电极处的波形是否相同。一般偏转线圈上的波形会失真。实质上，行扫描输出系统是一个谐振电路。例如，图 8.8 中的场偏转线圈的电感与逆程电容等一起形成串联谐振。如果谐振频率偏差太大（一般是偏低），则波形会受到破坏，从而导致反折。

（5）行线性不良

图像水平方向的任何非线性总是至少与一种其他的故障现象一起表现出来（比如，图像狭窄，过扫描、图像发晕、亮度低、图像反折等）。

不要把行非线性与梯形失真相混淆（图像的顶部比底部宽，或正好相反），行非线性往往是因行线圈部分的故障而引起的（如因行偏转线圈中的一组发生短路，而使得其与其他几组线圈不平衡了）。

第9章

场扫描电路的结构和故障检修

9.1 场扫描电路的基本功能和电路结构

9.1.1 场扫描电路的基本功能

场扫描电路是为场垂直偏转线圈提供锯齿波电流的电路，它必须同视频图像信号保持同步关系。垂直偏转线圈与水平偏转线圈同绕在一个线圈骨架上，在扫描时，垂直与水平偏转电流同时加到线圈上，其线圈所产生的磁场是垂直和水平的合成磁场，使显像管的电子束在偏转磁场的作用下完成扫描运动。三个电子枪发射电子束的强弱受视频电路的控制。因此显像管上的图像是视频电路和行、场扫描电路联合作用的结果。

扫描电路的相关电路如图 9.1 所示，电视信号首先由调谐器接收放大，然后变频和中

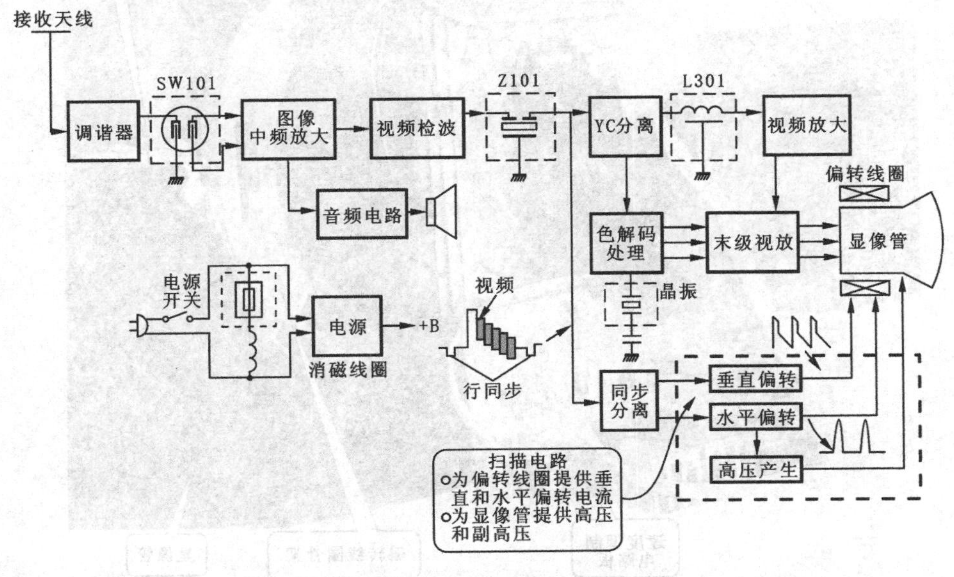

图 9.1　扫描电路的相关电路

频放大，再由视频检波器检出视频图像信号。视频信号送到亮度电路和色度解码电路进行处理的同时，也送到同步分离电路将行同步和场同步信号分离出来，作为垂直和水平偏转电路的基准信号，使垂直偏转电路（垂直扫描）产生的垂直扫描信号，和水平偏转电路产生的水平扫描信号与电视信号同步。

9.1.2 场扫描系统的主要部件

场扫描是使显像管的电子束做垂直方向的扫描运动，行扫描是使电子束作水平方向的扫描运动。这两种运动是同时进行的，而且要保持同步关系。产生偏转磁场的是偏转线圈组件，它套在显像管颈上，电子束由它的中心通过，如图 9.2 所示。电子束在扫描时受到垂直和水平两个方向合成磁场的作用。因而两种偏转线圈是绕制在一起的。

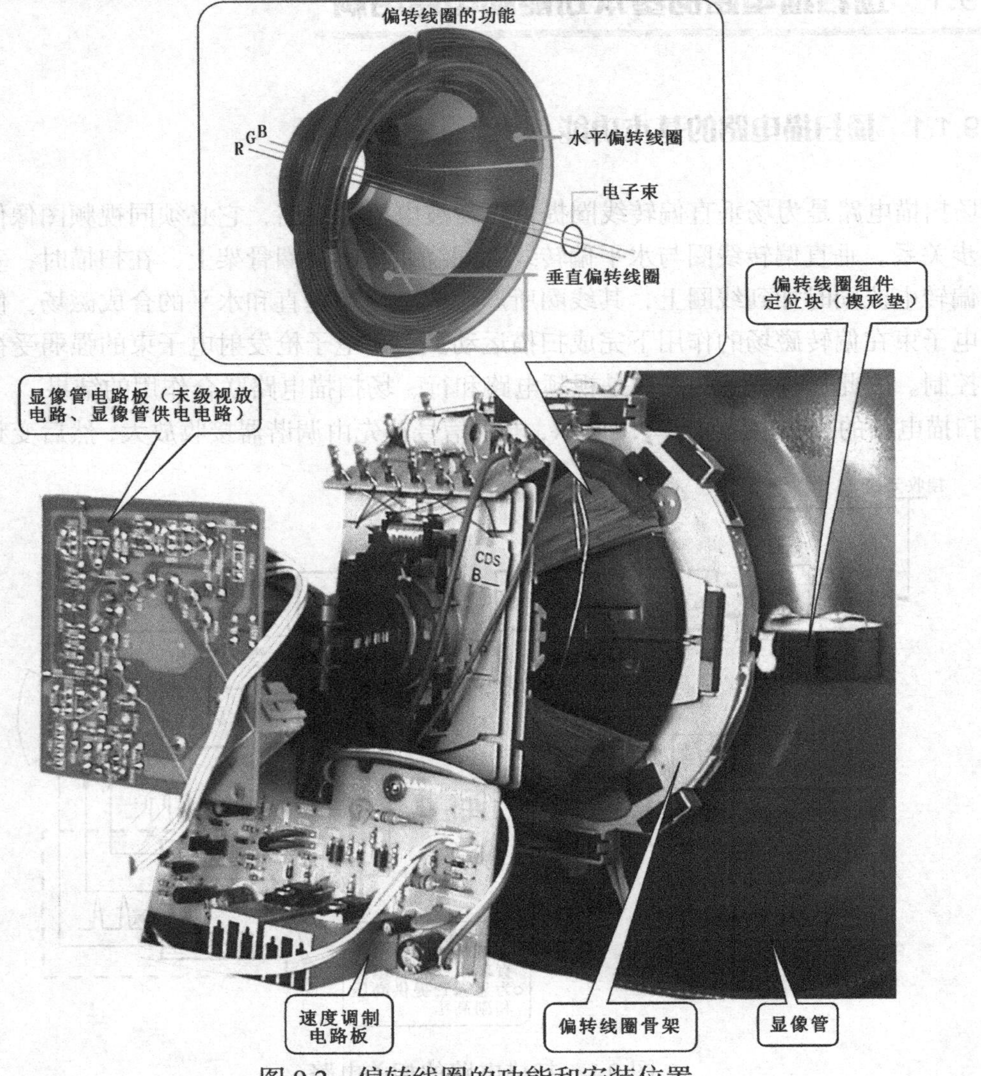

图 9.2　偏转线圈的功能和安装位置

偏转线圈所产生的磁场强度是与电子束产生偏转运动的幅度和周期相对应的。目前很多彩色电视机都将行、场扫描信号产生电路与视频解码电路制成一体，这样不仅行、场扫描信号能保持同步关系，而且也与视频信号保持同步关系。典型的电路器件如图 9.3 所示。

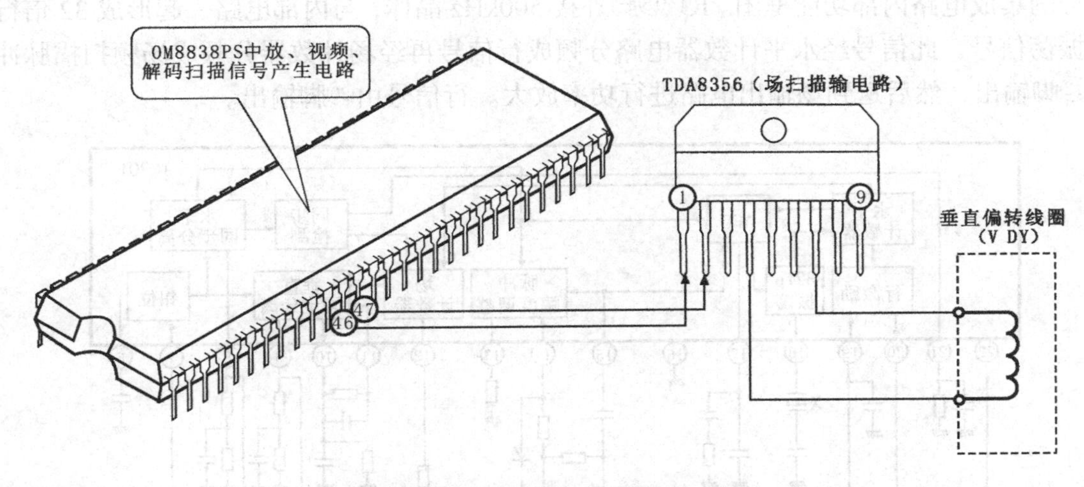

图 9.3　典型场扫描电路的主要部件（康佳 F2109C）

来自 OM8838PS㊻㊼脚的场扫描脉冲送到 TDA8356 的①②脚，该集成电路是完成场扫描锯齿波放大任务的集成电路。它采用对称输入的方式。图 9.3 中场输出电路的电路结构如图 9.4 所示，场扫描脉冲在 TDA8356 中进行功率放大，以便得到足够的电流去驱动偏转线圈。放大后的信号由④脚和⑦脚输出，然后接到偏转线圈上。

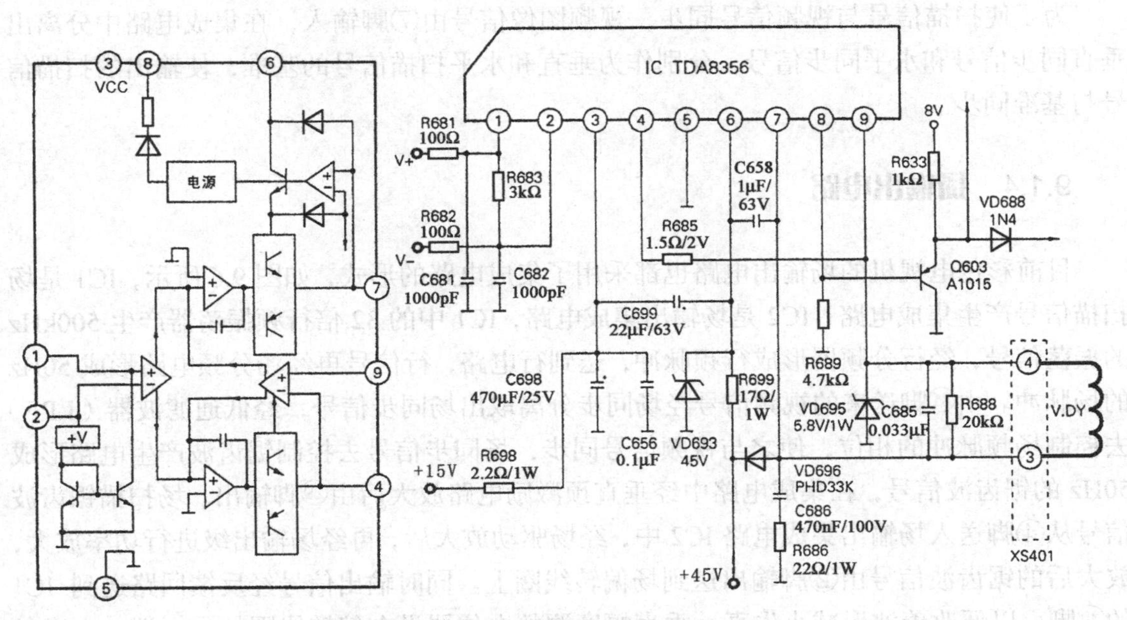

图 9.4　场输出级电路（TDA8356）

9.1.3 扫描信号产生电路

目前的彩色电视机，其扫描信号的产生都是由集成电路来完成的。图 9.5 是产生扫描信号的集成电路内部功能框图。IC ⑱脚外接 500kHz 晶体，与内部电路一起形成 32 倍行频振荡信号，此信号经水平计数器电路分频成行信号再经场计数器分频成场频扫描脉冲由⑫脚输出，然后送到场输出电路进行功率放大。行信号由⑳脚输出。

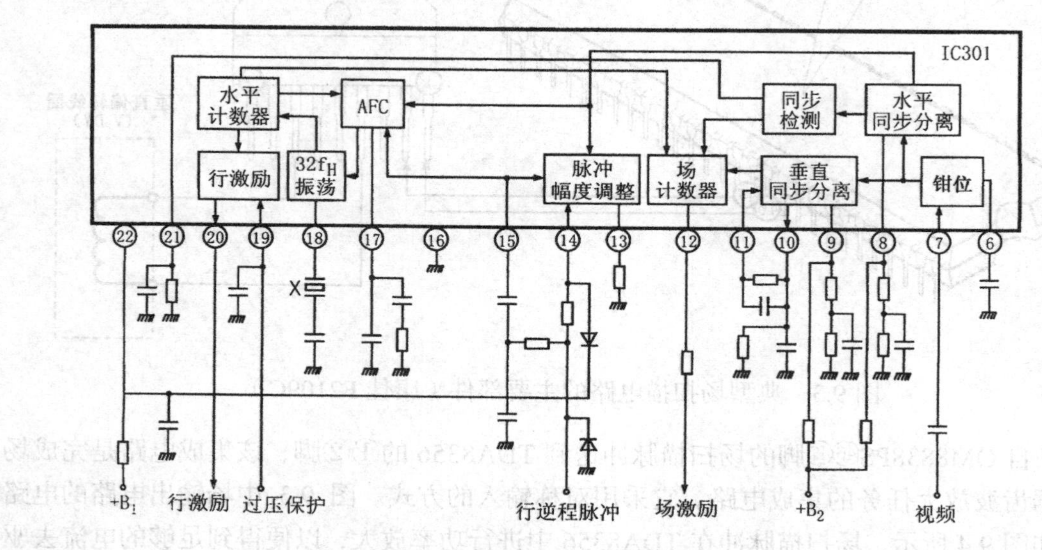

图 9.5 扫描信号产生电路

为了使扫描信号与视频信号同步，视频图像信号由⑦脚输入，在集成电路中分离出垂直同步信号和水平同步信号，分别作为垂直和水平扫描信号的基准，使输出的扫描信号与基准同步。

9.1.4 场输出电路

目前彩色电视机的场输出电路也都采用了集成电路的形式，如图 9.6 所示，IC1 是场扫描信号产生集成电路，IC2 是场输出集成电路，IC1 中的 32 倍行频振荡器产生 500kHz 的振荡信号，经行分频器形成行频脉冲，送到行电路，行信号再经场分频电路形成 50Hz 的场脉冲。由㉛脚送来的视频信号经场同步分离取出场同步信号，经低通滤波器（LPF）去控制场频脉冲的相位，使之与视频信号同步，场同步信号去控制锯齿波产生电路形成 50Hz 的锯齿波信号，在集成电路中经垂直预激励电路放大后由㉙脚输出。场扫描锯齿波信号从④脚送入场输出集成电路 IC2 中，经场驱动放大后，再经场输出级进行功率放大，放大后的锯齿波信号由②脚输出送到场偏转线圈上。同时输出信号经反馈回路送到 IC1 的㉚脚，以便改善波形减小失真。垂直幅度调整电位器设在偏转线圈的另一端，它通过

调整反馈量微调垂直扫描的幅度。

图 9.6 中 IC2 的③脚为电源供电端，场偏转线圈需要约 50V 的锯齿波信号，只是场逆程期间需要较高的电源电压，在场正程只需 25V 电源就足够了，为了节省电能，在场输出级设置了泵电源电路，25V 电源在场正程为自举电容 C1 充电，在逆程时通过泵电源的作用使输出级的电源电压升倍，从而达到需要高电压的需求。

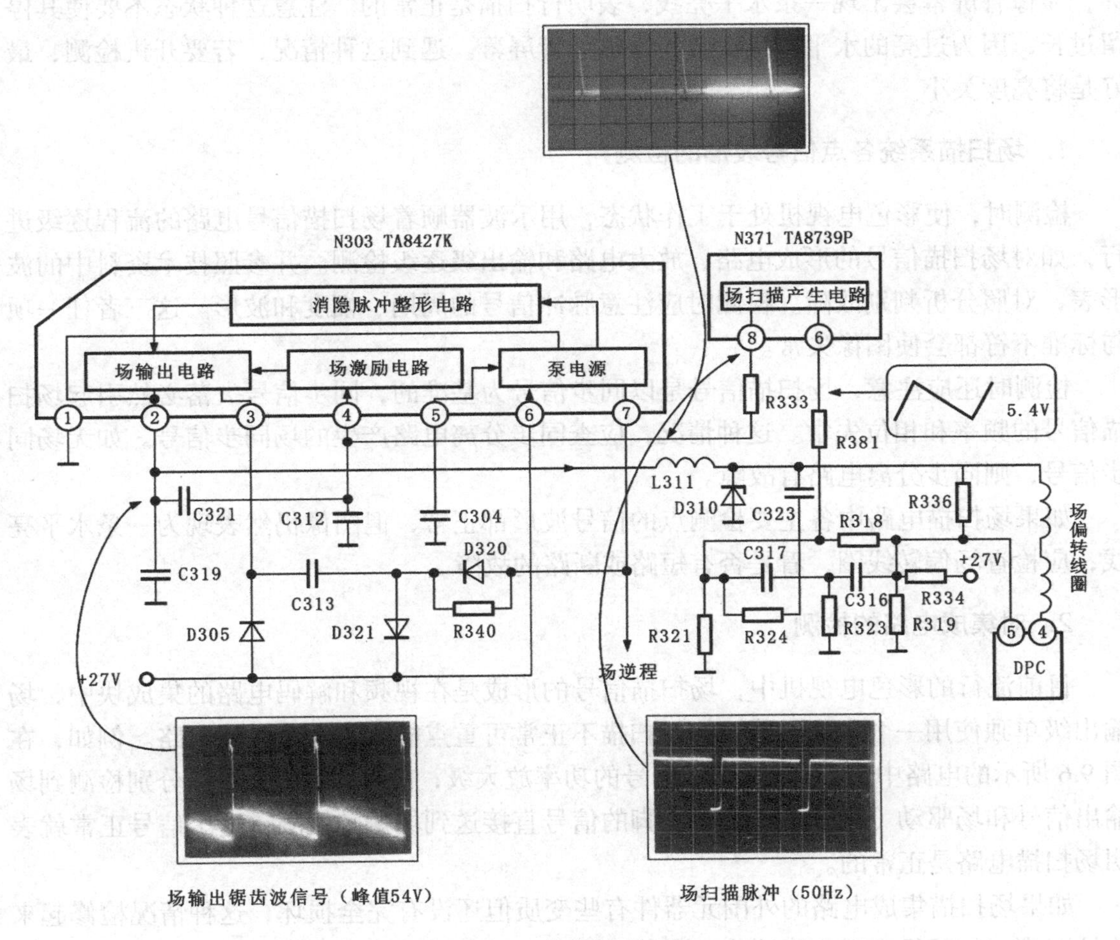

图 9.6 场输出电路

9.2 场扫描电路的故障检修

从前述可知，场扫描电路是为场（垂直）偏转线圈提供锯齿波电流的电路，它同行扫描电路有着密切的关联，通常行振荡和场振荡都在一个集成电路之中。场输出和行输出是各自独立的电路，而场输出级的电源又往往是行输出级提供的。场扫描电路的故障主要表现为图像垂直方向扫描不良，例如，无场输出则屏幕为一条水平亮线；场同步或场频失常则会使图像滚动；场扫描信号失真则会使图像变形。

9.2.1 场扫描电路的故障及检测方法

场扫描电路发生故障其症状是比较明显的，它的故障特征都可以从图像上表现出来。图像在垂直方向的任何不良都表明场扫描电路中有某些元器件不正常。如果场输出级损坏，显像管屏幕会出现一条水平亮线，表明行扫描是正常的。注意这种状态不要使其停留过长，因为过亮的水平扫描线会损害显像管屏幕。遇到这种情况，若要开机检测，最好是将亮度关小。

1. 场扫描系统各点信号波形的检测

检测时，使彩色电视机处于工作状态，用示波器顺着场扫描信号电路的流程逐级进行，如对场扫描信号的形成电路、放大电路和输出级逐级检测。并参照技术资料中的波形表，对照分析判别故障。检测时应注意脉冲信号的周期、幅度和波形。这三者任一项与标准不符都会使图像失常。

检测时还应注意，场扫描信号是以同步信号为基准的，同步信号失落必然引起场扫描信号的频率和相位失常。这种情况，应查同步分离电路产生的场同步信号。如无场同步信号，则同步分离电路有故障。

如果场扫描电路中各主要检测点的信号波形都正常，但图像仍然表现为一条水平亮线，应检查场偏转线圈，看是否有短路或断路的故障。

2. 对集成电路的检测

目前流行的彩色电视机中，场扫描信号的形成是在视频和解码电路的集成块中，场输出级单独使用一个集成电路。如场扫描不正常可重点检测这两个集成电路。例如，在图 9.6 所示的电路中，IC2 是场扫描信号的功率放大级，它的②和④脚可以分别检测到场输出信号和场驱动（激励）信号。②脚的信号直接送到场偏转线圈，这个信号正常就表明场扫描电路是正常的。

如果场扫描集成电路的外围元器件有些变质但还没有完全损坏，这种情况检修起来比较困难。如图像表现为场同步不良，不同步，图像垂直方向失真，垂直线性不良，图像垂直尺寸不足或是有扫描线对偶或分裂的情况，可能是集成电路的外围元器件有问题。在这种情况下可先微调一下那些可调的部分，如场同步、场中心、场幅等调整电位器，看能否使故障消除。如果调整时图像有反映，但仍然不能完全消除故障，或是电位器非调到极端的情况才免强消除症状，仍维持不了多久。这肯定是有些外围的相关元器件损坏了。应进一步仔细检查是否有击穿或短路的电容，损坏的晶体管或二极管，以及锈蚀的电位器。

9.2.2 场扫描电路的常见故障

下面我们结合实际电路介绍一下场扫描电路的常见故障及排除方法。

1. 无图像只有一条水平亮线

场扫描电路是为场（垂直）偏转线圈提供锯齿波电流的电路，它同行扫描电路有着密切的关联，通常行振荡和场信号产生电路都在一个集成电路之中。场输出级功放和行输出级放大器是各自独立的电路，而场输出级的电源又往往是行输出级提供的。只有行电路工作基本正常才能检查场电路的工作是否正常。场扫描电路的故障主要表现为图像垂直方向扫描不良，例如，无场输出，则屏幕为一条水平亮线；场同步或场频失常，则会使图像滚动；场扫描信号失真，则会使图像变形。如表 9.1 所示为 LA7840 场扫描输出集成电路引线脚的功能参数。

表 9.1 LA7840 场扫描输出集成电路引线脚的功能参数

引线脚	符 号	功 能	黑表笔接地的电阻值（kΩ）	红表笔接地的电阻值（kΩ）
1	GND	接地	0	0
2	V OUT	场扫描信号输出	52	52
3	VCC1	电源+24V（泵电源）	∞	4.5
4	IN^+	同相信号输入	3.3	3.3
5	IN^-	反相信号输入	4.6	6
6	VCC2	电源+24V	10	10
7	PUMP OUT	泵电源输出	77.6	76.9

注：以上数值均为数字万用表 VC9805 A+测量。

对场扫描系统的检测方法：检测时，使彩色电视机处于工作状态，用示波器沿着场扫描信号的流程逐级进行，如对场扫描信号的形成电路、放大电路和输出级逐级检测。检测时应注意脉冲信号的周期、幅度和波形。这三者任一项与标准不符合都会使图像失常。检测时还应注意，场扫描信号是以同步信号为基准的，同步信号失落必然引起场扫描信号的频率和相位失常，应查 IC201㊻脚看视频同步信号是否正常。

如果场扫描电路中各主要检测点的信号波形都正常，但图像仍然表现为一条水平亮线，应检查场偏转线圈，看是否有短路或断路的故障。下面，我们介绍一下场输出级电路 IC301 的检测方法及技巧。

（1）场输出级集成电路 IC301 是场扫描信号的功率放大级，它的②脚的信号直接送到偏转线圈，这个信号正常就表明场扫描电路是正常的。首先，用示波器检测一下 IC301

②脚的波形，检测部位及波形如图 9.7 所示。这个信号波形的电压幅度大约为 48V，如果有该信号，这说明场输出级集成电路 IC301 工作正常。

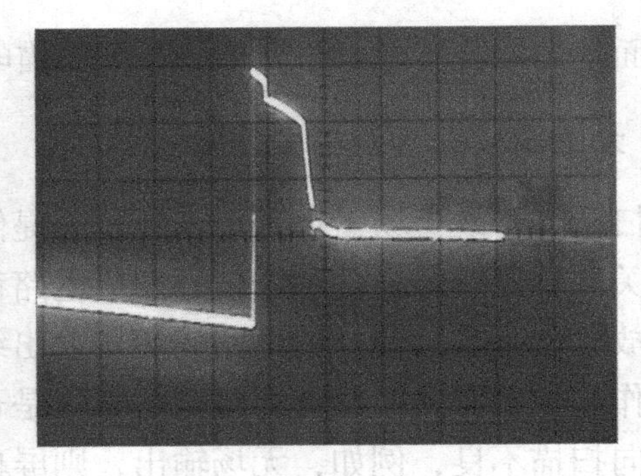

图 9.7　检测场输出脉冲

（2）如果无场输出脉冲，接下来用示波器检测一下 IC301 的⑤脚，看是否有场锯齿波信号输入。如图 9.8 所示为检测部位及波形示意图。这个信号波形的电压幅度大约为 0.88V，若有此信号，这说明故障可能由场输出级电路 IC301 本身或行扫描电路的故障引起的。

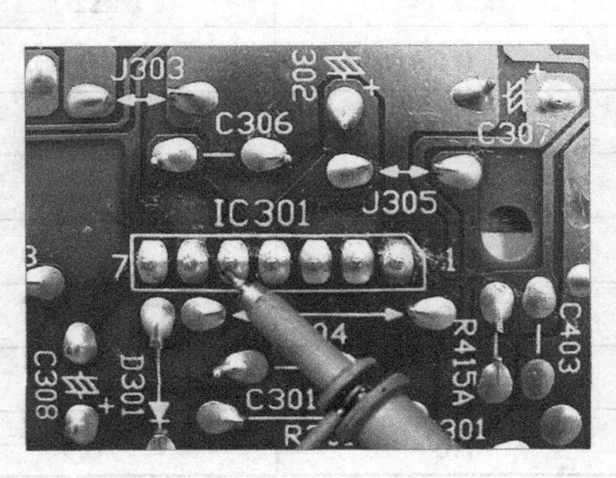

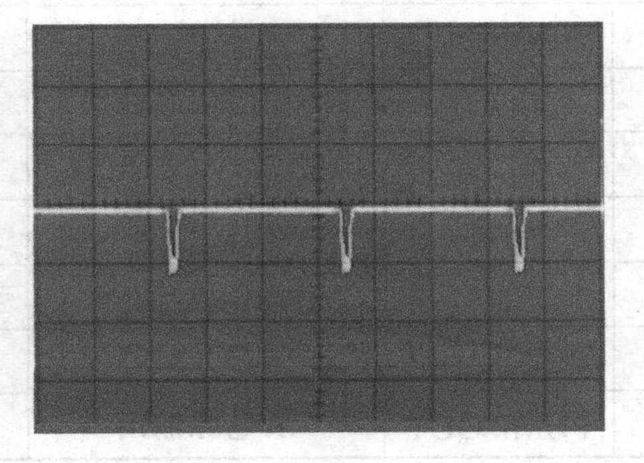

图 9.8　检测场锯齿波信号

（3）在确认行扫描电路没有故障的情况下，我们可以用万用表测量一下 IC301 的⑥脚+24V 直流供电电压。如图 9.9 所示为检测部位及指针指示示意图。如果无此电压或电压不正常，都会引起场输出级电路工作失常。

2．场不同步

图像有滚动现象，调整场同步电位器只能暂时稳定图像。这表明行同步电路正常，因为只有垂直方向不稳定。从症状来看属同步分离电路或是场扫描信号形成电路有故障而场振荡电路是正常的。例如在图 9.5 所示的电路中，如果测得 IC301 的⑦脚处有视频信号，而在 IC301 的⑩脚处没有锯齿波信号，则可能是场同步分离的低通滤波器损坏所致，应分别检查低通滤波器中的电阻、电容。如果 IC301⑩脚处有场锯齿波信号，但⑫脚

输出的场激励脉冲不良（或不同步），表明 IC301 本身损坏，需要更换。在更换 IC 之前最好再检查一下 IC 的外围元器件。现测量一下 IC 各引脚的直流工作点，如某引脚电压失常，应重点查该脚外围元件。

图 9.9　检测直流供电

在用示波器检测场同步脉冲和行同步脉冲的波形时，注意示波器的同步选择的位置，在检测场信号时将开关置于 TV V 位置，在检测行信号时将开关置于 TV H 位置，这样就可以在示波器上稳定的观测到两个周期的信号波形。

同步分离电路是先从视频信号中分离出复合同步信号（即包含行和场的同步信号），然后再从复合同步信号中分离出场同步信号，如果同步分离电路不良，不能对所需要的信号进行有效的分离，有视频图像信号混入同步信号，会引起图像同步不良。检测同步分离电路是否有故障可以通过信号的检测来判断。同步分离前是视频信号，同步分离后应当没有视频图像信号的成分。如果同步信号中混有视频或杂波信号，表明同步分离电路中有故障元件。例如，在图 9.10 所示的电路中，IC301 的㉔脚为视频信号输入端，而在㉒脚处应该将视频信号分量和噪波完全消除。如果㉔脚处的信号和㉒脚处的信号都正常，但图像仍不同步，这种情况表明集成电路 IC301 本身不良，应该更换。

3．图像高度不足

图像高度不足是指图像在垂直方向有压缩的现象。遇到这种故障应先调整一下场幅微调电位器。如果场幅微调电位器必须旋至极端位置或将近极端时，图像高度才正确，这表明是场驱动（或称场激励）电路中有故障。有些彩色电视机中设有两个场幅调整电位器，这在检修时应当注意。如果调整场幅电位器，图像有反应，但无论怎么调都不能使图像高度完全正常，这种情况应当检查与场幅相关的电容，看有关电容是否有漏电的情况，电位器有无损坏，晶体管有无击穿的情况。同时应检查从场扫描电路送到偏转线圈的脉冲波形是否正常，场输出级供电电源是否正常。电源电压不足也会影响场扫描电路的正常工作。

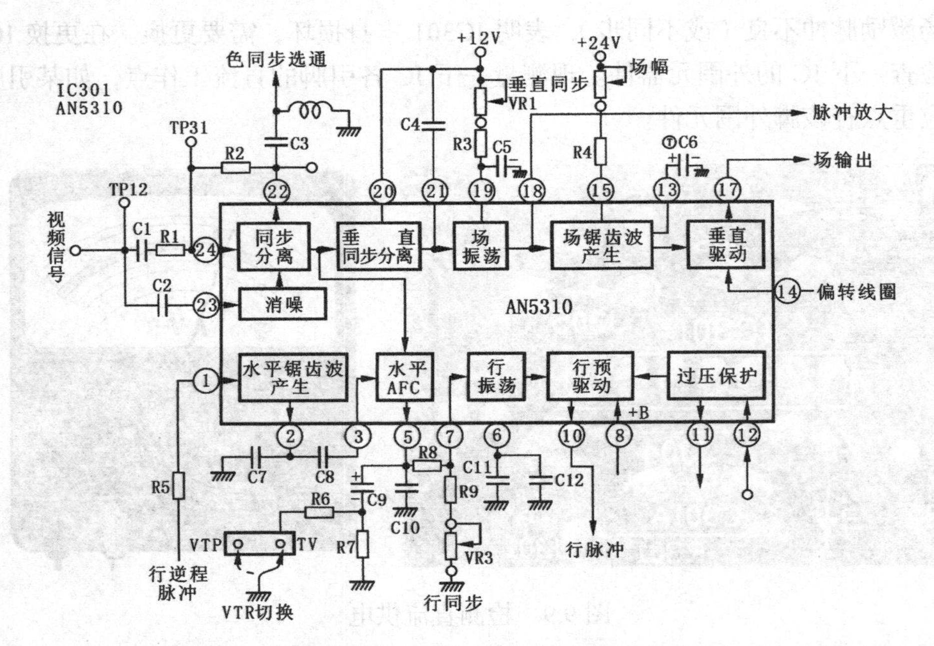

图 9.10　AN5310 扫描信号产生电路

4．图像不稳，上下抖动

图像不稳的主要表现是图像向上或向下滚动，整幅图像抖动。这种情况一般是表明场频不稳或是场频偏离 50Hz。遇到这种故障应首先微调一下场同步电位器（又称场锁定电位器）。图 9.10 中与 IC301 ⑲脚相连的场同步控制电位器，是微调场扫描信号频率的，如果这个电位器必须调到极端，图像才勉强稳定，或是无论怎么调也不能完全稳定，这表明场振荡或场同步电路中存在故障。应进一步检查与 IC301 ⑲脚相关的电容、晶体管或电位器等，IC301 本身损坏的情况也是不能忽视的。故应检查 IC301 所有引脚的直流工作电压，看有无偏离标准值的情况，这是判断 IC301 是否损坏的依据。

如果图像处于一种临界的同步状态，即很难调整到稳定状态，即使调整到稳定状态，也维持不了多久。这种情况应分别检查场振荡器的锯齿波波形及场同步脉冲的幅度。如果经检测发现场同步信号的幅度不稳定，或是幅度过小，还应检查同步分离电路，看同步分离电路是否有故障。同步分离电路正常后再去检查场扫描电路。

5．场失真（线性不良）

场失真有多种表现形式，有些是易于识别的。例如，图像上边尺寸大而下边尺寸小，就是线性失真。线性失真多数情况是由于偏转线圈及其相关的部分出现故障引起的，有时扫描集成电路不良也会引起这种故障。图 9.10 中的扫描集成电路是 IC301，此集成电路不良使输出的场扫描脉冲失真也会引起图像的几何失真。

场失真的其他表现形式有时不易识别。如图像顶部压缩，而底部扩展，或者是顶部

扩展而底部压缩。如果失真不严重是不易发现的。采用电视信号发生器产生的十字阴影图对图像的线性进行检测比较方便。如果要迅速地判断图像的线性是否良好，可以调整一下场同步控制钮，使图像慢慢地滚动起来，这样容易发觉图像的上部、中部和下部在垂直方向是否一致，有无压缩和扩展现象。

有时场幅电位器调整不当也会影响图像的线性而造成失真。这是因为场扫描电路中各组成部件和调整控制元件之间是互相有牵连的。例如调整场幅电位器只考虑到使锯齿波的幅度达到要求，而没有注意电路输出扫描信号的线性失真。在这种情况下无论怎样调整线性电位器也不能解决图像的失真问题。因此，遇到图像失真也要检查场幅调整电位器调整得是否恰当，可以试调整一下，配合失真的调整。

如果调整各个电位器都不能解决问题时，表明有的元器件存在故障。要寻找故障元件，必须对电路中的信号波形和直流电压进行逐级检查。如果场扫描的锯齿波信号有失真，必然影响图像的线性。如果场输出级送给偏转线圈的信号波形是良好的，但图像仍然有失真，这种情况表明场偏转线圈或相关的部分有故障。

9.3　场扫描电路实例分析

9.3.1　TDA8351 场扫描输出电路

1. 基本功能

场扫描输出电路的作用是放大场频 50Hz/60Hz 锯齿波电压，给场偏转线圈提供线性良好的锯齿波电流，形成水平方向线性增长的偏转磁场，控制电子束沿光栅垂直方向扫描。从某种意义上来说，场扫描输出电路实际是一个低频脉冲功率放大器。

TDA8351 是应用于 90°、110° 偏转角显像管的场输出功率集成电路。它具有两个桥形输出放大器，适用于 50～120Hz 扫描频率的场输出电路。由于输出级为桥形设计的直流偏转输出电路，可以适用单电源的+16V 直流电压供电。由于内电路设计合理，所以仅需少量外接元件，就可以构成一个性能良好的场扫描输出电路。内部电路方框图如图 9.11 所示，各引脚功能如表 9.2 所列。

表 9.2　TDA8351 各引脚功能

引 出 脚	符　号	功 能 说 明
1	I–	负向激励电流输入
2	I+	正向激励电流输入
3	VCC	电源电压，接+12V 电源
4	VO（B）	B 端场扫描输出电流，接枕形校正线圈

续表

引 出 脚	符 号	功 能 说 明
5	GND	接地
6	VFB	+45V 逆程电源电压输入
7	VO（A）	A 端场扫描输出电流，接场偏转线圈
8	VO	场保护电压输出
9	VI（fb）	反馈电压输入，接枕形校正线圈

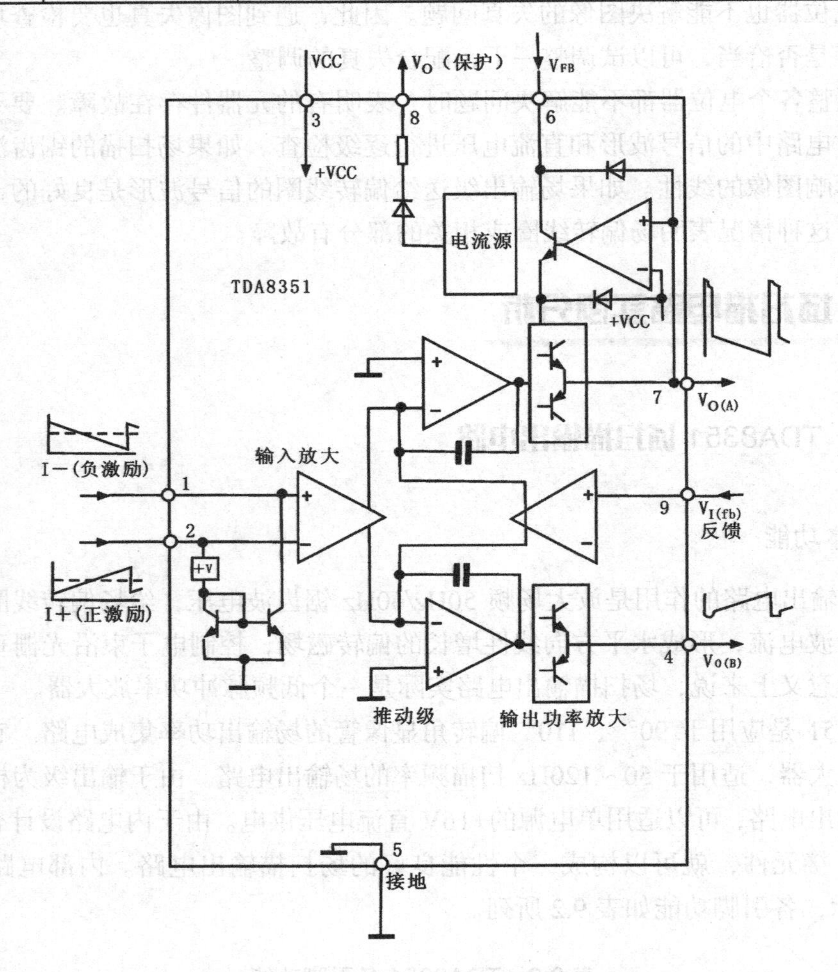

图 9.11　TDA8351 的内部功能框图

2．TDA8351 场输出电路工作原理

①、②脚为对称电桥方式场输出集成电路 TDA8351 的电压激励输入电路，参见图 9.12。在本机中为 TDA8351 提供扫描信号的集成电路为 TDA8841 的㊻、㊼脚。利用连接在①、②脚之间的电阻和内部镜像恒流源，就可以把 TDA8841㊻、㊼脚输出的差分

电流变为①、②脚之间的差分输入电压，即把TDA8841的差分输出电流变为跨接在外加电阻上的电压。推荐①、②脚之间差分电压典型值为1.5V（峰值）。由⑦、④脚之间输出场频锯齿波电流。本机采用逆程开关式泵电源电路，场扫描正程期间，③脚输入的+12V直流电压为场扫描输出级提供电源电压。场扫描逆程期间，由⑦脚形成逆程反峰脉冲，打开逆程开关管，+45V直流电压由⑥脚进入集成电路，并加到场扫描输出级，缩短了逆程反峰脉冲持续时间，提高了逆程反峰脉冲幅度，降低了场扫描输出级功耗，也提高了电路的热稳定性。

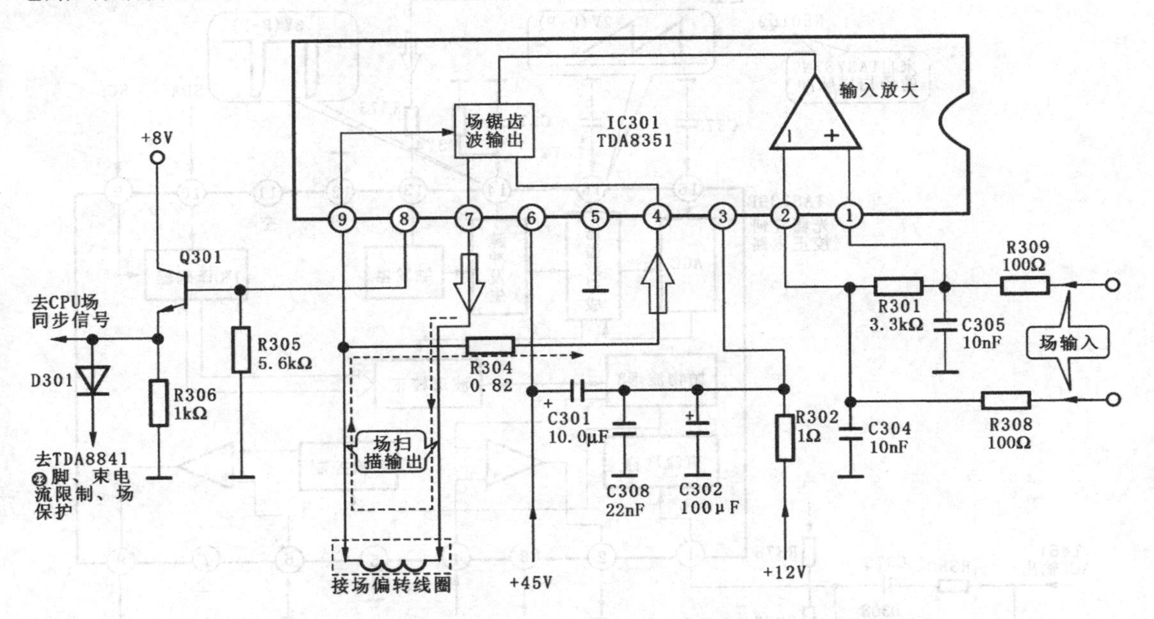

图9.12 集成电路TDA8351在TCL系列彩色电视机中的应用电路

由⑧脚输出的场保护信号主要有两个作用：

（1）去微处理集成电路M37221M6的②脚，作为场同步信号，以便作屏显同步脉冲，并确定屏显的垂直位置。

（2）去视频、色度、扫描信号处理集成电路TDA8841的㉒脚，作为显像管束电流限制脉冲和场扫描电路的保护脉冲，防止显像管因场扫描电路故障而损坏或灼伤。

3. TDA8351的检修要点

如垂直扫描失落，电视屏幕为一条水平亮线，如垂直幅度不正常则集成电路或外围元件有故障。

（1）应查④脚和⑦脚的输出信号波形（波形如图9.11所示）。

（2）查①、②脚之间的输入。

（3）查③脚⑥脚的支路供电电压。

9.3.2 光栅几何校正电路 TA8739P

光栅几何校正电路 TA8739P 框图见图 9.13，各脚功能及电压值见表 9.3。TA8739P ①脚从超高压 ACL 输出端取样。当束电流增大时，超高压降低，电子束偏转灵敏度提高，行/场幅度增大，通过控制①的取样 ACL 电压，可补偿由亮度引起的光栅变化。

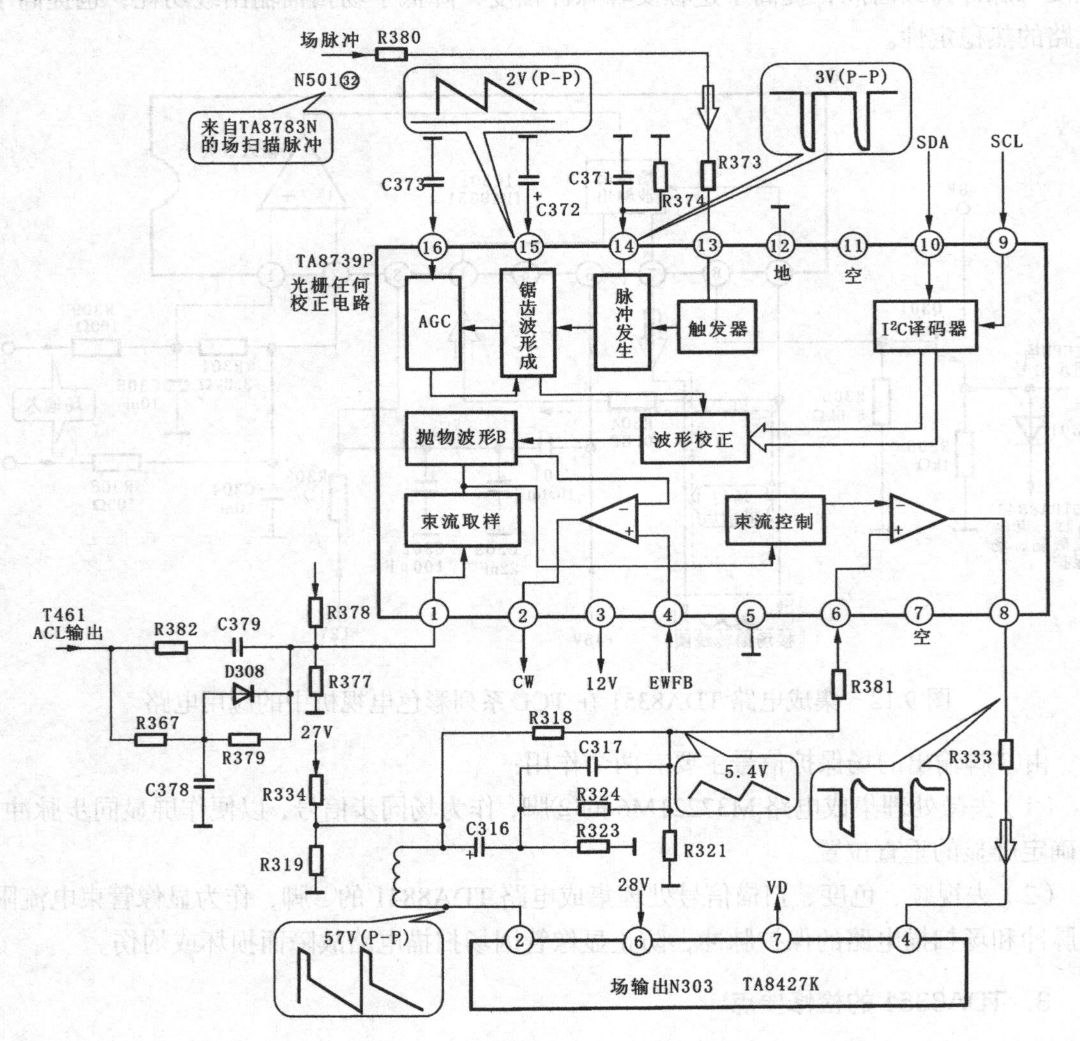

图 9.13 光栅几何校正电路 TA8739P

表 9.3 TA8739P 的各脚功能及电压值

引脚号	符号	功 能	电压值/V	引脚号	符号	功 能	电压值/V
①	EHT	超高压束电流取样输入	3.7	⑨	SDA	I²C BUS 数据线	
②	CW	场抛物波输出	1.1	⑩	SCL	I²C BUS 时钟线	

续表

引脚号	符号	功　能	电压值/V	引脚号	符号	功　能	电压值/V
③	VCC	电源	12	⑪	NC	空	
④	EWFB	东西枕校反馈输入	5.5	⑫	GND	地	0
⑤	GND	地	0	⑬	VIN	场触发脉冲输入	4.4
⑥	VFB	场反馈输入	4.2	⑭	T.C	场脉冲 RC 定时电路	3.8
⑦	NC	空		⑮	RAMP	锯齿波形成电容	6
⑧	VD	场激励脉冲输出	2.1	⑯	AGC	自动增益控制滤波器	3

CPU 通过 I^2C 总线对 TA8739P 场幅、场线性、场上下线性、场中心位置等进行控制。其波形的校正和光栅的关系见图 9.14。其中：图 A 为锯齿波幅度的控制，直接与场幅有关；图 B 为锯齿波上升部分线性的控制，由于屏幕曲率的影响，光栅线性最好时锯齿波不为直线，因此通过校正锯齿波上升段的曲率来控制锯齿波上升部分的线性；图 C 为场上下线性的校正，场上下线性取决于锯齿波顶端的起始端的曲率，校正此曲率可校正场上下线性；图 D 为锯齿波相位与场中心位置的关系，当场锯齿波相位不正常时，图像场中心与屏幕几何中心便不重合，校正场锯齿波相位可正确预置，同时，TA8739P 内部还将场锯齿波形成锯齿抛物波，从②输出，去激励枕校电路，场抛物波形成电路由 I^2C 总线控制，通过控制场抛物波幅度达到控制行幅度的目的；图 E 为通过控制抛物波的曲率来微调枕校程度；图 F 为通过校正抛物波转折点的曲率来校正屏幕光栅的四角失真。

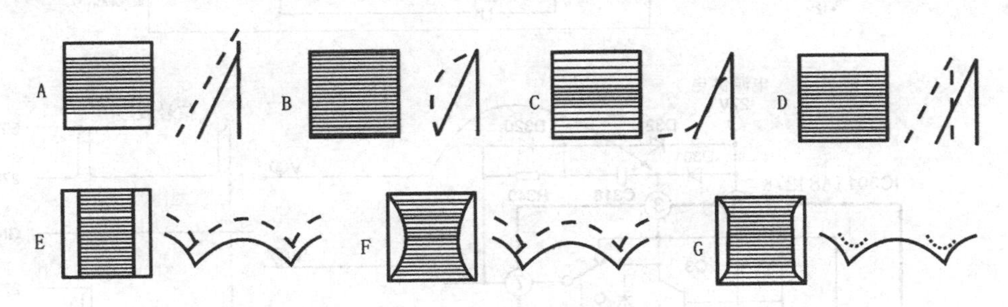

图 9.14　波形校正与光栅的关系

TA8739P 内部还具有场脉冲发生器、触发器、场锯齿波形成电路，由 TA8783N 输出场脉冲，送入 TA8739P 的⑬脚，通过内部触发器控制场脉冲发生器的频率，使之自动适应 50/60Hz 场扫描频率。场脉冲发生器的自由振荡频率由 R374 和 C371 设置在 40 ~ 50Hz，使其与 50Hz 场脉冲同步。C372 为锯齿波形成电容，调整此电容，可改变场锯齿波的斜率和幅度。由于 TA8739P 内部设有 AGC 电路，故场锯齿波输出幅度比较稳定。

为了改善场线性，由 R318、R324、R323、C317、C316 等组成的场反馈电路设在场输出电路 TA8427K（N303）与 TA8739P 之间。R334 和 R319 为场偏转线圈提供固定的磁场，形成场中心预置，使 I^2C 总线有调整的余地。

从上述可见，TA8783N 只是提供触发脉冲，而 TA8739P 内部才具备场脉冲形成的所有电路，由 TA8739P⑧输出场驱动脉冲，去驱动场扫描输出电路 TA8427K。

9.3.3 场输出电路 TA8427K

很多彩色电视机都采用 TA8427K 作场输出级电路，其结构如图 9.15 所示。来自视频解码电路的场扫描脉冲，加到 IC301 的④脚，正常是应为 50Hz，幅度为 1V 的负极性脉冲。在 IC301 中经驱动和功率放大后由②脚输出幅度为 52V 的锯齿波扫描信号加到场偏转线圈上。来自行回扫变压器 T461 的 28V 电源经限流电阻 R303（4.7Ω/2W）加到⑥脚和③脚，③脚为输出级供电，⑦脚内的脉冲放大电路是形成泵电压的电路，在场逆程期间由自举电容 C306 为输出级升压。检测时参照图中的说明和波形。

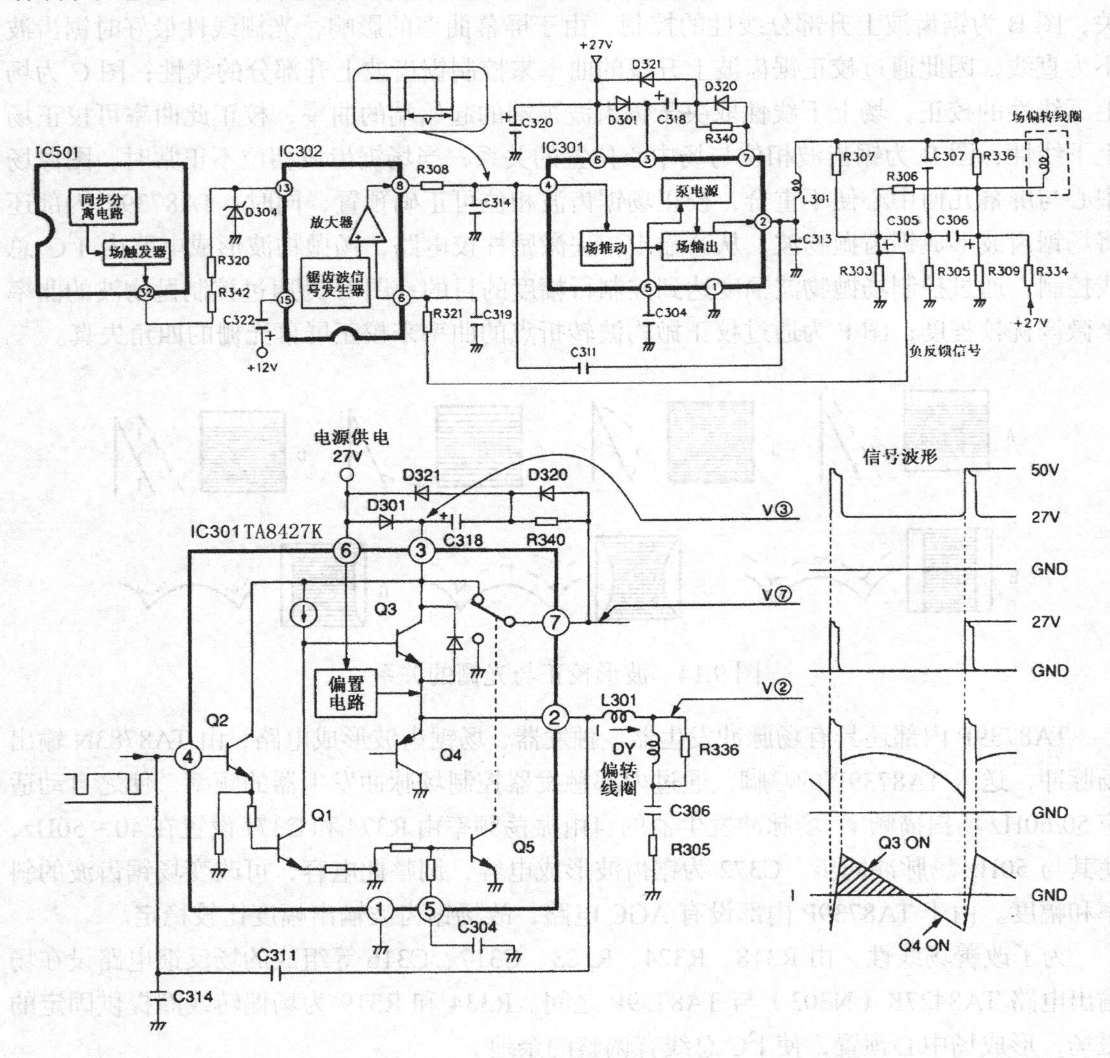

图 9.15　场输出电路 TA8427K 的检测部位

9.3.4 场输出电路 TA8445

TA8445 广泛的使用在 25 英寸（屏幕对角线约为 63.75cm）以上彩色电视机的场输出级电路中，其相关电路如图 9.16 所示。TA8445 的内部功能方框图如图 9.17 所示。来自视频解码和扫描信号产生电路的场扫描信号经 Q301 放大后加到 IC301 的②脚，在 IC301 内部经场触发器、锯齿波发生器、场推动和场输出进行功率放大，最后由⑪脚输出场锯齿波电流加到垂直偏转线圈上。由行回扫变压器输出，经整流滤波输出的 28V 经 D301 加到 TA8445 的电源供电端。C307 为自举电容，在场逆程为场输出级升压。

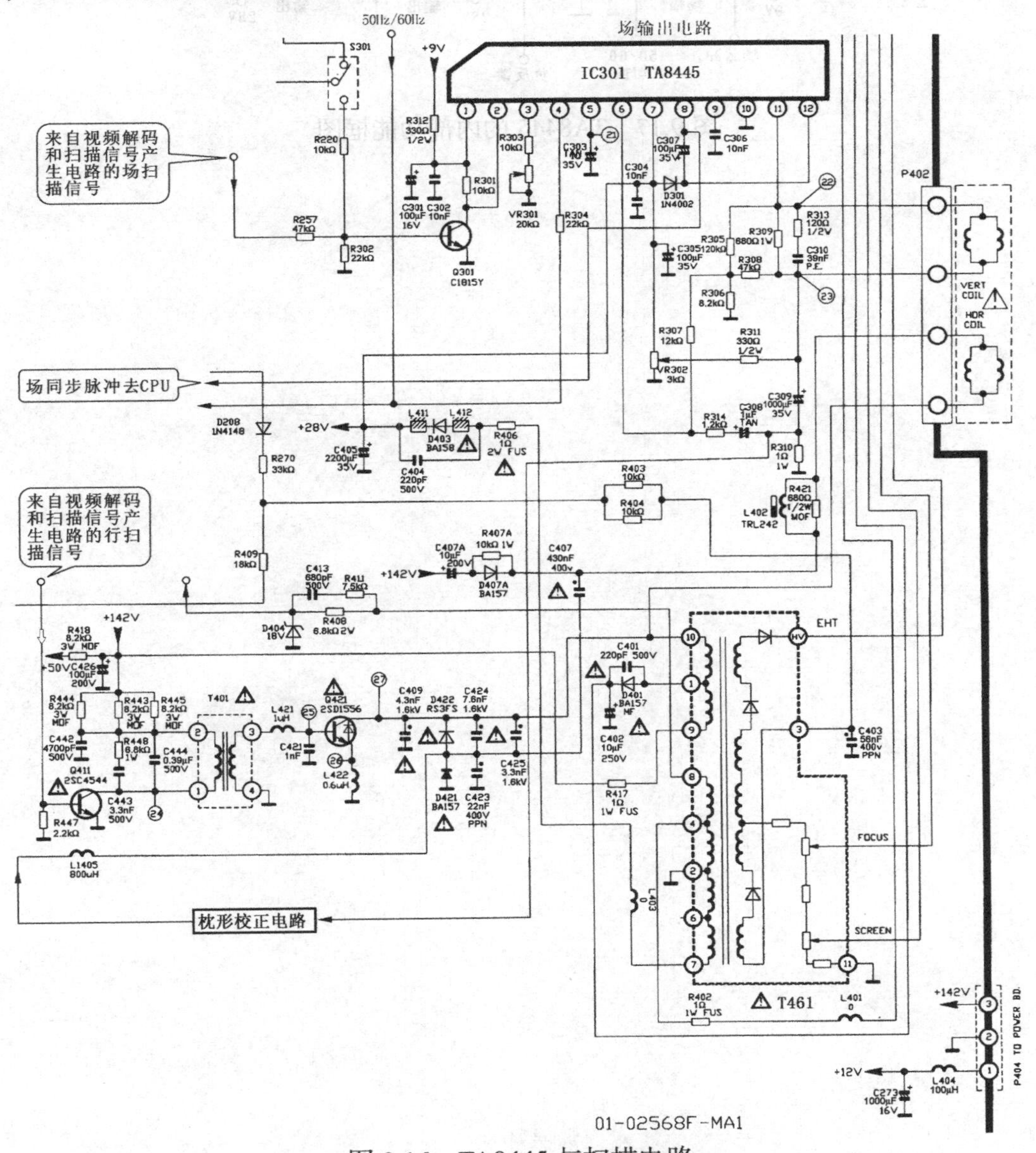

图 9.16 TA8445 与扫描电路

如果无垂直扫描应重点查 IC301①脚的 9V 供电，⑫脚的 28V 供电，以及②脚的输入，⑪脚的输出。如果场幅不足可查③脚外的场幅调整电位器（VR301），如场线性不好应查 VR302 及其相关电路，以及枕形校正电路。

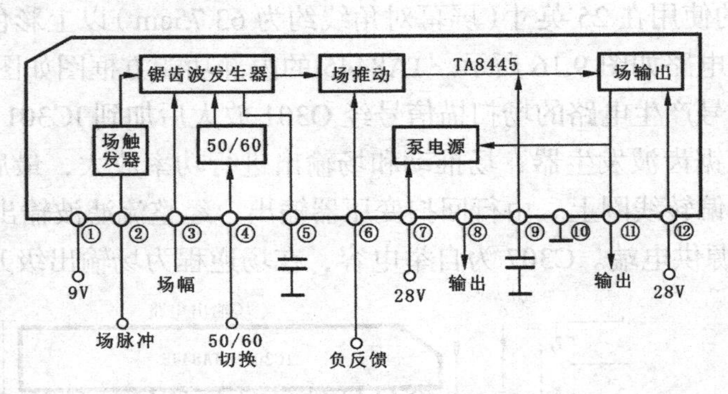

图 9.17　TA8445 的内部功能框图

第10章

电　源

10.1　电源电路的基本结构

10.1.1　整流和滤波电路

在电子设备中都有电源电路，这个电路是为电子设备中各种电子元器件提供电源的。电源电路主要是由整流和稳压电路构成的。通常电子设备中有很多不同的元器件，例如，电阻、电容、电感、晶体管、集成电路、电机、继电器等，它们都需要电源提供能源，但大多数元件和电路单元都需要直流电源。而交流市电都是 220V、50Hz 的交流电。这就需要电源电路将交流 220V 电压变成直流电压，因而这些电源电路又被称为直流电源。直流电源的组成及各部分的功能如图 10.1 所示。

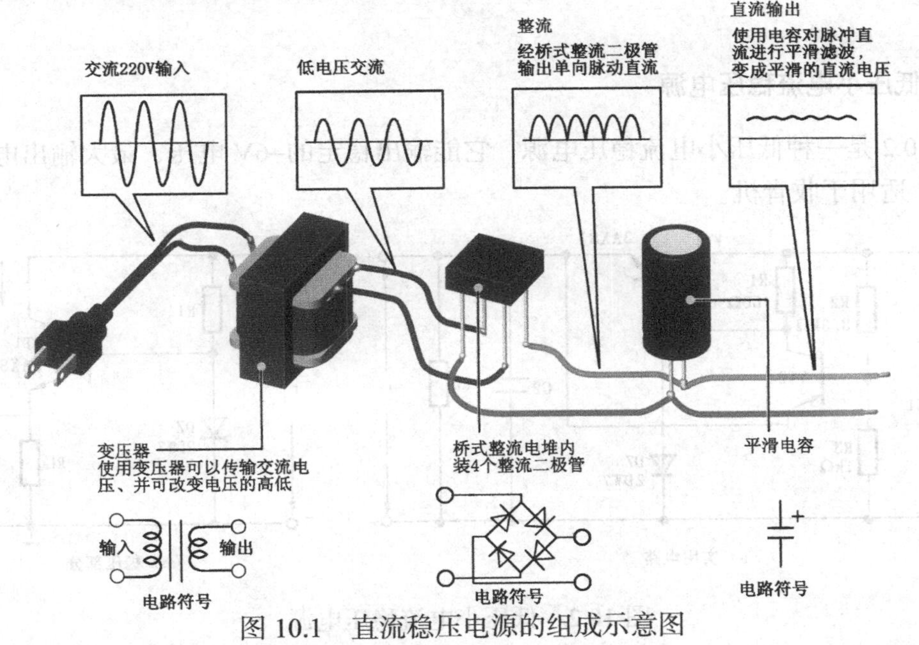

图 10.1　直流稳压电源的组成示意图

1．电源变压器

由于电网提供的交流电一般为220V（或380V），而各种电子设备所需要的直流电压幅值却各不相同，因此需要将电网电压先经过电源变压器，然后将变压后的交流低电压整流、滤波和稳压，最后得到所需的直流电压幅值。

2．整流电路

整流电路的作用是利用单向导电性能的整流元件，将正负交替的正弦交流电压变换成为单方向的脉动电压。

3．滤波电路

经整流后的单方向脉动电压包含着很大的脉动成分。滤波电路的作用是尽可能地将这种脉动成分滤掉，使输出电压成为比较平滑的直流电压。滤波电路通常由电容、电感等储能元件组成。

4．稳压电路

虽然滤波电路能滤除脉动成分，但是，当电网电压或负载电流发生变化时，滤波器的输出电压的幅值也将随之而变化。稳压电路的作用就是使输出的直流电压在电网电压或负载电流发生变化时仍保持稳定。

下面我们将分别介绍各部分的具体电路和工作原理。

10.1.2 稳压电路

1．低压小电流稳压电源

图10.2是一种低压小电流稳压电源，它能输出稳定的–6V电压，最大输出电流可达100mA，适用于收音机。

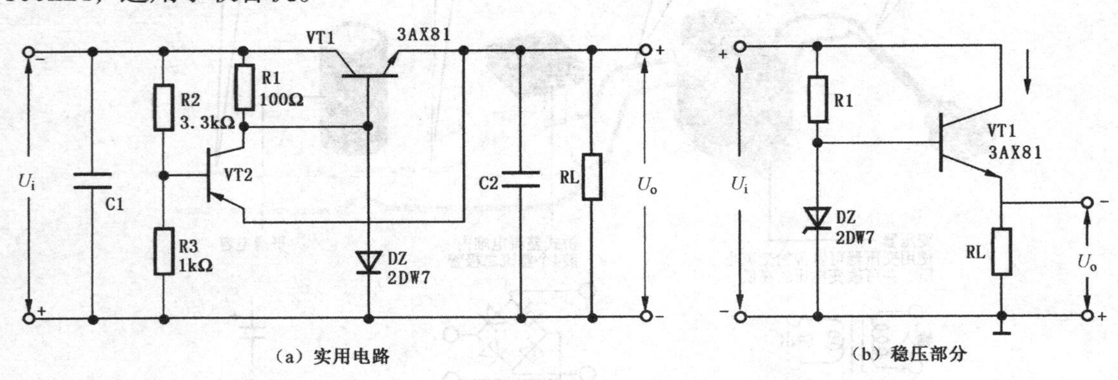

图10.2 低压小电流稳压电源

由图可见，在不考虑 C1 和 C2（起滤波作用）时，电路可分为两部分：稳压部分和保护电路部分。稳压部分由 VT1、DZ、R1 和 RL 构成。如图 10.2（b）所示。

短路保护电路部分由 VT2、R1、R2 和 R3 构成。从图可以看出，当稳压电路正常工作时，VT2 发射极电位等于输出端电压，而基极电位由 U_i 经 R2 和 R3 分压获得，发射极电位低于基极电位，发射结反偏使 VT2 截止，保护不起作用。当负载短路时，VT2 的发射极接地，发射结转为正偏，VT2 立即导通，而且由于 R2 取值小，一旦导通，很快就进入饱和，其集—射极饱和压降近似为零，使 VT1 的基—射之间的电压也近似为零，VT1 截止，起到了保护调整管 VT1 的作用。而且，由于 VT1 截止，对 U_i 无影响，因而也间接地保护了整流电源。一旦故障排除，电路即可恢复正常。

2．典型稳压电源电路

典型的 12V 供电电源电路如图 10.3 所示。图中 Tr 为电源变压器，它把市电电压变为所需的两组 17V 的电压。整流滤波采用全波整流、电容滤波方式。

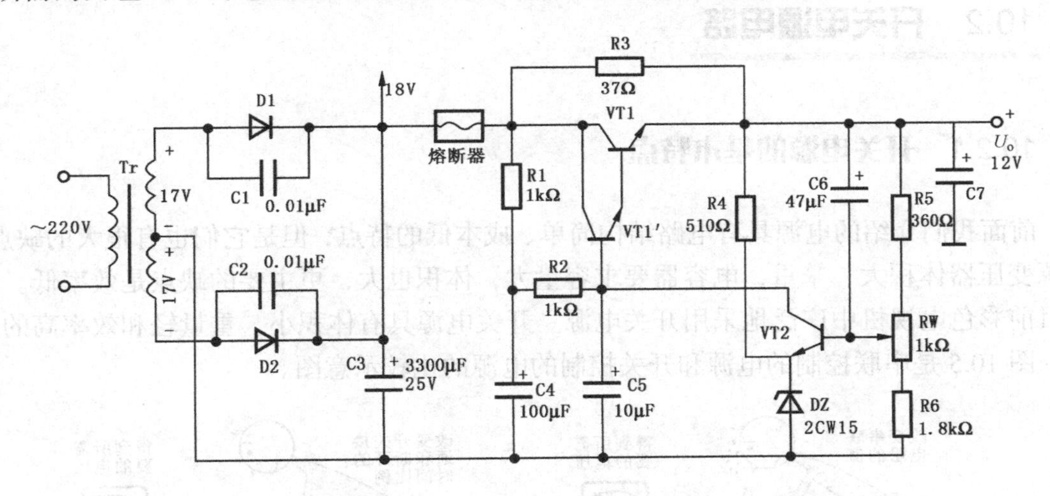

图 10.3　12V 直流稳压电源

稳压部分是典型的复合调整管串联稳压电路。图中整流二极管两端并联有 0.01μF 的电容，其作用是减小整流管的峰值电压，且避免出现调制交流声。电容 C6 的作用是增加控制能力，因为假定当输出有一ΔU_o的变化时，如果不加电容 C6，则这一变化量被 R5、R6 和 RW 分压后加在 VT2 管的基极；而加了电容 C6 后，由于电容两端的电压不能突变，因而其变化量的全部都将加在 VT2 管的基极，提高了控制能力，进一步稳定了输出电压。

电容 C5 的作用是滤波。实际上 C5 同复合管构成一电子滤波器，如图 10.4 所示。这样接法的优点是：采用较小的电容（5～20μF）能达到较好的滤波效果。这是因为基极上接一个小电容相当于在它的发射极接一个比它大β倍的大电容。如在图 10.4 中 C5′ 为 C5 在发射极的等效电容，$C5' = (1+\beta)C5$，其中β为复合管的电流放大倍数。从而进一步稳定了输出电压。

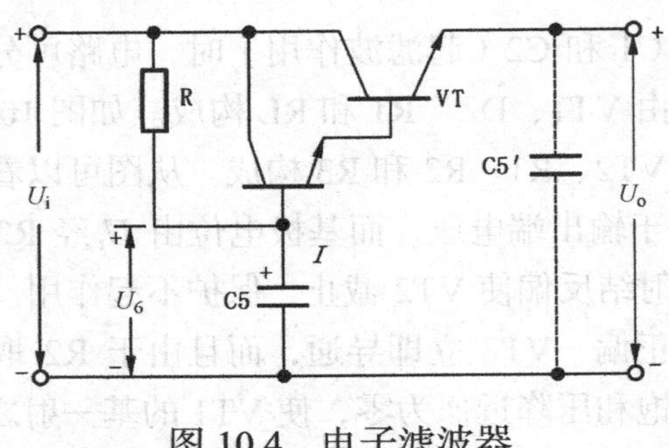

图 10.4　电子滤波器

此外，在图 10.3 中调整管 VT1 的集—射极间接了一个电阻 R3，这个电阻称为启动电阻，其功率较大。它在电路中有三个作用：一是开机时的启动作用；二是电源输出端短路时作为整流电路的负载，可限制整流管中的电流，以保护整流电路；三是作为调整管的分流电阻，以减小调整管的功耗。

10.2　开关电源电路

10.2.1　开关电源的基本特点

前面我们介绍的电源具有电路结构简单、成本低的特点，但是它们也有很大的缺点，电源变压器体积大、笨重，电容器要求容量大，体积也大，更主要的缺点是效率低。因而目前彩色电视机中广泛地采用开关电源。开关电源具有体积小，重量轻和效率高的特点。图 10.5 是串联控制的电源和开关控制的电源的比较示意图。

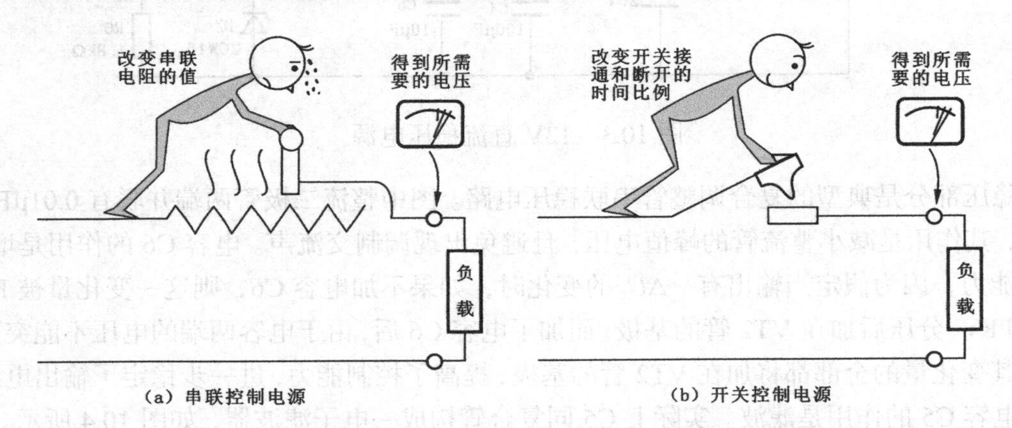

图 10.5　串联控制和开关控制的电源电路比较示意图

从图可见，串联控制的电源相当于改变与负载串联的电阻来得到希望的直流电压，这样在串联的电阻上要消耗许多的能量，这些能量没有加到负载上，必然造成电源的效率降低，为此在电源的变压和整流电路部分要备有较大的余量。而开关电源通过改变开关接通的时间（持续时间和导通间隔的变化）使负载上得到需要的电压，损失少、效率高。图 10.5（b）是用开关的导通和截止时间来取代电阻值的变化，因此用这种原理制作的电源被称为开关电源。

图 10.6 是一个开关电源输出电压的示意图。当电路中的开关以一定的导通和截止的时间比进行动作时，其输出的直流平均电压由导通和截止的时间来控制。

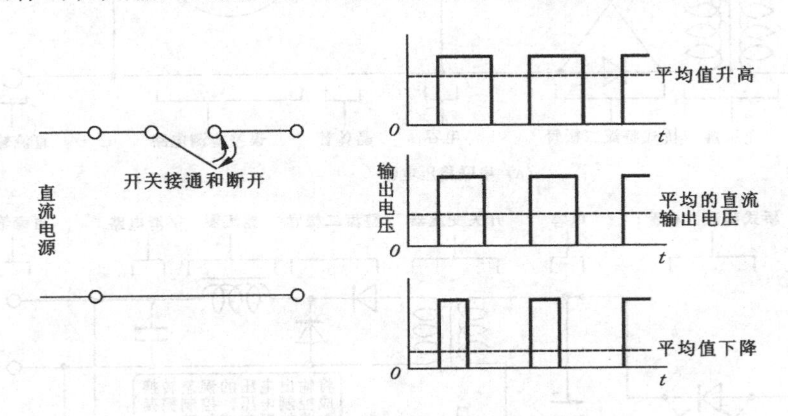

图 10.6　由开关控制输出电压示意图

开关电源电路中的开关实际上是一只晶体管，利用晶体管的开关作用进行导通和截止的动作。从图 10.6 的输出波形可见，开关电路的输出是方波，要使其变成直流必须使用电感线圈或者电容。电感线圈的阻抗是与频率成正比（$X_L = 2\pi f_L$），电容的阻抗与频率成反比（$X_C = 1/2\pi f_C$）。如果将开关的动作频率大大提高，便可使用小的电感线圈和电容得到良好的效果。实际开关电源使用的开关频率约为 20kHz，这个频率同 50Hz 的交流频率相比就高得多了。因而用于平滑滤波的电感和电容就不需要那么大了。

10.2.2　开关电源的基本构成

1. 开关电源的基本特点

图 10.7 是开关电源的结构示意图。从图可见，非稳压直流电源输出的电压加到高速开关电路上，开关电路输出的高频脉冲信号经平滑滤波电路输出稳压直流。在输出电路中设有输出电压变化量的检测电路，也就是误差检测的电路（或称取样电路）。将电压检测信号与基准电压在比较电路中进行比较，其误差形成开关控制信号，开关控制信号是负反馈信号，再去控制开关振荡电路，使开关电路的输出得到稳定。

2. 开关电源电路

彩色电视机常用的一种开关电源如图 10.8 所示，它主要是由 220V 整流滤波电路，开关电路，开关变压器和直流稳压电路等部分组成的。

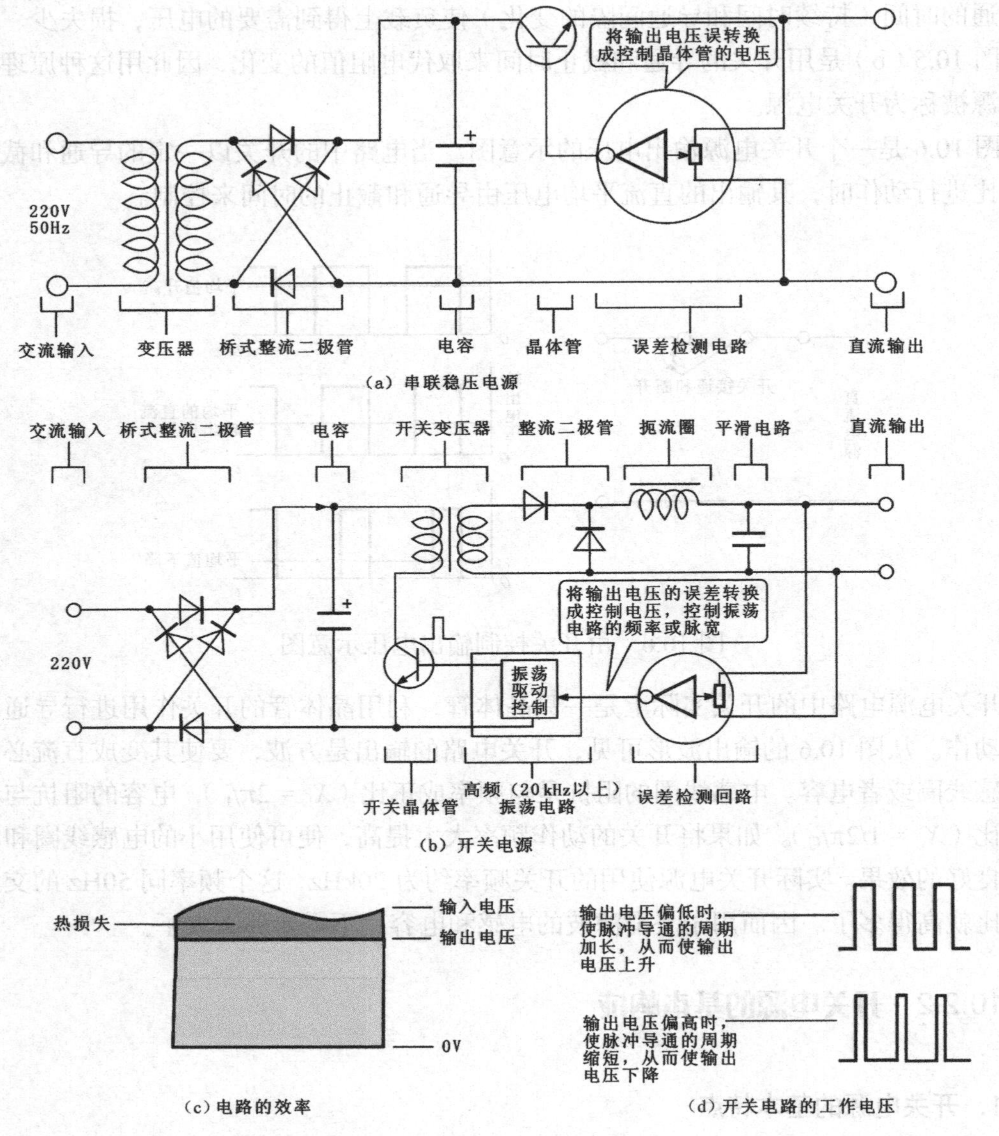

图 10.7　开关电源电路的基本构成

工作时，交流 220V 电源经开关 S801 保险丝 F801，滤波电路，由桥式整流堆 D801～D804，变成约 300V 的直流。300V 直流加到开关变压器 T802 的③脚经初级绕组后加到开关晶体管 Q804 的集电极上。同时 300V 直流电压经启动电阻 R803、R803A 为开关管提供启动电压，开关变压器⑤⑥绕组为开关管提供正反馈信号使开关管进入开关振荡状态。

开关变压器 T802 次级绕组⑭脚输出的信号经 D831 整流 C845 滤波输出+18V 电压，同时经 Q805 为 IC201 中的振荡电路提供电源（H.VCC）。

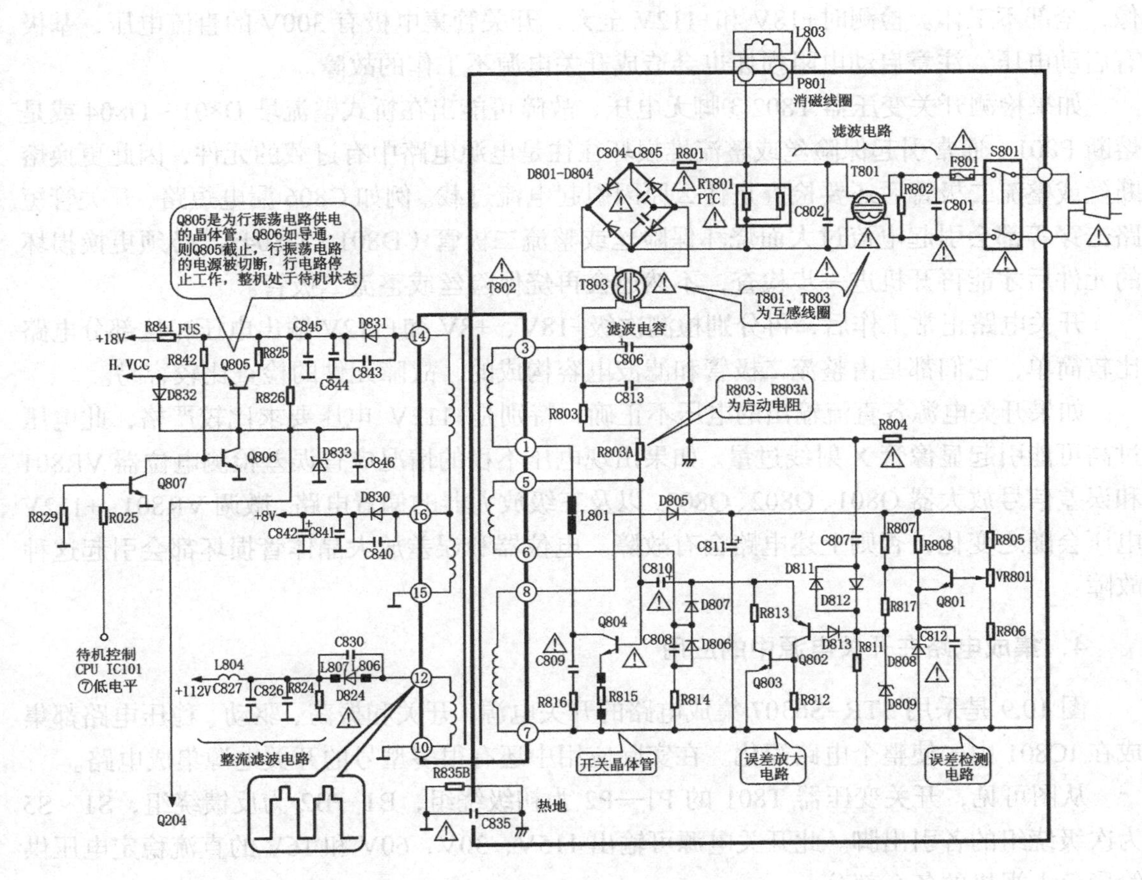

图 10.8 开关电源（TCL-2116）

T802 次级⑯脚输出，经 D830 整流 C842 滤波输出+8V 电压。

T802 次级⑫脚输出，经 D824 整流，C827 滤波输出+112V 电压，为行输出级供电。

T802 次级⑧脚输出的电压经 D805 整流 C811 滤波形成的直流电压作为误差取样电压，取样电压由电位器 VR801 微调。开关电源输出的直流电压有波动，VR801 的取样点会有同样比例的变化，这就是误差电压。误差电压加到 Q801 的基极上，Q801 的发射极接有稳压二极管 D808，相当于一个基准电压。基极的电压波动就被 Q801 放大，并由集电极送到 Q802 的基极上。误差电压经 Q802、Q803 组成的误差放大器进行放大，然后形成对开关管 Q804 基极的负反馈控制，从而实现开关电源的稳压控制。

3．开关电源的故障检修

开关电源是为彩色电视机各部分提供直流电压的电路。电源电路发生故障会使彩色电视机部分电路失常或是彩色电视机完全不能工作。

开关电源中开关管 Q804 是工作在高反压大电流的条件下，因而是最易发生故障的元件之一。开关晶体管损坏是最常见的故障。开关晶体管损坏会引起彩色电视机无声、无像，全部不工作。检测时+18V 和+112V 全无，开关管集电极有 300V 的直流电压，基极有启动电压，注意启动电阻损坏也会造成开关电源不工作的故障。

如果检测开关变压器 T802③脚无电压，故障可能出在桥式整流堆 D801 ~ D804 或是熔断 F801。通常引起保险丝或整流堆损坏往往是电源电路中有过载的元件，因此更换熔断丝或整流二极管后还要检查是什么原因引起电流过载。例如 C806 漏电短路、开关管短路击穿等都会引起电流过大而烧坏保险丝或整流二极管（D801 ~ D804）。必须更换损坏的元件后才能再开机进一步检查，不然还会再烧保险丝或整流二极管。

开关电路正常工作后，再分别检测次级+18V、+8V 和+112V 输出电压，这部分电路比较简单，它们都是由整流二极管和滤波电容构成的，故障元件的检查比较容易。

如果开关电源各直流输出的电压不正确，特别是+112V 电压要求比较严格，此电压过高可能引起显像管 X 射线过量。如果出现电压不稳的情况应查误差检测电位器 VR801 和误差信号放大器 Q801、Q802、Q803，以及三级放大器的偏置电路。微调 VR801，+112V 电压会随之变化，否则上述电路会有故障。电位器和误差放大晶体管损坏都会引起这种故障。

4．集成电路在开关电源中的应用

图 10.9 是采用 STR-S6307 集成电路的开关电源，开关和振荡、驱动、稳压电路都集成在 IC801 中，使整个电路简化。在实际应用中还有很多型号的开关电源集成电路。

从图可见，开关变压器 T801 的 P1—P2 为初级绕组，B1—B2 为反馈绕组，S1 ~ S5 为次级绕组的各引出脚。此开关电源可输出 115V，30V，60V 和 16V 的直流稳定电压供给彩色电视机的各个部分。

（1）启动电路及其故障检测

交流 220V 电压加到桥式整流器上，产生脉动电压经 C809（100μF 400V）电解电容平滑滤波后成为约 300V 直流电压，分 3 路：1 路加到 T801 初级绕组的 P1 端，并经 P2 端到 IC802①脚（开关管 Q1 的 C 极）；另一路经启动电阻 R805，R806 加到 IC802③脚（开关管 b 极）。还有一路是经一电阻后加到 IC802 的⑥脚（Q4 的基极）。开关管在此电压作用下产生基极启动电流，电路途径：+300V 正端→R805→R806→IC802③脚→Q1b 极→Q1e 极→IC802②脚→R810→300V 负端（地）。产生基极电流后，因为三极管 Q1 的放大作用，产生 $I_C=\beta I_b$，流经 P1—P2 绕组。在 T801 中，P1 端和 B1 端为同名端，通过变压器的互感作用，在反馈绕组上产生感应电动势，B1 端为正，B2 端为负。B1 端的正电压经 R807，C811 加到 Q1 的 b 极产生正反馈电流，开关管进入振荡状态。

启动电路如有故障，则电源不能工作，应查启动电阻 R805 和 R806。这两只电阻若其中有一只断路，则不能启动。还应查桥式整流的输出是否为+300V 左右的直流，若无 300V 的直流，则多半是整流滤波电路或交流输入电路有故障。

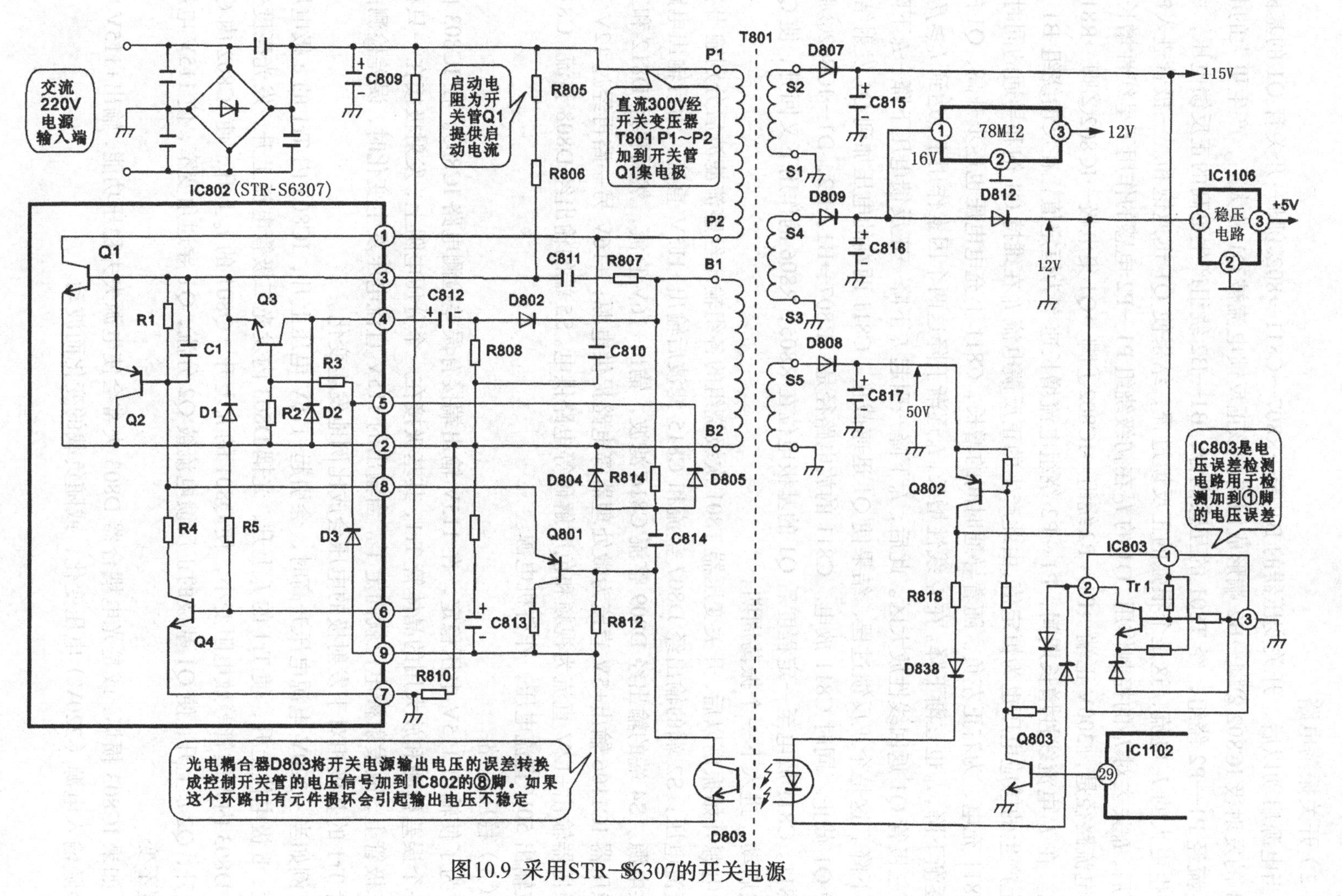

图10.9 采用STR-S6307的开关电源

（2）开关振荡电路

当电源启动以后，开关变压器的 B1 端→R807→C811→802③脚→开关管 Q1 的基极→Q1 的发射极 IC802②脚→B2 端形成回路。该正反馈电流被 Q1 放大后，产生更大的电流 I_C 流经 P1—P2 绕组，经 T801 的互感耦合，B1—B2 绕组产生更高的正反馈电压，由此产生更大的 I_C 电流，这是个很强的正反馈过程，结果使 Q1 迅速饱和。三极管进入饱和区后，I_b 失去对 I_C 的控制作用，Q1 的 I_C 在初级绕组 P1—P2 电感的作用下呈线性增长，I_C 的电流路径是，+300V 正端→P1～P2 绕组→IC802①脚→Q1 集电极→IC802②脚→R810→地。在 I_C 电流线性增长期间，P1～P2 绕组电流增长速率为恒定值，在反馈绕组 B1～B2 上产生的感应电压也为恒定值，由此产生的正反馈电流 I_b 在维持 Q1 饱和导通的同时，给 C811 充电，为右正左负。随着导通时间的增长，C811 上充电电压也逐步升高，Q1 的 V_{be} 逐渐下降，I_b 也逐渐下降。在 I_C 线性增长，I_b 逐渐下降这两个因素作用下，达到 $I_c \geqslant \beta I_b$ 时，三极管 Q1 返回线性放大区。此后，I_b 下降→引起 I_c 下降→正反馈电压下降→I_b 下降→I_c 下降。这是个正反馈过程，结果使 Q1 迅速截止。C811 两端的电压加到 Q1 发射结，维持 Q1 截止。同时 C811 放电。C811 的放电路径是：R807→B1，B2，D1→IC802③脚→C811。C811 放电至一定程度后 Q1 的基极电位在 R805，R806 的作用下又回升，使 Q1 再次启动，进入下一个振荡周期。

电源开始振荡以后，开关变压器 T801 次级绕组的各组输出经整流滤波后分别输出各种直流电压：S2 端的输出经 D807 整流和 C815 滤波后输出+115V 直流，为行输出电路提供电源。S4 端的输出经 D809 整流 C816 滤波，输出+16V 直流，然后再经 D812 和三端稳压器 IC1106 输出+5V 直流为微处理器等电路提供电源；+16V 另一路再经过 12V 三端稳压器输出+12V 直流为视频和色度解码等电路供电。S5 端的输出经 D808 整流，C817 滤波输出 50V 直流电压，作待机电源。

（3）稳压电路

为了使输出 115V 电压稳定，在 115V 输出端接有误差检测电路 IC803。在 IC803 内有一个误差检测和放大用的晶体管 Tr1，其基极接在一个分压电阻上，发射极接在一只稳压二极管上，故发射极电位就固定了。当输出的 115V 直流电压发生变化时，误差检测晶体管 Tr1 的基极相对于发射极的电压会成比例地发生变化。

例如当～220V 电源电压升高时，会引起+115V 电压上升，IC803 内 Tr1 的 e 极电压不变，b 极电位上升，使 Tr1 的 I_c 上升，光耦 D803 内发光二极管电流上升，发光亮度变强，D803 内光敏管等效电阻变小，使 Q801 的 I_b 上升，Q801 的 I_c 上升，使 IC802 内 Q2 I_b 上升，Q2 I_c 上升，使 Q1 基极的正反馈电流被 Q2 分流，Q1 导通角变窄，使 115V 电压稳定不变。

如果 IC803 损坏，或是光电耦合器 D803 失常会使电源失去稳压功能，输出+115V 电压会随输入电源（220V）电压变化，或随负载的变化而波动。

10.3 开关电源的故障检修

实例1：无光栅、无图像、无伴音

机型：康佳 A2190E

故障现象：开机无指示，不能进入工作状态，无声无像。

故障分析：开关电源电路如图10.10所示。A2190E型的电源电路主要由开关场效应晶体管V901，开关变压器T901以稳压控制集成电路N901（TDA4605-3）等部分构成的。

交流220V电压经滤波后再经桥式整流堆D901变成300V的直流电压，经开关变压器的绕组⑪—⑧加到开关管的漏极D上，开关控制集成电路N901⑤脚输出脉冲驱动信号使开关管V901处于开关状态。交流220V在开机瞬间经R915，R917，向C913充电形成启动电压（12V）。同时直流300V电压经R918，C918为N901②脚提供启动电压。变压器绕组⑭—⑬的输出经D902整流作为正反馈电压加到N901的⑥脚，使N901处于稳定的振荡状态。

开关电源的稳压控制是由RP901，V904，V902，N902等部分构成的，RP901的误差信号取自+105V输出，最后形成控制N901①脚的控制电压。

故障检修：

查开关电源是否有输出

开关电源全无输出，表明开关电路没有进入振荡状态，重点应检查整流滤波和开关电路，首先检查桥式整流电路D901的输出是否有300V直流电压，正常工作状态电容C909正极应有300V直流电压，如果无300V直流电压，应检查交流输入电路以及桥式整流电路本身。

如桥式整流输出有300V直流电压，再检查开关电路V901，N901，启动电路R915，R917及正反馈电路D902，C913。

查开关电源输出电压是否稳定

开关电源的+B电压输出不稳定会引起行扫描电路失常，如水平压缩，回扫线过载保护等。这种情况，应检查误差检测电路中的RP901，R931，R932误差放大器V904，V902和负反馈电路N902。

检查发现，开关电源无振荡，T901全无输出，T901⑪脚也无300V直流，而桥式整流堆D901有300V直流输出，表明限流电阻R901（4.7Ω/10W）损坏。更换后仍不能工作，电阻很热，查V901短路，更换后故障排除。

实例2：无光栅、无图像、无伴音

机型：康佳 F2109C

故障现象：开机无动作，不能进入收视状态。

故障分析：如果指示灯不亮，全部不工作，应重点查开关振荡电路。

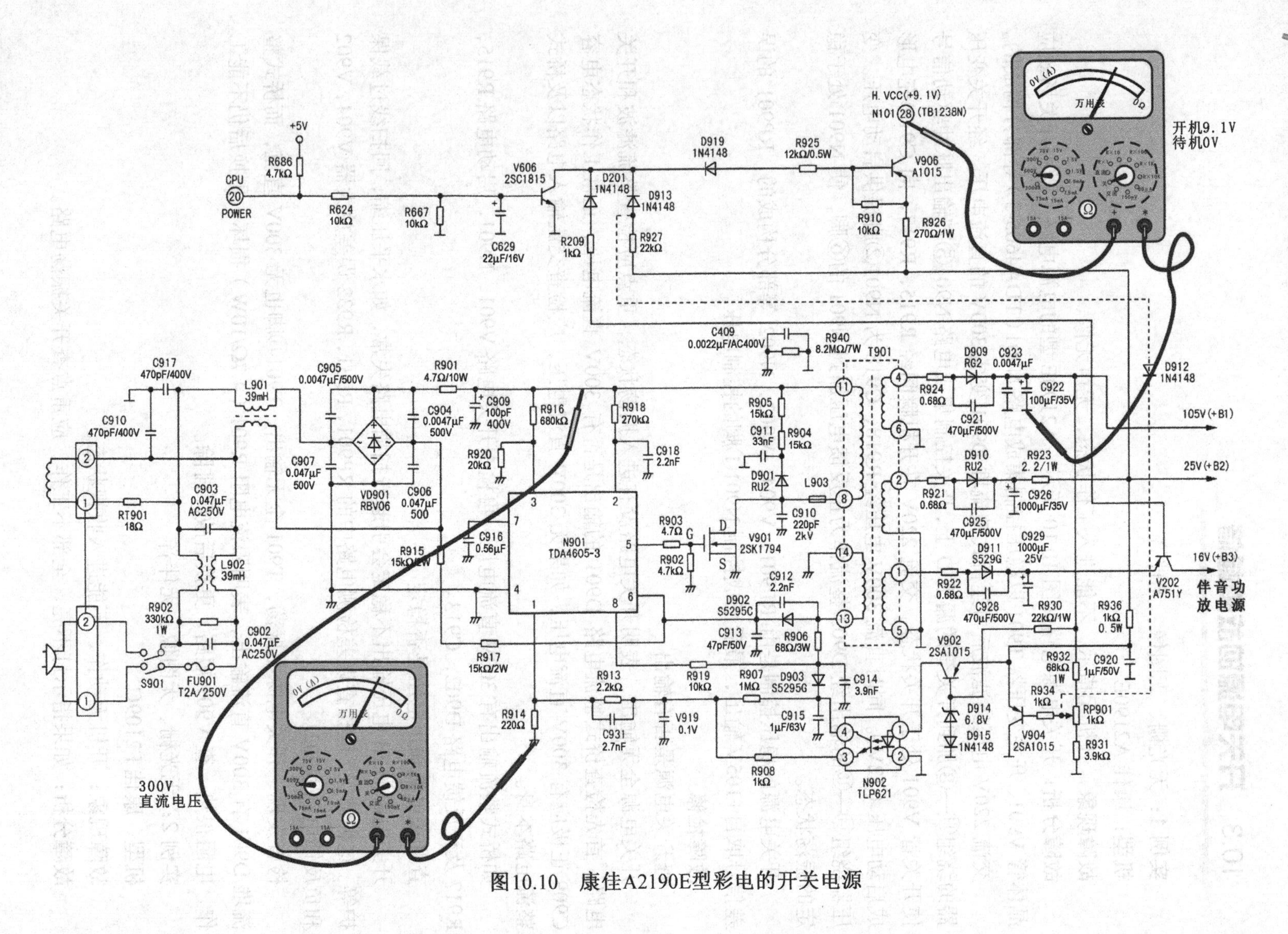

图10.10 康佳A2190E型彩电的开关电源

康佳 F2109C 彩色电视机开关电源的电路如图 10.11 所示，首先检查桥式整流电路 VD901 的输出是否有 300V 直流电压，正常工作状态电容 C905 正极应有 300V 直流电压，如果无 300V 直流电压，应检查交流输入电路（S901，C902，C903）及桥式整流电路本身。

如桥式整流输出有 300V 直流电压，再检查开关电路 N901，启动电路 R905，C915 及正反馈电路 D905，C912 等。

开关晶体管和开关控制电路等都集成在 N901（STR-F6707）中，N901 的③脚和②脚中是开关管的集电极发射极，如开关管烧坏，则会使③脚为 300V 直流电压，②脚则为 0V。这种情况需要更换 N901。

故障检修：

检测 N901③、②脚均有 300V 直流电压，表明 N901②脚的外围电路，特别是接地回路有故障，查开关管发射极限流电阻 R904 损坏，更换后（0.22Ω/2W）故障排除。

实例 3：图像不满屏

机型：康佳 F2109C

故障现象：打开电源有声有像，但屏幕左右不满屏。

故障分析：

图像左右不满屏表明行输出信号波形失常，有可能是由于行输出级供电电压不稳所致，因此应首先查+B 电压是否不稳，幅度是否正常。

故障检修：

参照图 10.11，查+B 110V 输出电压，只有 100V 左右。表明误差检测和误差放大器 N905、负反馈光耦 N903，以及 V998 可能有故障。分别检测上述元器件，更换 N905 后故障排除。

实例 4：无光栅、无图像、无伴音

机型：长虹 2936FD

故障现象：开机无动作，不能进入工作状态。

故障分析：

长虹 2936FD 彩色电视机的电源电路如图 10.12 所示，它主要是由开关场效应晶体管 V840，开关控制电路 N811（TDA4605），开关变压器 T803 及整流，滤波电路等部分构成的。电路简单、检测方便。

开关振荡信号的产生电路是在 N811 中，启动电压送到 N811 的⑥脚，正反馈电压也加到此脚。由交流输入和整流电路产生的+300V 直流电压分别经 R812，R813 为 N811②脚、③脚内的过压和欠压检测电路提供直流电压。N811 的①脚为稳压控制信号输入端。T803 的⑦脚的输出信号经整流滤波后用来进行误差检测。在⑦脚处接有 R825，D823，C823 整流滤波元件，C823 上的电压变化与输出电压的变化成正比。将 C823 上的电压变化送到 N811 的①脚即可实现稳压控制。开关电源输出电路与开关振荡电路各自独立，这样在检修上比较方便，可直接按图检测。

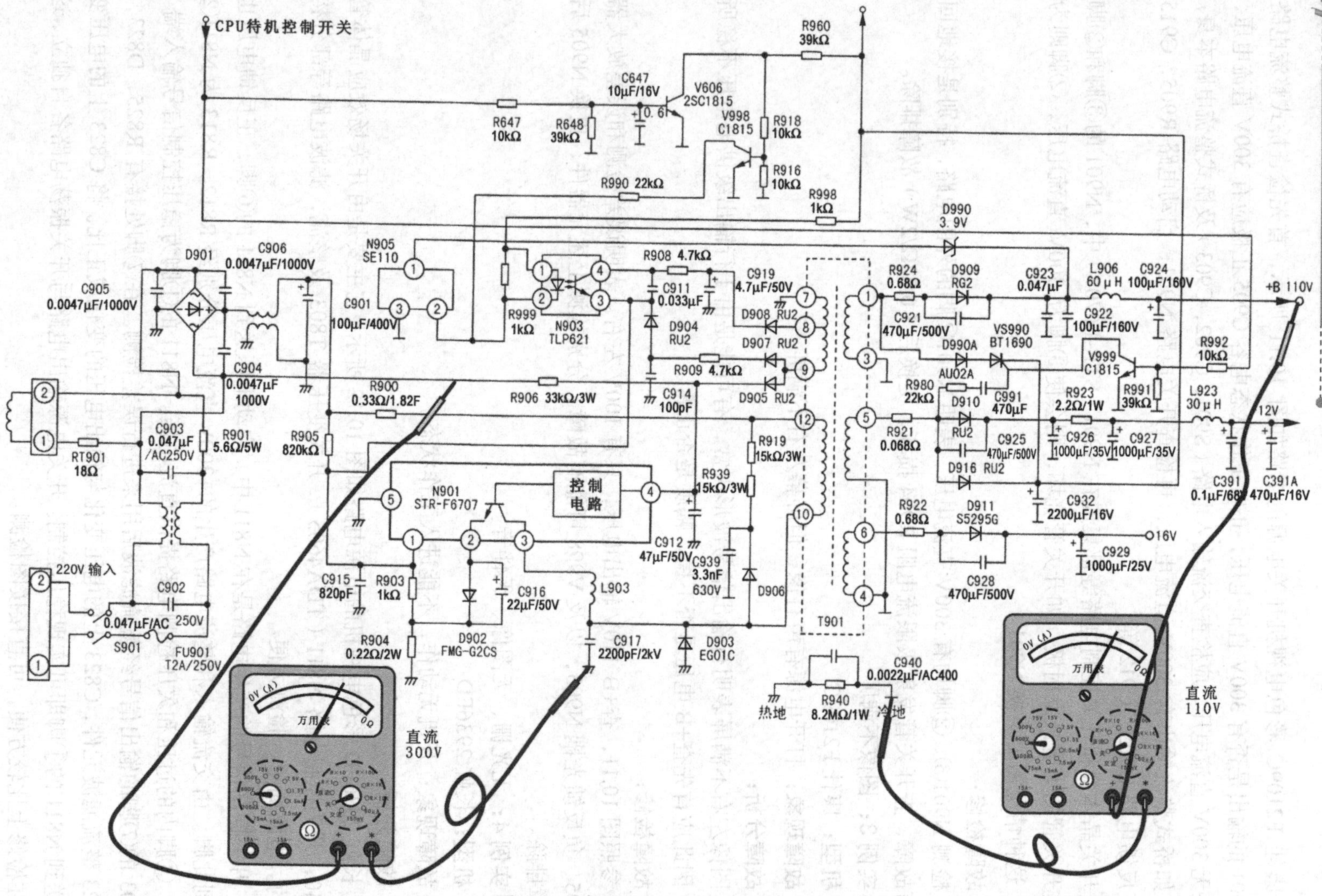

图10.11 康佳F2109C开关电源电路

故障检修：

1. 查开关电源的输出，+145V、+16V、5V 等端子均为零，无输出。

2. 查开关场效应管 V840 基极无信号。

3. 查整流输出 300V 直流正常，表明开关振荡集成电路 N811 工作失常，分别检测各引脚电压，与图 10.12 中的参数对照，发现⑥脚无电压，正常时应为 12.4V。可能启动电路或正反馈电路中有故障。

4. 查 N811⑥脚外的启动电阻 R802，阻值为无穷大表明已烧断，更换后故障排除。

实例 5：无光栅、无图像、无伴音

机型：长虹 G2916

故障现象：开机无动作，不能进入工作状态。

故障分析：

整机不能工作应先查+115V 输出，如输出不正常再查开关电源电路。

长虹 G2916 彩色电视机的电源电路如图 10.13 所示。这种电路结构比较简单，工作比较可靠。电路中主要采用了 STR-F6656 厚膜集成电路作开关控制电路，场效应开关晶体管也集成在这个厚膜电路中。交流输入电路中整流产生的+300V 直流电压经开关变压器初级绕组⑱～⑬加到 N801 的③脚，同时 300V 经 R805 为 N801①脚供电，交流输入电压还经半波整流电路和 R802 为 N801④脚提供振荡启动电压，使开关电路启动。开关变压器 T800⑪脚输出经 R806，D804，V801 为 N801④脚提供正反馈电压，使开关电路维持振荡状态。

开关电源主要输出+115V、+5V、+25V、+9V 等直流电压，误差检测电路 N831 接在 115V 输出电路中，误差输出去控制光耦，经光耦将误差信号反馈到 N801 的①脚进行稳压控制。

电源的开机/待机控制由微处理器输出通过 V830 和 V831 两晶体管来实现。

故障检修：

查+115V 输出为 0V，T800⑱脚有 300V 电压，表明开关电源没有振荡，分别查启动电路、正反馈电路和 N801，结果正反馈电压的晶体管 V801 损坏，更换后故障排除。

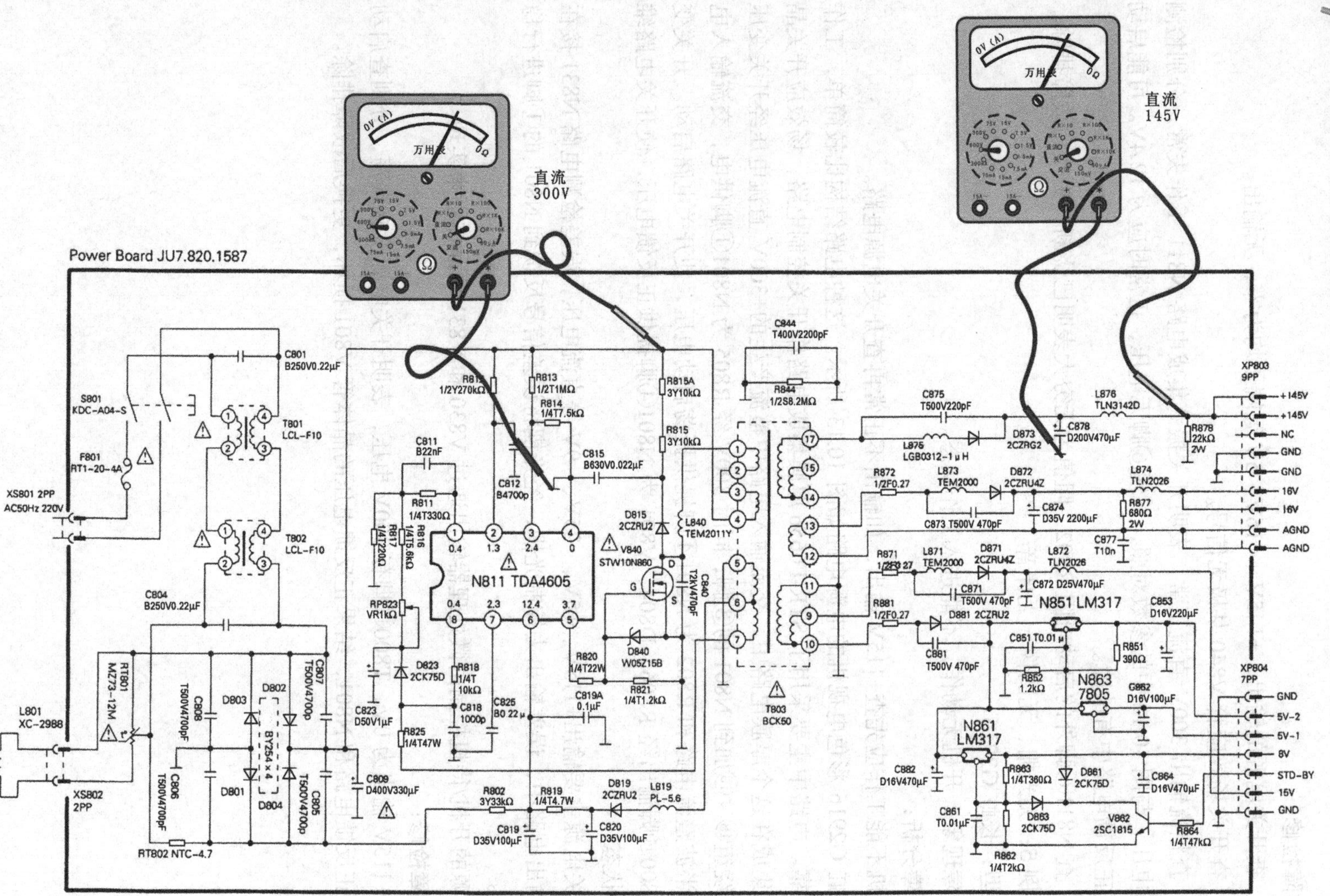

图10.12 长虹2936FD型彩电的电源电路

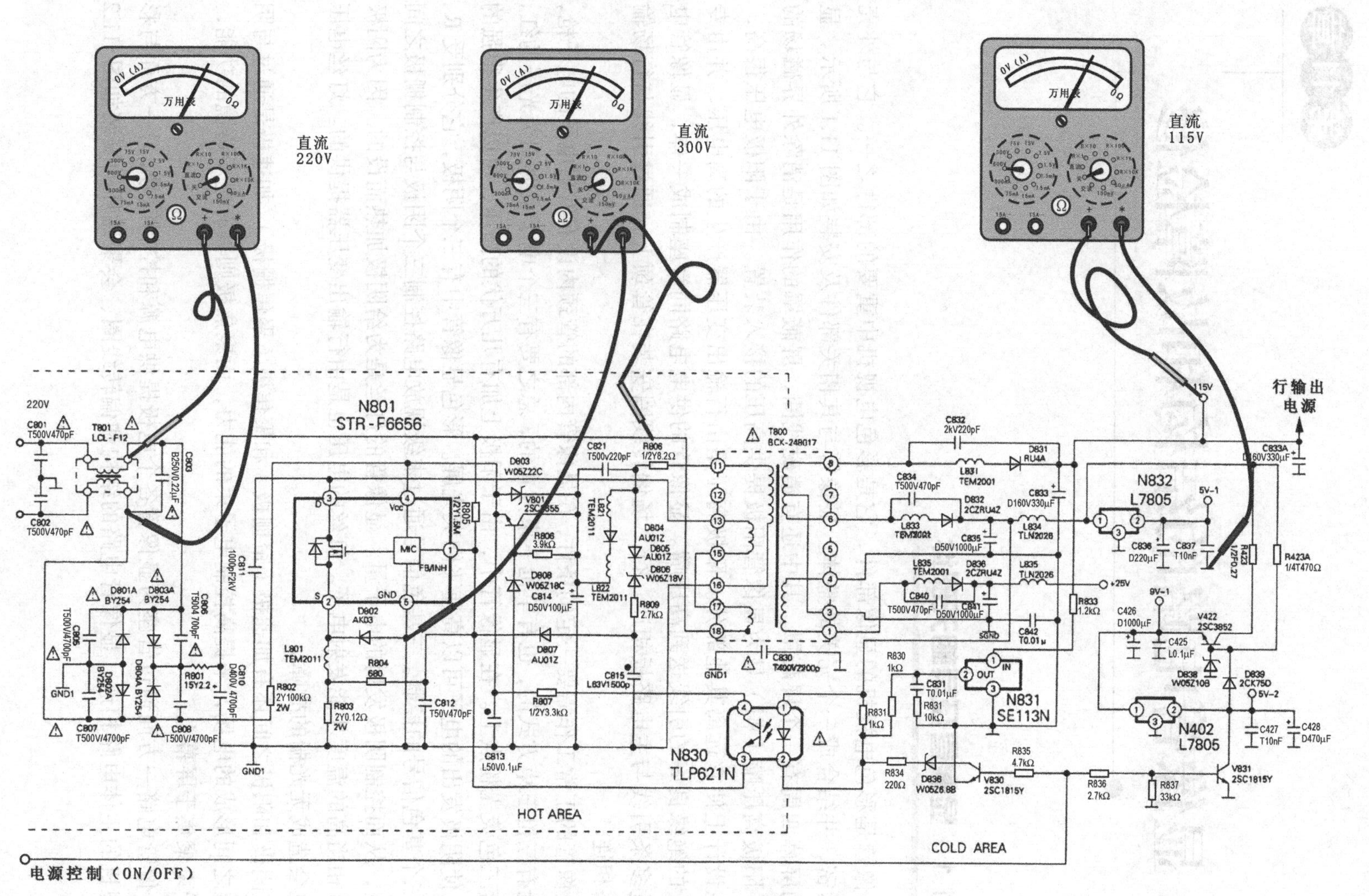

图10.13 长虹G2916电源电路

第11章

显像管电路的结构和故障检修

11.1 显像管及其相关部件

显像管是彩色电视机的显像部件，它是彩色电视机中重要的部件之一。它与外壳配合紧密，并结合成一个完美的整体。显像管与其相关部件及安装如图 11.1 所示。显像管的屏幕四周有一个屏蔽罩，其中还有消磁线圈，屏蔽罩的作用是消除外界磁场的干扰。阳极高压嘴（帽）是为显像管阳极提供高压的接入装置。由于阳极电压很高，所以在设计上使它远离其他部分。阳极高压是由行输出变压器产生的高电压，并由专门设计的绝缘良好的引线送到高压嘴。显像管的供电电路同管座制成一体，显像管电路通过多条引线与主电路板相连。行、场偏转线圈安装在管颈上，通过引线与行场输出电路相连。

显像管的正常工作需要一定的条件，在显像管内部的管颈内设有发射电子的电子枪，电子枪有三枪三束方式的，也有单枪三束方式的，总之要有三个电子束射到荧光屏的红、绿、蓝三色荧光粉点上。在显像管中，由于阳极上加有几万伏的高压，可以产生很强的电场，使阴极发出的电子可以高速飞向荧光屏。彩色显像管中有三个阴极，它分别受 R、G、B 三个基色信号的控制。三基色信号通过末级视放电路控制三个阴极与控制栅极之间的电位，从而控制阴极发射的电子量。显像管的灯丝是为给阴极加热而设的。因为阴极必须有相当高的温度才能发射电子。灯丝的电压也是由行输出变压器提供的。灯丝电压失落也会造成无光栅的故障。

在阴极和阳极之间还有加速极（帘栅极）和聚焦极（聚焦栅极）。加速极是通过与阴极电位之间形成的电场，来提高控制电子束的能力，而聚焦极则具有电子透镜的功能，使电子束聚焦于屏幕上。

显像管电路一方面通过管座为显像管各个电极提供电源和控制信号；另一方面与彩色电视机的主体电路相连。显像管电路的结构和偏转线圈、会聚磁环的安装如图 11.2 所示。

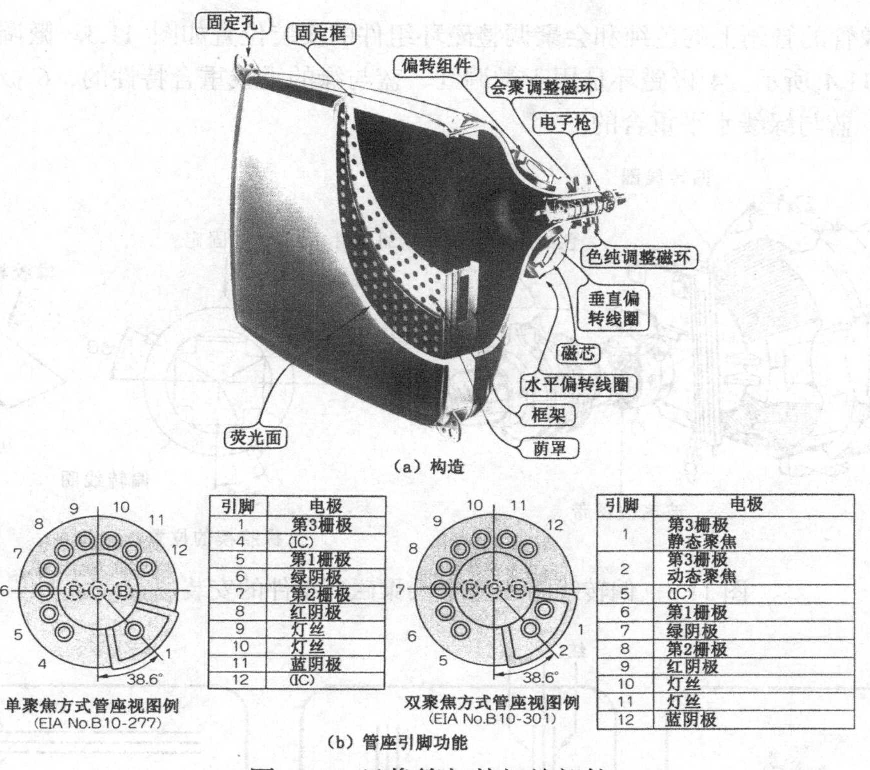

引脚	电极
1	第3栅极
4	(IC)
5	第1栅极
6	绿阴极
7	第2栅极
8	红阴极
9	灯丝
10	灯丝
11	蓝阴极
12	(IC)

引脚	电极
1	第3栅极 静态聚焦
2	第3栅极 动态聚焦
5	(IC)
6	第1栅极
7	绿阴极
8	第2栅极
9	红阴极
10	灯丝
11	灯丝
12	蓝阴极

图 11.1　显像管与其相关部件

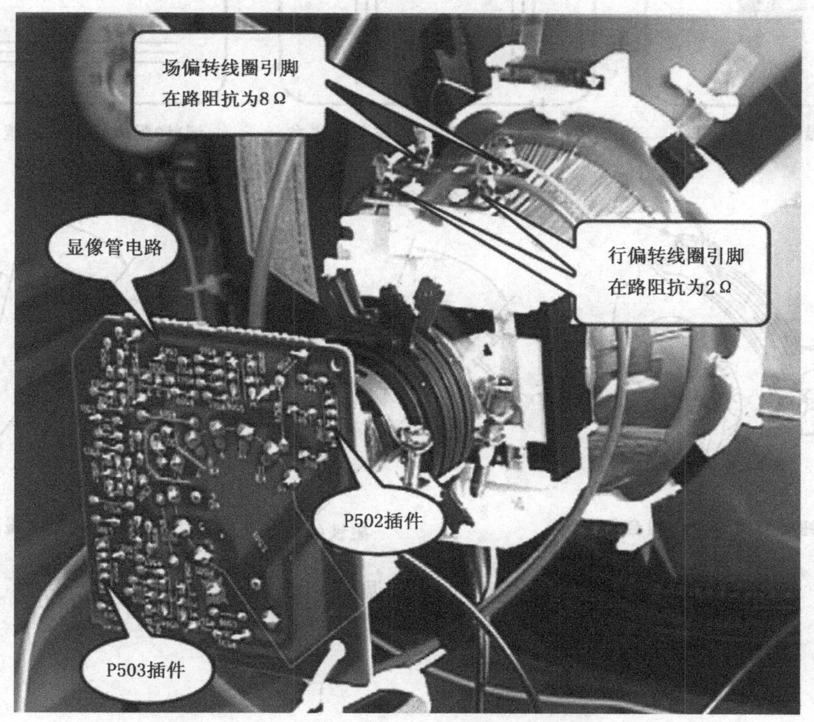

图 11.2　显像管电路和偏转线圈

在显像管的管颈上的色纯和会聚调整磁环组件的安装位置如图 11.3。微调磁环组件结构如图 11.4 所示。4 极磁环是用于微调红、蓝与绿的垂线重合特性的，6 极磁环是用于微调红、蓝与绿线水平重合的。

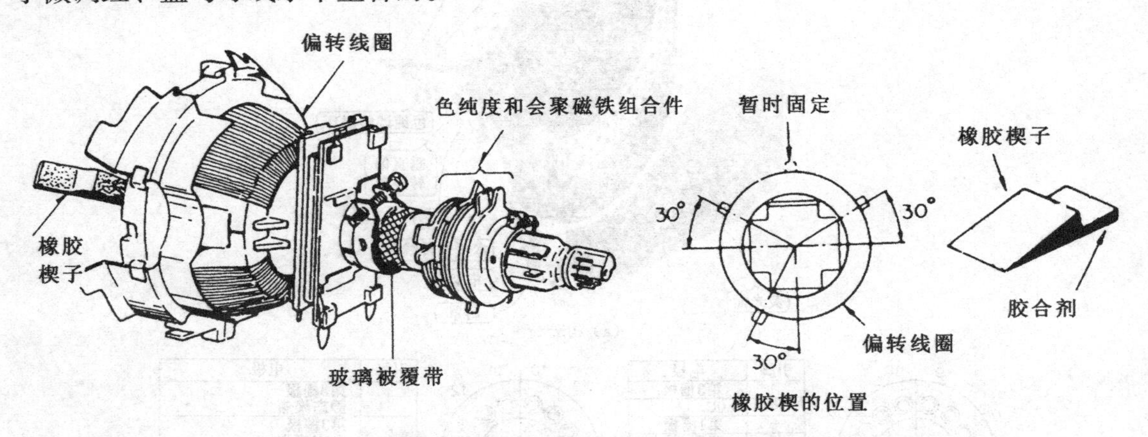

图 11.3　偏转线圈和色纯/会聚磁环组件的安装位置

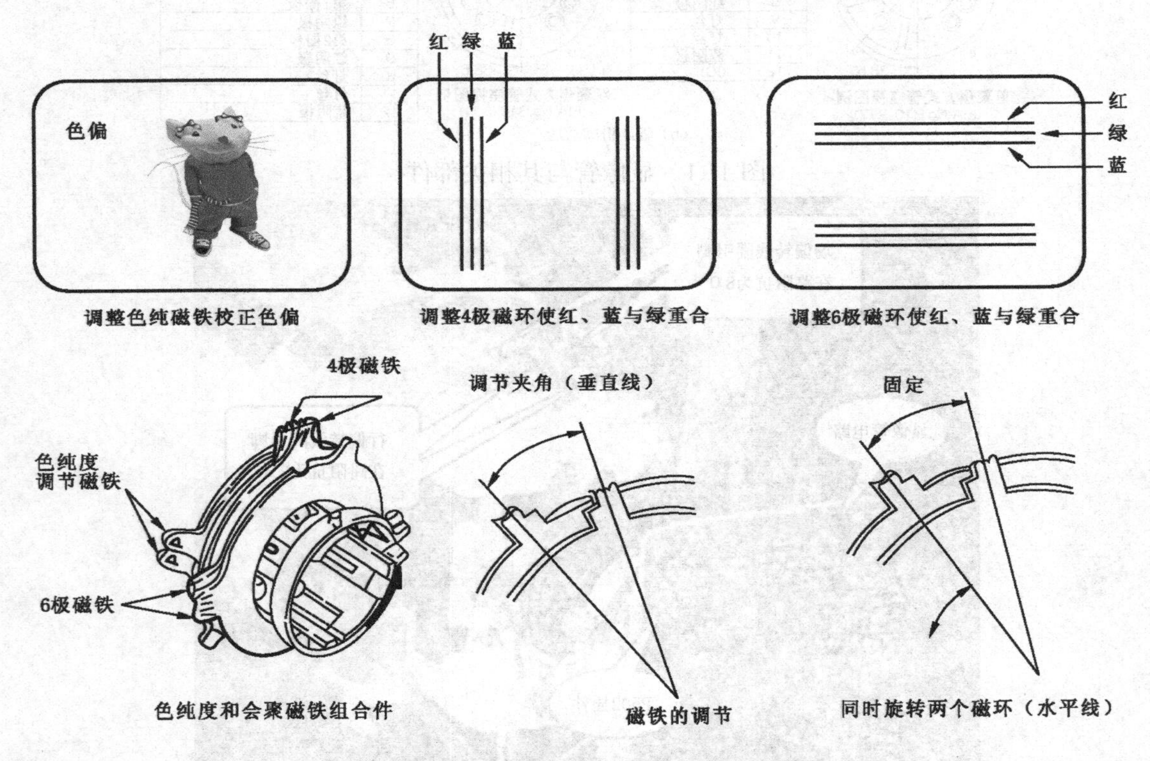

图 11.4　色纯和会聚微调磁环组件的结构

11.2 显像管电路的基本结构

11.2.1 末级视放电路

彩色电视机的显像管电路是为彩色显像管的各电极提供驱动信号的电路，其中末级视放电路是显像管电路的主要部分，它是彩色图像红、绿、蓝三基色电视图像信号的输出电路。显像管与驱动电路的关系如图 11.5 所示。通常末级视放电路有两种形式：一种是输入三个色差信号（R–Y、B–Y、G–Y）和一个亮度信号（Y），经过晶体管（视放管）或集成电路组成的色矩阵放大电路输出三基色信号加至显像管三个阴极上。图 11.6 的电路即为此种形式。这里由㊿、⑤④、⑤⑤端子输入 R–Y、G–Y 及 B–Y 色差信号，加至视放输出管 Q502、Q501、Q503 的基极；而亮度信号 Y 则由⑤⑥端子输入加至 Q502、Q501、Q503 的发射极。利用 Q502、Q501、Q503 管子作相减电路，在其各自的集电极输出 R、G、B 三基色信号加至显像管三个阴极。

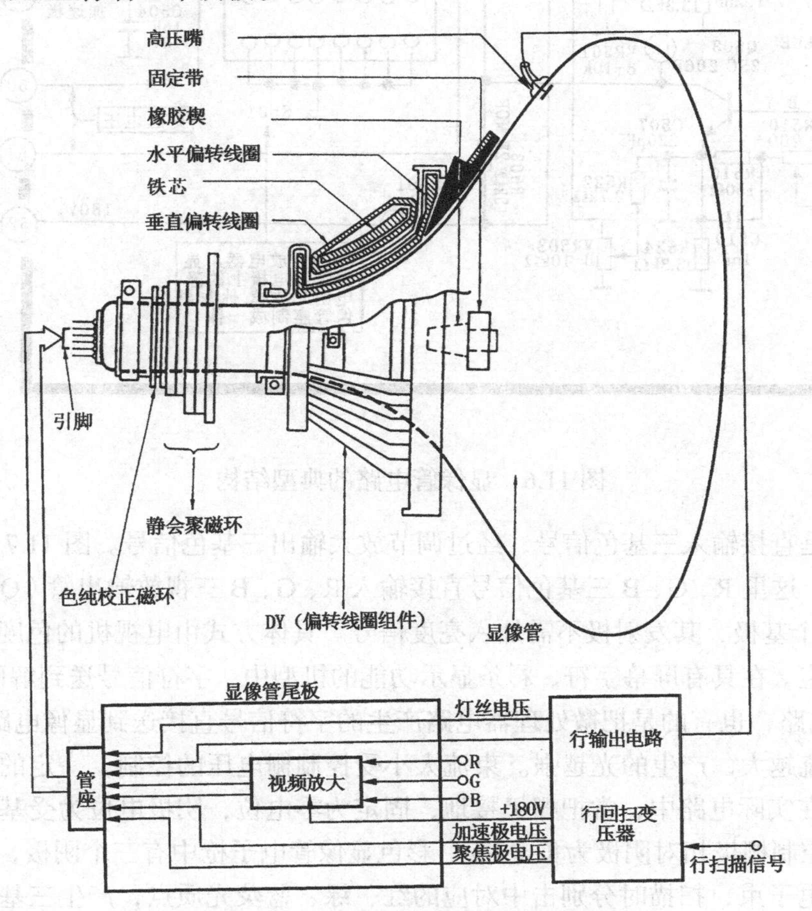

图 11.5　显像管与驱动电路的关系

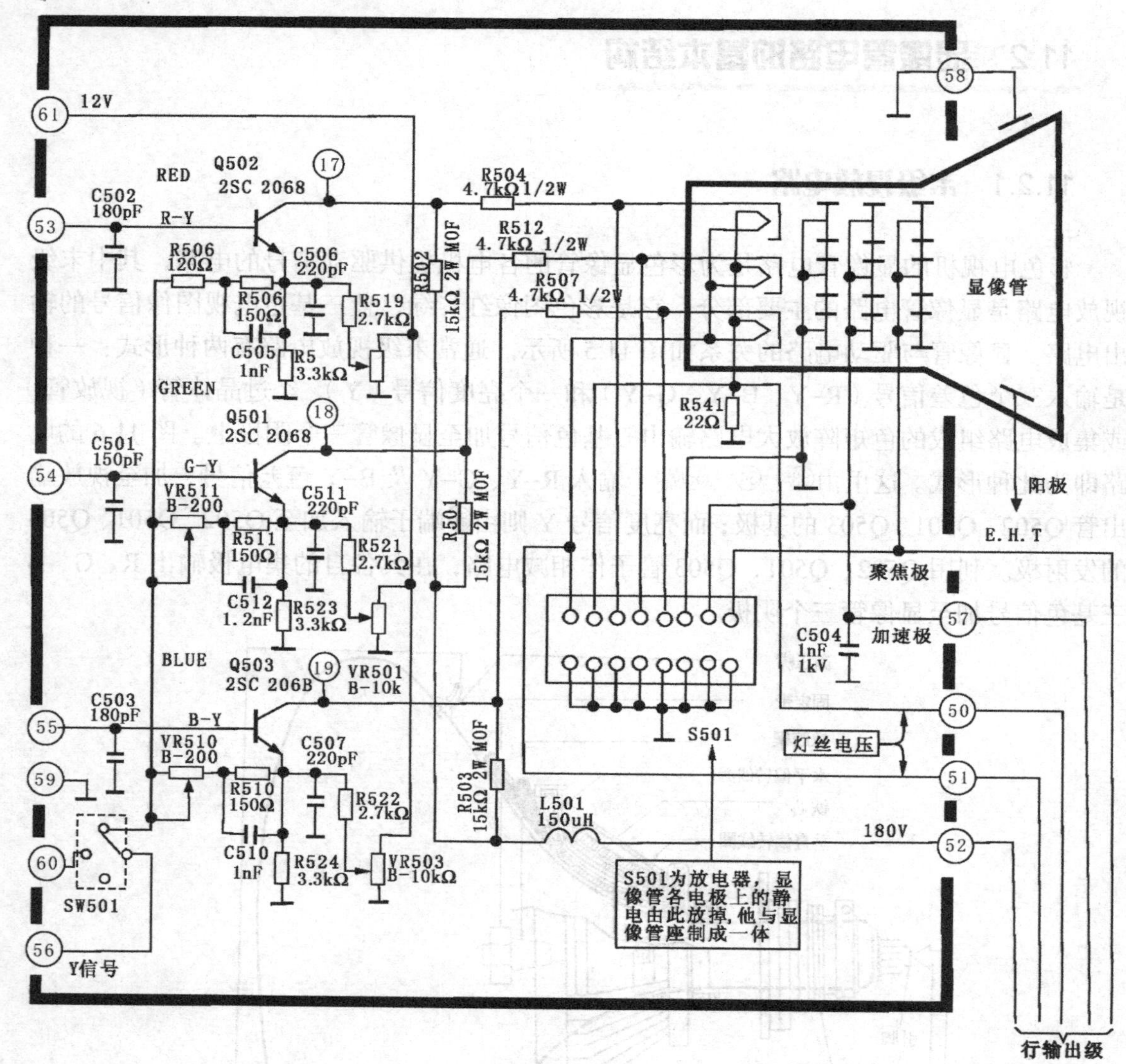

图 11.6　显像管电路的典型结构

另一种是直接输入三基色信号，经过调节放大输出三基色信号。图 11.7 所示电路即为此种形式。这里 R、G、B 三基色信号直接输入 R、G、B 三视放输出管（Q351、Q352、Q354）的三个基极，其发射极不需加入亮度信号。具体方式由电视机的色度、亮度信号处理电路决定。在具有屏幕字符、彩条显示功能的机型中，字符信号送到解码电路的 R、G、B 开关电路，也有的是把微处理器电路产生的字符信号直接送到显像电路的。

电子束流越大，产生的光越强。束流大小受控制栅电压的控制，一定的负栅压可将束流截止。在实际电路中，常把栅极接地，固定为零电位，阴极电位为受基色信号控制的正电位（控制栅极相对阴极为负电位）。彩色显像管电子枪中有三个阴极，形成反映三基色信号的电子束，扫描时分别击中对应的红、绿、蓝荧光质点，产生三基色光。电子束流在电子枪中前进时受到管颈外部扫描磁场的作用，作水平（行）和垂直（场）扫描，

形成光栅。在扫描中，一个阴极的电子束流只击中一种颜色的荧光质点。如有误差，击中其他色点，光栅将掺有其他颜色，称色纯度不良，色纯度调整是通过管颈外的色纯度调整磁环进行的。调整的实质是机械地微调磁场位置，使电子束正确着靶。

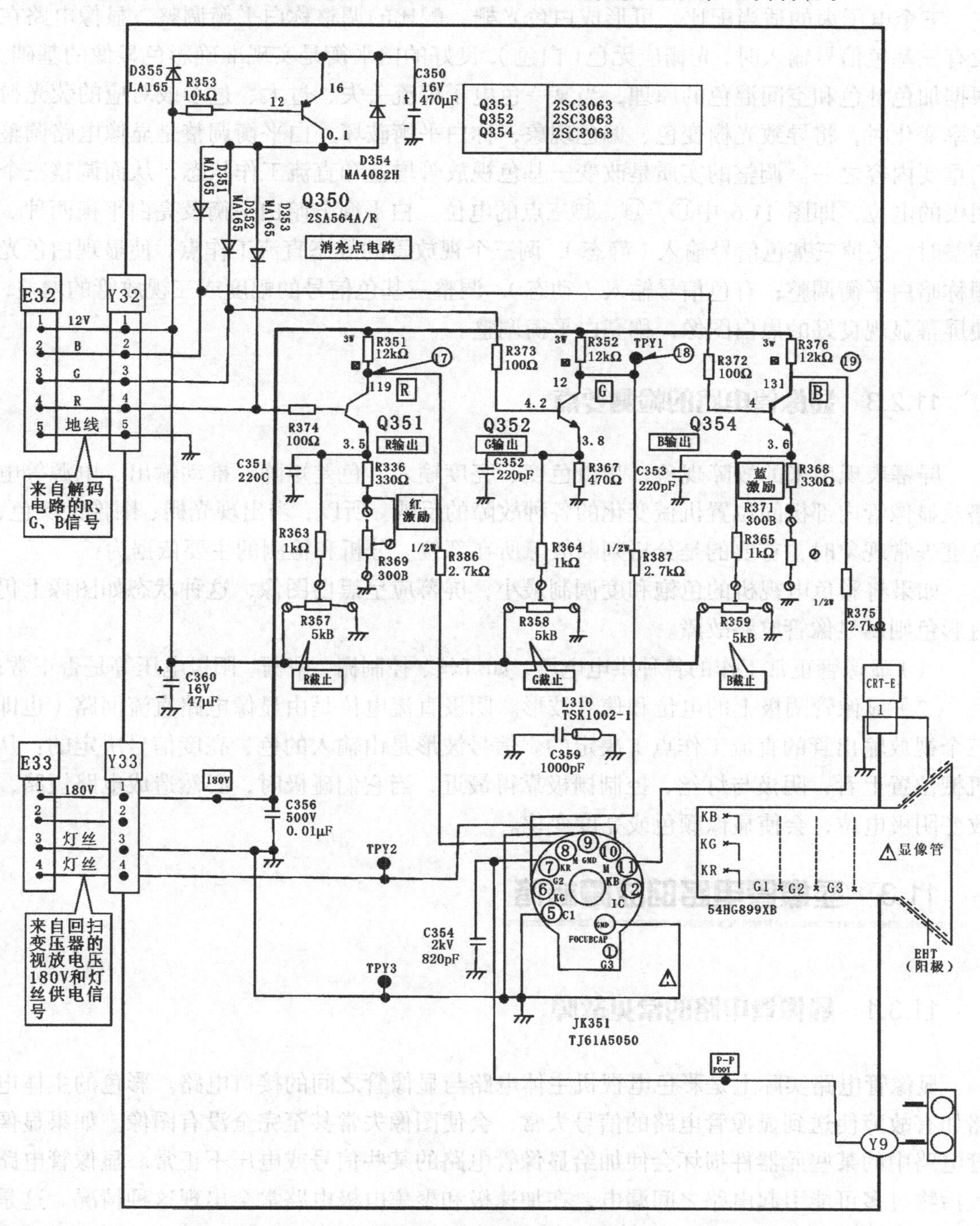

图 11.7　TC-2188 彩色电视机的显像管电路

11.2.2 白平衡调整电路

三个电子束的适当配比，可形成白色光栅，配比的调整称白平衡调整。显像电路在没有三基色信号输入时，光栅应无色（白色），良好的白平衡是实现准确彩色显像的基础。根据加色补色和空间混色的原理，当某一色电子束流丢失、过大、过小或对应的荧光粉效率变化时，将导致光栅变色、偏色现象，称白平衡破坏。白平衡调整是显像电路调整的重要内容之一。调整的实质是改变三基色视放管增益和直流工作状态，从而调整三个阴极的电位，即图 11.6 中⑰、⑱、⑲三点的电位。白平衡分暗白平衡及亮白平衡两种。调整时，关掉三基色信号输入（静态），调三个视放管的静态直流工作点，使显现白色光栅称暗白平衡调整；有色信号输入（动态），调整三基色信号的幅度或三视放管的增益，使屏幕显现良好的黑白图像，称亮白平衡调整。

11.2.3 显像管电路的检测要点

屏幕表现出来的故障现象，是由色度、亮度输入、色差矩阵、推动输出、电源等电路及显像管内部极间位置机械变化的各种故障的反映。所以，当出现光栅、图像的颜色、亮度失常现象时，首要的是分析判断故障所在部位。分析和检测的主要依据为：

如果将彩色电视机的色饱和度调制最小，屏幕应呈黑白图像，这种状态如图像上仍有彩色则属显像管电路故障。

（1）显像管正常工作的各种供电电压，如灯丝、控制栅、帘栅、阳极电压等是否正常；

（2）显像管阴极上的电位和信号波形。阴极直流电位是由显像电路直流回路（也即三个视放输出管的直流工作点）决定的。信号波形是由输入的色、亮度信号决定的：从机械位置上看，阴极与灯丝、控制栅极靠得最近，当它们碰极时，必然造成电路短路，改变阴极电位，会使显像颜色或亮度变化。

11.3 显像管电路的故障检修

11.3.1 显像管电路的常见故障

显像管电路实际上是彩色电视机主体电路与显像管之间的接口电路。彩色的主体电路如有故障使送到显像管电路的信号失常，会使图像失常甚至完全没有图像。如果显像管电路中的某些元器件损坏会使加给显像管电路的某些信号或电压不正常。显像管电路板污物过多可能引起电路之间漏电，在加速极和聚焦电极电路常会出现这种情况。这是因为加速极和聚焦极的直流电压比较高的缘故。再则显像管内部损坏或是极间有短路或

碰极的情况，都会造成图像失常。

11.3.2　显像管电路故障的检修方法

在显像管电路中，主要的元件是三只视放管和它的偏置元件，任何一个视放晶体管不良都会引起色偏。如图 11.6 所示，每个视放管的集电极接到显像管的一个阴极上。色差信号加到该管基极上，亮度信号加到发射极上，两者在管内合成起作用。这两种信号实际上是控制各晶体管的集电极电流，最终达到控制显像管阴极电压的目的。如果红色视放输出晶体管出现击穿短路的故障，其集电极电压下降接近地电位，显像管红阴极也接近地电位，相应红电子枪发射的电子束流达最大值，于是屏幕表现为基本全红、即红色光栅。相反，如果红输出晶体管烧断，完全无电流，则红阴极的电位上升到电源电压，红电子束流几乎为零，所以表现为缺红故障，图像出现偏蓝或青的故障。又如解码电路送来的 R–Y 色差信号如果失落，会出现同样的故障现象。检测视放晶体管的直流偏置电压或是检测色差信号即可断定故障出在哪儿。

同理，如果蓝输出或绿输出视放晶体管出现与上述类似的故障，则会出现全绿、全蓝，或是缺绿、缺蓝的故障。

如果这些晶体管并没有完全损坏，只是有些变质，其故障现象就与变质的程度有关了。即图像出现色偏的程度也就不同了。

如果亮度信号失落，图像就会基本消失，这是因为亮度信号是决定图像的主要信号。

亮白平衡调整电位器失调（如图 11.6 中的 VR511、VR510）、暗白平衡调整电位器（如 VR503、VR502、VR501）损坏或是失调也会影响色偏。

如果视放输出级的直流电源有故障，图 11.6 中㉜脚处电压失落会使显像管三个阴极电压几乎降低到 0，则三个电子束流都会达到最大值，图像表现为全白光栅。由于束流过大有些彩色电视机会出现自动保护状态，并转为无光栅无图像。检测㉜脚即可判明故障，此处正常电压为 180V 左右。

如果加速极电压有故障，电压过低或失落会出现图像暗而且不清晰的故障；如果此电压偏高会出现回扫线。

如果聚焦极电压失落或偏低，会出现散焦现象，使图像模糊不清。

在图 11.6 中 S501 是一个放电装置，如果因其中有污物或受潮而造成漏电，会影响相关电极的电压，也自然会出现各种故障。

阳极高压电路出现故障，或是高压嘴接触不良会引起无图像无光栅等故障。如果高压失落会出现无光栅的故障。如果高压过高会出现图像缩小，并会引起自我保护。如果高压偏低会出现图像扩大并散焦的故障。

11.3.3　会聚和色纯调整部分的故障检修

1．会聚不良的故障检修

现象：彩色电视机在接收黑白方格信号时，红、绿、蓝三条线束不重合，分离成彩色条格子或彩色交叉线，称作会聚不良。荧光屏中心附近会聚不良为静会聚不来良，而在屏四周区域会聚不良称动会聚不良。

分析：自会聚显像管由于本身的结构，比如电子枪一字形排列、偏转线圈的特殊构造、管内设置了磁增强器和磁分路器等，因而不需要外加会聚电路。静会聚只需调整偏转线圈组件后部的四极磁环和六极磁环就可实现。调节磁环的两磁片的位置和方向，可使电子束在屏幕上移动约 1cm。动会聚是否良好决定于偏转扫描是否正确，因此只需调整偏转线圈在管上的倾斜度即可解决。电视机出厂前已将会聚调整好了，并用乳粘胶将偏转线圈和会聚组件固定，故一般不需调整。

原因及排除：静会聚不良主要是由于运输不当或人为乱调使偏转线圈和会聚磁环组件的位置发生位移而产生。排除方法是重新将偏转线圈位置调正并紧固，然后分别小心反复调整四极磁环、两磁片六极磁环两磁片的夹角和旋转位置，使红、绿、蓝三条电子束重合（主要是观察屏幕中心区域）。另外还需微调相邻的色纯磁片与之配合。

动会聚不良主要是偏转线圈的位置变化引起。排除方法是在确认静会聚良好的情况下，将偏转线圈的位置固定后，若发现蓝光束比红光束偏得更大，就将偏转线圈向右倾斜（在右边插入橡皮楔子）；若发现红光束偏得更大，就将偏转线圈向左倾斜些。动会聚主要观察屏幕四周，但不能完会达到会聚，会聚误差在 2.5mm 以内均属正常。

当静会聚和动会聚不良经调整不能消除时，则应怀疑偏转线圈内部有局部短路，会聚磁环组件失效，或显像管屏内部荫罩板变形，这只有更换有关零件或显像管才能消除。

2．色纯度不良的故障检修

现象：彩色电视机在接收图像时，荧光屏上某个部位出现大的色斑，或者在接收某一个单色信号时，在荧光屏上的某个部位混有杂色，即为色纯度不良。这要同白平衡不良和偏色的故障现象严格区别开来。

分析：正常情况下彩色显像管的三个电子束都应只打到各自对应的荧光粉点（条）上。如果由于某种原因，电子束受到干扰磁场的影响，使它的轨迹偏离正常位置，不能打到对应的色点上，如红电子束打到蓝荧光粉点上，本应显红色却变成蓝色，这就引起了色纯度不良。

原因及排除：

① 色纯不良主要是由外界磁场干扰造成的。由于地磁场的作用，或外部某强磁场的作用（例如电视机附近放有扬声器等具有强磁场的设备）会使显像管金属荫罩板、电子

枪金属支架、外框等磁化，致使三条电子束偏转发生异常。一般电视机上均有自动消磁线圈来消除这一影响。当色纯不良时，应首先检查自动消磁线圈和热敏电阻是否开路，使开机时自动消磁电路无法工作。

② 当荧光屏受到强磁场（如磁铁、扬声器等）的影响，使屏内金属网罩局部磁化而引起色纯不良时，其剩磁较强，用自动消磁电路已无法使其消磁，就需要用机外消磁的方法进行处理。

③ 运输不当造成偏转线圈松脱移位，色纯调节磁铁损坏而引起色纯不良时，应重新紧固偏转线圈并重新调节色纯磁铁。

④ 若属显像管内栅网、荫罩板、电子枪等移位、变形而引起的色纯不良，只有更换彩色显像管才能解决。

11.3.4　集成化的末级视放电路 TDA5112

彩色电视机末级视频放大器的主要任务是放大 R、G、B 三基色信号，完成高增益、宽频带放大任务。彩色显像管属于高输入阻抗的电压驱动器件，它要求高激励电压才能获得很高亮度、高对比度图像。由于图像清晰度与视频信号带宽成正比，因此要获得高清晰度图像，视频放大器必须是宽频带放大器。

1. TDA5112 集成电路介绍

TDA5112 包括 R、G、B 三路高电压双极性/CMOS/DMOS 制造技术的视频放大器，它可以直接激励彩色显像管的三个阴极，并具有抗打火保护功能。

图 11.8 为每个通道的内电路方框图。

2. TDA5112 实用电路

图 11.9 应用为 TDA5112 的典型显像管电路，RGB 三基色信号由④、③、①脚输入，经高电平、宽频带、推挽放大器放大后由⑦、⑩、⑬脚输出，加到彩色显像管的 R、G、B 阴极。

为反馈输出端，经外电路反馈到 R、G、B 三基色信号输入端①、③、④脚，其中直流负反馈稳定视频放大器的直流工作点，交流负反馈可以展宽高电平视频放大器的视频带宽。三路视频放大器的带宽为 8MHz。⑥、⑪、⑭脚为彩色显像管 R、G、B 基色的阴极电流样值，通过它可以自动调整 R、G、B 三枪的截止电压和增益。⑥、⑪、⑭脚阴极电流由接插件 P501①脚→S501①脚→TDA8841 的⑱脚，可以通过 I^2C 总线实现彩色电视机暗平衡、亮平衡的自动调整。

图 11.9 中的 Q502、Q501 组成彩色电视机的消亮点电路。彩色电视机正常工作时，由于 Q502 的基极和射极电压均为 9.0V，Q502、Q501 零偏截止，对彩色电视机的正常工作没有影响。当彩色电视机关机瞬间，Q502 基极电压首先降低，引起 PNP 型晶体管正偏导通并使 Q501 亦饱和导通，瞬间将彩色显像管 R、G、B 三枪阴极接地，束电流加大，

使彩色电视机显像管第二阴极电压迅速衰减，破坏了关机瞬间产生亮点的可能性。如亮点不能消除应检查 Q502、Q501 及其偏置电阻。特别是印制板上是否有虚焊的故障发生。

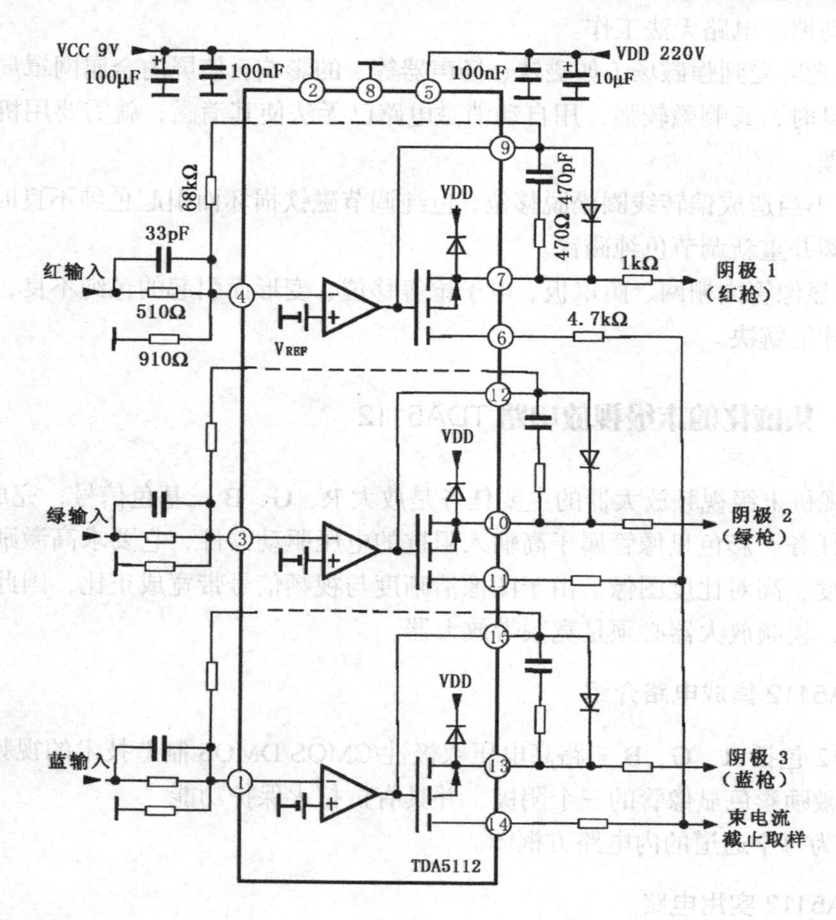

图 11.8　TDA5112 内部电路框图

11.4　显像管电路故障检修实例

11.4.1　典型显像管电路的结构

典型的显像管电路如图 11.10 所示，末级视放电路采用共发–共基极相结合的电路。由于共发射极电路具有较高的电压增益，共基极电路具有较宽的频率特性。

来自视频解码电路 IC201⑲、⑳、㉑脚的 R、G、B 信号分别加到 Q502、Q504、Q506 的基极，再分别经 Q501、Q503、Q505 放大后，加到三个阴极 KR、KG、KB 上。第 1 栅极接地，第 2 栅极是帘栅极又叫加速极（SCREEN），第 3 栅极又称聚焦电极（FOCUS）。

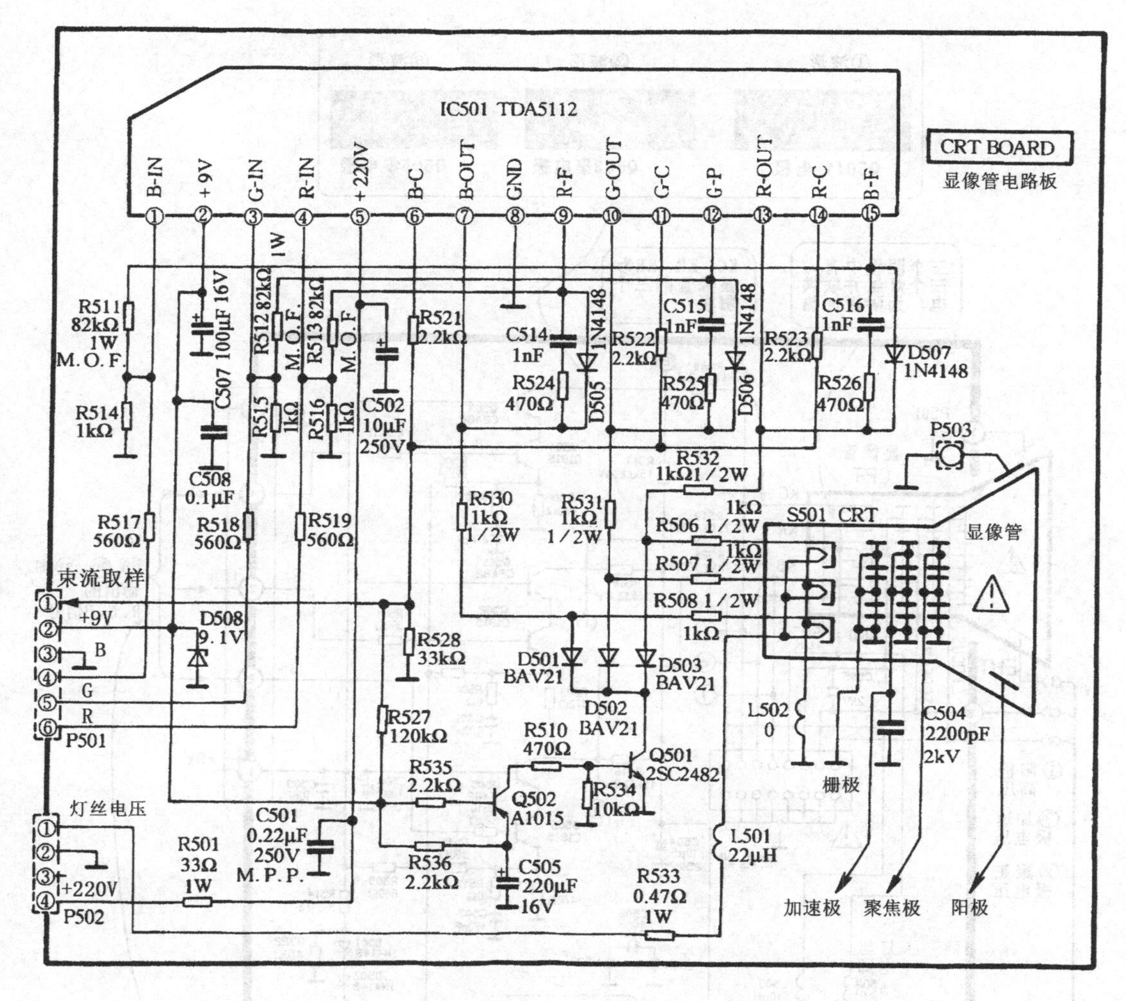

图 11.9 TDA5112 的实用电路

P502①脚为末级视放电路提供+180V 电源，③、④脚为显像管灯丝提供电压（6.3V）。

P503①脚输入+9V 电压为视放管提供偏压，②、③、④脚输入 B、R、G 信号。图 11.11 为显像管电路的元件位置。图 11.12 为显像管电路的焊装图和检测部位。

图中设在显像管管座中的放电器是用以泄放显像管电极上的静电而设置的专门器件。

11.4.2 典型显像管电路的故障检测方法

1. 常见故障及检查方法

从图 11.12 可见，显像管电路与显像管座制成一个电路组件。这部分电路有故障会使显像管不能正常工作，图像也会不正常或彩色不正常。

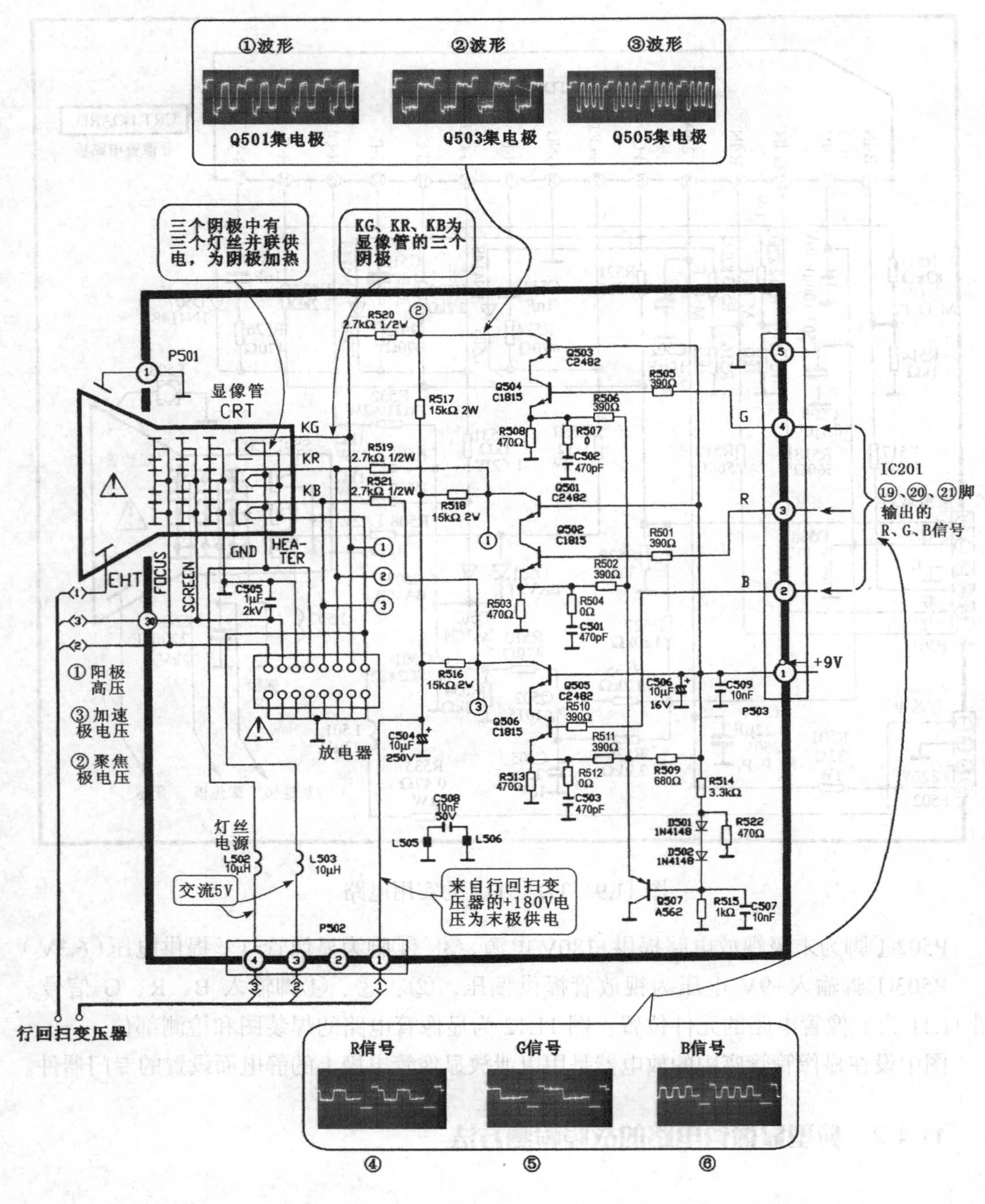

①波形
②波形
③波形
Q501集电极
Q503集电极
Q505集电极
三个阴极中有三个灯丝并联供电，为阴极加热
KG、KR、KB为显像管的三个阴极
显像管
CRT
KG
KR
KB
GND
HEATER
EHT
FOCUS
SCREEN
① 阳极高压
③ 加速极电压
② 聚焦极电压
放电器
灯丝电源
交流5V
来自行回扫变压器的+180V电压为末极供电
IC201 ⑲、⑳、㉑脚输出的R、G、B信号
+9V
P501
P502
P503
行回扫变压器
R信号
G信号
B信号

图 11.10　显像管电路

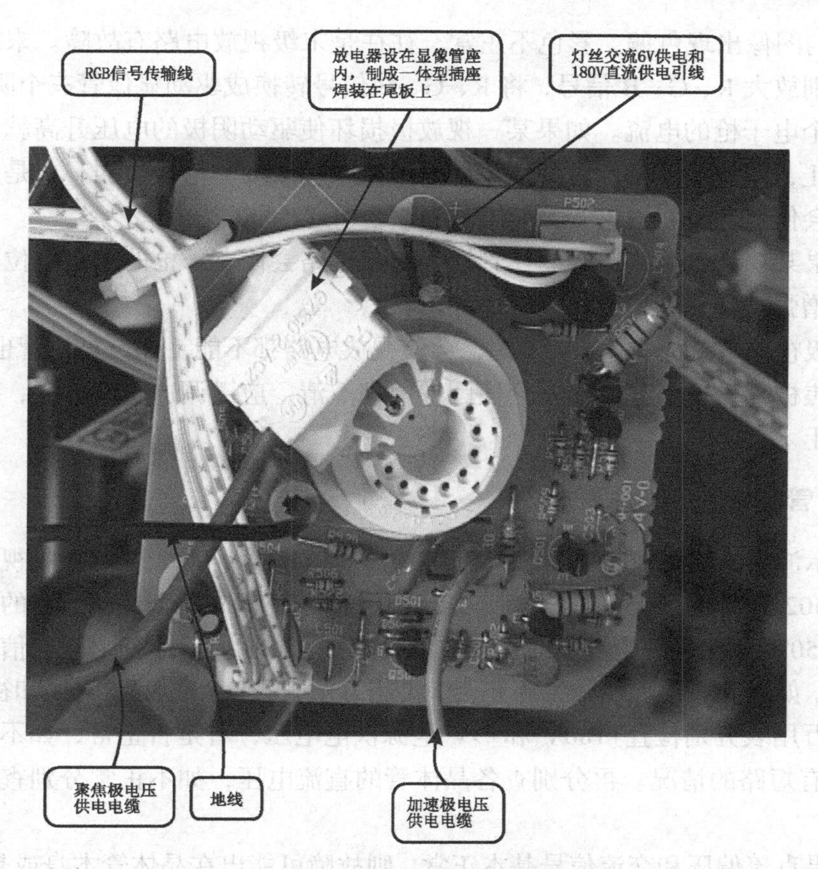

图 11.11　显像管电路的元件位置

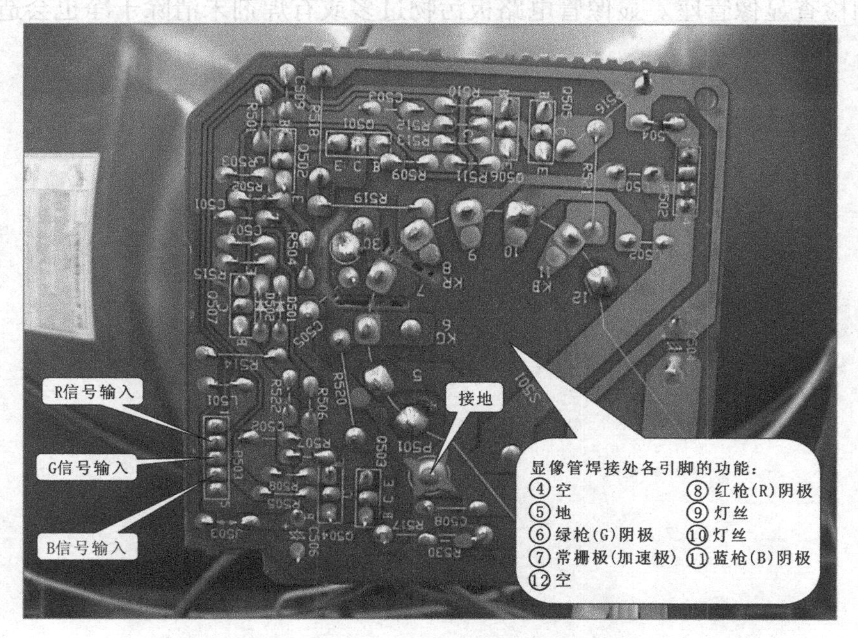

图 11.12　显像管元件的焊装图

显像管的图像出现色偏，彩色不正常，往往是末级视放电路有故障。末级视放有三个放大器分别放大 R、G、B 信号，将 R、G、B 信号转换成驱动显像管三个阴极的电压，从而控制三个电子枪的电流。如果某一视放极损坏使驱动阴极的电压升高就会使该通道的电子束截止，造成缺少某一色的故障，如果某一视放极的信号过弱，或是晶体管放大倍数降低就会使该阴极发射电子的能力减弱，会引起色弱的故障。

相反如果某一视放电路出现晶体管极间击穿短路会使电子枪的阴极电位下降，发射电子的束流增强，屏幕图像会偏重某一颜色。

如果末级视放电路失去 180V 电源，会使视放电路都不能工作，显像管也会无图像。

注意聚焦极和加速极电压失常会使图像模糊不清，应微调这两个电压，微调设在行回扫变压器上。

2．显像管电路的故障检测方法

（1）用示波器检测视放电路 R、G、B 三个信道的输入信号，最好在收视标准彩条的情况下测 Q502、Q504、Q506 的基极，如果输入信号正常应再查视放电路的输出信号，测 Q501、Q503、Q505 的集电极的信号波形，如图 11.11 所示。如果输入信号不正常应查解码电路。如果某一路输出信号不正常，再用万用表查该路的偏置电压和视放晶体管。

（2）用万用表分别检查+180V 和+9V 电源供电电压，看是否正常，如不正常，应查电路中是否有短路的情况。再分别查各晶体管的直流电压，如不正常分别查晶体管和偏置电阻。

（3）如果直流偏压和交流信号基本正常，则故障可能出在晶体管本身或是显像管座，注意清洁和检查显像管座。显像管电路板污物过多或有焊剂未清除干净也会造成彩色不良的故障。

第12章

控制系统的电路结构和故障检修

12.1 彩色电视机控制系统的构成

彩色电视机增加遥控功能之后是它向智能化方向迈出了一步。它不仅是增加了一个遥控发射器，而是在彩色电视机的电路中增加了一套自动控制电路。这个电路就是以微处理器为核心的自动控制系统。原来由人工控制的功能都由微处理器代替了。例如亮度、色饱和度、对比度、音量和调谐等都可以由微处理器自动进行调整。在一些大屏幕彩色电视机中又增加人工智能（AI）功能，即微处理器通过对视频信号的检测，根据信号的特点自动调整电路参数，从而达到最佳视觉效果。

12.1.1 彩色电视机的手动调整方式

我们先看一下无遥控系统的彩色电视机，其电路是怎样调整的。例如亮度调整，电视机的前面板上多设有一个亮度调整电位器。使用者在观看电视节目时，只要旋动这个电位器就可以改变显像管显示的图像明暗。具体电路结构如图 12.1 所示。显像管上所显示的图像的明暗取决于显像管阴–栅偏置电压，改变阴极直流电位即可改变亮度。由于显像管阴极与视放管的集电极相接，而视放管又与亮度信号放大电路作直接耦合，故改变亮度放大器的直流工作状态即可控制显像管阴极直流电位，从而控制屏幕亮暗。亮度调整电位器就是用来调整亮度放大器的直流工作状态的。

12.1.2 微处理器调整方式

遥控彩色电视机中的微处理器就是模仿人工调整进行工作的。也可以说它代替了好多电位器。其电路结构如图 12.2 所示。当用户给微处理器送入工作命令时，微处理器便输出可变的控制信号，这个信号经转换电路变成直流电压后，送到亮度电路的钳位电路控制端，它与电位器的控制效果相同。

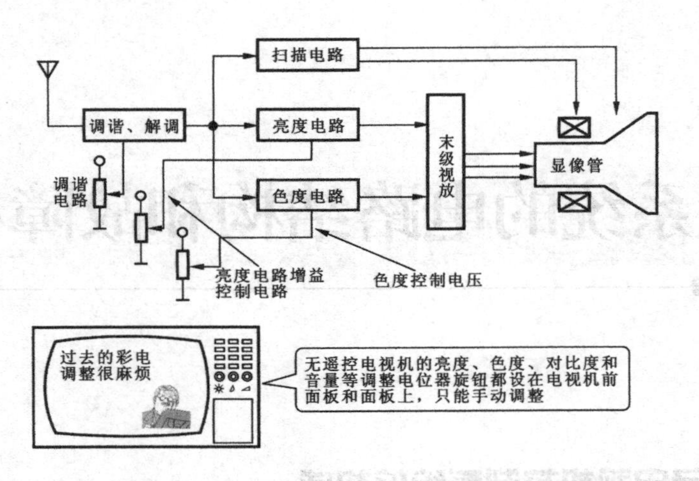

图 12.1　彩色电视机手动调整示意图

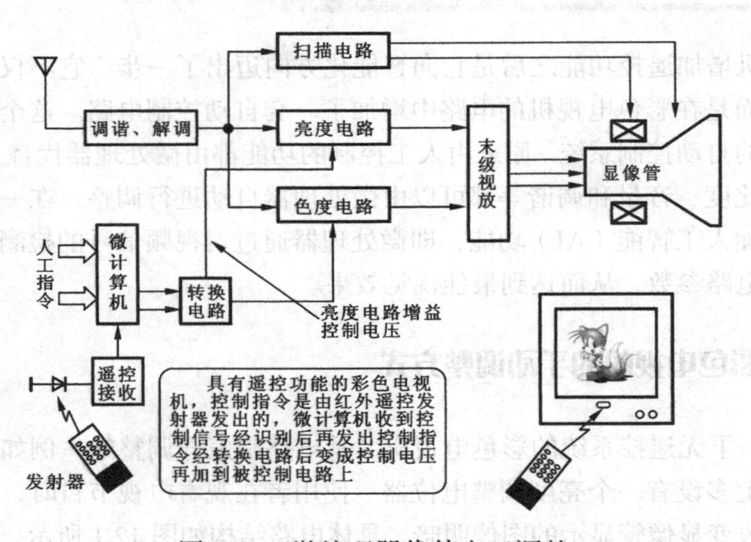

图 12.2　微处理器代替人工调整

微处理器是由数字电路构成的，它只能识别和处理二进制的数字信号。简单地说，二进制信号就是由“0”和“1”表示的信号。在电路中通常用 0V 和+5V 两个电压来表示二进制的“0”和“1”。微处理器的输入和输出也必须是这种信号。这样，当微处理器与模拟电路相连时就需要一些转换电路，或称接口电路，将数字量变成模拟量的接口电路被称为 D/A（数/模）变换器，将模拟量变成数字量的被称为 A/D（模/数）变换器。

在彩色电视机控制电路中，微处理器输出的控制信号常采用脉宽调制信号（PWM）。所谓脉宽调制信号就是用每个脉冲信号的脉冲宽度表示控制电压的大小。这时 D/A 变换器（接口电路）只采用一个简单的 RC 低通滤波器就可以将数字 PWM 信号变成模拟电压信号。具体电路结构如图 12.3 所示。

微处理器在进行亮度调整时，其亮度信号控制端输出脉宽调制信号（0 ~ 5V），如脉冲为等间隔时，即正半周和负半周的脉宽相等，这个信号经低通滤波器（积分电路）就

变成了 2.5V 的直流电压（这个电压的值等于脉冲信号的平均值），如图 12.3（a）所示；如果输出的脉冲宽度增加 50%时（即正脉冲宽度为脉冲周期的 75%时），经低通滤波器输出的直流电压便增至 3.75V（如图 12.3（b）图）如脉宽为全周期的 25%时，输出直流就变为 1.25V 了。如果微处理器使其输出的脉冲宽度连续变化，经低通滤波器就得到幅度连续变化的直流电压。如果被控电路需要高于 5V 的直流控制电压，在低通滤波器后可增加直流放大器（接口电路）。

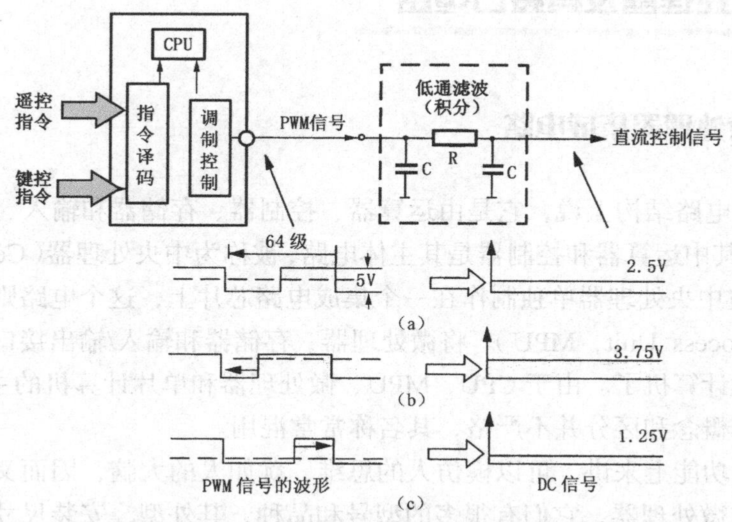

图 12.3 脉宽调制电路和信号与直流电压的关系

遥控彩色电视机的整机控制方框图如图 12.4 所示，虚线内的部分是以微处理器（CPU）为核心的控制电路，它的主要控制对象为：主电源的通断，调谐器的调谐选台，伴音电路的音量控制，视频和解码电路的亮度和色度控制等。

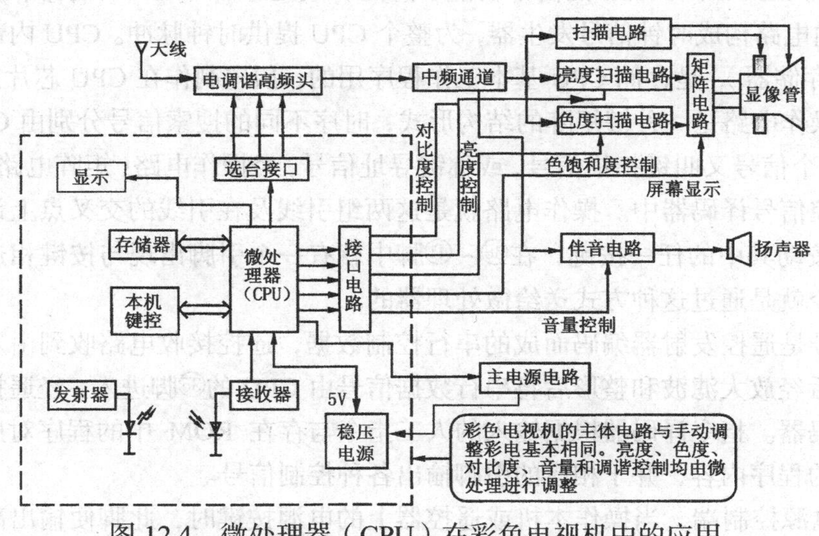

图 12.4 微处理器（CPU）在彩色电视机中的应用

本机键控电路和遥控电路是为微处理器输入人工指令的电路，本机前面板上的按键、开关等就是键控电路的一部分。微处理器收到人工指令后经译码识别，然后按照程序输出各种控制信号对彩色电视机有关电路参数进行调整。同时，微处理器还把调好的各种数据存入存储器之中，这些数据包括频段、频道、音量、亮度和色度等参数，这样关机后再开机也不用重新调整了。

12.2 微处理器及其接口电路

12.2.1 微处理器集成电路

微计算机从电路结构上说，它是由运算器、控制器、存储器和输入、输出接口电路等部分构成的，其中运算器和控制器是其主体电路，被称为中央处理器（Center Processing Unit，CPU）。将中央处理器单独制作在一个集成电路芯片上，这个电路则被称之为微处理器（Micro Process Unit，MPU）。将微处理器、存储器和输入/输出接口电路等组合在一起，也就是微计算机了。由于CPU、MPU、微处理器和单片计算机的主体电路相同，因而在实际中其概念和区分并不严格，其名称常常混用。

微处理器从功能上来讲，可以模仿人的思维，犹如人的大脑，因而又被称之为微电脑。微计算机或微处理器，它们有很多的型号和品种，其外型、安装尺寸、引脚功能等方面各公司之间差别较大，往往不能互换，在更换时要特别注意。

下面我们以三菱公司的微处理器 MS0431-101SP 为例，介绍一下其遥控电路的结构和工作原理。

图 12.5 为 M50431-101SP 的内部功能示意图。微处理器（CPU）的①、②脚外接晶体，它与其内电路构成时钟信号发生器，为整个 CPU 提供时钟脉冲。CPU 内部设有一个 ROM（只读存储器），是存储 CPU 基本工作程序用的，预先制作在 CPU 芯片内，不需要用户更改。操作电路是一种键矩阵的结构形式，时序不同的搜索信号分别由 CPU 的⑮~㉑脚输出。这个信号又叫键扫描信号，或称键寻址信号，经操作电路（矩阵电路）后由㊳~㊶脚送到键控信号译码器中。操作电路就是这两组引线及在引线的交叉点上设置的按键开关。只要按动其中的任一按键，在㊳~㊶脚中就有一个引脚出现与按键相连的搜索信号，人工指令就是通过这种方式送给微处理器的。

遥控信号是遥控发射器编码而成的串行控制数据，遥控接收电路收到由发射器发来的控制信号后经放大滤波和整形后将串行数据信号由 CPU 的㉟脚进入，经遥控输入电路送至指令译码器。指令译码器根据输入的人工指令与存在 ROM 中的程序对照，就可判别所要执行的程序内容，并于相应的引脚输出各种控制信号。

㉗脚为电源控制端，当操作本机或遥控器上的电源按键时，此脚便输出高电平，经接口电路启动主开关电源，电视机开始进入工作状态。

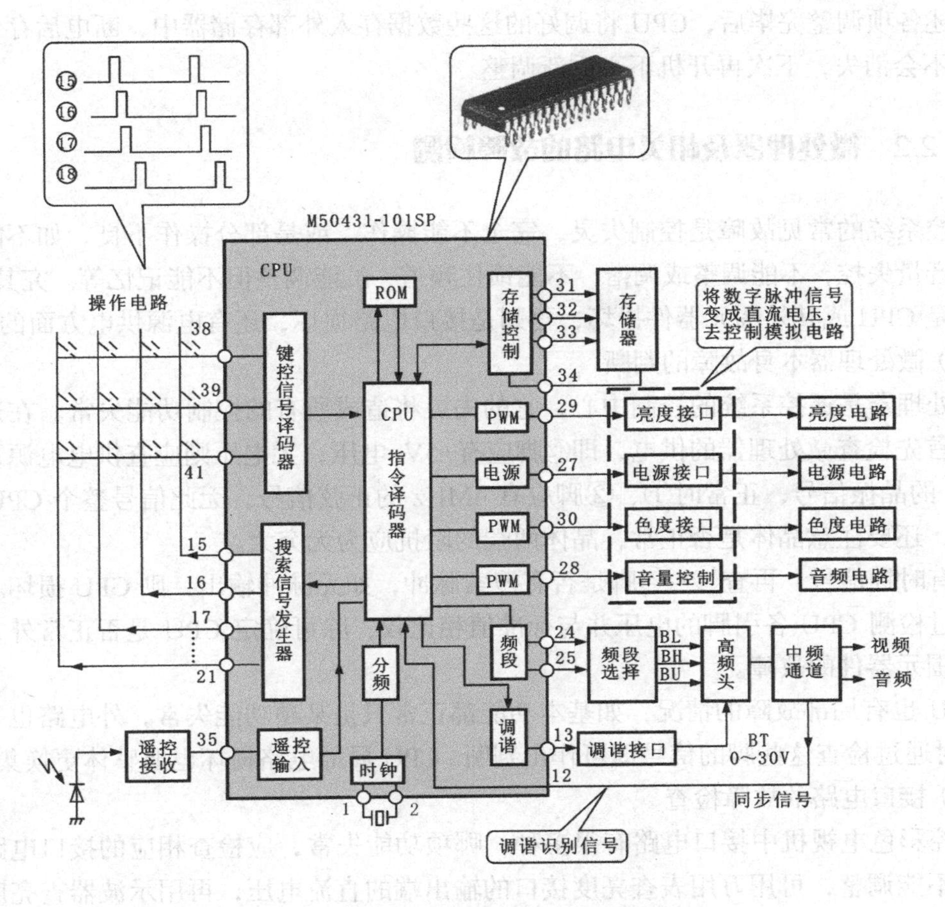

图 12.5 M50431-101SP 内部功能示意图

㉘脚输出音量控制信号，这个信号为 PWM 信号，它的脉宽有 64 个等级，经低通滤波后变成直流控制信号，送入伴音电路去控制音频功率放大器的增益。

㉙脚为亮度信号控制端，此信号也为 PWM 信号，经低通滤波器（亮度接口电路）后，变成直流电压，去控制亮度通道的增益。

㉚脚为色饱和度控制端，也为 PWM 信号，经低通滤波器后，送到色解码电路去控制色度通道的增益。

㉔、㉕脚为两位二进制频段选择信号控制输出端，经接口电路产生三个频段的选择电压，去控制调谐器。

⑬脚为调谐信号输出端，当按下“自动搜台”键时，此脚输出脉冲宽度连续变化的信号，调谐接口电路对此信号进行放大和平滑滤波，形成 0 ~ 30V 连续变化的调谐电压，加到调谐器的 BT 端。当收到某一电视台的节目时，视频电路即有同步信号出现，同步信号送到 CPU⑫脚，CPU 便停止搜索、固定在此频道上。此同步信号就用来作为电视台的识别信号。

上述各项调整完毕后，CPU 将调好的这些数据存入外部存储器中，断电后存储器中的数据不会消失，下次再开机不必重新调整。

12.2.2 微处理器及相关电路的故障检测

遥控系统的常见故障是控制失灵，完全不能操作，或是部分操作不良，如不能调整亮度，音量失控，不能调整或调谐，不能锁住频道，虽能调整但不能记忆等。究其原因，不外乎是 CPU 或其外围元器件损坏，再则是接口电路损坏，还有电源供电方面的故障。

（1）微处理器本身故障的判断

微处理器是遥控系统的控制中心，它的失灵将造成所有的控制功能失常。在这种情况下应首先检查微处理器的供电，即㊷脚应有+5V 电压，无电压则应查供电电源；其次查 CPU 的晶振信号，正常时①、②脚应有 4MHz 的正弦信号，无此信号整个 CPU 也不能工作，还要注意晶体是否正常，晶体两端的阻抗应为无穷大。

如有时钟信号，再查⑮～㉑脚是否有搜索脉冲，如无脉冲输出，则 CPU 损坏。

通过检测 CPU 各引脚的电压并与标准值相比较，除可确定 CPU 是否正常外，还可判断外围元器件的故障。

CPU 也有局部故障的情况，如基本功能都正常只是某项功能失常，外电路也是正常的，这时通过检查这些脚的信号即可作出判断。CPU 局部电路损坏也要整体更换集成块。

（2）接口电路的故障检查

遥控彩色电视机中接口电路有很多种，哪项功能失常，应检查相应的接口电路。例如亮度不能调整，可用万用表查亮度接口的输出端的直流电压，再用示波器查亮度接口电路输入端的脉冲信号，如果 CPU ㉙脚有脉冲而接口输出端无直流电压，则接口电路有故障。

（3）外部存储器的故障检查

外部存储器损坏的主要表现是彩色电视机能进行调整和正常收看，但关机后再开机不能记忆，还要重新调整。这就是因为外存储器损坏不能记忆数据的缘故。损坏就应当更换新存储器。在更换前还应进一步检查外围元器件和印制板布线有无断裂和脱焊现象。彩色电视机遥控系统中所采用的外部存储器型号也很多，有的要有两组供电电源：+5V 及–30V，例如本机电路中所采用的存储器。有的新型的存储器则只需一组+5V 电源，例如 X2402、PCF8581 等。本机中的存储器+5V 加于①脚，–30V 加于②脚，缺少任一电压均不能工作。存储器④脚为片选脉冲输入端，⑥脚为时钟脉冲，⑩脚为数据输入、输出端，⑦和⑬脚为存储方式选择信号端。

普通遥控彩色电视机中存储器损坏后更换同型号的 IC 即可，更换后需要按常用的方法调整电视节目的收视效果，也就是重新存入新的数据。在一些新型彩色电视机中更换存储器后要进行格式化和数据写入，通常是借助于遥控发射器进行操作，这一点需要注意。

12.2.3　微处理器的接口电路

1. 调谐接口电路

彩色电视机的调谐器控制电路如图 12.6 所示。对彩色电视机进行频道调谐时，IC1102⑰脚输出 PWM 数字调整谐电压信号（脉宽调制信号），此信号被简称为 BT 信号，有些电视机称为 VT 信号。BT 信号的幅度为 5V。Q1101 为 BT 信号反相接口放大器，它将 BT 信号反相并放大到 30V，然后经低通滤波器，变成 0～30V 的直流调谐电压，加到调谐器的 BT 端。

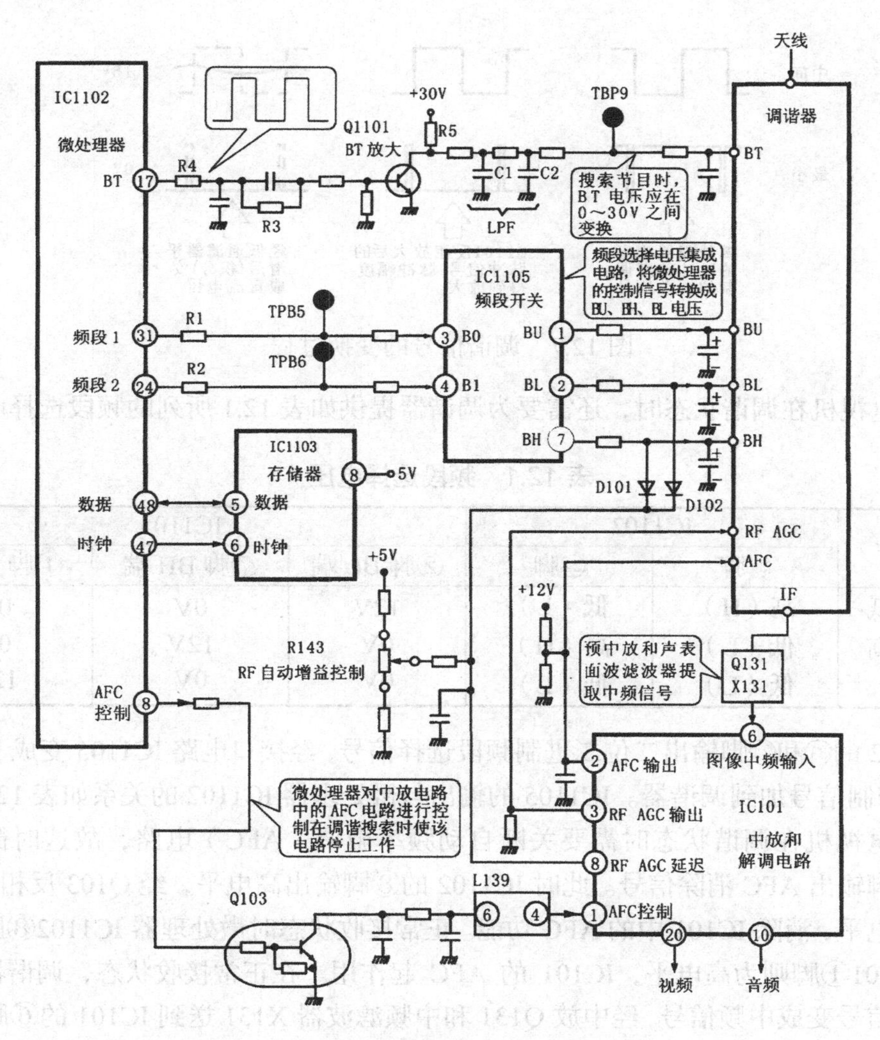

图 12.6　调谐器控制电路（TC-2188）

图 12.7 是数字调谐信号变换为 BT 电压的处理过程中的波形图。图的上部表示当微处理器 IC1102⑰脚的输出为窄脉冲时，经 Q1101 反相放大器就成了宽脉冲，再经低通滤波（LPF）就变成了约 30V 的直流电压。此电压加到调谐器的 BT 端，因而被称为 BT 电压。图 12.7 的中部，IC1102⑰脚输出等间隔脉冲时，经反相放大后也为等间隔脉冲，经低通滤波后变成约 15V 的 BT 电压。图的下部当 IC1102⑰脚输出宽脉冲时，经反相放大后变为窄脉冲，经低通滤波后变成的 BT 电压约为 0V。如果微处理器输出的脉冲信号，其宽度连续可变，经放大和低通滤波后就可以得到其幅度连续变化的直流电压。

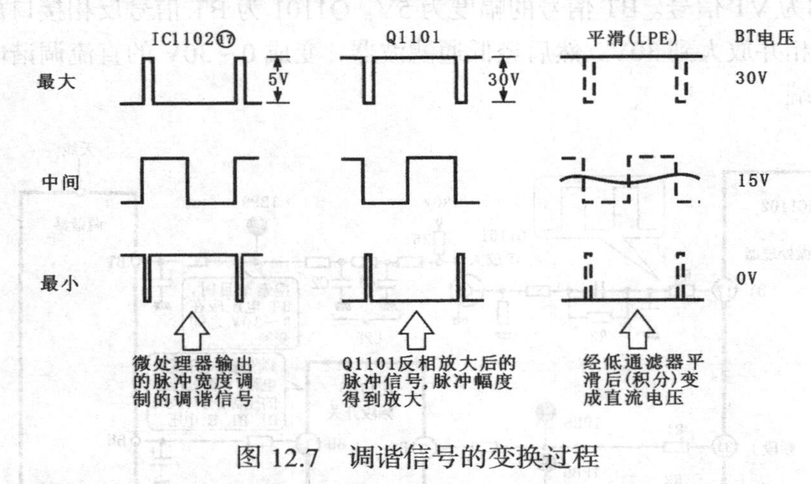

图 12.7　调谐信号的变换过程

彩色电视机在调谐状态时，还需要为调谐器提供如表 12.1 所列的频段选择电压。

表 12.1　频段选择电压

	IC1102		IC1105		
	㉛脚	㉔脚	②脚 BL 端	⑦脚 BH 端	①脚 BU 端
VHF－低	高（H）	低（L）	12V	0V	0V
VHF－高	低（L）	高（H）	0V	12V	0V
UHF	低（L）	低（L）	0V	0V	12V

IC1102 的㉛和㉔脚输出二位二进制频段选择信号，经接口电路 IC1105 变成 BU、BL、BH 端的控制信号加到调谐器。IC1105 的输出与微处理器 IC1102 的关系如表 12.1 所列。

彩色电视机在调谐状态时需要关断自动频率微调（AFC）电路，故这时微处理器 IC1102⑧脚输出 AFC 消除信号。此时 IC1102 的⑧脚输出高电平，经 Q103 反相使 IC101 ①脚为低电平，消除 IC101 中的 AFC 功能。正常接收状态时微处理器 IC1102⑧脚输出低电平，IC101①脚则为高电平，IC101 的 AFC 起作用。在正常接收状态，调谐器将接收到的电视信号变成中频信号，经中放 Q131 和中频滤波器 X131 送到 IC101 的⑥脚。IC101 是图像中频和伴音中频处理电路，它承担中放、视频检波和伴音解调的任务。IC101②脚输出 AFC 电压。一旦发生频偏时，IC101 迅速检测出频偏的方向和大小，并变成 AFC 电

压，由其②脚返送给调谐器 AFC 端去微调本振电路，自动校正本振的频率。

2. 存储器电路

遥控彩色电视机在调谐完毕后或其他项目的调整完成后，微处理器会自动将这些数据存到存储器之中，以便关机后再开机不必重新调整。承担记忆任务的存储器 IC1103 为不挥发型，即使关断电源，存在其中的数据也可以半永久地保存。存储器与微处理器的关联电路如图 12.8 所示。IC1103 的⑤脚为数据信号端（输入、输出端）。当微处理器 IC1102 进行调整完毕后立即从㊽脚将数据送到存储器 IC1103 的⑤脚，进行存入的动作。与此同时从 IC1102㊼输出时钟信号送到 IC1103 的⑥脚，以伴随数据信号的存入。无时钟信号则不能进行数据的存取。

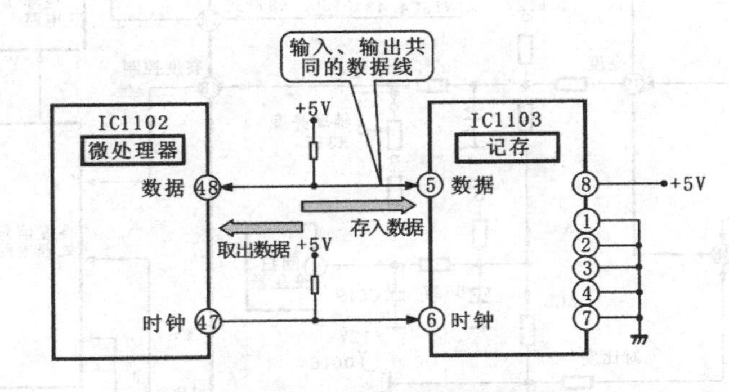

图 12.8 存储器与微处理器的连接

彩色电视机每次再开机工作，微处理器 IC1102 都将存储器中存的各种数据取出，然后变成各种控制信号送到调谐器、TV 解调和音、视频电路。如用户再进行某项调整，调整完成后再存入新的数据取代原来的数据。

TC-2188 机中的存储器电路比较简单，只需单电源（+5V）其①、②、③、④、⑦脚均接地，⑧脚接+5V 电源，⑤脚为数据输入输出端，⑥脚为时钟输入端。

存储器主要记忆的数据如下：

30 种节目的位置（BT、频段）、AFC 通/断、伴音中频、SKIP（跳选）、彩色制式，字符位置、音量、RECALL（重显）、电源、色饱和度、色调、亮度、对比度、清晰度、音质、功能、方式等。

3. 图像控制功能

微处理器 IC1102 对 IC601 中亮度和色饱和度电路的控制如图 12.9 所示。IC1102㊶为色饱和度控制输出端，㊵脚为色调控制端，㊴脚为亮度控制端，㊳为对比度控制端，㊲脚为清晰度又叫鲜明度控制端，⑩脚为消隐控制端。这些控制信号经过各自的接口电路变成 0 ~ 5V 的直流电压加到 IC601 的相应引脚上。当电源开关动作以及选台和 TV/AV 切换时⑩脚输出高电平，图像被消隐。

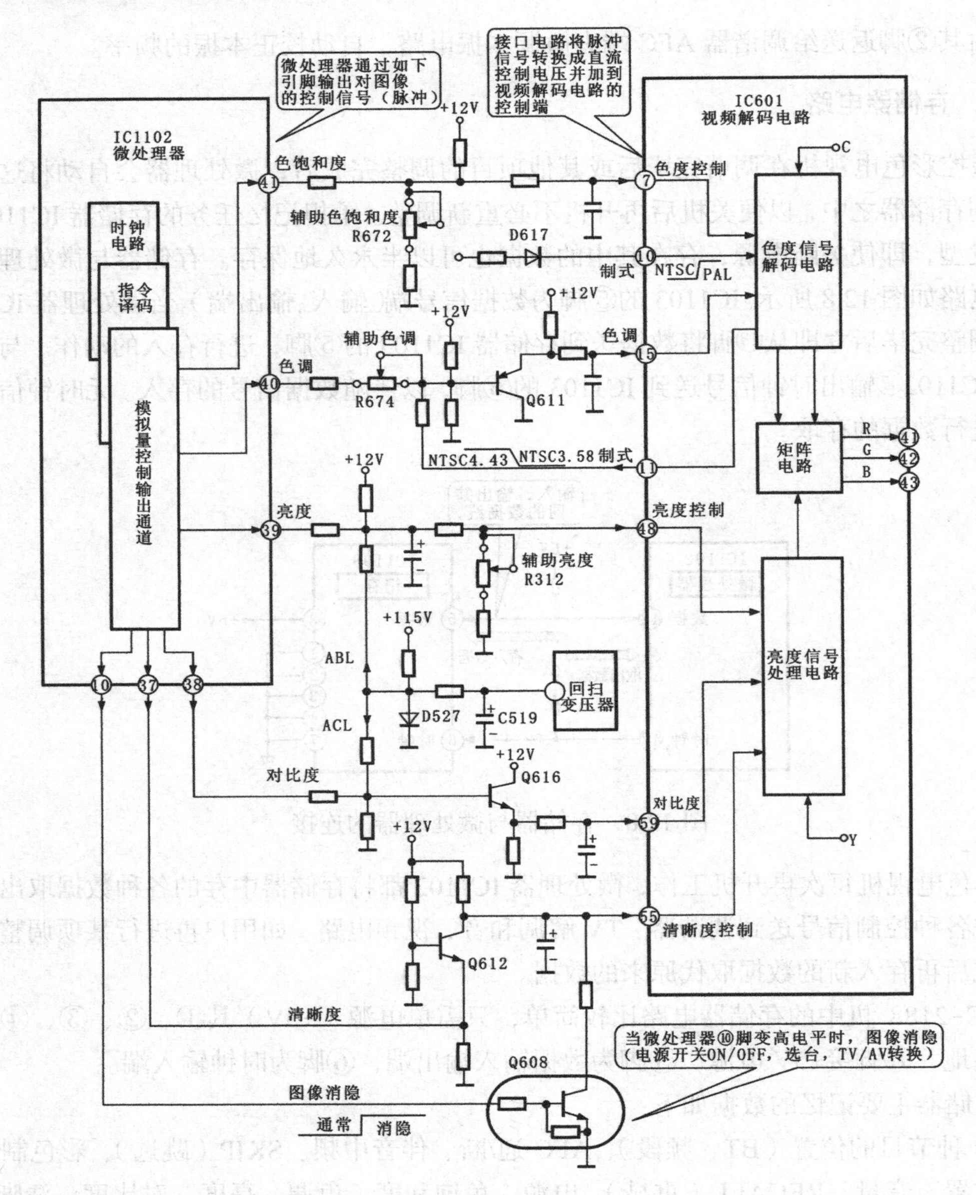

图 12.9　微处理器对图像的控制

4. 字符显示控制

在微处理器 IC1102 中还设有字符发生器，用来产生在电视屏幕上显示的字符信号。红色字符由㉟脚输出（见图 12.10）。绿色字符由㉞脚输出，㉝脚输出消隐信号。字符在屏幕上显示的位置由㉜脚的行（水平）脉冲和㉒脚的场（垂直）脉冲来决定。这两种脉冲经计数器计算，再去控制字符发生器使字符信号的水平和垂直位置与图像保持同步关系。

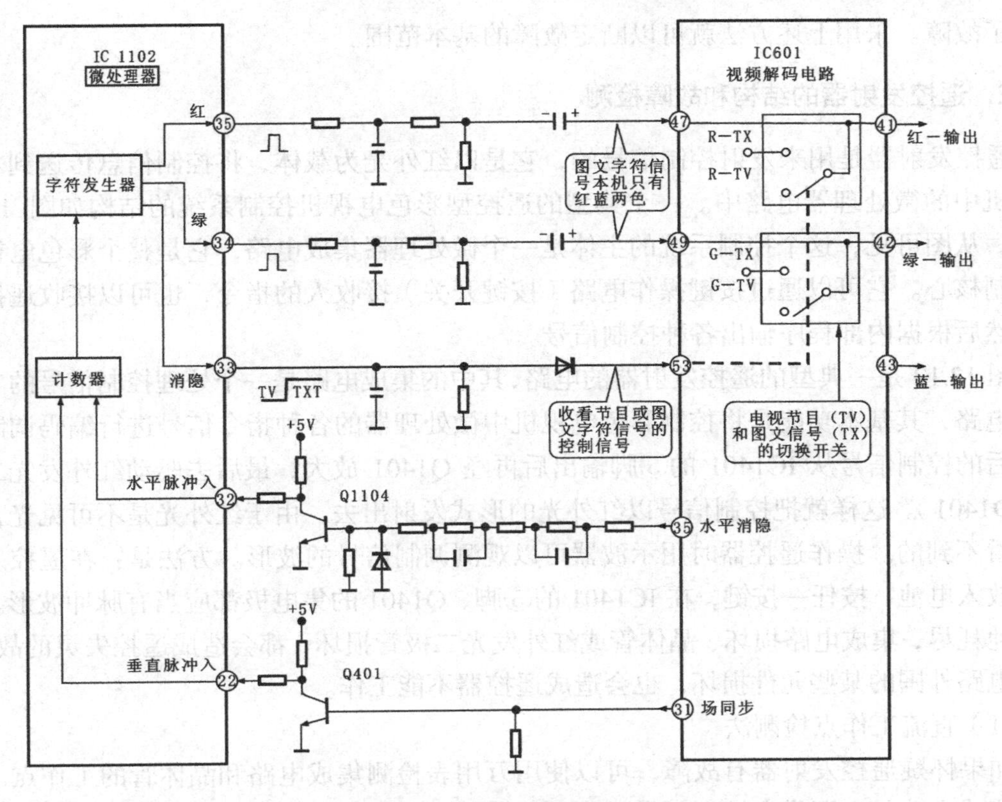

图 12.10 字符显示电路

IC1102 的㉝脚输出字符和图像信号的转换控制信号，加到 IC601 的㊿脚上，通过 IC601㊿脚去控制其内部的电子开关，用以控制红输出和绿输出。显示字符时㊿脚为高电平，显示正常图像时，㊿脚为低电平。

12.3 彩色电视机遥控系统的电路结构和故障检修

12.3.1 遥控发射器的电路结构和故障检修

1. 故障部位的分析和推断

当你使用遥控发射器操作电视机时，如果出现失常的现象，则表明遥控发射器、接收器或微处理器中有部分出现了故障。有条件时，可用另一个确知良好的同型的遥控发射器试操作一下即可大致断定故障的范围。如果使用已知良好的遥控器控制彩色电视机工作正常，表明是遥控发射器有故障。如果使用已知良好的遥控器仍不能控制电视机，而操作彩色电视机本机上的控制键正常，则表明是彩色电视机中的红外信号接收电路不正常。如操作本机按键也不灵，则表明是彩色电视机中的微处理器系统或是相关电源电路出了故障。采用上述方法就可以断定故障的基本范围。

2．遥控发射器的结构和故障检测

遥控发射器是用来发射控制信号的，它是以红外光为载体，将控制信息传送到彩色电视机中的微处理器电路中。一个典型的遥控型彩色电视机控制系统的结构如图 12.11 所示。从图可见，这个控制系统的主体是一个微处理器集成电路，它是整个彩色电视机的控制核心。它可以通过按键操作电路（按键开关）接收人的指令，也可以接收遥控信息，然后根据内部程序输出各种控制信号。

图 12.12 是一典型的遥控发射器的电路,其中的集成电路是一个处理控制信号的专用集成电路，其基本功能是将控制彩色电视机中微处理器的各种指令信号进行编码调制。调制后的控制信号从 IC1401 的⑤脚输出后再经 Q1401 放大，最后去驱动红外发光二极管（D1401）。这样就把控制信号以红外光的形式发射出去。由于红外光是不可见光，因而是看不到的。操作遥控器时用示波器可以观测调制信号的波形。方法是：在遥控发射器中放入电池，按任一按键，在 IC1401 的⑤脚、Q1401 的集电极都应当有脉冲波形。通常电池耗尽，集成电路损坏、晶体管或红外发光二极管损坏，都会造成遥控失灵的故障。集成电路外围的某些元件损坏，也会造成遥控器不能工作。

（1）直流工作点检测法

如果怀疑遥控发射器有故障，可以使用万用表检测集成电路和晶体管的工作点。可先测集成电路的电源供电端，正常时 IC1401⑥脚应有 3V 电压，⑩脚为接地端，如果电压过低还应查电容 C1403 是否漏电，电池是否耗尽。

遥控发射器集成电路在设计上采取了节省能源的措施，使等待状态下几乎不耗电。只有操作时（按某一按键），整个电路才开始工作，才能检测到各种信号，松开按键，便处于等待状态。因此，不需要设置电源开关（也有些遥控器设有电源开关）。

处于等待状态的遥控发射器集成电路 IC1401⑫～⑲脚（键扫信号输出端）均为电源电压（3V）；而键控信号输入端①～④脚，则均为零电压。

（2）信号的检测法

使用示波器检测遥控发射电路各有关引脚的信号波形，是判断故障最有效的方法。

在等待状态时各点均无脉冲信号，当按下某个按键时才有信号产生。因此，检测波形时必须用手按下某一按键，使遥控器处于工作状态。检测步骤如下：查驱动晶体管 Q1401 的集电极和集成电路的输出端都应有脉冲。如集成电路有输出而晶体管无输出，就应查晶体管是否损坏，红外发光二极管是否断路。红外发光二极管的检查方法与普通二极管相同，可检测其正、反向电阻来判断。

如集成电路无脉冲输出，则应查振荡晶体（X1401）两端是否有 455kHz 的正弦信号。这个信号为整个集成电路提供同步时钟信号，无时钟信号则整个集成电路不能工作。若无振荡信号，则应查晶体是否损坏。正常时晶体两端的直流电阻应为无穷大。如果电阻较小则属损坏，需要换晶体。如晶体完好且外围电路各元件也完好，则系集成电路损坏。

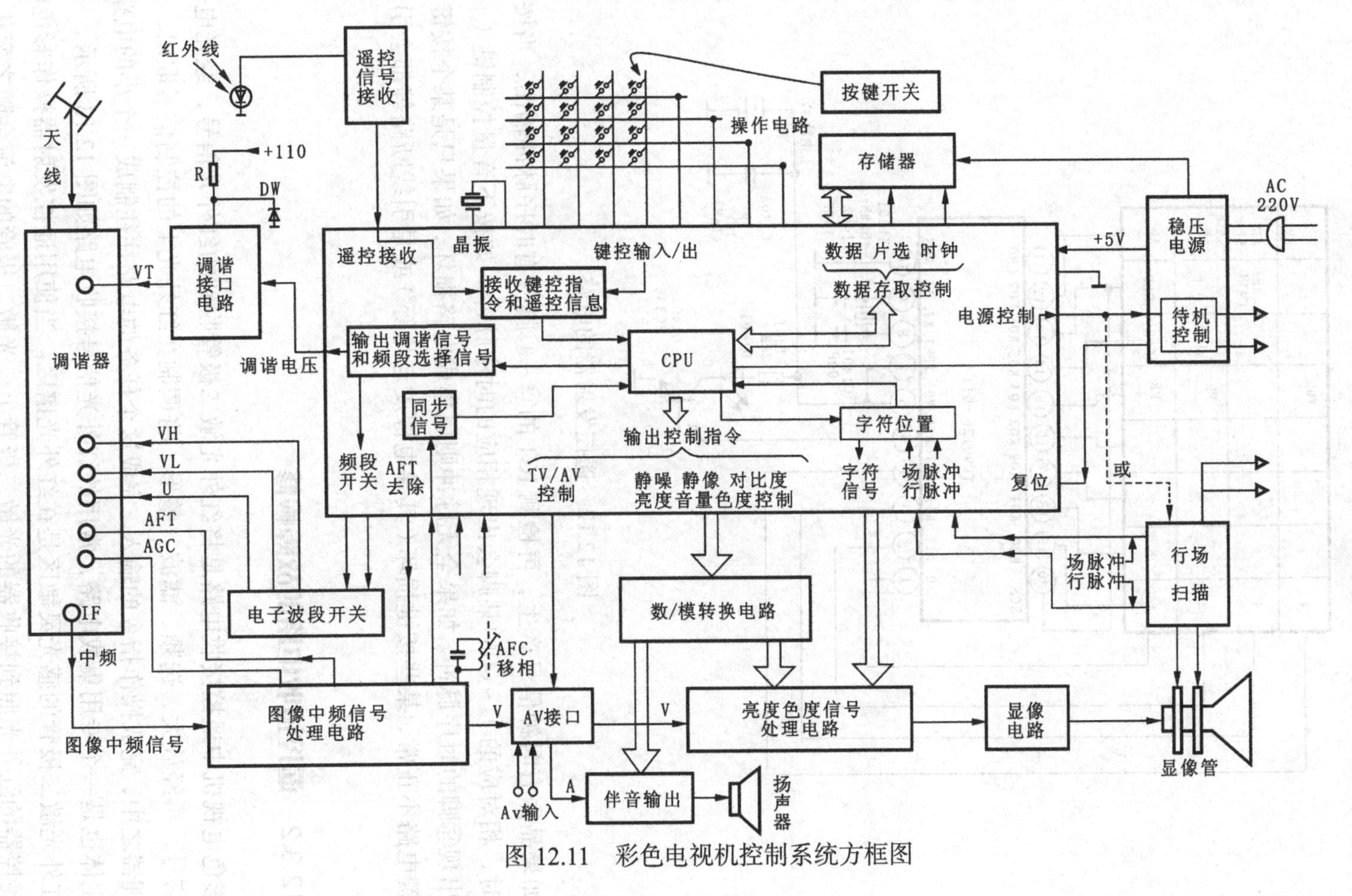

图12.11 彩色电视机控制系统方框图

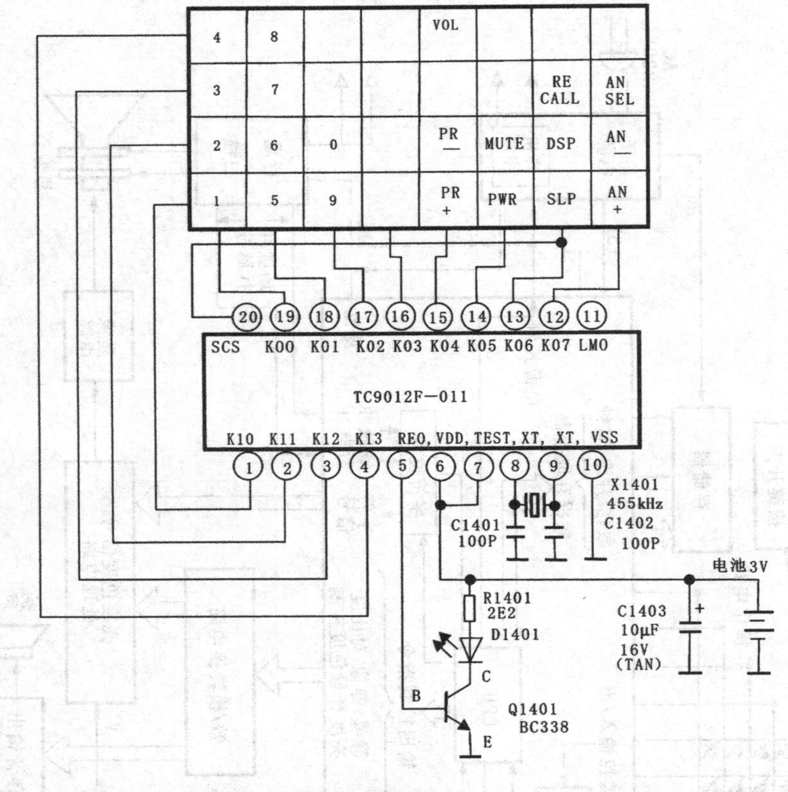

图 12.12　遥控发射器的电路

如果晶振有时钟信号产生，再检测 IC1 的⑫ ~ ⑲脚应有时序脉冲输出，当按下某一按键时，相对应的① ~ ④的某脚会出现相应的时序脉冲。如按下音量控制键（+）则③脚会出现⑮脚的时序脉冲。如果全无脉冲则属集成电路损坏，如果只是某个按键不灵则属按键电路不正常，某些按键损坏（其导电橡皮老化等）或是引线断路等都会引起这种故障。

12.3.2　遥控接收电路的故障检修

彩色电视机中遥控接收电路是将红外光敏二极管收到的红外光信号，经光电变换变成电信号，再经放大、选频、滤波、整形、将调制在红外光上的控制信号取出，并送到微处理器之中，完成操作指令的输入。完成这个任务的电路往往制成一个小的电路组件，其中主体也是一个专用集成电路，常用的红外光信号接收电路如图 12.13 所示。

红外光敏二极管的感光灵敏区是在红外光谱区。当使用遥控发射器操作彩色电视机时，遥控器的红外光照到接收器的光敏二极管上，光敏二极管的电流会随之变化。此电流送到集成电路中，经放大、选频、滤波、整形等处理，就把调制到红外光上的控制信号取出来。这个信号送到微处理器中，作为指令信号。

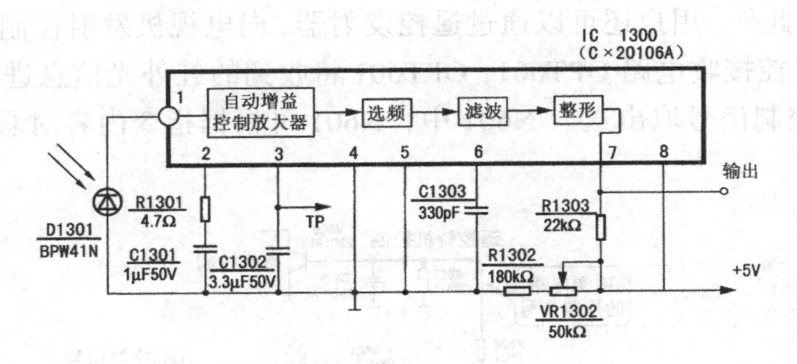

图 12.13 遥控接收电路

在遥控信号的输入端设有自动增益控制放大器，用以弥补信号幅度的不稳定，选频电路是为防止干扰信号而设的，即电路谐振在所发信号的载频上。

遥控接收电路常见的故障是集成电路损坏、供电电源失落，或电路板有短路或断路现象。当出现遥控失常的故障时，用示波器检测遥控接收集成电路的输出端比较易于判断。正常时，在其输出端⑦应当观察到脉冲，如无脉冲输出，再关断电源，然后测量信号输出端的对地阻抗。如阻抗很小则表明可能有短路存在。如无短路问题，则集成电路可能损坏。

12.4 系统控制电路

12.4.1 系统控制电路的典型结构

图 12.14 是康佳 T2566 的系统控制电路，系统控制电路的核心是微处理器 TMP87CH38N，它是一个 42 脚双列直插式大规模集成电路。它采用 I^2C 总线的控制方式对 TV 小信号处理电路 TB1238AN 和存储器 24C04 进行控制。电源的开机/待机，调谐器的控制、伴音制式切换设有专门的输出通道和接口电路。

12.4.2 系统控制电路的控制功能

1. 控制指令输入电路

彩色电视机的控制核心是微处理器，微处理器的工作是根据用户的指令。彩色电视机面板上设有 6 个操作键，用户可以通过这些键给微处理器输入频道增/减、音量增/减、AV/TV 切换和调出菜单等指令。如图中 N601⑯脚外部的电阻阵列电路，S601 ~ S606 分别通过串联电阻给⑯脚送入不同值的直流电压。在微处理器内通过 A/D 变换，便可识别指令内容，然后根据内部的程序输出相应的控制指令使电视机进入工作状态。此外，用户还可以通过遥控发射器，向电视机发射控制指令。在N601的㉟脚外设有遥控接收电路OPT601，OPT601将收到的红外光信息进行放大、选频、滤波和整形将控制信号取出送入N601中，N601可根据指令内容对彩色电视机的电路实施控制。

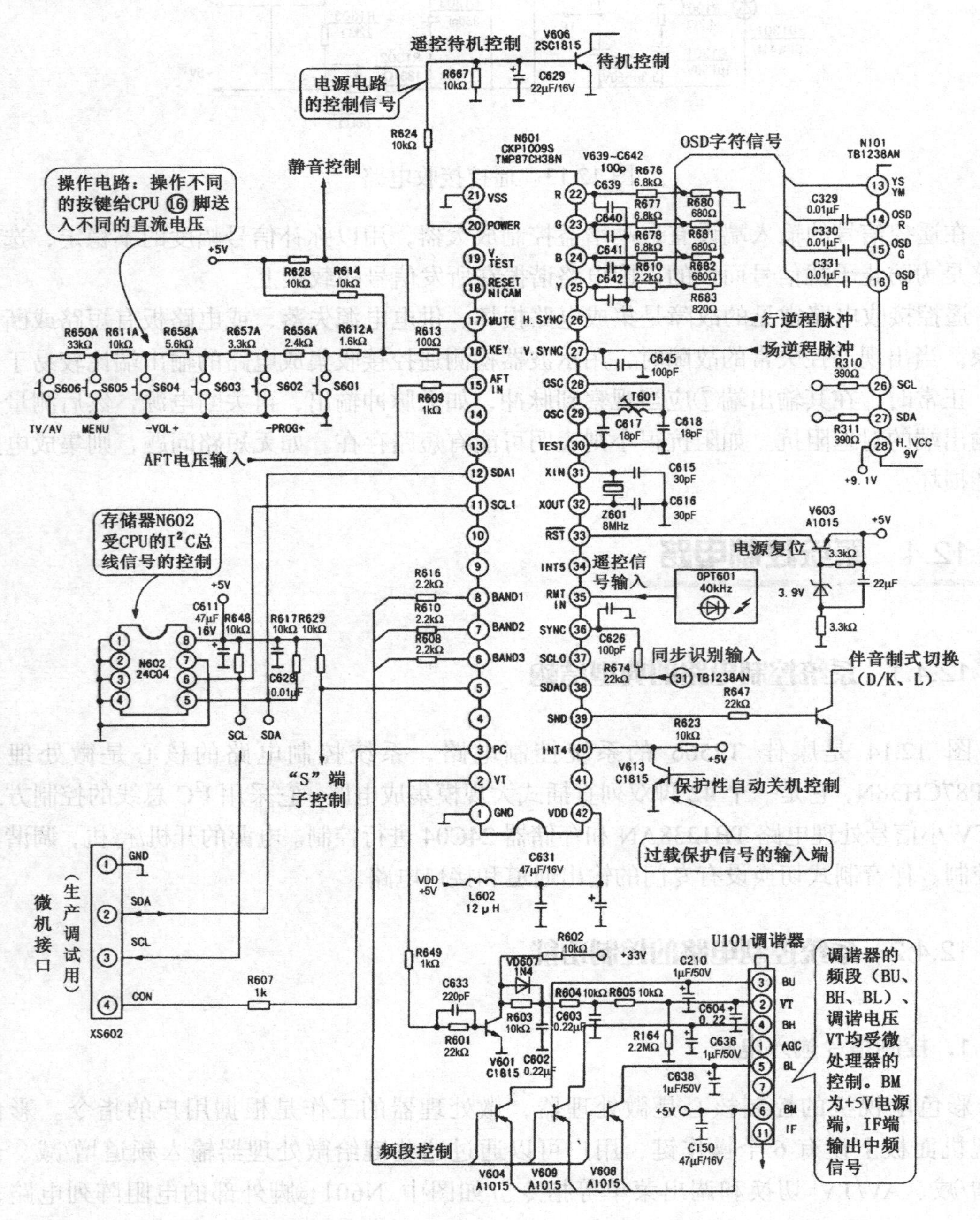

图 12.14　康佳 T2566 的系统控制电路

2. 调谐控制电路

微处理器收到调谐搜索指令后由N601②脚输出调谐信号（PWM脉冲），经V601放大和RC滤波形成0～30V直流调谐电压加到调谐器U101的VT端。

与此同时，N601⑥、⑦、⑧脚输出频段选择电压分别经V604、V609、V608为调谐器的频段控制端提供相应的选择电压，BL（1～5频道）、BH（6～12频道）、BU（13～57频道）。

3. 记忆电路

N602存储器用来存储和记忆由微处理器调整的数据。数据的存取是由I^2C总线来实现的，N601⑫脚的串行数据信号端接到N602的⑤脚，与存储器进行数据的存取。N601⑪为时钟信号端，它与存储器N602⑤脚相连。

4. 电源的开机和待机控制

N601⑳脚输出开机和待机控制信号，经V606加到电源电路。

5. 字符信号输出电路

彩色电视机的字符显示信号是由微处理器内部产生的，㉒、㉓、㉔、㉕脚分别输出R、G、B、Y信号，然后送到解码电路N101（TB1238AN）的⑯～⑬脚。N6012627㉖、㉗脚为行、场脉冲信号输入端，作为字符的水平和垂直同步信号，㉘、㉙脚外接字符时钟信号谐振电路（LC）。㉛、㉜脚为外接晶体端，它与内部电路形成8MHz的时钟振荡信号。

6. 复位电路

工作时+5V电源加到N601㊷脚，与此同时，+5V电源经复位电路V603为N601㉝脚提供复位电压，微处理器便进入工作状态。

7. I^2C总线

微处理器通过I^2C总线对视频解码电路N101和N602进行控制。在生产时，通过微机接口，通过I^2C总线为微处理器N601写入或更改其中的数据。

8. 过载保护

当行扫描电路出现过载的情况时保护信号经V613将信号送到N601㊵脚，通过微处理器控制电源电路，使整机进入待机状态进行保护。

12.4.3 系统控制电路的信号检测

熟悉系统控制电路的主要信号波形对于判别故障是非常有用的，图 12.15 是

TCL-2116 彩色电视机的微处理器电路，各电路的主要信号波形标在图中，检测时可进行参照。

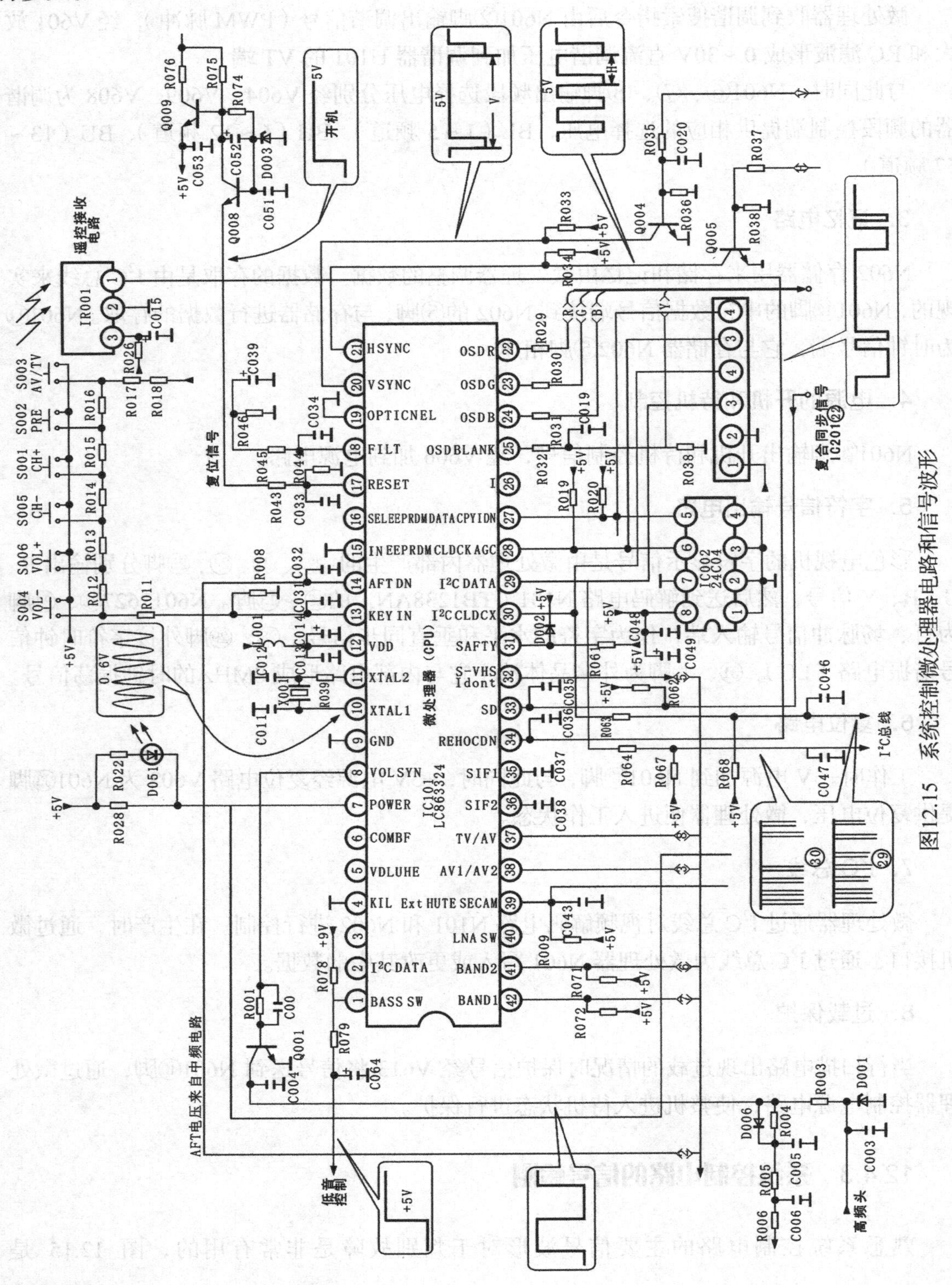

图12.15　系统控制微处理器电路和信号波形

第13章

彩色电视机的新技术

13.1 数字电视技术

13.1.1 电视信号的数字处理技术

随着微电子技术的发展，特别是集成电路技术的进步，电视机技术也进入了数字时代。市场上也出现了很多款式的“数字电视机”，于是有关数字电视的相关技术及其产品也成为人们十分关注的热点。各种采用新技术、新器件和高性能的彩色电视机纷纷问世，数字化彩色电视机和具有数字处理技术的电视机也走向市场，使彩色电视机市场十分活跃。实际上市场上很多的“数字电视机”只是采用了数字处理技术的电视机，与真正的数字电视在概念上是不同的。目前，我国电视节目的发射和传输以及接收系统，基本上都属于模拟系统。也就是说电视台发射的信号是把音频、视频模拟信号采用模拟调制的方式调制到载波上的，调制后发射或用有线传输的信号都是模拟信号，接收系统（接收机）也是模拟电路。在模拟电视机中，音频、视频解码、画中画、图文电视、扫描等电路中采用了数字处理电路之后，虽然只是部分数字化，但大大提高了电视机的性能并增加了使用功能。

电视系统的数字化标志着“数字化、网络化和信息化”时代的到来。

全数字电视系统是从节目的制作、节目的播出、节目的传输以及节目的接收设备全部采用数字处理技术。

在节目制作系统中，视频图像信号和伴音音频信号都要通过A/D变换器变成数字信号，即将图像和声音的模拟量变成数字量，就是用0和1组成的数字信号表示图像和声音。数字信号再进行数字压缩处理（MPEG—2），采用专门的数字处理技术将信号中的冗余量去掉。再采用数字调制的方法进行调制处理，然后进行传输或发射，一个频道可以传输多路标准清晰度的数字电视节目。

数字电视节目传送的方式主要有三种：第一种是电视台的地面广播方式（称为广

播电视），第二种是利用电缆进行的有线传送方式（称为有线电视），第三种是利用卫星进行的广播方式（称为卫星电视）。接收主要是指用数字彩色电视机来接收这些传送的信号，将其解调还原成图像和伴音。数字电视机是数字彩色电视机的简称，在数字电视中，它只是这个系统的终端设备。目前我国的数字电视进程，已开始从数字卫星直播、数字有线电视向数字地面广播过渡，在过渡时期是模拟和数字电视机共存的阶段。

13.1.2　数字电视机的基本特点

从模拟电视到数字电视需要有一个过渡时期，在很多地区“数字电视机”接收的仍然是模拟信号，实际上是在不改变现行广播电视传输体制的前提下，将经过图像检波的视频信号，经过伴音鉴频的音频信号以及其他部分的信号进行数字处理的广播电视接收机，真正的数字机应该将接收到的信号首先经 A/D 转换成数字信号，再进行各种处理。“数字电视机”接收的广播电视信号的频率范围从 48MHz～1GHz，这就要求 A/D 转换时采样频率必须 2GHz 以上。如果在解调以后再进行数字处理就容易得多，因为解调后的音/视频信号频率都在 6MHz 以内，采样频率为 13MHz 即可数字化。可见，“数字电视机”在中频通道以后实现电路的数字化，成本也可以大大降低。

1．数字电视的基本概念

凡在电视信号的获取、产生、处理、传输、接收和存储的过程中使用数字电视信号的，都可以称为数字电视系统或数字电视设备。这里的数字电视信号可以是直接生成的数字信号，如动画、字幕机和数字摄像机产生的数字电视信号；也可以是由模拟信号经数字化以后产生的数字电视信号；也可以是经处理的数字电视信号，如 MPEG 格式压缩的数字电视信号。

2．数字电视地面广播系统的标准制式

数字电视以其卓越的画质和优美的音响，多功能、多用途及与信息高速公路互通互连的特点，成为广播电视发展的必然趋势。与之相应，数字电视传输系统的研究与开发也取得了长足的进展。目前，全球数字电视广播有三个相对成熟的标准制式：欧洲的 DVB、美国的 ATSC 和日本的 ISDB。美国的 ATSC 定制最早，欧洲的 DVB 应用最广泛、最灵活（DVB 制式包括数字卫星电视[DVB-S]、数字有线电视[DVB-C]和数字地面广播电视[DVB-T]三个标准。这三个标准的信源编码方式相同，都是 MPEG—2 的复用传送包，但因它们的传输途径不同，其信道编码采用了不同的方式）。鉴于 DVB-C 和 DVB-S 是一个全球化的标准，已被世界各国采纳，因此数字电视标准的不同之处，主要在数字电视地面广播系统上。

3．数字电视的清晰度

模拟电视机的清晰度通常是用黑白相间的线数来表示的，它与亮度信号的频带宽度相对应，即 1MHz 带宽等效 80 线。6MHz 带宽则等效为 480 线，清晰度为 480 线。普通电视机的亮度带宽约为 4.2MHz，则清晰度为 336 线。

数字电视机的清晰度是用图像的像素数来表示的，例如水平方向上的像素数为 720，垂直方向为 576，则整幅图像的像素数为 720×576，最高清晰度就是 720×576。

数字电视从清晰度上来分有标准清晰度的数字电视机称为“数字标清”。也有“数字高清”，即为高清晰度数字电视，每幅图像的像素数有两种规格 1920×1280 和 1280×1080。

13.1.3 数字电视机的基本结构

图 13.1 所示是一部能接收模拟信号的数字电视接收机，从天线接收的电视信号经调谐器和 TV 解调器，从载波上检出的图像信号经数字式梳状滤波器将色度信号和亮度信号分别送到视频信号处理电路中的色度通道和亮度通道，从载波上解调出的伴音信号送到数字信号处理电路。

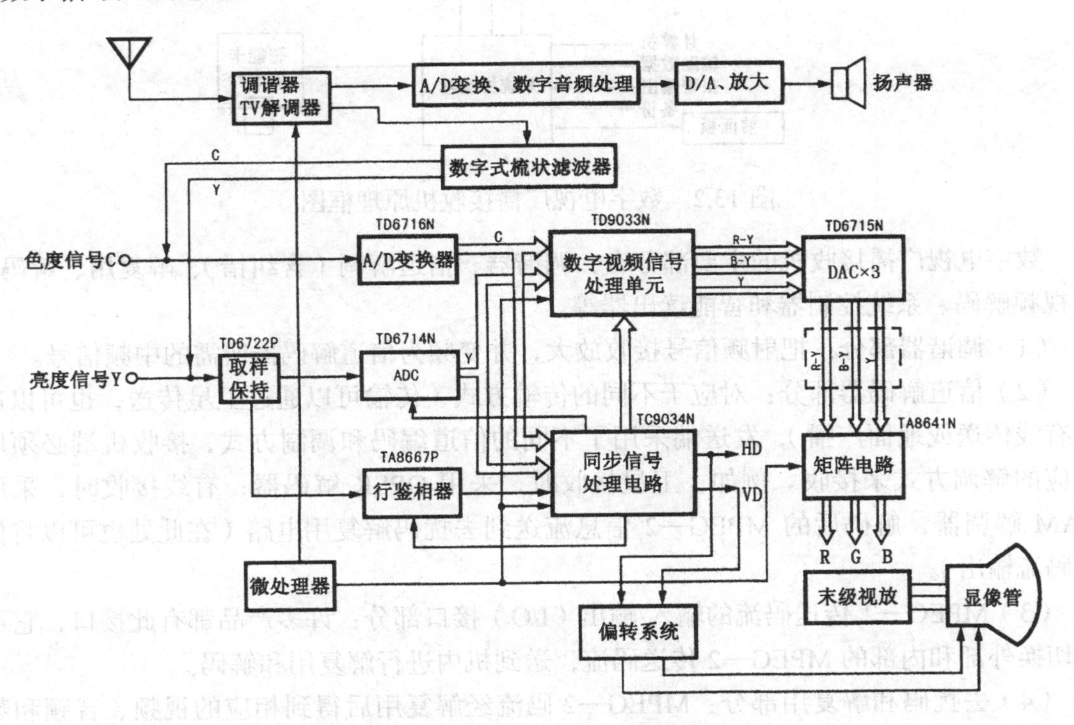

图 13.1 数字电视接收机电路框图

这里的调谐器和 TV 解调器与传统的模拟电视机的电路基本相同。

数字音频信号处理电路可以对数字音频进行处理，例如处理成环绕立体声或进行各种音响效果的处理，处理后再经 D/A 变换和音频放大后去驱动扬声器。

在视频数字信号处理电路中，首先将色度信号和亮度信号分别经 A/D 变换器变成色度数字信号和亮度数字信号。主要由两个大规模数字信号处理模块（电路单元）进行亮度和色度的数字解码处理及同步信号处理。

视频处理后输出数字 R–Y、B–Y、Y 信号，分别经过三路 D/A 变换器，变成模拟信号再经矩阵电路和末级视放去驱动显像管。

数字式同步信号处理电路包括倍频电路和失真校正电路，它处理后输出的行场驱动信号经偏转系统形成行场扫描锯齿波信号去驱动偏转线圈。

图 13.2 给出了数字电视广播接收机的原理框图。

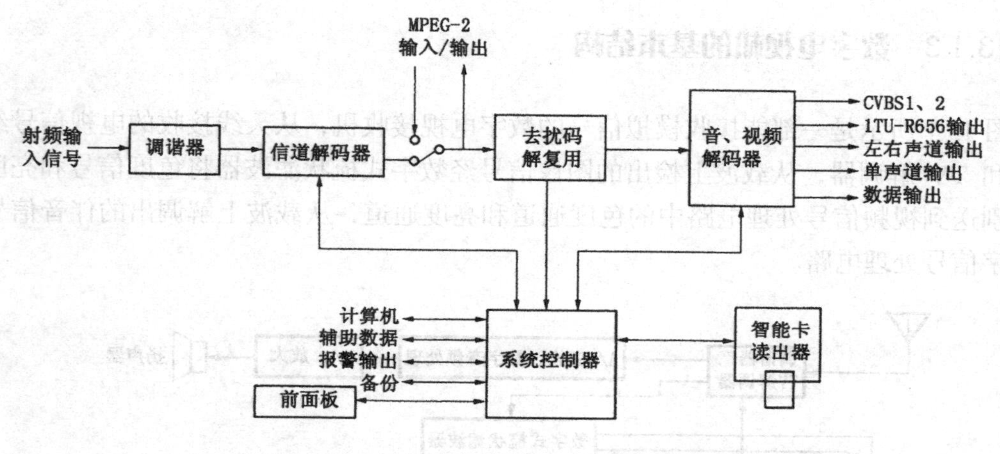

图 13.2　数字电视广播接收机原理框图

数字电视广播接收机的主要部分有：调谐器、信道解调（含纠错）、解复用、解码、音视频解码、系统控制器和智能读出器等。

（1）调谐器部分：把射频信号接收放大，并变频为信道解码器所需的中频信号。

（2）信道解码器部分：对应于不同的传输方式（传输可以通过卫星传送，也可以通过有线传送或地面广播），发送端采用了不同的信道编码和调制方式，接收机端必须用对应的解调方式来接收。例如，卫星接收时，采用 QPSK 解码器；有线接收时，采用 QAM 解调器，解码后的 MPEG—2 信息流送到去扰码解复用电路（在此处也可以将传送码流输出）。

（3）MPEG—2 传送码流的输入/输出（I/O）接口部分：许多产品都有此接口，它可以切换外部和内部的 MPEG—2 传送码流，送到机内进行解复用和解码。

（4）去扰码和解复用部分：MPEG—2 码流经解复用后得到相应的视频、音频和数据的打包的基本码流。解复用后的视频、音频数据还需要进行去扰码，用控制字对加密的数据流进行解密（每个用户都有一个智能卡（Smart Card），其中包含有解密所必

需的信息）。

（5）MPEG—2 音、视频解码器：对音频和视频的打包的基本码流进行解码，可以获得全电视信号、音频信号和数据输出。

13.1.4 高清晰度数字电视

数字电视是今后电视技术的发展方向，是今后国民经济的经济增长点之一，是 21 世纪的朝阳工业，也是广大消费者向往的新产品。数字电视和音频、视频数字化的确可以为人们提供一种全新的视、听享受。从数字化的发展趋势来看，大致可以分为三个阶段：第一阶段实现普通模拟电视的数字化，即利用数字信号处理技术的特点，改进现有模拟电视的缺陷，提高图像、伴音质量、增加功能。第二阶段按 MPEG—2 标准中的初级标准格式，把现行模拟电视制式下的图像、声音信号平均数据压缩到大约 4.69Mb/s，其图像质量可达到电视演播室的质量水平，图像水平清晰度达到 500 线以上，并采用 AC-3 伴音信号压缩标准，传输 5.1 声道的环绕声效果。这属于标准清晰度电视系统，其清晰度大于 550 线。今后几年重点发展的 DVB（数字视频广播）、DVD 视盘机都属于这种编、解码方式。这就是数字标准清晰度电视。第三阶段按 MPEG—2 视频压缩标准中的高级格式，将高清晰度彩色电视信号数据压缩到大约 20Mb/s，图像质量达到 35mm 电影胶片水平，图像水平清晰度大于 800 线，这就是人们期盼已久的高清晰度电视，伴音通道仍采用多声道环绕声压缩解码、解码技术。图像模型比为 4：3/16：9 并存，最终过渡到 16：9 宽屏幕显示。

从广播电视中心来说，主要是中心设备，包括摄像机、信源压缩编码设备、传输信道编码设备的更新、改造。从高清晰度彩色电视机来说，主要是高清晰度彩色显像管、传输信道的解码设备和编、解压缩芯片的供应等问题。数字彩色电视机的基本构成如图 13.3 所示。它可以分别接收地面广播、卫星广播和有线电视三种传输信号。这三种信号的信道解码方式虽然不同，但都已标准化。对于地面广播，采用的是正交频分复用（OFDM）方式；对于卫星广播，采用的是正交（四相）相移键控（QPSK）方式；对于有线电视，采用的是正交调幅（QAM）方式。信道解调后分别采用前向误码校正（FEC）的里德-索罗门（RS）码，对误码进行校正处理。由于这三种广播形式的信源编码都采用 MPEG—2 标准，所以用 MPEG—2 解码器将其还原 MPEG—2 编码前的数字音/视频信号，数字视频信号由视频解码器还原成驱动显示器的 R、G、B 信号。实时操作系统（OS）利用数据总线对数字音/视频信号进行控制。另外，利用 DVD 解码器可接收 DVD 方式（如 DVD 视盘机或 DVD-ROM 等）的数字音/视频信号，利用通信控制接口可接收计算机和电话线路输出的按 MPEG—2 标准传送的数字音/视频信号。这样将通信、广播和计算机三者合一的数字彩色电视机必将成为一个综合的信息处理终端，这是数字化带来的好处，也是数字彩色电视机发展的趋势。

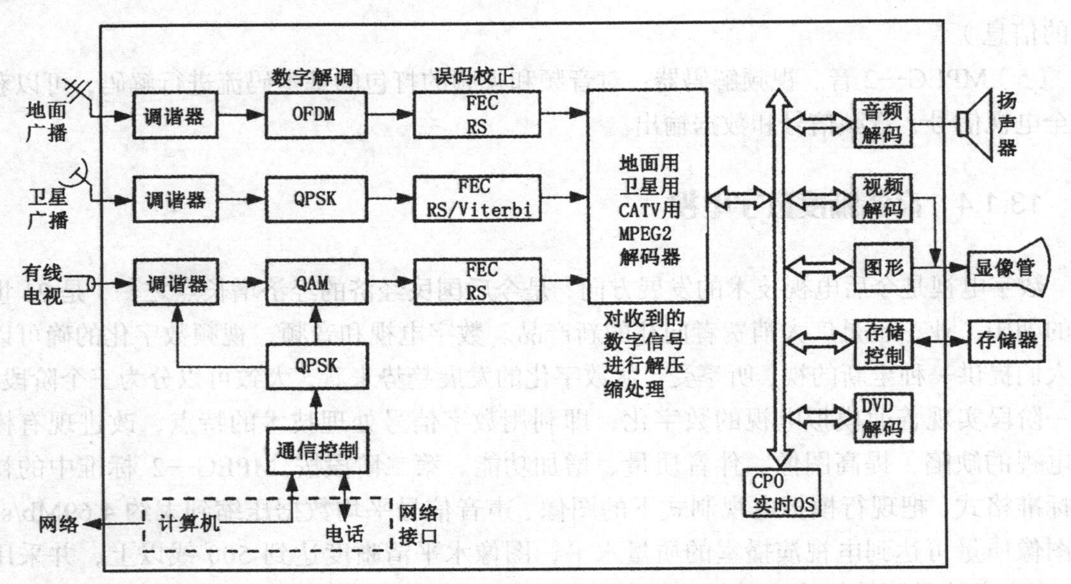

图 13.3　数字彩色电视机的基本构成

13.1.5　数字广播接收机和机顶盒

在从模拟过渡到数字电视的进程中，模拟电视机将与数字电视机共存很长的时间，为了便于用模拟电视机欣赏数字广播节目。使用机顶盒是比较简便的方法。图 13.4 是数字电视广播接收机顶盒的框图，用它将天线或有线电视传输的数字电视信号进行接收和解调，最后再将处理后的音频、视频信号以 AV 的形式或以射频（RF 输出）的形式输出，送到模拟电视机中进行欣赏。

13.1.6　数字卫星接收机的基本结构

数字卫星接收机也称综合解码接收机 IRD（Integrated Receiver Decoder），它接收的卫星数字信号来自地面上的卫星天线所接收的卫星信号（C 波段或 Ku 波段），经低噪声放大和下变频转换成 L 波段的信号进入 IRD 的调谐器，经调谐、变频、放大后，变为 70MHz 的中频信号，经 A/D 转换送到 QPSK 解调器，解调出数字信号流，经维特比（Viterbi）解码器解码，在纠错电路中进行去交织和 RS 解码，对传输中引入的误码进行纠错，恢复成 MPEG—2 传送包数字流，经多路解复用器处理后，分解出多套节目的数码流，再分别送到 MPEG—2 视频、音频和数据解码器，经解码、视频再编码、D/A 转换等处理，输出模拟复合的视频信号或分离的视频信号，视频编码器的输出信号可以有多种制式（PAL/SECAM/NTSC）。图 13.5 是数字卫星电视接收电路实例。

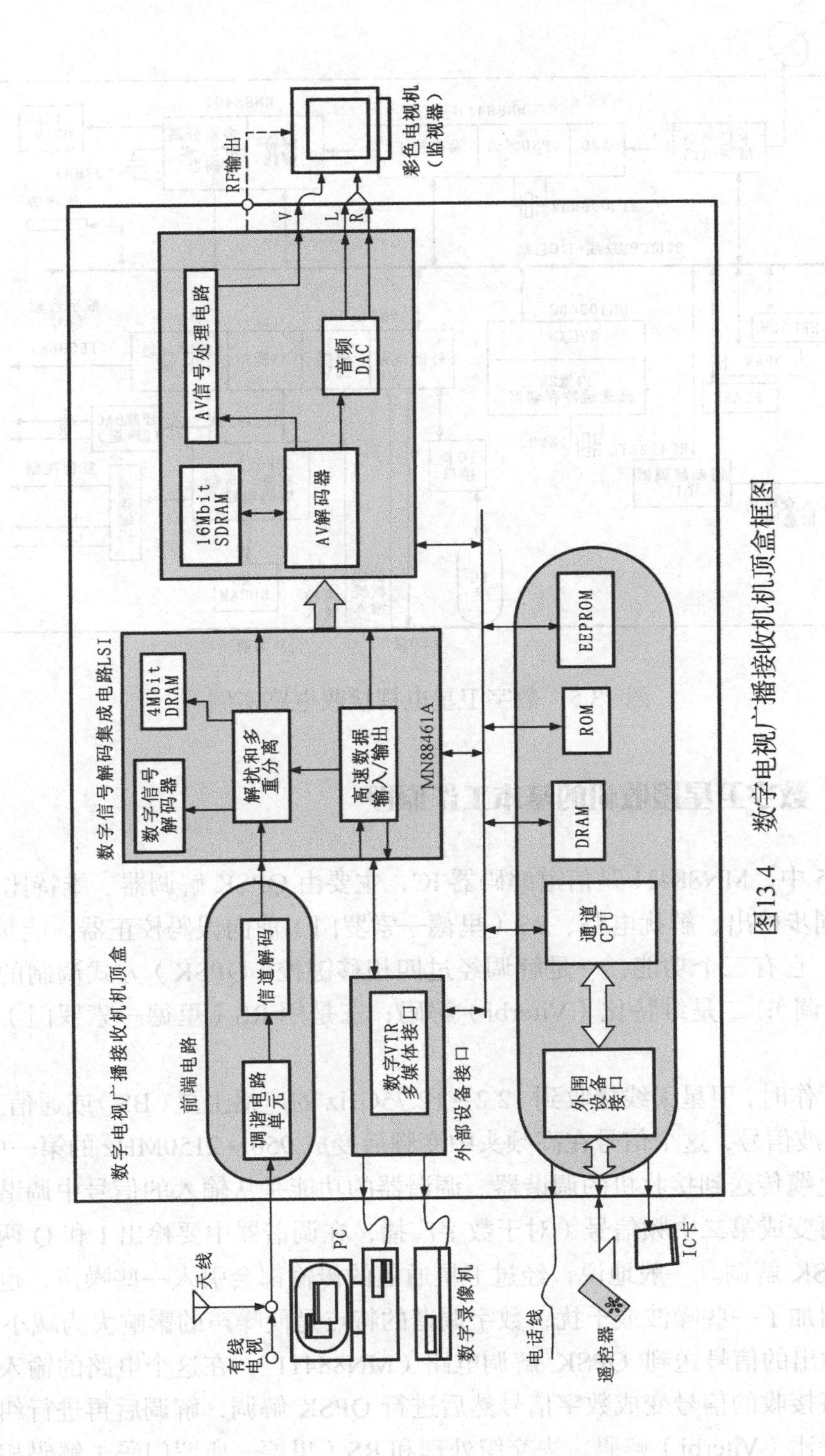

图13.4 数字电视广播接收机机顶盒框图

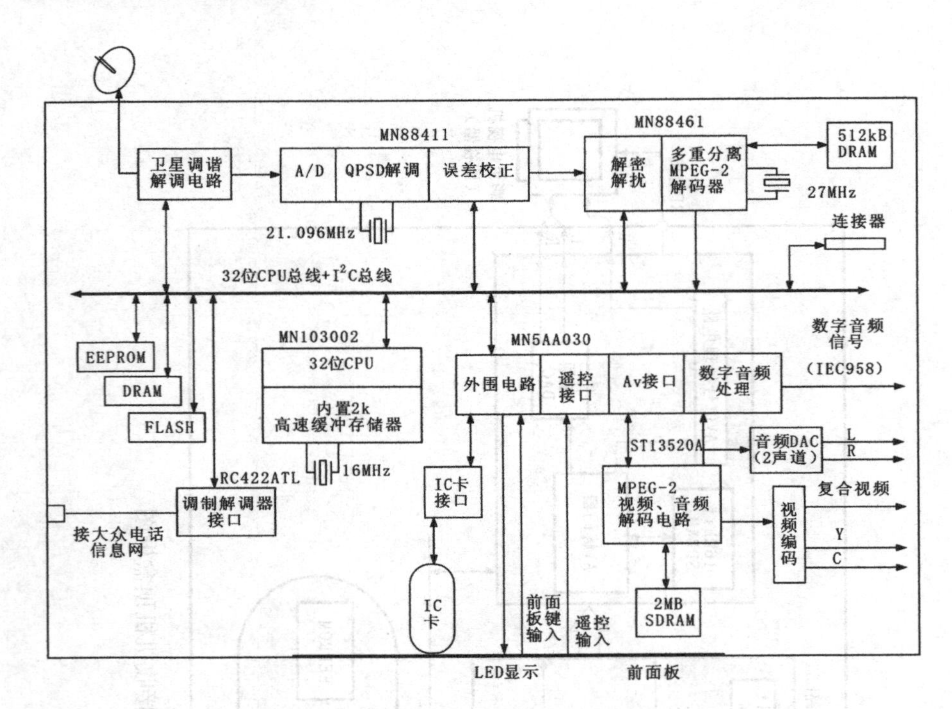

图 13.5　数字卫星电视接收电路实例

13.1.7　数字卫星接收机的基本工作原理

在图 13.5 中，MN88411 是信道解码器 IC，主要由 QPSK 解调器、维特比（Viterbi）解码器、帧同步检出、解扰电路、RS（里德—索罗门）前向误码校正器、能量扩散电路等部分构成。它有三个功能：一是解调经过四相移键控（QPSK）方式调制的传输码流（即 QPSK 解调）；二是维特比（Viterbi）解码；三是用 RS（里德—索罗门）进行前向误码校正。

该机在工作时，卫星天线接收到 12.2 ~ 12.75GHz 的广播卫星（BS）或通信卫星（CS）的 Ku 波段微波信号，这个信号在高频头中变频后变成 950 ~ 2150MHz 的第一中频信号，然后由同轴电缆传送到接收机的调谐器。调谐器的功能是从输入的信号中调谐到某一节目的信号，再变成第二中频信号（对于数字广播，在调谐器中要检出 I 和 Q 两个信号，以便进行 QPSK 解调。一般地说，经过卫星通道的传输都会引入一些噪声，也就是在有用的信号中附加了一些噪波或干扰，数字调谐的特点是使噪声的影响大为减小。

调谐器输出的信号送到 QPSK 解调电路（MN88411），在这个电路的输入端有两个 A/D 变换器将接收的信号变成数字信号然后进行 QPSK 解调，解调后再进行纠错处理。纠错采用维特比（Viterbi）解码、去交织处理和 RS（里德—所罗门码）解码相结合的解码纠错方式。

经纠错处理的数字信号再送到数据流解码器（MN88461）中进行处理，在这个集成

电路中主要完成解密（解扰）、多重分离（MPEC-2），多重分离是按照 MPEG—2 的标准对数据信号进行分离处理，将视频、音频和附加信息（数据）分离开，以便进一步处理。

经过解压缩后的视频、音频数据信号经过 A/V 接口电路（MN5AA030），送到 MPEG—2 视频、音频解压缩电路（ST13520A）。前面电路的处理是信道解码处理，是将视频、音频信号从打包的码流中提取出来，提取的这些信号仍然是压缩的数据信号，ST13520A 的任务是完成视频、音频信号的解压缩（即信源解码）处理。

经解压缩处理后，数字视频信号进行数字编码，编成 PAL 或 NTSC 制的视频信号，最后经 D/A 变换器输出模拟视频信号（复合视频和 Y/C 信号）。数字音频信号送到数字音频处理电路和音频 D/A 变换器，输出两路（L、R 声道）音频信号。数字音频处理器可以输出 IEC958 规格的数字音频信号。

接收机的系统控制器是一个 32 位的微处理器（CPU），它的内部装有 2KB 高速缓冲存储器。它担负着整机的控制任务。CPU 通过 I^2C 总线与各信号处理电路相连，分别控制信号的调谐、解调方式，解扰、多重分离，视频、音频解码等。CPU 总线通过外围电路、IC 卡接口电路与 IC 卡相连，可以接收 IC 卡的信息。同时，CPU 总线还通过调制解调接口电路与公众电话信息网相连。

在此需要说明，数字卫星接收机可以与电视机结合构成卫星和地面广播接收的一体机（过去的模拟卫星接收机有不少这样的机种）。目前，由于我国的地面广播的数字接收机的标准还未确定，生产厂商往往是将卫星接收部分制造成数字卫星接收机的“机顶盒（STB）”，并配合使用接收地面模拟广播信号的电视接收机作为显示终端（显示部分应该能够满足模拟电视和数字电视的扫描格式等的各种要求），实现模拟电视和数字电视信号的图像显示。

13.2 液晶电视机

13.2.1 液晶电视机的基本特点

图 13.6 是液晶电视机显示屏部分的结构示意图，它同普通显像管电视机相比，主要是显示器件不同。液晶电视机采用彩色液晶板作显示器件。液晶显示板具有重量轻、体积小（薄型）的特点。它作为显示器除了在笔记本电脑中被广泛的应用之外，在彩色电视机中取代显像管制成超薄型电视机，受到消费者的普遍欢迎。

液晶显示板是由一排排整齐设置的液晶显示单元构成的，一个液晶板有几百万个像素单元，每个像素单元是由 R、G、B 三个小的单元构成的。像素单元的核心部分是液晶体（液晶材料）及其半导体控制器件。液晶体的主要特点是在外加电压的作用下液晶体的透光性会发生很大的变化。如果使控制液晶单元各电极的电压按照电视图像的规律变化，在背部光源的照射下，从前面观看就会有电视图像出现。

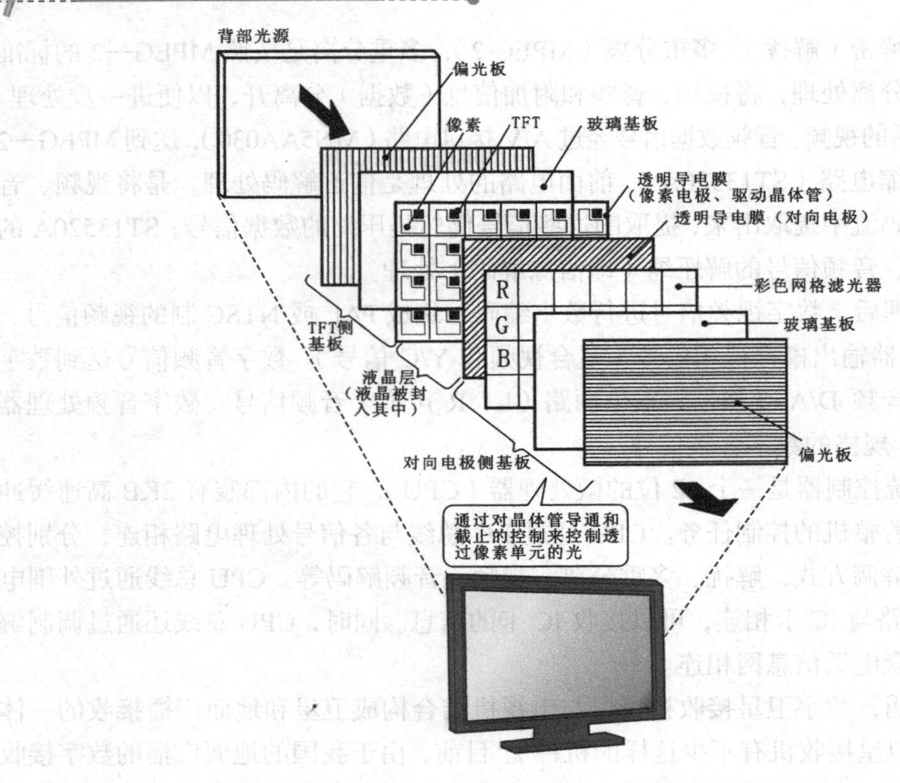

图 13.6　液晶电视机显示器的结构

液晶体是不发光的，在图像信号电压的作用下，液晶板上不同部位的透光性不同。每一瞬间（一帧）的图像相当一幅电影胶片，在光照的条件下才能看到图像。因此在液晶板的背部要设有一个矩形平面光源。

液晶显示板的剖面图如图 13.7 所示，在液晶板的背部设有光源，在前面观看屏幕的显示图像是透过液晶层的光图像，液晶层的不同部位的透光性随图像信号的规律变化，就可以看到活动的图像，即随电视信号的周期不断更新的图案。

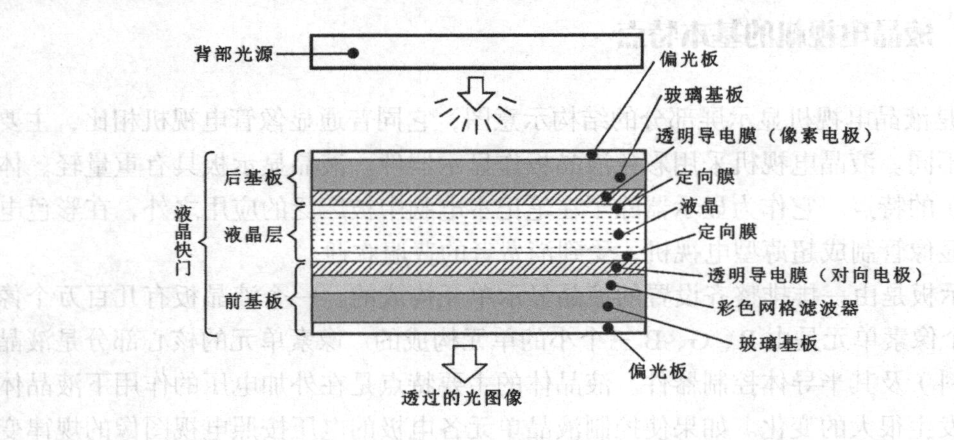

图 13.7　液晶显示板的剖面图

将电视信号变成驱动水平和垂直排列的液晶单元的控制晶体管，就可以实现液晶板的驱动，这些驱动集成电路安装在液晶板的四周就可以组装成液晶显示板组件，如图 13.8 所示。

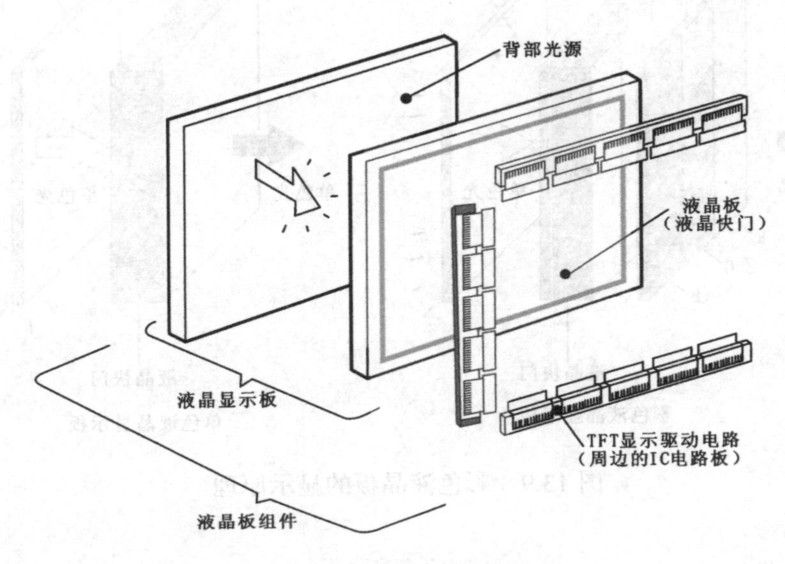

图 13.8 液晶显示板组件的结构

13.2.2 液晶显示板的工作原理

液晶是一种既具晶体性质，又具液体性质的物质，故取名为液态晶体，简称液晶。

通过研究发现，液晶有四个相态，分别为晶态、液态、液晶态、气态，且四个相态可相互转化，称为“相变”。相变时，液晶的分子排列发生变化，从一种有规律的排列转向另一种排列。后来发现，引起这一变化的原因是外部电场或外部磁场的变化。同时液晶分子的排列变化必然会导致其光学性质的变化，如折射率、透光率等性能的变化。于是科学家们利用液晶的这一性质做出了液晶显示板，它利用外加电场作用于液晶板改变其透光性能的特性来控制光通过的多少来显示图像。

液晶显示板是将液晶材料封装在两片透明电极之间，通过控制加到电极间的电压即可实现对液晶层透光性的控制。

彩色液晶显示板的原理如图 13.9 所示。在液晶层的前面设置由 R、G、B 栅条组成的滤波器，光穿过 R、G、B 栅条，就可以看到彩色光，由于每个像素单元的尺寸很小，从远处看就是 R、G、B 合成的颜色，与显像管 R、G、B 栅条合成的彩色效果是相同的。液晶层设在光源和栅条之间，实际上它很像一个快门，每秒钟快门的变化与电视画面同步。如果液晶层前面不设彩色栅条，就会显示单色（例如黑白图像）图像。

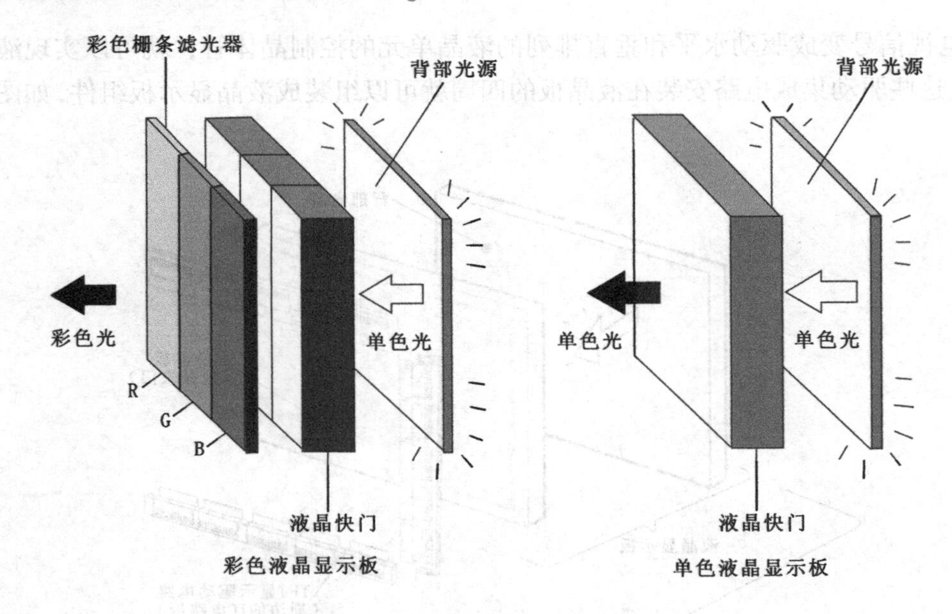

图 13.9　彩色液晶板的显示原理

13.2.3　液晶显示板的结构

图 13.10（a）是液晶显示板的局部解剖视图，液晶层封装在两块玻璃基之间，上部有一个公共电极，每个像素单元有一个像素电极，当像素电极上加有控制电压时，该像素中的液晶体便会受到电场的作用。每个像素单元中设有一个为像素单元提供控制电压的场效应管，由于它制成薄膜型紧贴在下面的基板上，因而被称为薄膜晶体管，简称 TFT。每个像素单元薄膜晶体管栅极的控制信号是由横向设置的 X 轴提供的，X 轴提供的是扫描信号，Y 轴为薄膜晶体管提供数据信号，数据信号是视频信号经处理后形成的。

场效应晶体管及电极的等效电路如图 13.10（b）所示，图像数据信号的电压加到场效应管的源极，扫描脉冲加到栅极，当栅极上有正极性脉冲时，场效应管导通，源极的图像数据电压便通过场效应管加到与漏极相连的像素电极上，于是像素电极与公共电极之间的液晶体便会受到 Y 轴图像电压的控制。如果栅极无脉冲，则场效应晶体管便是截止的，像素电极上无电压。所以场效应管实际上是一个电子开关。

整个液晶显示板的驱动电路如图 13.11（a）所示，经图像信号处理电路形成的图像数据电压作为 Y 方向的驱动信号，同时图像信号处理电路为同步及控制电路提供水平和垂直同步信号，形成 X 方向的驱动信号，驱动 X 方向的晶体管栅极。

当垂直和水平脉冲信号同时加到某一场效应管的时候，该像素单元的晶体管便会导通，如图 13.11（b）所示，Y 信号的脉冲幅度越高图像越暗，Y 信号的幅度越低图像越亮，当 Y 轴无电压时 TFT 截止液晶体 100%透光成白色。

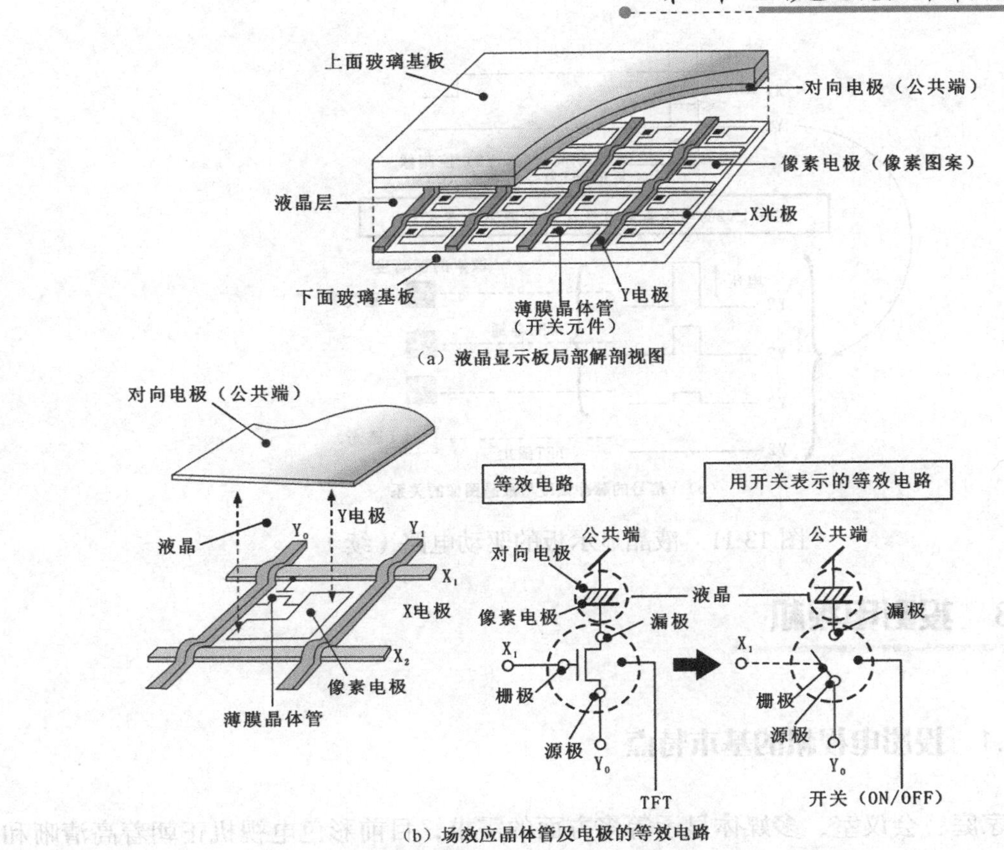

(a) 液晶显示板局部解剖视图

(b) 场效应晶体管及电极的等效电路

图 13.10　液晶显示板的局部解剖视图

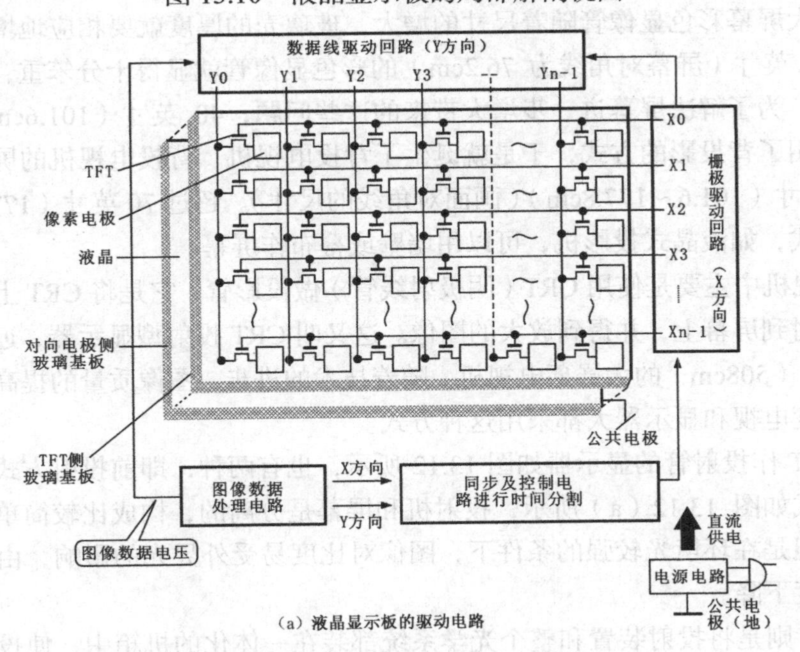

(a) 液晶显示板的驱动电路

图 13.11　液晶显示板的驱动电路

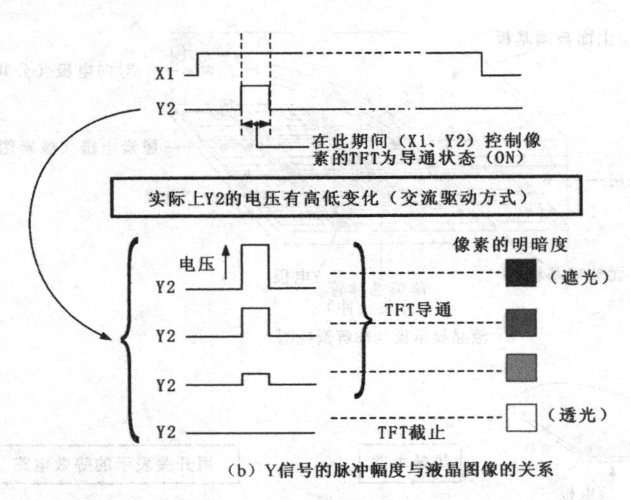

（b）Y信号的脉冲幅度与液晶图像的关系

图 13.11　液晶显示板的驱动电路（续）

13.3　投影电视机

13.3.1　投影电视机的基本特点

随着家庭、会议室、多媒体显示等多方面的需求，目前彩色电视机正朝着高清晰和大屏幕的方向发展。电视机随着屏幕尺寸的增大，对显像管的制作工艺和精度要求也大大提高了。大屏幕彩色显像管随着尺寸的增大，玻璃壳的厚度就要相应地增加，特别是屏幕超过 30 英寸（屏幕对角线为 76.2cm）的彩色显像管就显得十分笨重，而且制造成本也提高了。为了解决屏幕进一步增大带来的这些问题，40 英寸（101.6cm）以上的彩色电视机采用了背投影的方式，于是就诞生了背投电视机。背投电视机的屏幕尺寸一般为 40 ~ 70 英寸（101.6 ~ 177.8cm）（画面对角线的尺寸）。超过 70 英寸（177.8cm）一般都采用前投式，如液晶式投影机，可以用墙壁或幕布作屏幕。

背投电视机中主要是使用 CRT（阴极射线管）做投影管，它是将 CRT 上的图像经过光学系统投射到屏幕上，并得到放大的图像。这又叫 CRT 投射型显示器，近年来开发了 40 ~ 200 英寸（508cm）的大屏幕电视机。随着技术的进步、图像质量的提高和成本的降低，高清晰度电视和显示器大都采用这种方式。

使用 CRT 作投射管的显示器如图 13.12 所示，也有两种，即前投射方式和背投射方式。前投方式如图 13.12（a）所示，投射机和屏幕是分离的，构成比较简单，易于实现大屏幕化。但是在环境光较强的条件下，图像对比度易受外界光的影响，由于屏幕的因素会使解像度下降。

背投型，则是将投射装置和整个光学系统都装在一体化的机箱中，使投射光和外界的光能理想地分离，使用专门开发的透光型屏幕。其对比度受外界光的的影响较小，解

像度有所提高。另外，在投射管的光学系统方面特别是对镜头进行了专门的设计，大大提高了投射图像的质量。

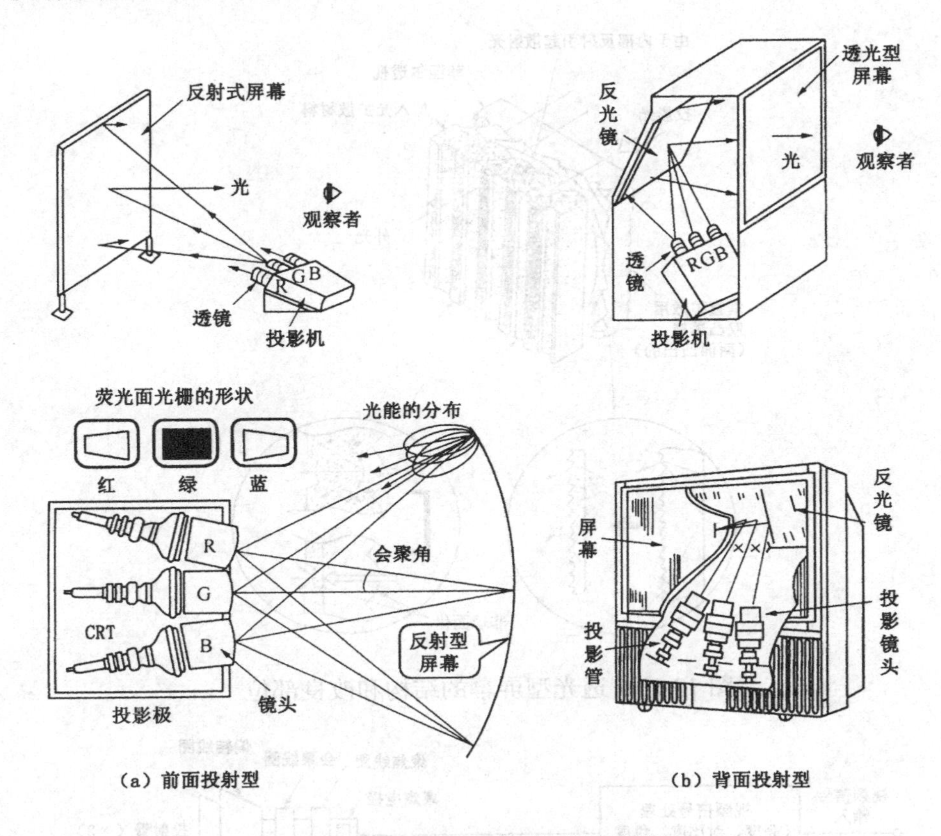

图 13.12 CRT 投射型显示器

背投机的显示屏幕与投射管的镜头一样都是非常重要的光学器件。屏幕的结构对图像质量也有很大的影响，为此在屏幕的结构上进行了改良，如图 13.13 所示，经过改进的屏幕大大提高了图像的解像度。

背投机中使用 R、G、B 三色投影管，也就是说 3 个投影管中分别涂有红、绿、蓝 3 种单色的荧光体材料。于是 R 投影管只发射红色光图像。投影管的尺寸通常为 5 ~ 13 英寸（12.7 ~ 33.02cm），7 英寸（7.78cm）的使用得较多，通常它所需要的阳极高压比普通彩色电视机的显像管要高一些，例如投影管的阳极高压约为 32kV，平均阴极电流为 500 ~ 600μA，峰值亮度时的阴极电流可达 6mA，因此荧光管所耗电量是很大的。

13.3.2 背投电视机的电路结构

背投电视机的电路就是驱动投射管的电路，其基本构成如图 13.14 所示。它与普通直视型彩色电视机相比，电视节目的接收电路、视频检波、伴音解调，以及视频图像信号

的处理和同步信号的处理等都是相同的。只是背投机的图形失真校正、变换电路、高压产生电路等有特殊的要求。

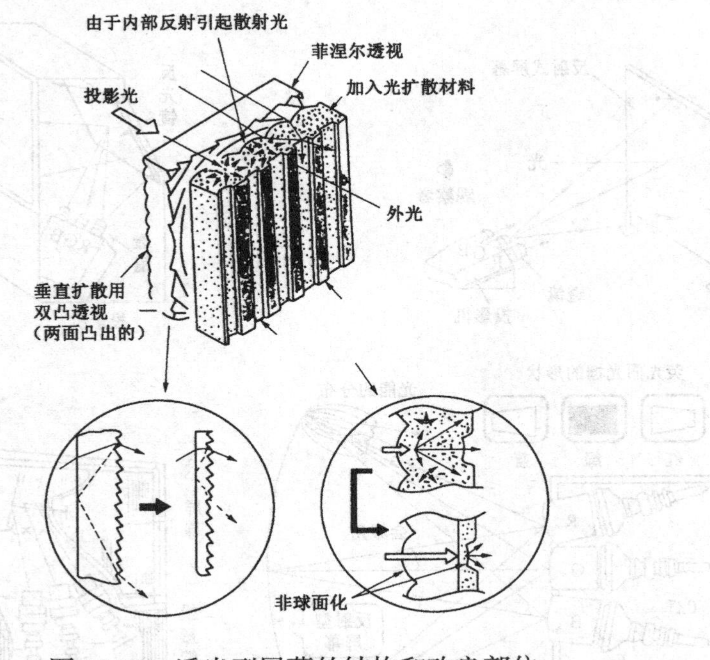

图 13.13　透光型屏幕的结构和改良部位

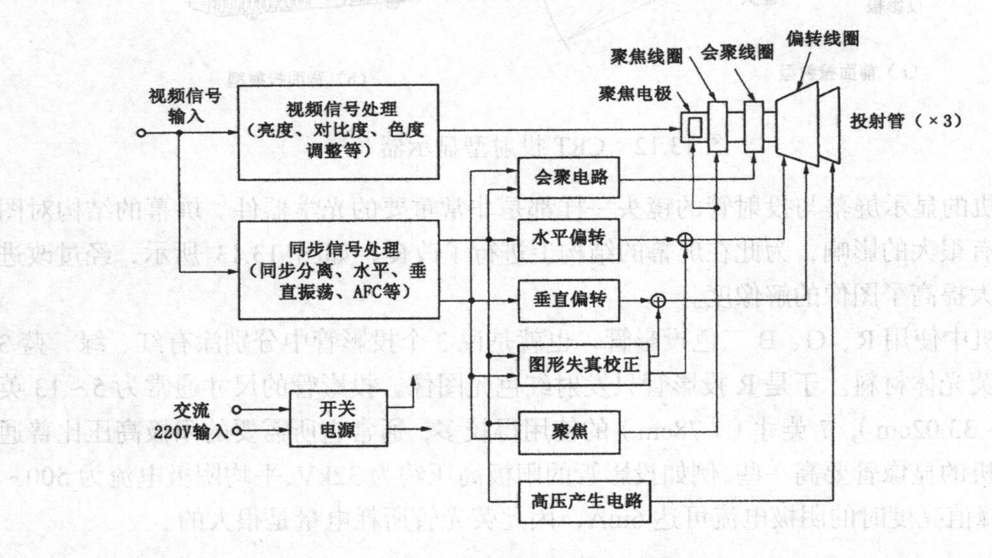

图 13.14　背投机的电路方框图

普通彩色电视机的显像管内有 3 个电子枪，显像管外有一组共同的偏转线圈和会聚调整组件，背投机中则用了 3 个投射管，每个投射管外都需要有偏转线圈和用于会聚、聚焦调整的部分。

电视信号经过视频信号处理电路处理后形成R、G、B三基色信号，分别送到3个投射管。

1. 图形失真校正

投影机与普通彩色电视机（直视型）在显像方式上有所不同。普通彩色电视机显像管的屏幕是由很多组红、绿、蓝三色荧光粉的栅条形或图形图案组成的。投影机中的3个投影管上分别形成红色、绿色和蓝色的图像，3个投影管的3种颜色的图像分别经光学系统放大后，投射到屏幕上，在屏幕上3个颜色的图像再合成为正常的电视图像。因此，3个管的图像在屏幕上如果重合不好便会产生失真。

（1）偏转失真的校正

在投影机中，投影时由投影管产生的图像经过镜头放大后，再投射到屏幕上。投影管实际上是一只小一些的显像管，由于投影管荧光屏的曲率引起的失真，其原理与普通显像管相同。透镜在放大和投射过程中会引起某些失真，这是投影机的特有的失真。

由于偏转线圈引起的失真如图13.15（a）所示，这种失真会使垂直偏转时，图像的中部出现幅度不足。将水平抛物波对垂直锯齿波进行调制形成的调制波，加到垂直偏转系统中进行失真校正。在投影机中实际上是在会聚电路中进行校正的。

水平偏转系统的失真是水平扫描时，在图像的中部出现扫描不足的现象，这要对水平扫描时中部图像的水平偏转幅度进行补偿。在水平偏转和高压产生电路相分离的投影机中，在水平偏转电路中比较容易校正，如图13.15（b）所示。

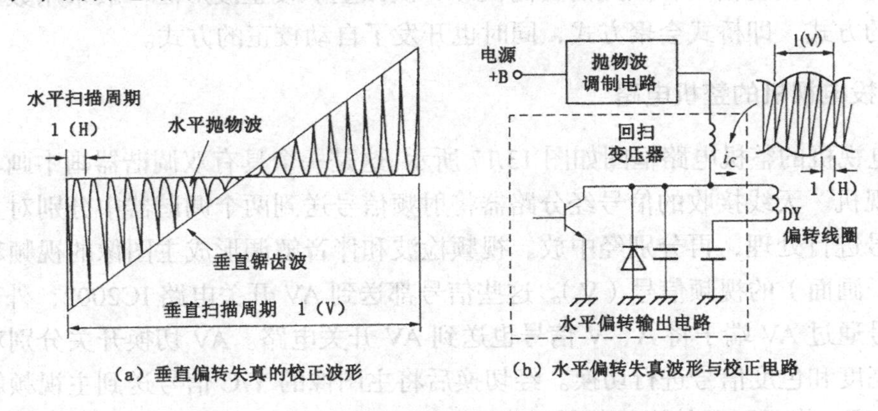

图13.15 偏转系统的失真校正

（2）梯形失真的校正

在投影机中由于3个投影管的体积比较大，将绿色投影管置于中间位置，绿投影管与屏幕垂直，而红投影管和蓝投影管分别位于绿投影管两侧，如图13.16（a）所示，这样红和蓝两投影管与屏幕都不能保持垂直状态，加之画面左右的光学倍率不同，使红（R）、蓝（B）两管的投影图像形状与G管不同。在投影管的管面上图像是长方形的光栅，左侧的B投影管在屏幕上投射的图像右侧变大、左侧变小呈梯形台状态，这种失真被称为梯形失真。其校正方法是将水平的锯齿波用垂直锯齿波进行调制，将调制波加到垂直偏转系统，校正的光栅形状如图 13.16（b）所示。实际上校正是在会聚电路中进行的。

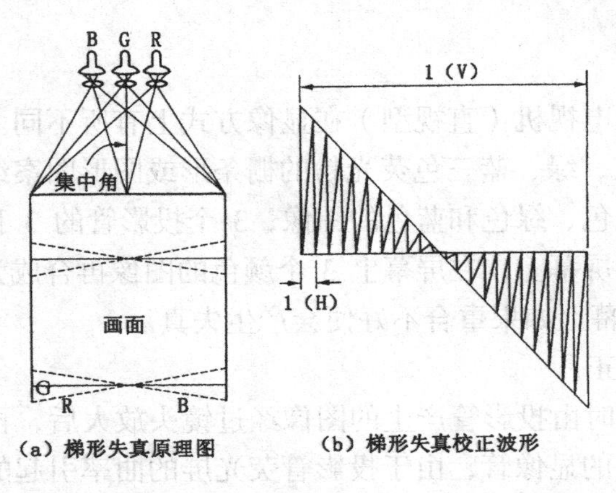

图 13.16　梯形失真的校正

2．会聚电路

在投影机中，与垂直直视型彩色电视机不同，在普通彩色电视机中采用自会聚方式，而投影机中为了实现 R、G、B 三投影管的重合必须采用会聚电路进行控制。过去是利用水平和垂直锯齿波（1 次波形）和抛物波（2 次波形）进行模拟式的会聚控制。高清晰度投影机则要求高精度会聚，因此需要高次（4 次以上）校正波形。一般采用数字会聚和模拟并用的方式，即桥式会聚方式，同时也开发了自动校正的方式。

3．背投电视机的整机电路

背投电视机的整机电路框图如图 13.17 所示。这是一个具有双调谐器画中画功能的背投彩色电视机。天线接收的信号经分路器将射频信号送到两个调谐器中分别对主图像和副图像信号进行处理，再分别经中放、视频检波和伴音解调形成主图像的视频和音频、副图像（子画面）的视频信号（V）。这些信号都送到 AV 开关电路 IC2002，外部音频、视频的信号通过 AV 端子将 A、V 信号也送到 AV 开关电路。AV 切换开关分别对音频、视频以及亮度和色度信号进行切换。经切换后将主图像的 Y/C 信号送到主视频解码电路 IC3 进行处理，将子画面的视频信号送到子图像解码电路 IC8，并进行处理，该机的画中画信号处理采用数字处理电路，经处理后，画中画 R、G、B 信号送到主视频解码电路 IC3 中进行切换。IC3 在 CPU 的 I^2C 总线的控制下进行亮度和色度信号的处理，IC3 输出 Y、U、V 信号，分别进行亮度和色差信号的处理，最后送到 R、G、B 矩阵电路 IC206，与此同时，图文 R、G、B 信号和 CPU 的字符 R、G、B 信号也送到 IC206 中，IC206 输出 R、G、B 信号分别送到 R、G、B 末级视频电路（IC701、IC731、IC761），三路末级视放电路分别驱动三个投影管。三个投射管发射的图像经反射镜反射并投射到屏幕上。与此同时扫描电路为三个投影管提供阳极电压、聚焦极电压，同时为偏转线圈提供水平和垂直偏转电流。

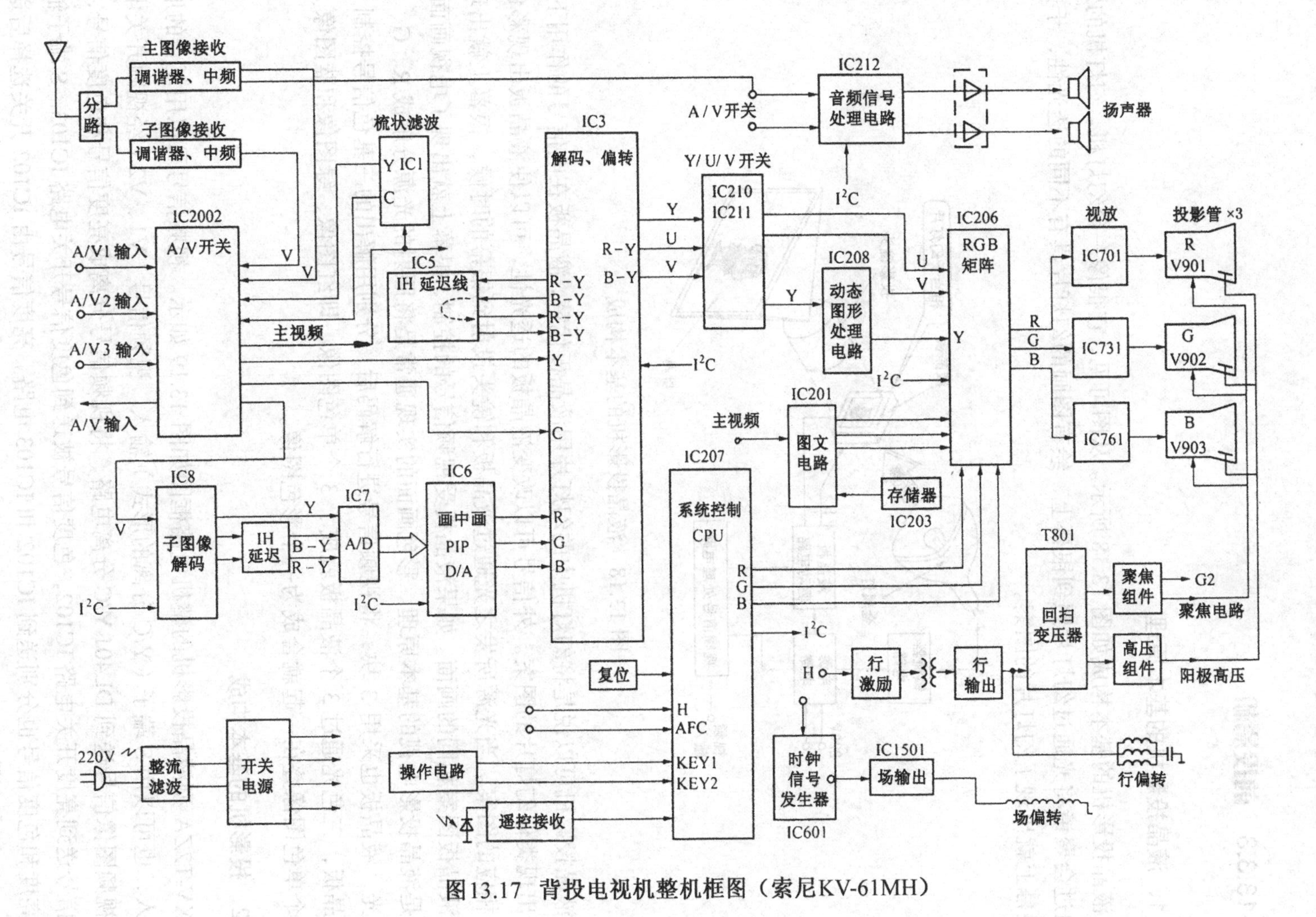

图13.17 背投电视机整机框图（索尼KV-61MH）

13.3.3 前投影机

1．液晶投影机的基本原理

液晶投影机的基本构成如图 13.18 所示。从图可见，它很像一台幻灯机。幻灯机的灯光通过会聚镜将光通过幻灯片照到银幕上，绘有图画的幻灯片具有不同的透光性，于是在银幕上就出现了幻灯片的图案。

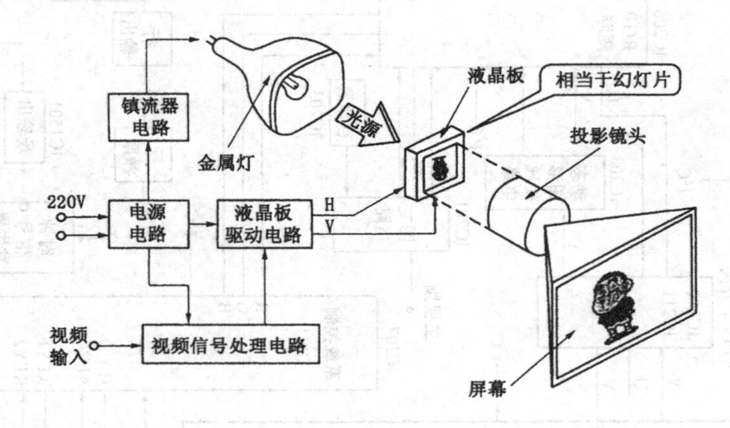

图 13.18　液晶投影机的基本构成

液晶投影机可以说是将幻灯机中的幻灯片用液晶板代替，液晶板在电信号的作用下，也会出现类似幻灯片的图案。外信号可以改变液晶板的透光性，可以使液晶板出现彩色信号相应的图案。当光源所发之光通过液晶板和镜头投射到银幕的时候，银幕上就出现了与液晶板图案相同的画面。如果液晶板受视频信号的控制，银幕上就出现了电视画面，这就是液晶投影电视的基本原理。彩色画面的实现通常是将照射的光源分解成 R、G、B 三色光，液晶板也采用 3 块，将视频信号进行解码后，分别用解出的三基色信号控制 3 个液晶板，三色光通过 3 个液晶板就成了 3 个单色图像，即红图像、绿图像和蓝图像。将 3 个单色图像叠在一起就合成为一个彩色图像。

2．投影机的基本构成

XV-T2ZA 型液晶投影机的整机电路框图如图 13.19 如示。视频信号可以用复合的形式输入，也可以用 S 端子（Y/C 分离的形式）输入。视频信号（V1、V2）经视频开关电路将视频图像信号送到 DL401 Y/C 分离电路，将视频信号分离成亮度信号和色度信号，亮度信号送到亮度开关电路 IC102，色度信号被送到色度信号开关电路 IC103。S 端子输入的亮度和色度信号也分别送到 IC102 和 IC103 电路。亮度信号由 IC102 开关选择后送到 IC801，色度信号经 IC103 选择后送到色度降噪电路 IC802，经降噪处理后送到 IC801。

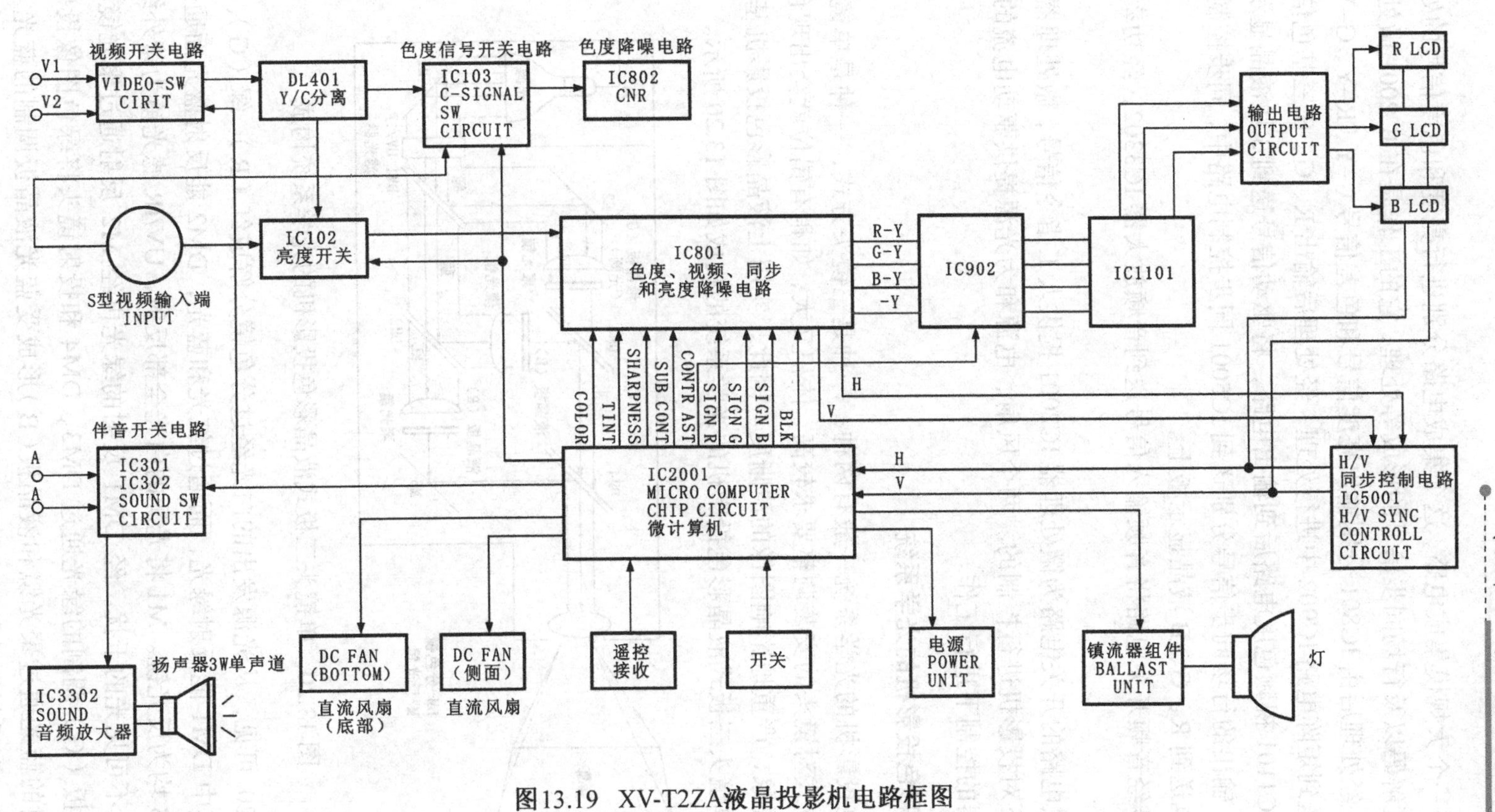

图13.19 XV-T2ZA液晶投影机电路框图

IC801是一个大规模集成电路，这个集成电路分别进行亮度和色度信号的处理，即亮度降噪、色度解码以及行场同步信号的形成等处理，它的工作是在IC2001微处理器的控制下进行的。经处理后由IC801分别输出亮度信号和色差信号（–Y、R–Y、G–Y、B–Y）。这4个信号送到矩阵电路IC902中进行处理，经处理后输出R、G、B三基色信号。三基色信号再经IC1101视频色度电路后到输出电路，将驱动信号送到3块液晶显示板上。

由IC801输出的行场同步信号分别送到IC5001同步控制电路中，同步控制电路输出的控制信号也送到R、G、B液晶显示板上。

音频信号经音频开关电路将音频输入信号送到音频放大器IC3302，经功率放大后驱动扬声器。

遥控接收电路的开关电路为微处理器IC2001提供人工指令信号，微处理器是在人工指令的控制下对投影机进行控制的。两个风扇、电源和为光源提供驱动电流的镇流器都是在微处理器的控制下进行工作。

3．液晶彩色投影机的光学系统

液晶彩色投影机的光学系统一般有两种：一种是三镜头方式，一种是单镜头方式。由于三镜头方式对镜头的安装调整要求较高，体积又大，如稍有错位就会出现色不重合，即“重影”现象，严重地影响图像的清晰度。因此，实用上液晶彩色投影机基本采用单镜头方式。单镜头三板式液晶彩色投影机的光学系统的构成如图13.20所示。

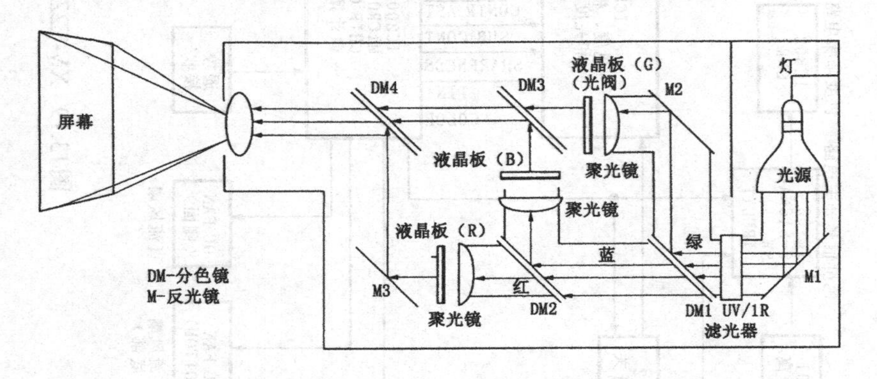

图13.20　单镜头三板式液晶彩色投影机的光学系统构成

由图13.20可见，从光源发出的白光经过分色镜分解成红（R）、绿（G）、蓝（B）三基色光。其中DM1能反射绿光，而通过红光和蓝光，DM2能反射蓝光而通过红光。M1、M2、M3均为反光镜。M1将光源的白光全部反射，UV/IR滤光镜为紫外线/红外线滤光镜，滤除不可见光的干扰。经DM1反射的绿光再经M2反射通过聚光镜和液晶板（G），受液晶板（G）调制的绿光通过DM3、DM4和投射镜头将绿色图像投射到银幕上。DM2反射的蓝光通过聚光镜和液晶板（B）形成受蓝光液晶板调制的蓝光。经DM3反射通过DM4和投射镜头将蓝色图像投射到银幕上。被液晶板（R）调制的红光则由

M3 和 DM4 反射后通过投射镜头将红色图像投射到银幕上。三基色图像合成后就成为全彩色图像。

13.4 等离子体电视机的结构和原理

13.4.1 等离子体电视显示器

等离子体显示板（Plasma Display Panel）简称 PDP。它是一种新型显示器件，其主要特点是整体成体扁平状，厚度可以在 10cm 以内，轻而薄，重量只有普通显像管的 1/2。由于它是自发光的器件，亮度高、视角宽（达 160°），可以制成纯平面显示器，无几何失真，不受电磁干扰，图像稳定，寿命长。这种器件近年来得到了很快的发展，其性能和质量有了很大的提高，很多高清晰度超薄电视显示器和壁挂式大屏幕彩色电视机采用了这种器件。目前等离子彩色电视机正在进入百姓家中。等离子体显示板是由几百个万个像素单元构成的，每个像素单元中涂有荧光层并充有惰性气体。在外加电压的作用下气体呈离子状态，并且放电，放电电子使荧光层发光，这些单元被称为放电单元。所有这些放电单元被制作在两块玻璃板之间，呈平面薄板状。由于等离子显示器本身能够发光、亮度高，显示效果好，是一种理想的显示器件。像素数越多清晰度越高。其结构示意图见图 13.21。

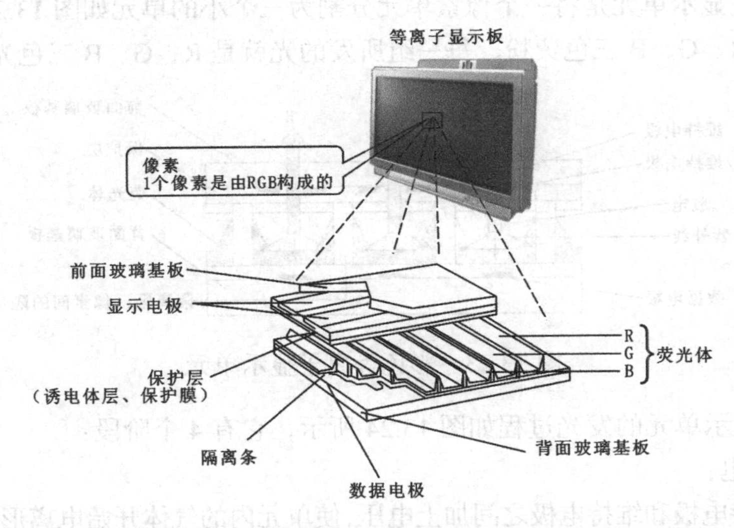

图 13.21 等离子体电视显示器结构示意图

13.4.2 等离子体显示器的显示原理

图 13.22 是等离子体发光单元与荧光灯和显像管的比较示图，荧光灯内充有微量的氩

和水银蒸气。它在交流电场的作用下，发生水银放电发出紫外线，从而激发灯管上的荧光粉，使之发出白色的荧光。显像管是由电子枪发射电子射到屏幕荧光体而发光。等离子体发光单元内也涂有荧光粉，单元内的气体在电场的作用下被电离放电使荧光体发光。

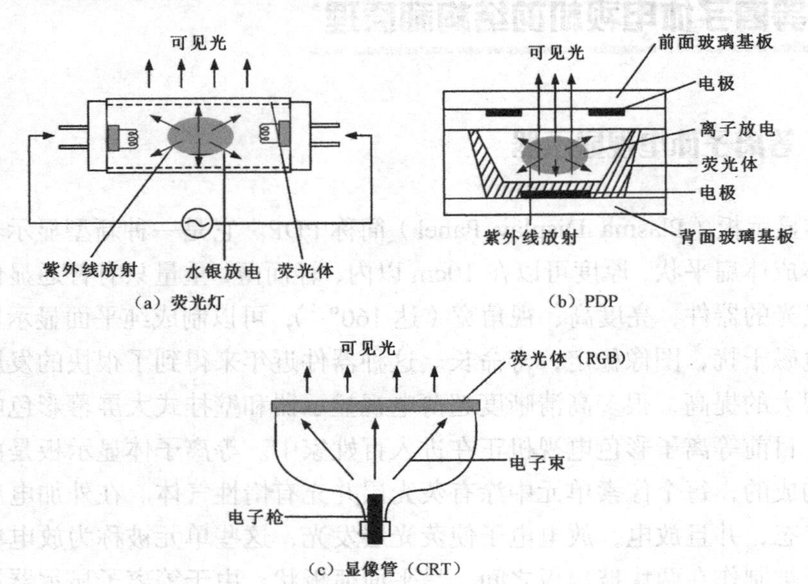

图 13.22　等离子体单元、显像管、荧光灯发光示意图

等离子彩色显示单元是将一个像素单元分割为三个小的单元如图 13.23 所示，并在单元内分别涂上 R、G、B 三色荧粉，每一组所发的光就是 R、G、B 三色光合成的效果。

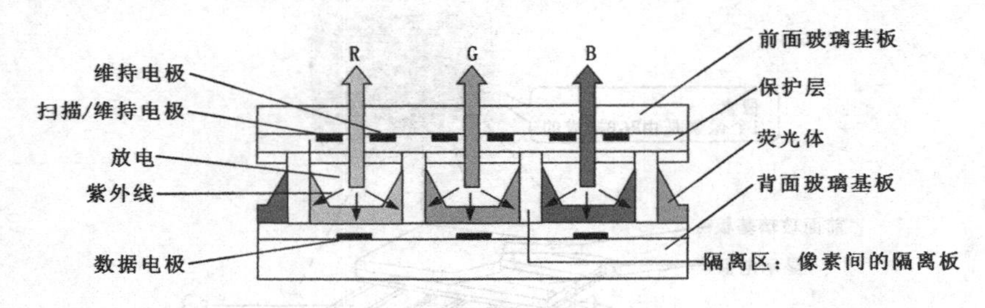

图 13.23　彩色等离子显示单元

等离子体显示单元的发光过程如图 13.24 所示，它有 4 个阶段：

① 预备放电：

给扫描/维持电极和维持电极之间加上电压，使单元内的气体开始电离形成放电的条件。

② 开始放电：

接着给数据电极与扫描/维持电极之间加上电压，单元内的离子开始放电。

③ 放电发光与维持发光

去掉数据电极上的电压，给扫描/维持电极和维持电极之间加上交流电压，使单元内形成连续放电，从而可以维持发光。

④ 消去放电

去掉加到扫描/维持电极和维持电极之间的交流信号，在单元内变成弱的放电状态，等待下一个帧周期放电发光的激励信号。

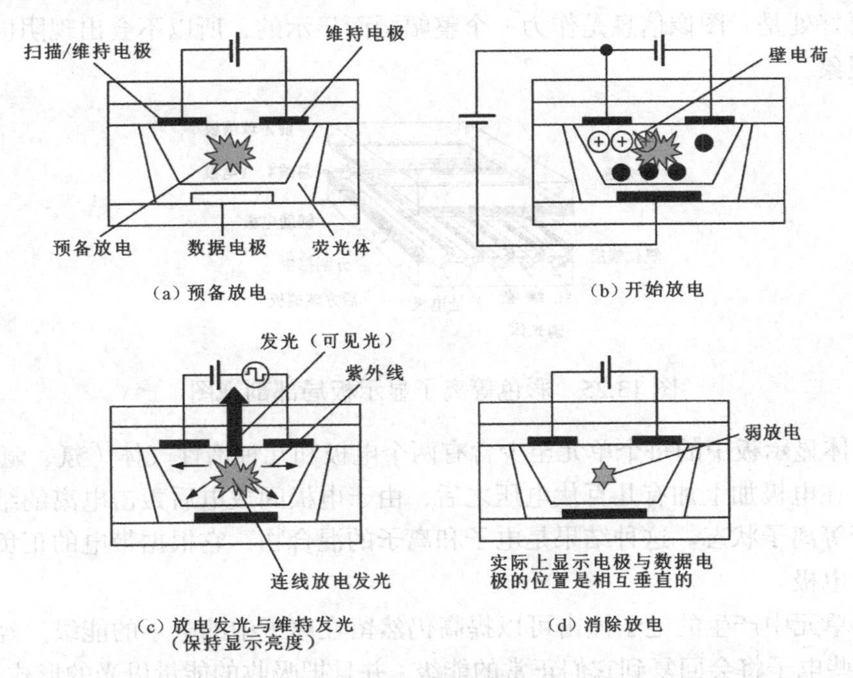

图 13.24 等离子体显示单元的放电发光过程

等离子体从发光的原理上来说有两种：一种是在电离形成等离子体时直接产生可见光，另一种是利用等离子体产生紫外光来激发荧光体发光。通常等离子体不是固态、液态和气态，而是一种含有离子和电子的混合物。

在显示单元中，加上高电压使电流流过气体而使其原子核的外层电子溢出。这些带负电的粒子便会飞向电极，途中和其他电子碰撞便会提高其能级。电子回复到正常的低能级时，多余的能量就会以光子的形式释放出来。

这些光子是不是在可见的范围，要根据惰性气体的混合物及其压力而定，直接发光的显示器通常发出的是红色和橙色的可见光，只能作单色显示器。

等离子体显示板的像素实际上类似于微小的氖灯管，它的基本结构是在两片玻璃之间设有一排一排的点阵式的驱动电极，其间充满惰性气体。

像素单元位于水平和垂直电极的交叉点。要使像素单元发光，可在两个电极之间加上足以使气体电离的电压。颜色是单元内的磷化合物（荧光粉）发出的光产生的，通常等离子体发出的紫外光是不可见光，但涂在显示单元中的红、绿、蓝三种荧光粉受到紫外线轰击就会产生红、绿和蓝的颜色。改变三种颜色光的合成比例就可以得到任意的颜色，这样等离子体显示屏就可以显示彩色图像。利用氧化锰层可以使电极免受等离子体的腐蚀。

图 13.25 说明对不同颜色的选择。地址电极的唯一目的是使单元作初始准备。像素总

是由三个子像素显示单元组成。子像素分别含有红、绿和蓝色荧光体。地址电路使每个像素初始化。X 和 Y 总线是相互垂直放置的，可以触发一行排列的像素单元。可以单独选择 X 总线线路，这是起始化过程所必需的。总线线路是从右至左，隔行安装的，这种装置的主要好处是，图像信息是作为一个整幅画面显示的，所以不会出现阴极射线管独有的闪烁现象。

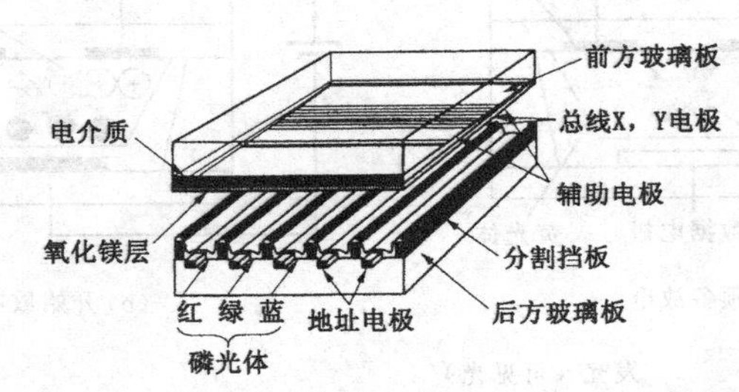

图 13.25 彩色等离子显示板局部剖视图

等离子体显示板中的每个单元至少含有两个电极和几种惰性气体（氖、氩和/或氙）的混合物。在电极加上加有几百伏电压之后，由于电极间放电后轰击电离的结果，惰性气体将处于等离子状态。这种结果是电子和离子的混合物，它根据带电的正负，流向一个或另一个电极。

在像素单元中产生的电子撞击可以提高仍然留在离子中的电子的能级。经过一段时间之后，这些电子将会回复到它们正常的能级，并且把吸收的能量以光的形式发射出来。发出的光是在可见光的波长范围，还是在紫外线的波长范围和惰性气体混合物及气体的压力有关。彩色等离子体显示板多使用紫外线。

电离可由直流电压激励产生，也可以由交流电压激励产生。直流电显示器的电极嵌入等离子体单元，采用直接触发等离子体的方式。这样只需产生简单类型的信号，并可减少电子装置的成本。另一方面，这种方式需要高压驱动，由于电极直接暴露在等离子体中，寿命较短。

如果用氧化镁涂层保护电极，并且装入电介质媒体，那么与气体的耦合是电容性的，所以需要交流电驱动。这时，电极不再暴露在等离子体中，于是就有较长的工作寿命。这样做的缺点是产生信号触发电压的电路比较复杂，不过这种技术还有一个好处：可以利用它来提高触发电压，就降低了外部输入触发电压。利用这种方法可以把触发电压降至大约 180V，而直流电显示器却是 360V，于是简化了半导体驱动电路。

交流驱动方式等离子体显示器的触发基本分三个阶段，见图 13.26 所示的波形图。

第一个阶段是寻址或初始化阶段。在这个阶段中，在下一帧必须工作的所有单元将会过载。不过载的单元就会保持黑暗，寻址过程是逐个单元完成的。电流通过所有地址导体流到必须工作的单元。接着，总线导体 X1 上的脉冲引起电荷转移，预先使单元初始化。这个过程将在其余的单元 X2、X3、…、Xn 等重复进行，预先初始化的单元将保持它的电量一段较长的时间。正是这种记忆效果使之可以逐个单元寻址。

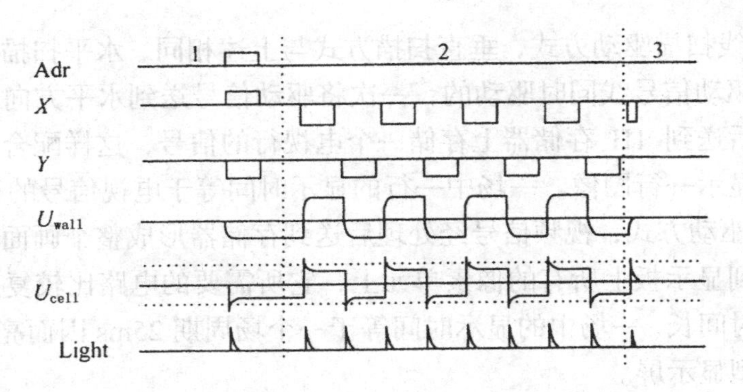

图 13.26 等离子体显示驱动电路的波形图

第二阶段是停止阶段或者显示阶段。交替地把电压加到两个总线电极上，就会促使离子和电子移到相反的电极，这样就导致形成等离子体而发光。加上的电脉冲越多，发出的光也越多。

随着脉冲数目的增加，对光的灵敏度也提高了。在电压交变时，光脉冲就会出现。外加电压的取向使它和内部电压相加，结果超过等离子体单位的触发电压。没有预先初始化的单元完全是外部电压的作用，达不到触发电压，于是他们保持黑暗。

第三阶段是熄灭阶段，消除显示驱动电压，目的是使所有单元恢复中性电荷分布，这个阶段是必需的。后两个阶段和第一个阶段的差异是同时向所有的单元寻址。

等离子体显示板是由水平和垂直交叉的阵列驱动电极组成的，与显像管的显示方法不同，它可以按像点的顺序驱动发光，也可以按线（相当于行）的顺序驱动显示，还可以按整个画面的顺序显示，如图 13.27 所示。而显像管由于有一组由 R、G、B 组成的电子枪，它只能采用一行一行的扫描方式驱动显示。

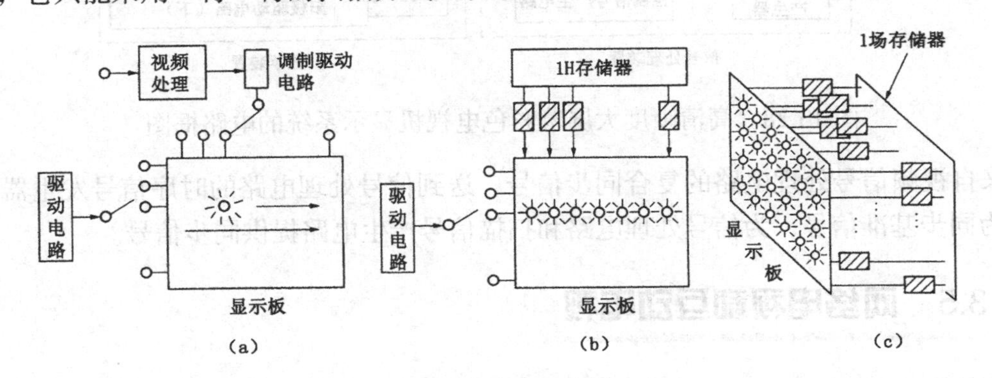

图 13.27 等离子体显示板的驱动方式

图中（a）是点顺序驱动，即水平驱动和垂直驱动信号经开关顺次接通各电极的引线，水平和垂直电极的交叉点就形成对等离子体显示单元的控制电压，使水平驱动开关和垂直驱动开关顺次变化就可以形成对整个画面的扫描。每个点在一场周期中的显示时间约为 0.1μs，因此，必须有很高的放射强度，才能有足够的亮度。

图中（b）是线扫描驱动方式，垂直扫描方式与上述相同，水平扫描驱动是由排列在水平方向的一排驱动信号线同时驱动的，一次将驱动信号送到水平方向的一排像点上。视频信号经处理后送到 1H 存储器上存储一个电视行的信号，这样配合垂直方向的驱动扫描一次就可以显示一行图像。一场中一行的显示时间等于电视信号的行扫描周期。

图（c）是面驱动方式，视频信号经处理后送到存储器形成整个画面的驱动信号，一次将驱动信号送到显示板上所有的像素单元上，它所需要的电路比较复杂。但由于每个像素单元的发光时间长，一场中的显示时间等于一个场周期 25ms 因而亮度也非常高，特别适合室外的大型显示屏。

图 13.28 是高清晰度大屏幕彩色电视显示系统的电路框图，显示屏的扫描行数为 1035。每行的像素达 1920，可实现高清晰的图像显示。视频信号经解码处理后将亮度信号 Y 和色差信号 PB、PR 或是用 R、G、B 信号送到等离子体显示器的信号处理电路中，首先进行 A/D 变换和串并变换（S/P 变换），然后进行扫描方式的变换，将隔行扫描的信号变成逐行扫描的信号，再进行γ校正。校正后的信号存入帧存储器中，然后一帧一帧的输出送到显示驱动电路中。

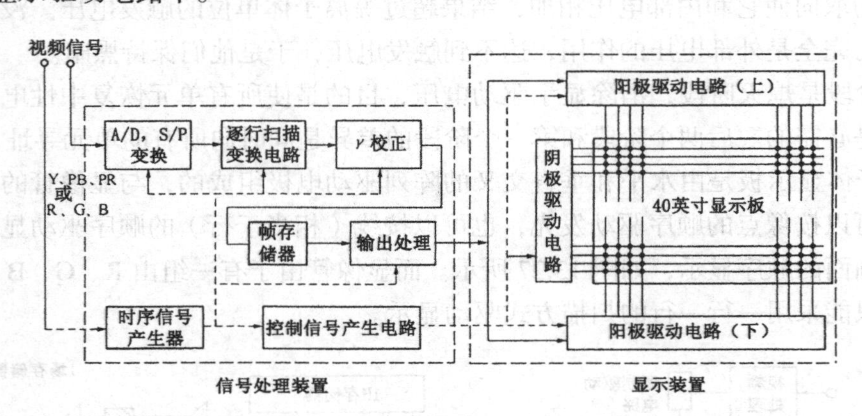

图 13.28　高清晰度大屏幕彩色电视机显示系统的电路框图

来自视频信号处理电路的复合同步信号，送到信号处理电路的时序信号发生器，以此作为同步基准信号，为信号处理电路和扫描信号产生电路提供同步信号。

13.5　网络电视和互动电视

随着信息化和网络化的发展，便出现了信息家电，其中互动电视就是其中的典型产品，它是将网络、通信、计算机和音频、视频技术相结合的产物。如图 13.29 所示。

用户在欣赏电视节目的时候，可以通过网络与节目播出中心相连。将节目播出系统与用户互动起来。这种系统是将电视机增加网络接口和人工信息的输入、输出接口。前述的数字电视节目的播出、传输和接收系统，实际上已具有网络电视和互动电视的基本功能。这里所说的网络电视和互动电视只是数字系统的一种应用实例。

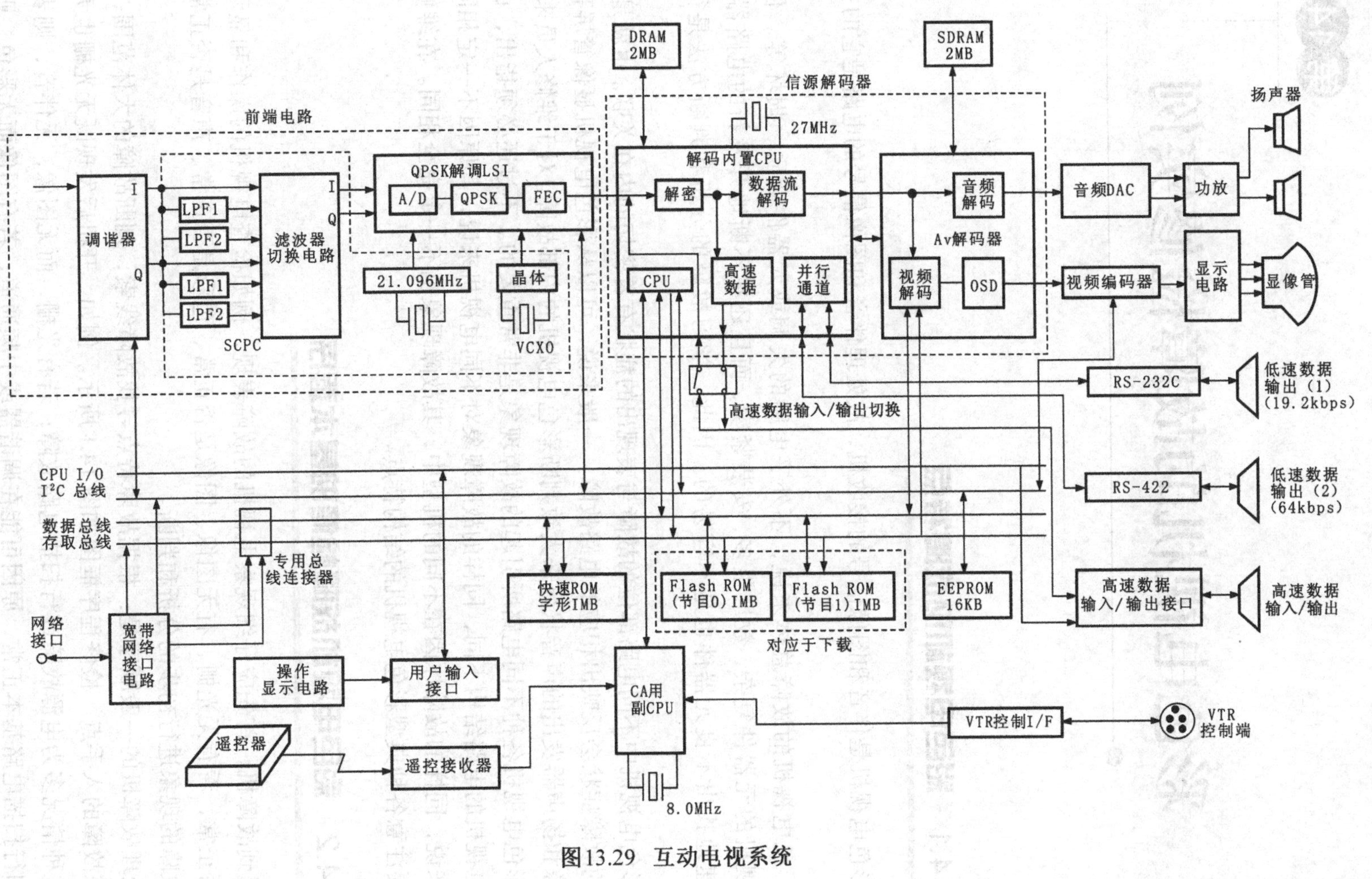

图13.29 互动电视系统

第14章

彩色电视机的故障检修实例

14.1 彩色电视机的故障特点

彩色电视机是伴音和图像信号的接收机，故处理伴音和图像信号的电路是它的主要部分。

彩色电视机的故障总体来说，不外乎电路的失调或元器件变质、损坏等。但彩色电视机的元器件复杂，数量很多，安装紧凑，而且还在不断地开发新的电路器件，能迅速地找出不良元器件也是不容易的。因此，学习故障的分析和判断方法是很重要的。

彩色电视机中不同电路部位的故障与表现出的症状有着密切的内在关联。也就是说，不同的故障症状会反映出相应的电路故障。一般来说，可以从彩色电视机显像管屏幕上的图像和扬声器发出的声音状况来大致判断彩色电视机的内部故障。对于维修人员来讲，熟记彩色电视机各种不同电路所引起的故障现象是非常重要的。不过还必须指出，由于各类电视机的电路结构不同，同样的故障现象对不同电视机来说，其原因不一定相同；反过来说，同样的故障原因在不同的机型中，其故障现象也不一定完全相同。在维修实践中要注意各种典型彩色电视机的结构特点。

14.2 彩色电视机故障检修的基本程序

遇到故障机，首先应仔细观察电视机的故障表现，例如检查电视机的操作和显示功能是否正常，看有无光栅、有无图像、图像是否正常、色彩是否正常、声音是否正常。根据故障的现象进行初步的分析和判断。

处理故障机的一般顺序是：根据故障特点寻找故障线索，判断故障的大体范围，搜索跟踪故障的入手点。检修程序框图如图 14.1 所示。例如，开机后发现既无光栅也无伴音，这种情况多为电源故障或行扫描电路故障；若有光栅，而无图像，无伴音，则表明电源和行扫描电路基本正常，原因可能在调谐器或中频通道；若有图像而无彩色，则可

能是色解码电路的故障，但也不能完全排除公共通道的故障。例如，通道的幅频特性不好、增益不足也可能造成无彩色。

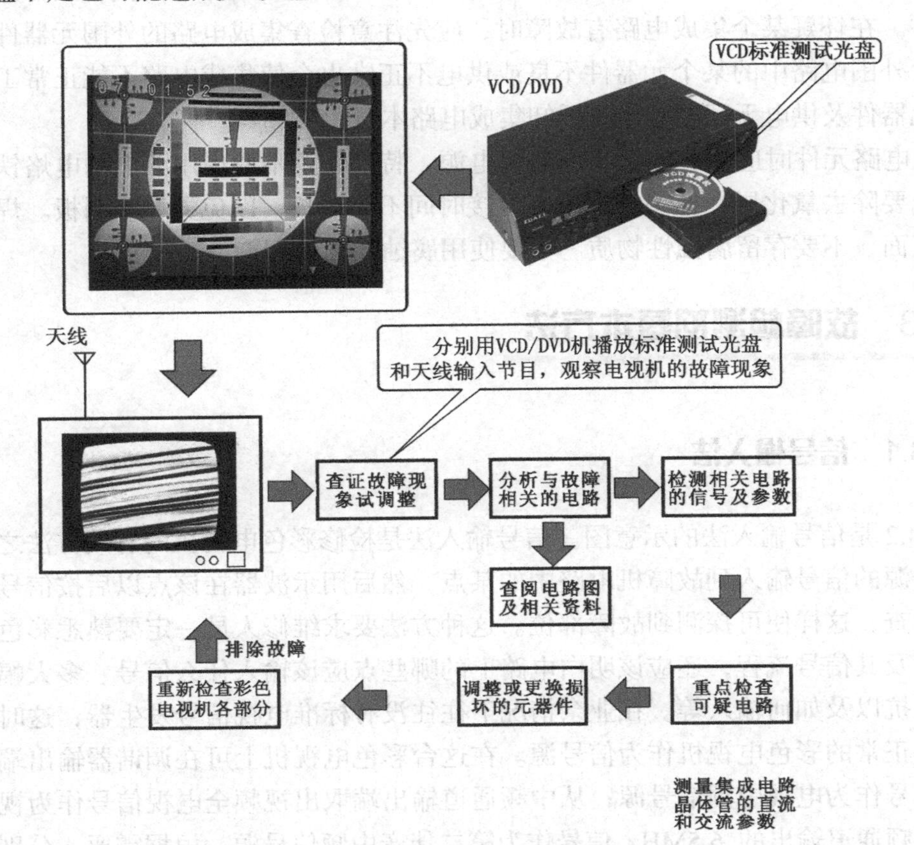

图 14.1 彩色电视机的检修程序

要能迅速地做到这一点，对彩色电视机的结构和电路功能要有深切地了解，熟悉各种电路的基本功能和在电视机中的位置及作用是很必要的。

推断出故障的大体范围之后，则要进一步缩小故障的范围，寻找故障点。在这个过程中需要借助于检测和试验等辅助手段。如怀疑某集成电路有问题，可对它进行静态测量和动态测量。静态测量是指工作时测量集成电路引脚的直流电压，因为集成电路内部电路的损坏往往会引起引脚电压值的变化。测量后根据测量结果对照图纸和资料上提供的正确参数即可发现问题。这种方法比较简单，只使用万用表就可以做到。如果使用这种方法还不能确切地判断故障点，可以进行动态信号跟踪测量。使彩色电视机处于接收信号时的工作状态（最好是用录像机或 VCD 机外加彩条信号），测量可疑部分的各点信号波形。将示波器观测到的波形同图纸和资料上提供的标准波形进行比较，即可找到故障点。对于调谐器和中频通道的故障，若经静态测量和动态测量尚找不出故障点，还可以进行单元测量。如利用扫频仪测量其频率特性，一级一级地检查即可发现故障。找到故障点以后也就很容易找到故障元器件或部件了，即可进行更换。但有时一个故障与几个元器件有关，难于确认是哪一个损坏。这种情况下可利用试探法、代替法分别试验某一元器件。在怀疑某个集成电路有故障时，应先注意检查集成电路的外围元器件及其供电电路，外围电路中的某个元器件不良或供电不正常也会使集成电路不能正常工作。证实外围元器件及供电无问题后才可拆卸集成电路本身。

更换电路元件时应注意安全，先关掉电源，特别注意不要使用漏电的电烙铁。元器件引脚线要除去氧化层、挂锡并焊牢，焊接时间不要过长，以免烫坏印制板。焊后要注意清洁板面，不要存留腐蚀性物质。不要使用腐蚀性强的焊剂。

14.3 故障检测的基本方法

14.3.1 信号输入法

图 14.2 是信号输入法的示意图。信号输入法是检修彩色电视机的有效方法之一。它是把信号源的信号输入到故障机电路中的某点，然后用示波器在该点以后按信号流程逐点进行检查，这样便可探测到故障部位。这种方法要求维修人员一定要熟悉彩色电视机工作原理及其信号流程，还应该明白电路上的哪些点应该输入什么信号、多大幅度、输入点的阻抗以及如何输入等。在业余情况下往往没有标准电视信号发生器，这时可利用一台工作正常的彩色电视机作为信号源。在这台彩色电视机上可在调谐器输出端取出电视中频信号作为电视中频信号源；从中频通道输出端取出视频全电视信号作为视频信号源；以中频通道输出的 6.5MHz 信号作为第二伴音中频信号源。根据需要，分别输入故障机的中频通道、视频通道和伴音中频通道，以检查和判断这些电路的故障部位。但这时应注意采取必要的隔离和适当的耦合方法，否则会烧坏机器。对于视频放大电路和伴音放大电路,也可用人体感应的 50Hz 信号注入来检查。方法是用手握住调整用的起子（手指要接触金属部分）去碰触视频电路放大器输入端，这样就把感应的 50Hz 信号输入进去了。如果视频放大电路工作正常，屏幕上会出现明显的黑白相间条纹。如果伴音放大器和输出电路工作正常，扬声器会发生 50Hz 交流声。在采取这种输入法时，应注意输入点电压，且应单手操作，以免受电击。

不管使用哪种方法检测彩色电视机，都必须注意人身安全和设备安全。一般彩色电视机因使用无电源变压器的开关电源，常使印制板地线带上市电电压，因此在维修时需使用电源隔离变压器将其与市电隔离开来。但开关电源的地线带市电电压，在电路板上标为热区，其他部分的地线不会带高压，标为冷地。所以在维修中不要将电源地与主印制板地直接相连。

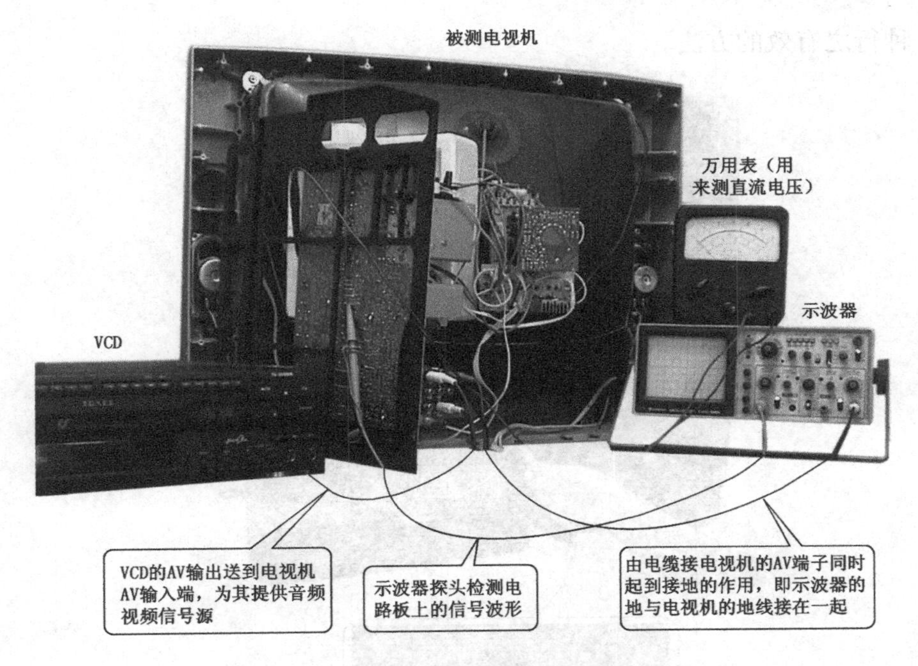

图 14.2 信号输入法的示意图

14.3.2 波形检查法

如图 14.3 所示，波形检查法就是通过示波器直接观察有关电路的信号波形，并与正常波形相比较，即可分析和判断出故障部位。波形检查法一般分两种：一种是利用扫频仪观察频率特性和增益；另一种是在注入彩条信号或接收电视台信号时用示波器观察电路各测试点的电压波形。无疑这是一种比较直观形象的方法。很多彩色电视机原理图上都标出了各关键测试点的正常信号波形，这是波形检查法的有利条件。即使没有波形资料，也可根据一般原理推测出大体正常的波形。有的彩色电视机原理图未标出测试点的正常波形，这就需要自已去收集和测绘，或利用同型号的另一台正常彩色电视机测试点的波形作为参考。通过比较，你会发现各类彩色电视机测试点的安排都是大同小异的，也就是说彩色电视机中需要检测的波形基本上都是类似的。了解这一点并熟悉各点应出现的正常波形是非常有用的，可以使你在用波形检查法时大大提高工作效率。

例如，利用示波器观察电视机场、行振荡器或输出级的波形，就可以很方便地判断出振荡器是否振荡，输出波形是否失真（即线性不好），从而可迅速地找到故障部位。又如，从彩色电视机屏幕上看到彩色不正常时，首先应怀疑色解码电路可能有故障，可利用示波器观察输入到色解码电路的色信号是否正常，由此可以判断是色解码电路之前的电路还是色解码电路出故障。若此点波形正常，再观察提供给解码电路的色同步信号和 4.43MHz 的色副载波振荡信号是否正常。若检测正常，再观察解码器输出的色差信号是否正常。若不正常，就可判断是解码器损坏，需更换。可见，波形检查法是检修彩色电视机的一种行之有效的方法。

图 14.3 波形检查法

各种彩色电视机的波形（在图纸上标出的波形）都是在接收标准彩条信号的条件下测量的，在检修时可用录像机或影碟机播放一个彩条信号作为信号源。

14.3.3 测电压、电阻法（万用表检修法）

如图 14.4 所示，此法是指用万用表测量故障的方法。在工作状态下测量电路的电压值，在断电状态测量下电路对地的电阻值，然后用测出值与标准值进行比较，以便判断是否出现故障。这种方法一般在检修中用得比较多，因为它的条件要求不高，有一块好一点的万用表即可。

例如，用万用表的直流电压挡可以测量电视机电源电路的直流输出电压以及各晶体管和集成电路的工作电压，可以测量显像管各脚的供电电压（在测阳极高压时应加高压测试笔或用高压表）。将测得的电压值与电原理图上标注的正常电压值进行比较，即可找出故障部位。在测量中要注意有的引脚电压有静态电压和动态电压之分。所谓静态电压是指无电视信号时的工作电压；动态工作电压就是指有电视信号时的工作电压。在电路图中用括号表示动态值。在彩色电视机说明书的电路图中电源地线与主板电路地线都用不同图形符号表示，例如电源地线用“▽”表示，主板地线用“⊥”、“⏚”或“⊥”等符号表示，但各类机型都不统一。

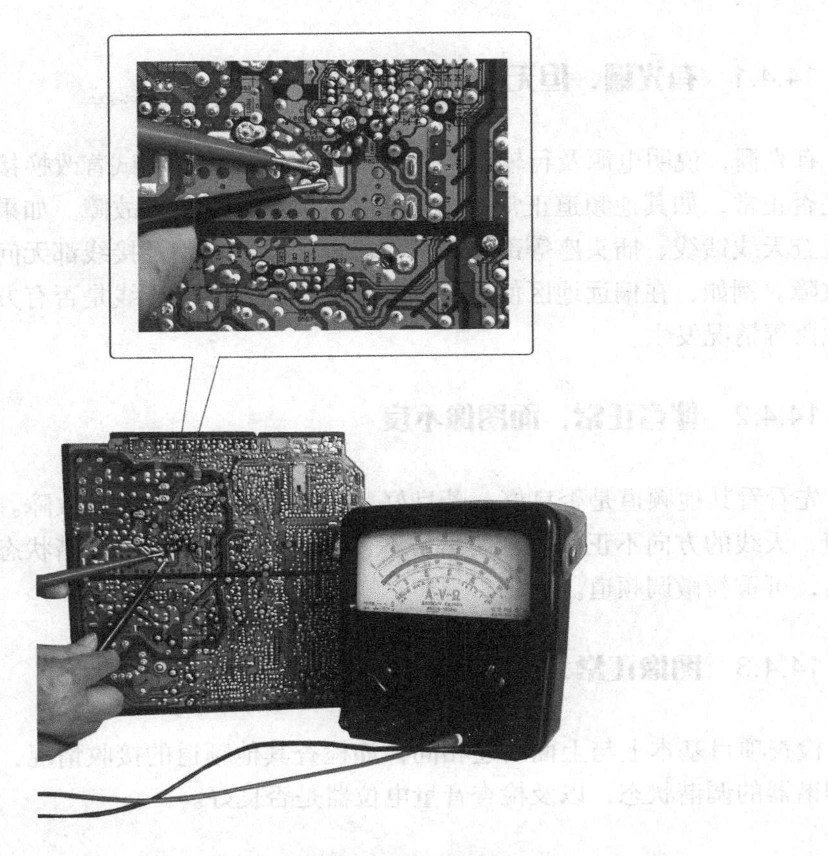

图 14.4 用万用表测量电阻值

用万用表的欧姆挡测量电阻，也可以测量其他元件的电阻值或集成电路各引脚对地电阻，通过对测量数据的分析来寻找故障部位或元件。测量时注意元件的在路电阻值和元件本身的电阻值是不一样的。测量在路电阻值时还要注意正、负表笔的连接。由于电路中有二极管等单向导电元件，当连接方法不一样时，电阻值也是有差异的。对于集成电路，最好用测电压法。若用电阻法，欧姆挡只能用“×100”或“×1k”两挡，不宜用“×1”、“×10”以免注入电流太大或施加电压过高而损坏集成电路。这里也需要自已收集、积累正常机器各点对地的电阻值作为参考，以便寻找和判断故障点。

14.4 彩色电视机故障的初查方法

彩色电视机的功能很多，调整程序比较复杂，特别是新型彩色电视机自动化、智能化程度较高。人工智能（AI）电路的应用往往会因使用或调整不当，各输入、输出电缆连接不正确，开关位置不适当而造成不能正常工作。这并不是有故障，也不要修理。因而遇到声音和图像不良，或不能正常工作时，应先进行检查和调整，以判断是否真正有故障。

14.4.1 有光栅，但无图像，无伴音

有光栅，说明电源及行输出电路基本正常，故首先应试着改换接收频道，看其他频道是否正常，如其他频道正常，则可能是本频道发射台有故障。如果所有频道均不良，应检查天线馈线、插头座等部分。只有已证实这些电路及接线都无问题后，才可考虑机内故障。例如，在偏远地区使用室外天线，应检查室外天线是否有方向偏离、损坏或馈线脱落等情况发生。

14.4.2 伴音正常，而图像不良

先看看其他频道是否良好，若良好，一般是该频道发射台故障。然后，检查天线及电缆，天线的方向不正确也会使信号不良。其次，调谐器的调谐状态偏离也会引起图像不良，可重新微调频道。

14.4.3 图像正常，而伴音不良

检查项目基本上与上面所述相同，如检查其他频道的接收情况，检查天线系统，检查调谐器的调谐状态，以及检查音量电位器是否良好。

14.4.4 图像上有不规则线状干扰

天线引线接触不良，附近有电焊、汽车电器之类的干扰源，会使图像上有线状干扰，有时雷电也会引起同样的现象。

14.4.5 图像破碎，有斜纹干扰

图像上有斜纹多是行同步失常，可以试微调行同步电位器（有些电视机的行频微调电位器在机壳之内）。若能短时稳定，则多半是同步电路故障；若不能稳定，则多半是行振荡电路有故障。

14.4.6 图像跳动或上下滚动

图像跳动、滚动往往是场同步失调引起的。但图像信号较弱，致使场同步信号分离不出来，也可能造成此类现象。可微调场同步旋钮，若能暂时稳定，则说明同步电路有问题；若不能稳定，则系场振荡电路不良。天线不良、天线方位不对、调谐器调谐不良以及信号过弱等，都会出现此类故障现象。

14.4.7 图像无色

调谐器调谐不良，天线系统不良，色饱和度电位器调整不当等，都会引起图像无色的现象。

14.4.8 图像有重影

图像上出现重影多是由于天线方位不对、接收到附近建筑物的反射波而造成的。调整天线的方向，寻找最佳位置，往往是有效的。但很多情况下不能完全消除重影，这是接收环境所致，一般都非本机故障。

14.5 学修彩色电视机入门知识

若学习彩色电视机的维修，首先就要学会分析故障，推断故障范围，进一步是检测故障，最后是排除故障。对于初学者来说，就是先弄懂基本原理，了解典型彩色电视机的电路结构，弄清楚彩色电视机各单元电路的信号处理过程，掌握各种电路的检测部位，学会判断元器件的功能是否正常，能够调整或更换不良的元器件。

14.5.1 学修彩色电视机从哪里入手

过去讲彩色电视机的基本原理时都要介绍电视信号的形成、编码调制原理、信号发射原理、信号的解码原理，这部分知识十分复杂，但往往学了很久也不会修理。学修彩色电视机主要是要掌握电视机的基本电路结构模块、整机结构、各单元电路的结构以及各主要电路和元器件的功能，进而了解其基本工作原理及检修方法。彩色电视机的基本结构和电路功能是学习的重点。彩色电视机中很多复杂的信号处理过程都在大规模集成电路之中完成，集成电路内部损坏时不能修理，只能更换整个集成电路。因而集成电路内部的电路细节也没有必要了解得十分深入，主要应了解集成电路的引脚功能、外接元器件的作用及工作参数。

14.5.2 学修彩色电视机的核心问题

你到书店里会发现有很多彩色电视机原理与维修方面的图书和教材，往往不知读哪一本。因为有关彩色电视机的知识确实很多，而且不断地有新的技术和新的器件问世。而要很快地学会修彩色电视机，则要注意学习重点。重点是彩色电视机是由哪些元器件组成的，每种元器件的基本功能是什么，整机各部分是怎样工作的，以及各种信号的流程是什么，等等。

14.5.3 学会看图纸

电视机所有的元器件和各元器件的关联都用电路符号和线路连接起来，并画成电路图，因而在学习各单元电路的结构时，要了解各元器件与电路符号的对应关系，进一步再与实际机器中的元器件对应起来，如电阻、电容、电感、晶体管、集成电路等都是用什么符号表示的。同时，每个元件在电路中所起的作用，进而要了解不同厂家不同特点的电路，这样学修彩色电视机就有了基础。

14.5.4 学会识别电视机元器件

识别元器件是学修彩色电视机非常重要的一环。学习时先找一台样机，然后找到该机的电路图。将机器打开（断开电源），在机器内部电路板上各种元器件旁边都有标记或代号，通过图纸上的代号与实际元器件对照，了解各种元器件的外形及安装方法等，才能进一步学会检测和判断元器件的好坏。彩色电视机的整机构成如图 14.5 所示。从图中可见，它是由机壳、显像管组件以及电子线路板等部分构成的，同时可以看到各元器件的安装位置。

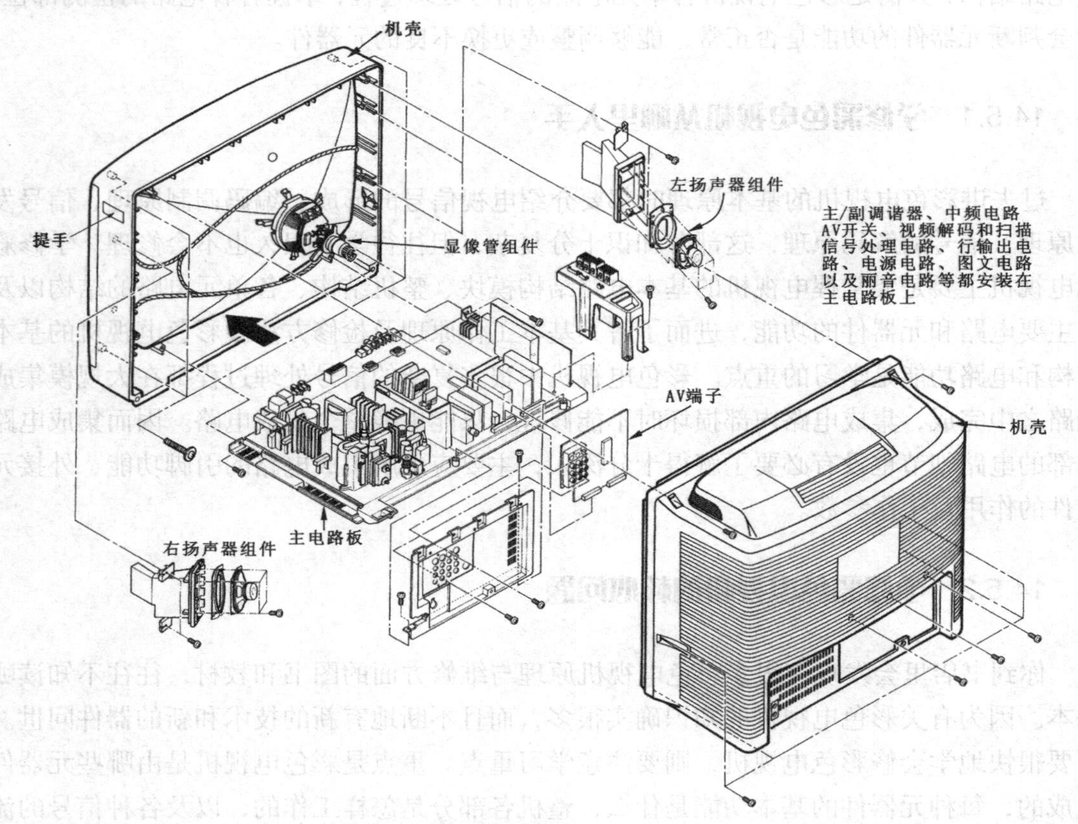

图 14.5 彩色电视机的整机构成

14.5.5 学会元器件的焊接安装方法

在维修彩色电视机的过程中，有些元器件常常需要拆下来进行测试以便确认是否损坏，因为在电路板上很多元器件互相关联，无法单一测试某一个元器件。拆卸或更换新的元器件时，要注意板面清洁，焊接良好，不要形成虚焊。对于新换的元器件，必须将引脚的氧化层刮掉，烫上锡，再往电路板上焊接并确认焊牢。集成电路的更换更要注意这一点。

14.5.6 电路的检测方法

对电路进行检测就是对电路中某些元器件的电压、电流和信号波形进行检测，检测后通过与正常值的比较来推断故障。通常在电路图中或技术资料中都标有主要电路部位的直流电压值或信号波形。如果检测的电压或波形与标准值不符，则说明有故障。在测试时往往是以地线为基准，因此首先要对照电路寻找接地点，将仪表的接地端连好，再将检测探头或表笔接到检测端，选择好仪表的测量范围，接通电源并选择工作状态之后，即可进行测量。

14.5.7 检修彩色电视机的安全注意事项

安全操作有两个方面：一方面是注意人身安全，防止触电；另一方面是注意被维修的电视机元器件安全（防止二次故障）以及检测仪表的安全。

在检修前，应先了解电视机电路板上哪一部分带220V交流电压。通常有可能与交流火线相连的部分被称为“热地”，不会与220V交流电源相连的地线被称为“冷地”。电视机中只有开关电源的开关振荡部分属“热地”区域。如果检测部位在“冷地”范围内，一般不会有触电的问题。如果检测的部位是在“热地”范围内，则要注意触电问题，常用的方法是使用隔离变压器。隔离变压器是1∶1的交流变压器，初级与次级电路不相连，只通过交流磁场使次级输出220V电压，这样就可以与交流火线隔离开了。测量“热区”内电路的电压或信号波形时，仪表的接地端要选在“热区”内的地端；测量“冷区”部分的电压或信号波形时，仪表的接地端要选在“冷区”部分的地端，不能接错。

注意设备和电路器件的安全，避免测量时误操作引起短路情况，如某一电压直接加到晶体或集成电路的某些引脚上，可能会将元器件击穿损坏。例如，有人带着金属手链修电视机，手链滑过电路时会造成某些部位短路，损坏电路板上的晶体管和集成电路，使故障扩大。在拆卸彩色电视机时，还要特别注意显像管尾座，因为不小心会碰断显像管尾座，造成显像管损坏。显像管组件如图14.6所示。

14.5.8 学会分析推断故障的方法

检修彩色电视机的基本方法是先动脑后动手，遇到故障时要先查清故障症状，通过检查或调整判别是否真的有故障。有些现象可能是因为电视台、天线、电缆、开关或机器设置有问题，而不是真的有故障，这些情况要查清。然后对故障进行分析，分析就是

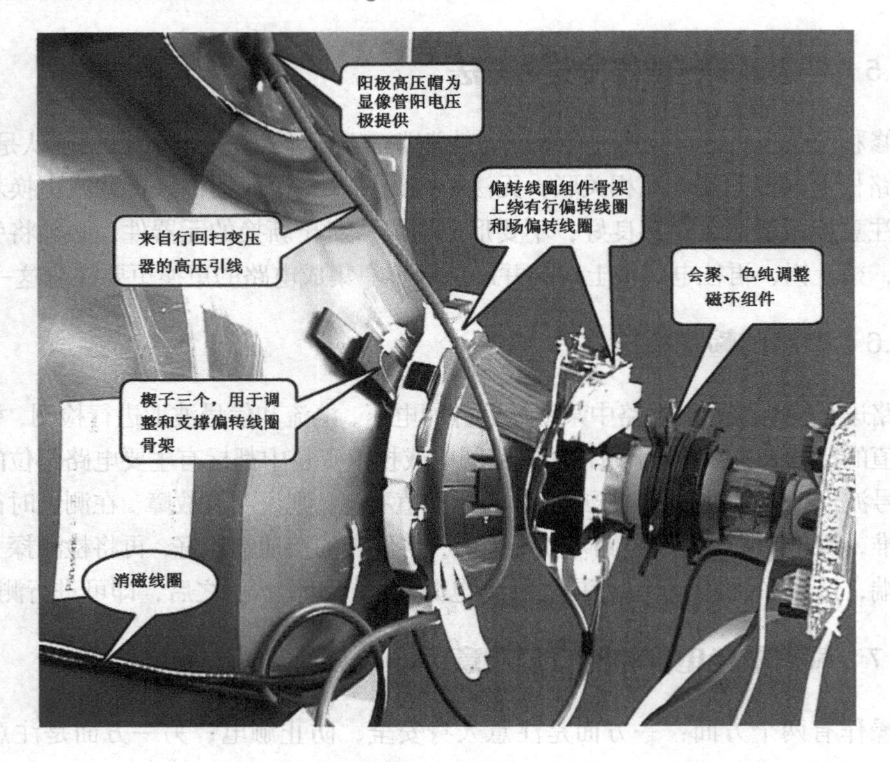

图 14.6　显像管组件

根据症状和电路之间的相关性，即电路与故障的内部关系来分析故障可能的范围，也就是分析可能引发故障的部位。接下来是对可疑电路进行检测。检测是指判定某些电路是“正常”还是“不正常”。对不正常的电路，应进行调整或更换。对于比较复杂的电路，厂家为了检修方便，提供了故障检修程序框图，出现故障时按程序框图一步一步地检测，便能很快找到故障部位。

14.5.9　收集资料，积累数据

检修彩色电视机和其他工作一样，都要遵循一个规律——熟能生巧。要不断学习，不断实践，然后不断地总结经验，积累电路数据，就能提高检修的效率，但最基本的方法是按照彩色电视机的结构和信号流程进行电压和信号波形的检测。这是最有效的方法，也是最科学的方法。彩色电视机的型号和款式不断地更新换代，电路结构也不断地推陈出新，但有一点变化不是很大，即电视台发射的电视信号的技术标准变化不大，因此彩色电视机的基本音像信号处理过程也大体是相同的。这就是基本规律，掌握这个规律以后再去认识新的电路就很容易了。即使电路结构不断改良，基本检修方法也是相同的。不断地积累新型电路的技术参数是很有用的。掌握了彩色电视机基本工作原理和检修基本方法之后，就是要多积累电路资料，积累数据，积累经验。

14.5.10 理论联系实际，勤于实践

只读书学电路而不接触实际的机器和进行实际操作是学不会维修的；只顾读书，不了解电路功能和技术特点，就盲目地进行维修，也不会有长进。学习电路结构、工作原理、信号流程，同时结合实际的机器，识别元器件，检测信号波形和工作电压，并进行故障的分析和推断，便能很快学会修理。也可以自己设置故障，观察症状表现，理解电路元件的功能，掌握电路在正常状态下和故障状态下的电路参数，然后再对实际的故障机进行实修，遇到问题再学理论，再学别人的经验，就会有很大的长进。

在学习时要自己创造实习环境，开始实习时要选择功能正常的样机。再则，要寻找实习样机的电路图，根据电路图进行元器件的识别和检修实践，这样才能高效率地学会修理彩色电视机。

14.6 彩色电视机故障的检修技巧

14.6.1 伴音电路故障的检修技巧

在调谐器和中频通道中，伴音信号和图像信号是在一起的，视频检波之后两种信号开始分离。如果故障是出现在视频检波之前，其症状表现一般为伴音和图像都不正常，例如调谐器、中频放大器等部分有故障会引起声、像都不良。如果图像良好而伴音不良或无声，这表明故障多是在与图像信号分开后的伴音电路中，而调谐器和中频电路一般都是正常的，至少是基本正常的。后面所说的“伴音电路”是指与图像信号分开后的伴音处理电路，它一般包括伴音第二中频放大、鉴频、音量控制、前置音频放大、音频功率放大等电路及扬声器。

伴音电路常见的故障是，在收视状态下图像正常而无伴音或伴音较小，伴音噪声大，声音失真，有交流声等。如果图像也不正常，则属调谐器、中频通道或电源供电等方面的故障。

伴音电路的结构相对来说是比较简单的，使用的电路元器件较少，检测和分析故障也比较容易。另外，伴音电路的有些故障可以通过听音来推断，根据声音不良的各种症状可以推断出故障的部位或元器件。

如图像良好而无伴音，将音量调大之后也无伴音，这种情况一般是信号通道中某些集成电路或晶体管损坏。另外，音频电路的供电电源不良也会引起这种故障。用万用表测量集成电路或晶体管的工作状态，便能发现故障。

如伴音中交流声比较大，这种情况往往是电源滤波电容损坏或有干扰，重点应检查电源供电电路中的电解电容。如声音失真（声音嘶裂或音质极差）往往是音频放大电路中的晶体管或集成电路不良引起的，有时集成电路的外围元器件损坏也会造成声音不良。应指出，鉴频电路中的调谐回路失调也会产生声音小、失真现象。例如，中频解调集成电路外的鉴频线圈和谐振电容变质时，会有失真和噪波大的故障。

对于多制式彩色电视机，当出现伴音不良时，还应检查制式选择开关的位置，如果接收 PAL-D 制节目而开关处在 PAL-I 的位置，则伴音必然不良。

1．无声

这里是指图像正常而无声音的情况（如声像同时没有，则故障在公共通道）。造成这种现象的故障原因有：

① 电源故障。伴音通道中既有小信号电路，也有功率放大电路，由多组电源供电，缺少某一供电电源时将会无声。这时只要测量有关电压，就可准确判断。

② 从产生第二伴音中频信号至扬声器的通道中，某串联元件断路或并联元件短路，都将中断信号传递造成无声。

③ 有关选频回路严重失谐，如 6.5MHz 滤波器、鉴频调谐回路失调等，将无法检出声音信号。

④ 电子衰减器直流控制电压失常，出现故障的部位可能是直流音量控制电位器损坏，或因静噪、消音电路故障而使电路处于静噪或消音状态，也可能是微处理器控制电路输出的音量控制电压通路故障。

对无声的检查排除方法最宜用从输出电路级逐向前输入信号来进行，有经验的也可用改锥逐级碰触各级输入端，根据扬声器发出的噪声大小来判断故障位置，进行相应处理。

2．音小

凡造成上述无声现象故障的部位都可以造成声音小的故障，可采用处理无声故障的方法检查声音小的问题。此外还要注意，在中频电路中，图像中频特性曲线上的 31.5MHz 伴音中频点若压缩过低，也会造成音小，这时可调节中频耦合变压器或吸收回路的线圈。

3．声音失真

一般原因有：一是鉴频电路故障，主要是鉴频线圈失谐；二是音频放大电路有故障，特别是分立元器件的功放电路，部分元件损坏、工作点漂移及反馈电路中断等造成的非线性失真，都会造成声音失真。

14.6.2 行扫描电路的故障检修技巧

1．行扫描电路的常见故障

（1）屏幕变黑

如果显像管屏幕是黑的（无光栅），但是声音良好，这表明低压供电电路是良好的，那么在进行故障检修时首先应该检测行驱动电路的输入波形（在预驱动的输入端，如图 14.7 中 Q501 的栅极处）。如果此处波形正常，则说明故障可能出现在行驱动（激励）行输出电路、高压电路或者显像管供电电路。如果此处波形不正常（信号太弱或失真等），则故障可能在行振荡器中。

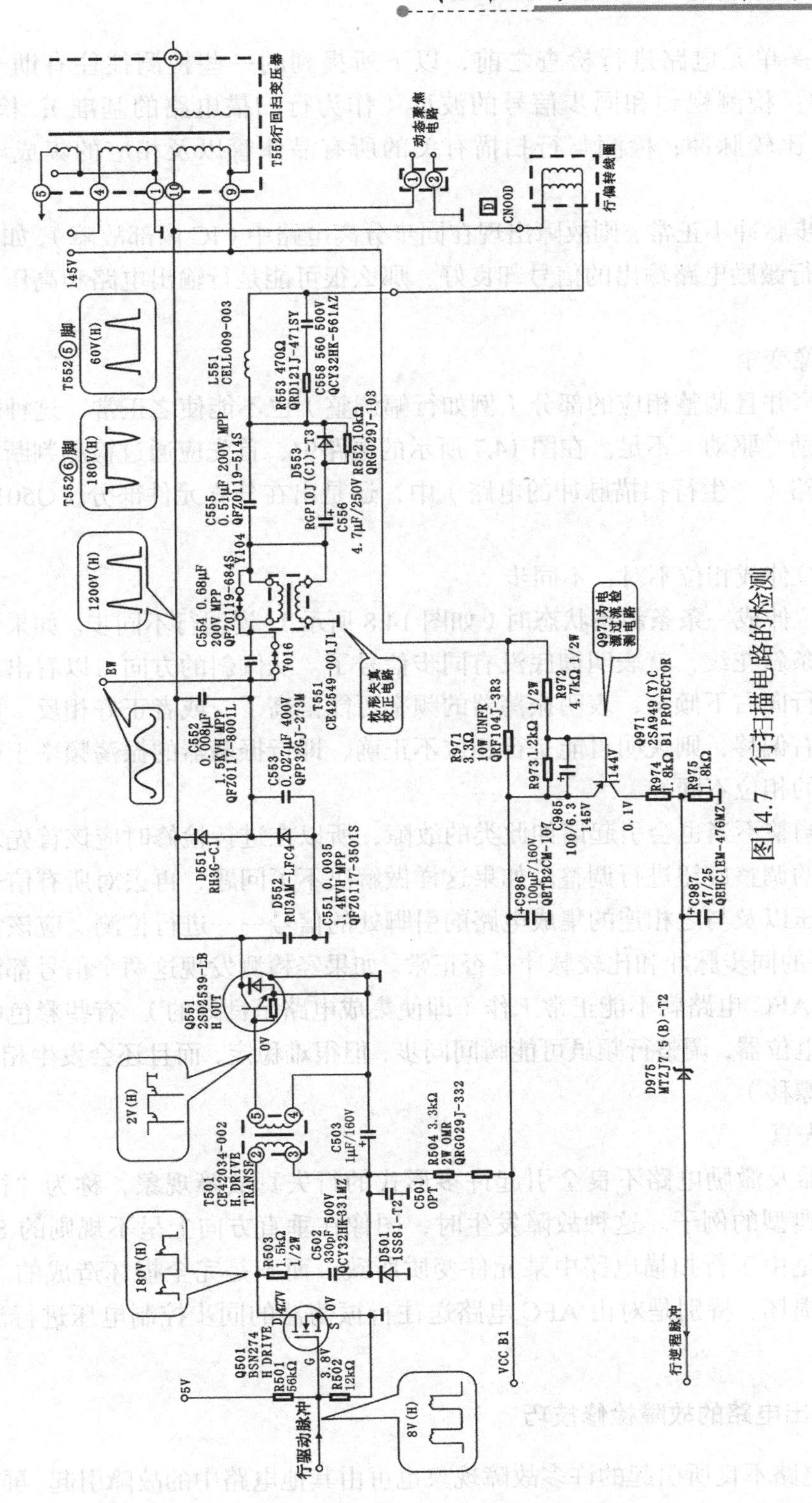

图14.7 行扫描电路的检测

在对某一单元电路进行检查之前，以下所提到的一些检测往往有助于对故障部位进行定位：检测视频和同步信号的波形（作为行扫描电路的基准）；检测行 AFC 电路的输入比较脉冲；检测与行扫描有关的所有晶体管以及相应的集成电路引脚处的信号。

如果同步脉冲不正常，则故障出现在同步分离电路中（IC 内部故障）。如果比较脉冲不正常，而行激励电路输出的信号却良好，那么很可能是行输出电路和高压电路中出现了故障。

（2）图像变窄

图像变窄并且调整相应的部分（例如行幅调整）也不能使之正常，这种故障的原因往往是行激励（驱动）不足。在图 14.7 所示的电路中，首先应通过检测判断故障到底是出在集成电路（产生行扫描脉冲的电路）中，还是出在分立元件部分（Q501、T501 和 Q551 等）。

（3）行拉伸或相位不对，不同步

当图像拉伸成一条条斜条状态时（如图 14.8 所示），说明行不同步。如果图像完全呈分裂的一条条斜花纹，就表明彻底没有同步信号了。从倾斜的方向可以看出有关故障的信息。如果行向右下倾斜，表明振荡器的频率可能偏高了，或者正好相反。如果图像整个向左或向右偏移，则说明可能是行相位不正确，即行振荡器的振荡频率正确，只是它与同步信号的相位不同。

有时因调整不当也会引起诸如此类的故障，所以在进行检修时应该首先对所有的与行同步有关的调整旋钮进行调整。如果这样做解决不了问题，再去对所有信号的波形、晶体管的电压以及与之相连的集成电路的引脚处的信号一一进行检测。应该特别注意送到 AFC 电路的同步脉冲和比较脉冲是否正常。如果经检测发现这两个信号都没有或信号不正常，则 AFC 电路就不能正常工作（即使集成电路是良好的）。有些彩色电视机中设有行频调整电位器，调整行频虽可能瞬间同步，但很难稳定，而且还会发生相位漂移（图像中心左右漂移）。

（4）行失真

行振荡器及激励电路不良会引起许多形式的行失真故障现象，称为“行扭”的失真就是一个典型的例子。这种故障发生时，图像在垂直方向上呈不规则的 S 形。这样的失真一般是由于行扫描电路中某元件变质所致，而不是完全损坏造成的。最常见的原因是电容损坏，特别是对由 AFC 电路送往行振荡器的同步控制电压进行滤波的电容很可能损坏。

2．行输出电路的故障检修技巧

行输出电路不良所引起的许多故障现象也可由其他电路中的故障引起。屏幕发黑（无光栅）或宽度不足就是两个常见的故障。

如果行激励电路有故障，没有激励信号送到行输出级，行输出级不工作，无高压，

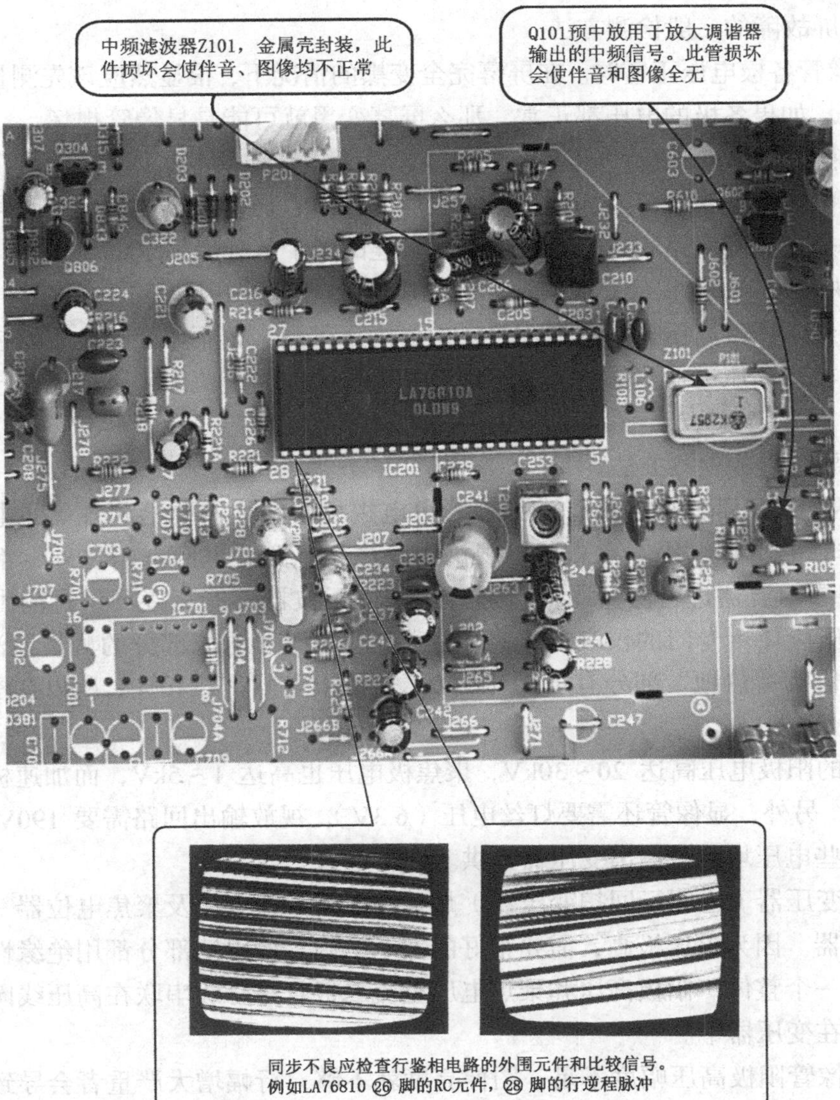

中频滤波器Z101，金属壳封装，此件损坏会使伴音、图像均不正常

Q101预中放用于放大调谐器输出的中频信号。此管损坏会使伴音和图像全无

同步不良应检查行鉴相电路的外围元件和比较信号。例如LA76810 ㉖ 脚的RC元件，㉘ 脚的行逆程脉冲

图 14.8 同步失常的故障现象

屏幕当然是黑的。显像管损坏时也可能出现这一情况。

这里最实际的故障检修方法是分析故障现象，然后通过对输入信号波形的检测，找出故障到底出在行输出电路的什么位置。例如，对图 15.7 所示电路来说，如果声音正常（低压供电良好），就可测量 Q501 和 Q551 基极处的输入波形。对测得的波形与维修手册所提供的正确波形进行比较。如果输入信号波形正常，则说明故障出在行输出电路部分（除非显像管损坏）。当然，如果经检测发现输入信号不正常，那么就应对行激励（驱动）电路进行检查。

（1）黑屏故障的一般检测方法

① 显像管各极电压正常时。在屏幕完全变黑的情况下，很显然应该先测量一下显像管各极电压。如果各极的电压都正常，那么屏幕变黑就可能是显像管损坏。

② 没有显像管高压或辅助电压。如果显像管高压和辅助电压都没有或不正常，那么就说明相关电路出现了故障。如果这两个电压都没有，而行激励（驱动）信号却是良好的，则可能是行激励电路和行输出管或与其相连的某个部分出了故障。

③ 只缺高压。如果仅仅是没有高压，则应该首先检测一下聚焦极电流或电压。当测量高压时，经常用带高压探头的万用表。由于高压很高，搞不好会损坏电路或危及人身安全，因此在对高压进行测量时，应该先看一下仪表的测量范围。不要用高压放电法检测有无高压。

（2）主要部件的检测方法

① 低压和高压部件的测量。在维修彩色电视机时往往需要检测各单元电路中集成电路或晶体管的引脚电压。在彩色电视机中除高压电路和电源电路之外，都可以使用普通万用表或示波器进行测量。但普通万用表或示波器不能直接测量行输出的高压部分。测量高压应使用专门的仪表或带高压探头的万用表。电源部分的测量要注意其“热地”部分，因为“热地”部分有可能与220V交流市电的火线相连，所以在检测时要特别注意。

显像管的阳极电压高达20~30kV，聚焦极电压也高达1~5kV，而加速极电压也在300~900V。另外，显像管还需要灯丝电压（6.3V），视放输出回路需要190V左右的电压，所有这些电压均由行输出变压器提供。

行输出变压器（也叫行回扫变压器）是采用多级一次升压及聚焦电位器一体化结构形式的变压器。因为电压极高，需要很好的安全措施，所以这部分都用绝缘性能良好的材料封装成一个整体。阳极高压和聚焦电压整流二极管是分级串联在高压线圈之中的，也同时封装在变压器中。

如果显像管阳极高压幅度不足，图像亮度就不够，行幅增大严重者会导致完全没有图像。这时应检查阳极高压线是否断线，或内部高压线圈和整流二极管是否损坏。若都完好，则应检查变压器所有次级负载电路及行输出电路。

聚焦极高压不足，会使聚焦效果变差，导致整个图像模糊不清。如果显像管阳极高压正常，则此故障可能是聚焦电位器或内部线圈损坏；若聚焦电压正常，则可能是显像管聚焦插针接触不良，应更换管座。

加速极电压不足时，会使整个图像偏暗，对比度偏低。

② 对行输出晶体管的测量。测量行输出晶体管的发射极或集电极电流，往往对故障检修工作很有帮助。但测量行输出晶体管的电流比较困难，所以一般只进行直流电压的测试并加上波形测量来判断故障。如果行输出晶体管各极的直流电压和波形都正常，可以认为到行回扫变压器的电路都是正常的。

14.6.3　场扫描电路的故障及检测方法

1．场扫描电路的故障检修要点

场扫描电路发生故障时其症状是比较明显的，它的故障特征都可以从图像上表现出来。图像在垂直方向的任何不良都表明场扫描电路中有某些不正常现象。如果场输出级损坏，显像管屏幕上会出现一条水平亮线，表明行扫描是正常的。注意不要使这种状态停留时间过长，因为过亮的水平扫描线会损伤显像管屏幕。遇到这种情况时，若要开机检测，最好是将亮度关小。

（1）场扫描系统各点信号波形的检测

检测时，使彩色电视机处于工作状态，用示波器接场扫描电路的信号流程逐级进行测量，如对场扫描信号的形成电路、放大电路和输出级逐级检测，并参照技术资料中的波形表，对照分析判断故障。检测时应注意脉冲信号的周期、幅度和波形。这三者中任一项与标准不符都会使图像失常，参见图 14.9。

检测时还应注意，场扫描信号是以同步信号为基准的，同步信号失落必然引起场扫描信号的频率和相位失常，而有些彩色电视机中无同步信号时还会使场振荡器工作失常而无输出。在这种情况下，应检查同步分离电路产生的场同步信号。如无场同步信号，则同步分离电路可能有故障。

如果场扫描电路中各主要检测点的信号波形都正常，但图像仍然表现为一条水平亮线，应检查场偏转线圈，看是否有短路或断路的故障。

（2）集成电路的检测

在目前流行的彩色电视机中，场扫描信号的形成是在视频和解码电路中完成的。场输出级单独使用一个集成电路，如场扫描不正常，可重点检测这两个集成电路。例如，在图 14.9 所示的电路中，IC401 是场扫描信号的功率放大级，在它的⑨脚和①、②脚可以分别检测到场输出信号和场驱动（激励）信号。⑨脚的信号直接送到场偏转线圈，这个信号正常就表明场扫描电路是正常的。

如果场扫描集成电路的外围元器件有些变质，但还没有完全损坏，这种情况检修起来比较困难。如图像表现为场同步不良、不同步，图像垂直方向失真，垂直线性不良，图像垂直尺寸不足或有扫描线对偶或分裂的情况，可能是集成电路的外围元器件有问题。在这种情况下可先微调一下那些可调的部分，如场同步、场中心、场幅等调整电位器，看能否使故障消除。如果调整时图像有反应，但仍然不能完全消除故障，或电位器只有调到极端的情况才能勉强消除症状，但仍维持不了多久，这肯定是某些外围的相关元器件损坏了。应进一步仔细检查是否有击穿或短路的电容，是否有损坏的晶体管或二极管以及锈蚀的电位器。

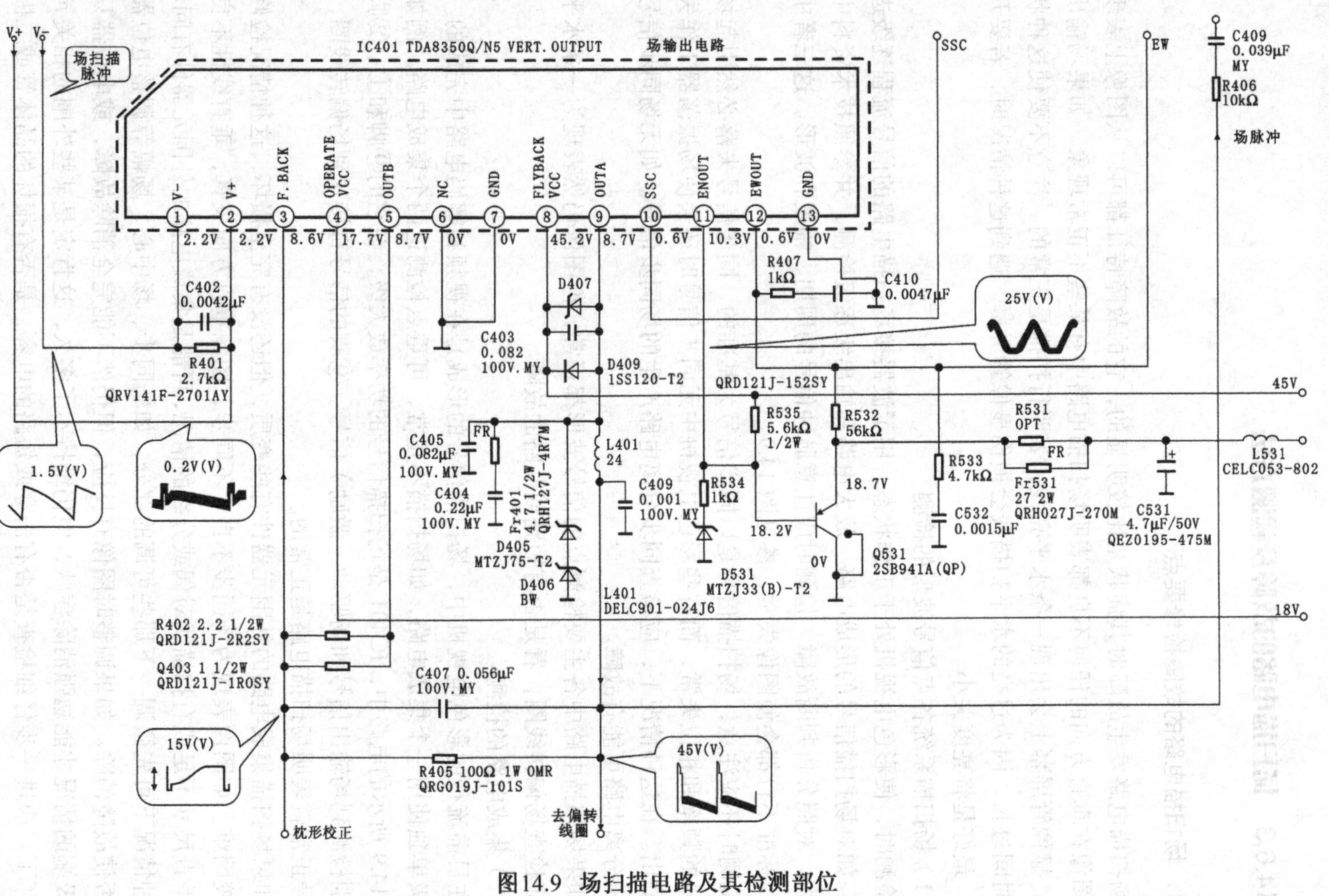

图14.9 场扫描电路及其检测部位

2. 场扫描电路的常见故障及检修方法

下面结合实际电路介绍一下场扫描电路的常见故障及排除方法。

（1）场不同步

若图像有滚动现象，而调整场同步电位器只能暂时稳定图像，这表明行同步电路正常，因为只有垂直方向不稳定。从症状来看属同步分离电路或场扫描信号形成电路有故障，而场振荡电路是正常的。

在检测场同步脉冲和行同步脉冲的波形时，可以把示波器的扫描频率分别置于 25Hz（对应于场脉冲）和 7812Hz（对应于行脉冲）。如果示波器具有选测电视行（TV H）和选测电视场（TV V）功能，在检测场信号时将开关置于 TV V 位置，在检则行信号时将开关置于 TV H 位置。这样就可以在示波器上观测到稳定的信号波形。

同步分离电路是先从视频信号中分离出复合同步信号（即包含行和场的同步信号），然后再从复合同步信号中分离出场同步信号。如果同步分离电路不良，不能对所需要的信号进行有效的分离，有视频图像信号混入同步信号中，就会引起图像同步不良。检测同步分离电路是否有故障，可以通过信号的检测来判断。同步分离前是视频信号，同步分离后应当没有视频图像信号的成分。如果同步信号中混有视频或杂波信号，则表明同步分离电路有故障。

（2）图像高度不足

图像高度不足是指图像在垂直方向有压缩的现象。遇到这种故障时应先调整一下场幅微调电位器。如果场幅微调电位器必须旋至极端位置或将近极端位置时图像高度才正确，这表明场驱动（或称场激励）电路中有故障。有些彩色电视机中设有两个场幅调整电位器，这在检修时应当注意。如果调整场幅电位器时图像有反应，但无论怎么调都不能使图像高度完全正常，这时应当检查与场幅相关的电容，看有关电容是否有漏电的情况，电位器是否损坏，以及晶体管有无击穿的情况。同时，应检查从场扫描电路送到场偏转线圈的脉冲波形是否正常，场输出级供电电源是否正常。电源电压不足也会影响场扫描电路的正常工作。

（3）图像不稳，上下抖动

图像不稳的主要表现是图像上下滚动，整幅图像抖动。这种情况一般表明场频不稳定或场频偏离 50Hz，应检查与场振荡电路相关的电容、晶体管或电位器等。集成电路本身损坏的情况也是不能忽视的，故应检查集成电路所有引脚的直流工作电压，看有无偏离标准值的情况，这是判断集成电路是否损坏的依据。

如果图像处于一种临界的同步状态，即很难调整到稳定状态，即使调整到稳定状态，也维持不了多久，这时应分别检查场振荡器的锯齿波信号波形及场同步脉冲的幅度。如果经检测发现场同步信号的幅度不稳定或幅度过小，还应检查同步分离电路，看同步分离电路是否有故障。同步分离电路正常后，再去检查场扫描电路。

（4）场失真（线性不良）

场失真有多种表现形式，有些是易于识别的。例如，图像上边尺寸大下边尺寸小就是线性失真。线性失真在多数情况下是由于偏转线圈及其相关的部分出现故障引起的，有时扫描集成电路不良也会引起这种故障。

场失真的其他表现形式有时不易识别，如图像顶部压缩而底部扩展，或者顶部扩展而底部压缩。如果失真不严重，是不易发现的。采用电视信号发生器产生的十字阴影图信号对图像进行线性检测比较方便。如果要迅速地判断图像的线性是否良好，可以调整一下场同步控制钮，使图像慢慢地滚动起来，这样容易发觉图像的上部、中部和下部在垂直方向是否一致，有无压缩和扩展现象。

有时场幅电位器调整不当也会影响图像的线性而造成失真，这是因为场扫描电路中各组成部件和调整控制元件之间是互相有牵连的。例如，调整场幅电位器只考虑到使锯齿波信号的幅度达到要求，而没有注意电路输出的扫描信号的线性失真。在这种情况下无论怎样调整线性电位器也不能解决图像的失真问题。因此，遇到图像失真时也要检查场幅电位器调整得是否恰当，可以试调整一下，配合失真的情况再进一步调整。

如果调整各个电位器都不能解决问题，表明有的元器件存在故障。要寻找故障元器件，必须对电路中的信号波形和直流电压进行逐级检查。如果场扫描的锯齿波信号失真，必然影响图像的线性。如果场输出级送给场偏转线圈的信号波形是良好的，但图像仍然有失真现象，这种情况表明场偏转线圈或相关的部分有故障。

注意，场扫描信号中混有行脉冲，有时并不是同步分离电路的故障，而是行扫描电路中发生故障引起的。例如，高压部分有放电现象或印制电路中引脚之间有漏电情况，可能是行信号干扰场信号造成的。这时可以用示波器观测场扫描信号，看信号中有无行脉冲的成分。如果场扫描锯齿波上叠加有一串串的尖脉冲，其频率为行频，则属这种情况。除检查同步分离电路和高压部分之外，阳极高压引线的幅射和某些部分的火花放电等也是值得注意的。

14.6.4 开关电源故障的检修技巧

1．彩色电视机电源电路的故障特点

彩色电视机都采用开关式稳压电源，这是因为开关电源有效率高、稳压范围宽、性能好等特点，并且由于省去了笨重的电源变压器，故还具有体积小、重量轻的特点。

开关电源先将50Hz交流电变成直流电，然后将直流电变成较高频率的振荡脉冲，再通过变压、整流、滤波、稳压将其变成彩色电视机所需要的各种稳定直流电压。因为对高频信号整流滤波时所要求的电容的容量可以大大减小，高频变压器的体积也可以制作得很小。但是开关电源中开关管工作在高反压、大电流的脉冲状态下，一些电容也处在高压高频条件下，因而发生故障的情况就比较多。开关电源在彩色电视机中是故障率较

高的部分。

电源电路发生故障时往往会使彩色电视机完全不能工作，主要表现为开机后无任何反应，既无光栅也无伴音。彩色电视机行输出电路发生故障时往往也会出现无光栅、无伴音的现象。从症状表现来看是相同的，区别的方法是断开电源的负载，接上假负载（个别机芯不能这样做），检测开关电源的直流输出。如有直流输出而无光栅、无伴音，则多属行输出电路部分有故障；如无直流输出，则开关电源部分有故障。

开关电源中开关晶体管损坏的情况是比较普遍的，因此它是故障检查的重点。有许多彩色电视机在开关电源中使用厚膜集成电路，开关管也集成在其中，这种集成电路也易于损坏。

开关电源的工作与其他电路也有着密切的关联，彩色电视机中各个电路的工作都需要电源。这些电路作为开关电源的负载，负载电路中如有过流的情况，就会影响电源的工作，甚至负载电路中有短路的情况发生时也会引起电源损坏。电源的最大负载是行输出电路，因此行输出电路如有故障，尤其是短路、过流等，会直接影响电源的正常工作，甚至会引起电源电路中开关管等元器件的损坏。

在电源电路中都设有保护环节，当出现输出电压过高、负载电流过大的情况时，电源电路一般会自动保护而切断输出。但也有一些电视机中保护电路设计得不完善，这样遇到过载的情况时就会出现烧元器件的故障。电源的稳压电路工作失常也会造成损坏元件的故障。

在检修电源电路时，最好使用隔离变压器，使电视机的电路与交流市电隔离，这样可以避免人身触电事故。因为不用隔离变压器，彩色电视机机架（底盘）就可能与交流火线相连。

2．开关电源故障的检修技巧

开关电源的检修方法与其他部分也基本相同。遇到故障机时，首先进行症状观察；然后根据电路结构进行分析、推断；第三步是进行检测，根据检测的结果再进一步分析、推断，通过检测、分析和推断找到可疑部件，然后再进行元器件的检查和代换。对于本身有薄弱环节的机器，可以首先检测或代换易于损坏的元器件，如开关管或相关元件。

典型彩色电视机的电源电路如图 10.9 所示。它的开关集成电路 IC802 采用 STR-S6307，其余均采用分立元器件。220V 交流电压经滤波、整流后输出约 300V 的直流电压，经 T801 P1—P2 绕组后加到 IC802 的①脚（开关管的集电极），为 IC802 中的开关管集电极提供直流电压。②脚为开关管的发射极，③脚为开关管的基极。

（1）查启动电路

开启电视机时交流输入电压通过整流，输出约 300V 直流电压，再经 R805 和 R806 后形成启动电压并加到 IC802③脚，为开关控制电路供电。开关电源振荡后，由 T801 B1 脚输出感应电压经 R807、C811 形成正反馈电压并加到 IC802③脚上。如③脚外的 RC 元件损坏，则 IC802 工作会失常。

（2）查稳压电路

误差取样和放大器 IC803 的①脚接到+115V 输出端，放大后的误差信号经 D803 和 Q801 反馈到 IC802 的⑧脚，进行稳压控制。如果反馈回路断路，会引起+115V 电压偏高，使行输出过载。如果反馈电流过大，会使输出电压偏低。

14.6.5 显像管电路故障的检修技巧

1. 显像管电路的常见故障

显像管电路实际上是彩色电视机主体电路与显像管之间的接口电路。彩色的主体电路如有故障，使送到显像管电路的信号失常，就会使图像失常甚至完全没有图像。如果显像管电路中的某些元器件损坏，会使加给显像管电路的某些信号或电压不正常。显像管电路板污物过多，可能引起电路之间漏电，在加速极和聚焦电极电路中常会出现这种情况。这是因为加速极和聚焦极的直流电压比较高，再则显像管内部损坏或极间有短路或碰极的情况，都会造成图像失常。

2. 显像管电路故障的检修方法

在显像管电路中，主要的元件是视放晶体管和它的偏置元件，任何一个视放晶体管不良都会引起色偏。如果红视放输出晶体管出现击穿短路的故障，其集电极电压下降至地电位，显像管红阴极也接近地电位，相应红电子枪发射的电子束流达最大值，于是屏幕上表现为基本全红，即红色光栅。相反，如果红输出晶体管烧断，完全无电流，则红阴极的电位上升到电源电压，红电子束流几乎为零，所以表现为缺红故障，图像出现偏蓝或偏青现象。

同理，如果蓝输出或绿输出视放晶体管出现与上述类似的故障，则会出现全绿、全蓝或缺绿、缺蓝的故障。

如果这些晶体管并没有完全损坏，只是有些变质，其故障现象就与变质的程度有关了，即图像出现色偏的程度也就不同了。

如果视放输出级的直流电源有故障，会使显像管三个阴极的电压几乎降低到零，则三个电子束流都会达到最大值，图像表现为全白光栅。束流过大有些彩色电视机会自动进入保护状态，并转为无光栅、无图像。检测直流电压即可判明故障，末级视放电源的正常电压为 180～200V。

如果加速极电压有故障，如过低或失落，则会表现出图像暗且不清晰；如果此电压偏高，会出现回扫线。如果聚焦极电压失落或偏低，则会出现散焦现象，使图像模糊不清。在显像管管座内都有放电装置，如果因其中有污物或受潮而造成漏电，会影响相关电极的电压，也自然会出现各种故障。

阳极高压电路出现故障或高压嘴接触不良，会产生无图像、无光栅等现象。如果高

压失落，会出现无光栅现象；如果高压过高，会出现图像缩小现象，并会引起自动保护；如果高压偏低，会出现图像扩大并散焦的现象。

3. 会聚不良的故障检修

彩色电视机在接收黑白方格信号时，红、绿、蓝三条线束不重合，分离成彩色条格子或彩色交叉线，称作会聚不良。荧光屏中心附近会聚不良为静会聚不良，而屏幕四周区域会聚不良称为动会聚不良。

自会聚显像管由于本身的结构，比如电子枪一字形排列、偏转线圈的特殊构造、管内设置了磁增强器和磁分路器等，不需要外加会聚电路。静会聚只需通过调整偏转线圈组件后部的四极磁环和六极磁环就可实现。调节磁环的两个磁片的位置和方向，可使电子束在屏幕上移动约 1cm。动会聚是否良好取决于偏转扫描是否正确，因此只需调整偏转线圈在管上的倾斜度即可解决。电视机在出厂前已将会聚调整好了，并用乳粘胶将偏转线圈和会聚组件固定好，故一般不需调整。

静会聚不良主要是由于运输不当或人为乱调使偏转线圈和会聚磁环组件的位置发生变化而产生的。排除方法是重新将偏转线圈的位置调正并紧固，然后分别小心反复调整四极磁环两磁片或六极磁环两磁片的夹角和旋转位置，使红、绿、蓝三条电子束重合（主要是观察屏幕中心区域）。另外，还需微调相邻的色纯磁片与之配合。

动会聚不良主要是由偏转线圈位置变化引起的。排除方法是：在确认静会聚良好的情况下，将偏转线圈的位置固定后，若发现蓝光束比红光束偏得更大，就将偏转线圈向右倾斜（在右边插入橡皮楔子）；若发现红光束偏得更大，就将偏转线圈向左倾斜一些。这时主要观察屏幕四周，但不能完会达到会聚，会聚误差在 2.5mm 以内均属正常。

当静会聚和动会聚不良经调整不能消除时，则应怀疑偏转线圈内部有局部短路现象、会聚磁环组件失效或显像管内部荫罩板变形，这只有更换有关零件或显像管才能消除。

4. 色纯度不良的故障检修

彩色电视机在接收图像信号时，荧光屏上某个部位出现大的色斑，或者在接收某一个单色信号时，在荧光屏上的某个部位混有杂色，即为色纯度不良。这要同白平衡不良和偏色的故障现象严格区别开来。

正常情况下彩色显像管的三个电子束都应只打到各自对应的荧光粉点（条）上。如果由于某种原因，电子束受到干扰磁场的影响，使它的轨迹偏离正常位置，不能打到对应的色点上，如红电子束打到蓝荧光粉点上，本应显红色却变成蓝色，这就引起了色纯度不良。

① 色纯不良主要是由外界磁场干扰造成的。地磁场，或外部某强磁场（例如电视机附近放有扬声器等具有强磁场的设备）会使显像管金属荫罩板、电子枪金属支架、外框等磁化，致使三条电子束偏转发生异常。一般电视机上均设有自动消磁线圈，以此来消除这一影响。当色纯不良时，应首先检查自动消磁线圈和热敏电阻是否开路，使开机时

自动消磁电路无法工作。

② 当荧光屏受到强磁场（如磁铁、扬声器等）的影响，使屏内金属网罩局部磁化而引起色纯不良时，其剩磁较强，用自动消磁电路已无法使其消磁，这时就需要用机外消磁的方法进行处理。

③ 运输不当造成偏转线圈松脱、移位，或色纯调节磁铁损坏而引起色纯不良时，应重新紧固偏转线圈并重新调节色纯磁铁。

④ 若显像管内栅网、荫罩板、电子枪等移位、变形而引起色纯不良，只有更换彩色显像管才能解决。

读者意见反馈表

书名：电视机原理与维修（第4版）　　主编：韩广兴　　责任编辑：杨宏利

感谢您购买本书。为了能为您提供更优秀的教材，请您抽出宝贵的时间，将您的意见以下表的方式（可发 E-mail :yhl@phei.com.cn 索取本反馈表的电子版文件）及时告知我们，以改进我们的服务。对采用您的意见进行修订的教材，我们将在该书的前言中进行说明并赠送您样书。

个人资料

姓名＿＿＿＿＿＿ 电话＿＿＿＿＿＿ 手机＿＿＿＿＿＿ E-mail＿＿＿＿＿＿

学校＿＿＿＿＿＿ 专业＿＿＿＿＿＿ 职称或职务＿＿＿＿＿＿

通信地址＿＿＿＿＿＿＿＿＿＿＿＿ 邮编＿＿＿＿＿＿

所讲授课程＿＿＿＿＿＿ 所使用教材＿＿＿＿＿＿ 课时＿＿＿＿＿＿

影响您选定教材的因素（可复选）

□内容　□作者　□装帧设计　□篇幅　□价格　□出版社　□是否获奖　□上级要求

□广告　□其他＿＿＿＿＿＿

您希望本书在哪些方面加以改进？（请详细填写，您的意见对我们十分重要）

＿＿＿＿＿＿＿＿＿＿＿＿＿＿＿＿＿＿＿＿＿＿＿＿

＿＿＿＿＿＿＿＿＿＿＿＿＿＿＿＿＿＿＿＿＿＿＿＿

＿＿＿＿＿＿＿＿＿＿＿＿＿＿＿＿＿＿＿＿＿＿＿＿

＿＿＿＿＿＿＿＿＿＿＿＿＿＿＿＿＿＿＿＿＿＿＿＿

＿＿＿＿＿＿＿＿＿＿＿＿＿＿＿＿＿＿＿＿＿＿＿＿

您希望随本书配套提供哪些相关内容？

□教学大纲　□电子教案　□习题答案　□无所谓　□其他＿＿＿＿＿＿

您还希望得到哪些专业方向教材的出版信息？

＿＿＿＿＿＿＿＿＿＿＿＿＿＿＿＿＿＿＿＿＿＿＿＿

您是否有教材著作计划？如有可联系：010-88254587

＿＿＿＿＿＿＿＿＿＿＿＿＿＿＿＿＿＿＿＿＿＿＿＿

您学校开设课程的情况

本校是否开设相关专业的课程　□否　□是

如有相关课程的开设，本书是否适用贵校的实际教学＿＿＿＿

贵校所使用教材＿＿＿＿＿＿＿＿＿＿＿＿ 出版单位＿＿＿＿＿＿

本书可否作为你们的教材　□否　□是，会用于＿＿＿＿＿＿课程教学

谢谢您的配合，请将该反馈表寄到下面地址，或发 E-mail :yhl@phei.com.cn 索取电子版文件填写。

通信地址：北京市万寿路173信箱　　杨宏利　收　　电话：010-88254587　　邮编：100036

反侵权盗版声明